Teubner Studienbücher Chemie

F. Engelke
Aufbau der Moleküle

Teubner Studienbücher Chemie

Herausgegeben von

Prof. Dr. rer. nat. Christoph Elschenbroich, Marburg
Prof. Dr. rer. nat. Friedrich Hensel, Marburg
Prof. Dr. phil. Henning Hopf, Braunschweig

Die Studienbücher der Reihe Chemie sollen in Form einzelner Bausteine grundlegende und weiterführende Themen aus allen Gebieten der Chemie umfassen. Sie streben nicht die Breite eines Lehrbuchs oder einer umfangreichen Monographie an, sondern sollen den Studenten der Chemie – aber auch den bereits im Berufsleben stehenden Chemiker – kompetent in aktuelle und sich in rascher Entwicklung befindende Gebiete der Chemie einführen. Die Bücher sind zum Gebrauch neben der Vorlesung, aber auch – da sie häufig auf Vorlesungsmanuskripten beruhen – anstelle von Vorlesungen geeignet. Es wird angestrebt, im Laufe der Zeit alle Bereiche der Chemie in derartigen Lehrbüchern vorzustellen. Die Reihe richtet sich auch an Studenten anderer Naturwissenschaften, die an einer exemplarischen Darstellung der Chemie interessiert sind.

Aufbau der Moleküle

Eine Einführung

Von Prof. Dr. rer. nat. Friedrich Engelke
Fachhochschule Furtwangen

3. Auflage
Mit 208 Figuren

B. G. Teubner Stuttgart 1996

Prof. Dr. rer. nat. Friedrich Engelke

Geboren 1943 in Prag, Studium in Freiburg i. Br. bei D. Beck und
O. Osberghaus, Promotion 1974, anschließend 1974 bis 1976
Aufenthalt an der Columbia University in New York bei R. N. Zare,
dann Assistent an der Universität Bielefeld, wissenschaftliche
Tätigkeit 1979/80 an der Universität Paris-Süd in Orsay. 1980
Habilitation, 1981 und 1986 Aufenthalt an der Stanford University,
1982 und 1984 an der Yale University. Seit 1983 Professor an
der Universität Bielefeld, seit 1988 an der FH Furtwangen.

Die Deutsche Bibliothek – CIP-Einheitsaufnahme

Engelke, Friedrich:
Aufbau der Moleküle : eine Einführung / von Friedrich
Engelke. – 3. Aufl. – Stuttgart : Teubner, 1996
  (Teubner-Studienbücher : Chemie)

ISBN 978-3-519-23056-4   ISBN 978-3-322-96792-3 (eBook)
DOI 10.1007/978-3-322-96792-3

Satz: Druckerei zu Altenburg GmbH, Altenburg

Vorwort

Dieses einleitende „Vorwort" ist irreführend: Wie wohl fast immer wird es zuletzt geschrieben und steht dem Buch doch voran. Ich blicke aber eher zurück, und so wäre „Nachwort" besser geeignet. Wie ist es nun, nachdem das Manuskript geschrieben ist? Ich denke, der eine nimmt sich viel in seinem Leben vor, der andere weniger. Als ich mir vornahm, ein Buch über Molekülphysik zu schreiben, dachte ich, es sei möglich. Inzwischen hat sich gezeigt, daß es eine wohl unlösbare Aufgabe ist, zumindest für mich. Ein Kapitel über den Aufbau von Molekülen zu Papier zu bringen, macht keine oder nur wenig Schwierigkeiten. Aber eine umfassende Molekülphysik — wem ist das geglückt? Es gibt berühmte Autoren, Herzberg, Townes, Schawlow und Steinfeld seien genannt; ihre Träger haben Gutes über Moleküle, ihren Aufbau, ihre Spektroskopie und Strukturbestimmung zustande gebracht, doch nie umfassende Molekülphysik.

Ich habe mich dann auf einen Teil begrenzt, wollte eine gute Einführung in den Aufbau der Moleküle schreiben; e i n e Einführung und nicht d i e Einführung; eine g u t e Einführung ... was ist eine gute Einführung? Kann der Autor das überhaupt beurteilen? Während ich schrieb, tat ich sicherlich mein Bestes, und als ich die Mühe hinter mir hatte, versuchte ich, das Resultat einzustufen, fragte meine Kollegen, insbesondere aber meine Studenten und Mitarbeiter. Da klärte sich schon einiges. Aber dann kommt die Zeit, mit ihr neue Forschung, neue Ergebnisse, neue Erkenntnis — und sie ändern so manche Bewertung, zum Wesentlichen und zum Unwesentlichen hin. Doch an diesem Vorgang nahm ich teil, werde ich weiter teilhaben, wenn ich mir nichts vormache. Auch als Autor merke ich, ob und wie sich moderne Molekülphysik entwickelt — ob Kenntnisse, die ich früher selbst erworben habe, noch von Bedeutung sind oder abgeschoben, überholt.

Damit komme ich zur Sache. Ich habe in diesem Buch alle die Kenntnis über den Aufbau der Moleküle versammelt, die ich selbst einmal als wesentlich kennengelernt habe, die ich heute als wissenswert weitergebe und all das ausgeschieden, nicht genannt, was mir nicht mehr dazuzugehören scheint oder das so diffizil, so am Rande stehend erscheint, daß es den Rahmen dieses Büchleins sicher gesprengt hätte. Die Themen, die hier fehlen (es mögen ein, zwei Dutzend sein), will ich zwar nicht leugnen, aber sie fallen der notwendigen Einschränkung zum Opfer, mir erscheint es nicht nur gutes Recht, sondern geradezu Notwendigkeit.

Wer nachprüft, wird bemerken, daß es sich durchweg um „modernste Methoden" wie Laserspektroskopie, Mößbauerspektroskopie, Gebrauch von Synchrotronstrahlung etc. handelt — und um die Schwierigkeiten ihrer Einordnung. Besser, so scheint mir, keine als eine schwache, flüchtige, häufig inkorrekte Beschreibung.

Es könnte sein, daß meine Auswahl hier und da irrt; ich freilich glaube es nicht. Was ich aufgenommen habe und was gemieden, ist bedacht. Wenn ich so ausgelesen habe, steht dahinter nicht der Versuch, nachträglich das für gut zu heißen, was ich selbst mal verstanden habe, für weniger gut, wenn immer es zu schwierig wurde; eher ist es in diesem Punkt sogar eine Korrektur. Einige Gebiete fehlen in diesem Buch völlig, z. B. Beugungsmethoden (Elektronenstreuung, Röntgenanalyse) und Mößbauerspektroskopie; ich habe darauf verzichtet, um nicht die Beherrschung von Problemen dieser sehr viel schwerer zugänglichen Technik vorzutäuschen. Ähnliches gilt für die modernsten Methoden der Laserentwicklungen und -anwendungen sowie Molekularstrahlen.

Zum Schluß dieses Vorworts noch eine Bitte, die man auch eine Gebrauchsanweisung, ein Rezept nennen kann. Man lese nicht mehr als einen, höchstens zwei Abschnitte hintereinander und versuche zu verstehen. Mehr ist unbekömmlich: Für den Leser, für sein Verständnis und damit für den Autor, der ja so etwas wie eine Aufgabe hat, eine Verantwortung, damit aber auch immer die Schuld trägt, wenn es schief geht. Wäre ich ein Ratgeber, auf den der Leser hört, wie ich meinen Studenten Lehrer bin (auf den sie selten hören), würde ich die gleiche Zeit (und Zeitabstände!) verordnen wie für eine Vorlesung über dieses Gebiet. Aber auf welchen Ratgeber hören wir? Eher, als daß wir einen Rat annehmen, lassen wir die empfohlene Diät außer acht und ziehen uns eine Magenverstimmung zu.

Freilich sollte der Leser sie mir nicht ankreiden, ich habe ihn ja gewarnt!

Bielefeld, im Frühjahr 1984   F. Engelke

Vorwort zur 2. und 3. Auflage

Natürlich ist auch dieses Vorwort wie das erste eher ein Nachwort: Überraschend ist die 1. Auflage dieses Büchleins vergriffen; der Verlag gibt mir die Chance einer Neuauflage; so, was ist zu tun?
Ich habe im wesentlichen drei Dinge getan, um den Text und seine Gestaltung nachzubessern:

1. Korrektur einer Vielfalt von Druckfehlern sowie anderer Ungereimtheiten sowie Zahlenwerte, Konstanten und Umrechnungen auf dem neuesten Stand.

2. Das Kapitel NMR ist völlig neu bearbeitet (das alte war eine „Zumutung").
3. Eine Kabbalistik chemischer Formeln im Anhang.

Gerade das letzte ist mir sehr ans Herz gelegt worden. Ich bedanke mich bei denen, die mir Kommentare, Verbesserungsvorschläge und Hinweise zukommen ließen. Dank auch an den Teubner-Verlag für die Möglichkeit, diese umfangreichen Änderungen vorzunehmen.
Die vorliegende 3. Auflage ist ein unveränderter Nachdruck der 2. Auflage.

Furtwangen im Schwarzwald, im Winter 1995/96   F. Engelke

Inhalt

1   Einleitung

Das Thema dieses Buches ist eine Einführung in den Aufbau der Moleküle. Die so gestellte Aufgabe besteht wie in der Atomphysik darin, sowohl die Existenz als auch die Eigenschaft der durch den Zusammenschluß von Atomen entstehenden höheren Gebilde — im allgemeinen Sinne als „Moleküle" bezeichnet — zurückzuführen auf die Anordnung der elementaren Bausteine, der Kerne und der Elektronen. Nicht die Einzelheiten der Molekülstrukturen, so interessant sie auch sein mögen, stehen im Vordergrund, sondern vor allem die wesentlichen Gesetzmäßigkeiten der Molekülbildung, -bewegung, -bindung sowie einiger Strukturbestimmungsmethoden und Näherungsaussagen. Mit der fast unerschöpflichen Anzahl von Kombinationen, die bei der Molekülbildung aus fast 100 verschiedenen Atomen zur Verfügung stehen, steigt der Umfang einer umfassenden Molekülbeschreibung ins Unabsehbare. Zudem steigt die Schwierigkeit mit der Zunahme der im Molekül unterzubringenden Kerne und Elektronen exponentiell an. So wollen wir in erster Linie zunächst die Verhältnisse bei zweiatomigen Molekülen aufzeigen. Auf einfache Weise ausgedrückt, wollen wir erklären, warum zwei Wasserstoffatome eine beständige und stabile Verbindung, das Wasserstoffmolekül H_2, bilden und warum zwei Heliumatome keine entsprechende Verbindung He_2 ergeben. Dabei spielt H_2 eine ähnlich wichtige Rolle als Musterbeispiel wie das Einelektronensystem (H, He^+) bei den Atomen. Den zweiatomigen Molekülen ist daher in jedem Kapitel, sei es über Rotations- und Schwingungsbewegung (3), elektronische Anregung und Bandensysteme (5), Auswahlregeln (5.5) oder Resonanzspektroskopie (6) jeweils der erste ausführlichere Teil gewidmet. Bei den „mehratomigen Molekülen" versagen oft die so aufschlußreichen Methoden der Bandenspektroskopie, die Schwierigkeiten der Analyse steigen um weitere Größenordnungen. Methoden, die hier weiterhelfen, können in einer Einführung nicht eingehend abgehandelt werden, sollen deshalb jedoch nicht, wie so oft, unter den Tisch fallen. Räumliche Lagerung der Kerne, Symmetrie der Gebilde, Festigkeiten der einzelnen Bindungen, Dipolmomente und Polarisierbarkeit der Elektronenhüllen gestatten eine Reihe von Aussagen, die uns der Struktur größerer Moleküle, zumindest einfachsten Vorstellungen davon, sehr viel näher bringen. Das ist Anliegen dieses Textes: Jedoch sei bereits einleitend darauf hingewiesen, daß wir noch weit entfernt sind vom ultimativen Ziel, der Rückführung aller Moleküleigenschaften auf den Bau der molekularen Elektronenhülle.

2 „Spaziergang Gruppentheorie"

Dieser Abschnitt soll eine Übersicht über die Bedeutung und praktische Ausnutzung der Symmetrie für das Verständnis des Aufbaus der Moleküle bringen. Dazu haben wir das mächtige Instrument der Gruppentheorie zur Verfügung, das uns erlaubt, Zahl und Arten der jeweiligen Symmetrieelemente anzugeben. Gruppentheorie selbst gehört in das Gebiet der Mathematik und ist durchaus kompliziert. Wir werden dennoch auf ihre Grundzüge eingehen, uns dabei nicht um mathematische Strenge bemühen: Aussagen und Gleichungen werden oft ohne Beweis mitgeteilt. Das Hauptgewicht liegt auf den physikalischen Zusammenhängen und den Anwendungen von Symmetriebetrachtungen im Aufbau der Moleküle. Es wird nicht vorausgesetzt, daß der Leser mit den Grundbegriffen der Gruppentheorie vertraut ist; zum tiefergehenden Studium sei jedoch hier bereits die weiterführende Literatur empfohlen; diese ist in Form einer Literaturübersicht zu den jeweiligen Abschnitten gegliedert. Neben grundlegenden sind auch einführende, einfache Anwendungen enthaltende Bücher angegeben.

Beim Verständnis des Aufbaues kleiner Moleküle vereinfacht sich das Problem oft beträchtlich, wenn wir die Erhaltungsgrößen kennen; diese sind, da sie zeitlich konstant bleiben, charakteristisch für den jeweiligen (Bewegungs-)Zustand, in dem sich das Molekül befindet. Das Vorhandensein solcher Erhaltungsgrößen hat seine Ursache stets in bestimmten Symmetrien, wobei der Begriff Symmetrie im allgemeinsten Sinne zu verstehen ist: Beispiele für solche Symmetrien werden wir im Rahmen des ganzen Buches finden und kennenlernen. In diesem Abschnitt werden derartige Symmetrien allgemein untersucht, insbesondere jedoch der praktisch wichtigste Typ, die geometrischen Symmetrien, und die Ausnutzung gruppen- und darstellungstheoretischer Hilfsmittel behandelt.

2.1 Gruppen

Was ist ein Operator? Nun, lediglich ein Symbol, das uns angibt, was mit der darauffolgenden Funktion zu tun ist. Zum Beispiel weist d/dx uns an, die Ableitung der Größe nach x zu bilden, die diesem Operator folgt. Operatoren haben ihre eigene Algebra. Schreiben wir etwa das Produkt (d/dx) (d/dy), so haben wir erst die Ableitung nach y zu bilden und dann auf das Ergebnis (d/dx) anzuwenden, d. h. die resultierende Größe nach x abzuleiten. Als Operatorengleichung geschrieben lautet diese Vorschrift:

$$\left(\frac{d}{dy}\right)\left(\frac{d}{dy}\right) = \frac{d^2}{dy^2}.$$ (2.1)

Diese Gleichung sagt uns lediglich, daß die auszuführende Operation auf der rechten Seite dieselbe ist, wie die beiden nacheinander auszuführenden auf der linken Seite.

Wir werden uns im folgenden hauptsächlich mit Gruppen von Symmetrie-Operatoren beschäftigen, nicht mit abstrakten Gruppen wie die Mathematiker. Zunächst wollen wir aber Gruppen als mathematische Objekte einführen, die wir unabhängig von jeder geometrischen Anschauung behandeln können.

Fangen wir mit einer sechselementigen Menge von Operatoren $\{B, C, T, A, G, J\}$ an. Wir können uns zur Verdeutlichung vorstellen, daß jedes Element an einem Objekt operiert, also ein Operator ist. Wenn zuerst G operiert und dann T, so sei das Resultat dasselbe, als wenn C allein operiert. Wir drücken dies in folgender Gleichung aus:

$$TG = C.$$ (2.2)

Weiter: Wenn zuerst A operiert und dann J, so sei das Resultat genau so wie bei T, wenn es allein operiert:

$$JA = T.$$ (2.3)

Die Tabelle, die alle Produkte von jeweils zwei Operatoren beschreibt, sieht so aus:

	B	C	T	A	G	J
B	B	C	T	A	G	J
C	C	B	J	G	A	T
T	T	G	B	J	C	A
A	A	J	G	B	T	C
G	G	T	A	C	J	B
J	J	A	C	T	B	G

(2.4)

Wir lesen diese Multiplikationstabelle, indem wir zunächst den ersten Operator in der obersten Zeile suchen und dann den zweiten in der linken Spalte.

Zusammen mit der durch die Tabelle beschriebenen Verknüpfung bildet unsere Menge eine Gruppe, da sie die folgenden vier Eigenschaften hat, die eine Gruppe definieren.

(1) In jeder Gruppe gibt es einen Operator, der mit allen anderen Operatoren kommutiert und sie dabei unverändert läßt. In unserer Tabelle ist B dieser Operator. Zum Beispiel gilt:

$$BC = CB = C. \tag{2.5}$$

Er wird Einheitsoperator[1]) genannt und gewöhnlich mit E bezeichnet.

(2) Das Produkt von jeweils zwei Operatoren muß wiederum Element der Gruppe sein. So ist $CT = J$, und J ist Mitglied unserer Gruppe. Weiter gilt $JJ = G$, und G gehört ebenfalls zur Gruppe.

(3) Die Verknüpfung ist assoziativ, das heißt $(XY) Z = X(YZ)$ für alle Gruppenelemente X, Y, Z. Zum Beispiel:

$$A(BC) = AC = J, \qquad (AB) C = AC = J. \tag{2.6}$$

(4) In der Gruppe muß das Reziproke (auch Inverse) jedes Operators existieren. Dabei ist das Produkt eines Operators und seines Reziproken der Einheitsoperator. Wir bezeichnen das Reziproke eines Operators Z mit Z^{-1}. Z und sein Reziprokes müssen kommutieren:

$$ZZ^{-1} = Z^{-1}Z = E. \tag{2.7}$$

In unserem Beispiel sind G und J zueinander reziprok:

$$GJ = JG = B. \tag{2.8}$$

Eine Gruppe, in der die Multiplikationsreihenfolge keine Rolle spielt, heißt **kommutative oder abelsche Gruppe**. Unsere Gruppe ist nicht kommutativ, denn es gilt $AC \neq CA$.

Wenn eine Teilmenge einer Gruppe selbst eine Gruppe ist, so nennen wir sie Untergruppe. Eine mögliche Untergruppe in unserem Beispiel ist $\{B, C\}$. Ihre Multiplikationstabelle sieht so aus:

$$
\begin{array}{c|cc}
 & B & C \\
\hline
B & B & C \\
C & C & B.
\end{array}
\tag{2.9}
$$

Die Zahl der Elemente einer Untergruppe heißt Ordnung der Untergruppe. $\{B, C\}$ ist also eine Untergruppe der Ordnung zwei. Weitere Untergruppen dieser Ordnung sind $\{B, T\}$ und $\{B, A\}$. Die Elemente B, G und J bilden eine

---

[1]) Allgemeiner bezeichnen wir dieses Gruppenelement als das Neutralelement (e). Für die Symmetrieoperationen von Molekülen entspricht diese Operation einer Drehung um $360°$.

Untergruppe der Ordnung drei. Die Ordnung einer Untergruppe ist Teiler der Ordnung der Hauptgruppe. Unsere Gruppe der Ordnung sechs kann also nur Untergruppen der Ordnungen eins, zwei oder drei haben. Im allgemeinen gibt es aber nicht zu jedem Teiler der Gruppenordnung eine Untergruppe mit dieser Ordnung.

Eine **Ähnlichkeitstransformation** ist durch die aufeinanderfolgende Operation der drei Operatoren Z, X und Z^{-1} definiert, wobei X und Z irgendwelche Operatoren sind.

$$Z^{-1}XZ = Y. \tag{2.10}$$

Gruppenelemente wie X und Y, die durch eine Ähnlichkeitstransformation einander zugeordnet sind, werden konjugiert genannt. In unserem Beispiel sind G und J konjugiert, denn

$$C^{-1}GC = J. \tag{2.11}$$

Eine **Klasse** ist ein kompletter Satz von Operatoren, die miteinander konjugiert sind. Die Mengen $\{G, J\}$ und $\{C, T, A\}$ sind Beispiele für Klassen. Die Anzahl der Elemente einer Klasse ist Teiler der Gruppenordnung. Für unsere Gruppe der Ordnung sechs können nur Klassen der Ordnung eins, zwei oder drei existieren.

2.2   Symmetrieoperationen und Moleküle

Wir wollen nun Symmetrieoperationen untersuchen, die in der Molekülphysik eine große Rolle spielen. Später werden wir Gruppen von Symmetrieoperationen bilden, und unser Ziel wird sein, die Eigenschaften solcher Gruppen zu nutzen, um sie auf praktische Probleme anzuwenden.

Eine Symmetrieoperation ist eine Operation, bei der ein Objekt in eine neue Position gebracht (gedreht, gespiegelt etc.) wird, die der alten äquivalent ist[1]. Wir betrachten zum Beispiel die Rotation des ebenen Moleküls Bortrifluorid BF_3 um 120°, Fig. 2.1.

Könnten wir die Fluoratome unterscheiden, dann wäre es möglich, die beiden Fälle zu unterscheiden. Da wir sie nicht unterscheiden, ist die zweite Konfiguration zur ersten äquivalent.

Symmetrieelemente sind Punkte, Linien oder Flächen, auf die bezogen eine Symmetrieoperation ausgeführt wird. Im BF_3 ist die Achse durch das Boratom

---

[1] Genauer bezeichnen wir als Symmetrieoperation eines Moleküls eine lineare Transformation des Moleküls im Raum, die äquivalente Atome ineinander überführt.

senkrecht zur Molekülebene das benutzte Symmetrieelement. Um diese Achse haben wir die Symmetrieoperation „Drehung um 120°" ausgeführt. Fünf Arten von Symmetrieoperationen sollten wir kennen:

(1) Die einfachste Operation ist die Identitätsoperation, gewöhnlich durch E angegeben. Dieses Symbol weist an, das Molekül um eine beliebige Drehachse um 360° zu drehen, d. h. E spielt die Rolle des Neutralelements.

(2) Spiegelung an einer Ebene bezeichnen wir mit dem griechischen Buchstaben σ. Das nichtebene Molekül Thionylfluorid SOF_2 hat eine solche σ-Ebene, Fig. 2.2.

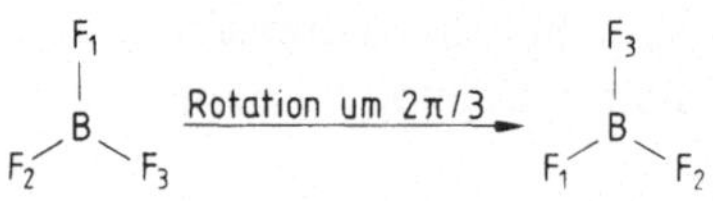

Fig. 2.1 Drehung des Bortrifluorids, BF_3, um 120°

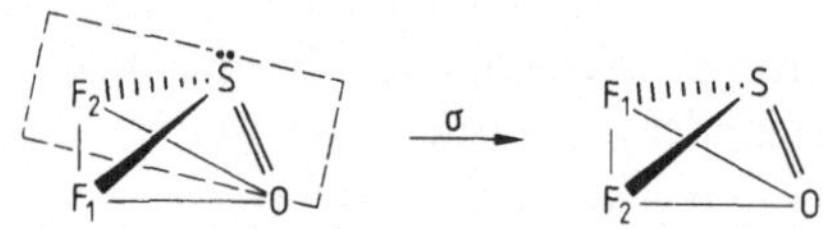

Fig. 2.2 Spiegelung des Moleküls SOF_2 an der eingezeichneten Ebene durch S, O und die Winkelhalbierende ∢ FSF

Diese Ebene schneidet Schwefel(S)- und Sauerstoff(O)-Atome und durchsetzt die Verbindung der beiden Fluoratome in der Mitte, d. h. halbiert den Winkel FSF. Spiegelung an dieser Ebene tauscht die beiden (ununterscheidbaren) Fluoratome aus. Führen wir eine zweite solche Operation durch, so kommen wir zum Ausgangsbild zurück. Wir schreiben $\sigma \cdot \sigma$ als σ^2 und erhalten $\sigma^2 = E$. Damit ist σ sein eigenes Inverses.

(3) Drehung um eine Achse bezeichnen wir mit C_n. C zeigt lediglich die Drehung an, und der Index n gibt uns den Bruchteil einer kompletten Drehung um 2π, den wir auszuführen haben. Eine Rotation um 120° ($2\pi/3$) wie bei BF_3 heißt also C_3. Eine 90°-Drehung ($2\pi/4$) von, sagen wir, dem Tetrachloroplatinat-(II)-ion $[PtCl_4]^{2-}$ schreiben wir als C_4.

$$\begin{bmatrix} & Cl_2 & \\ & | & \\ Cl_3 & -Pt- & Cl_1 \\ & | & \\ & Cl_4 & \end{bmatrix}^{2-} \xrightarrow{C_4} \begin{bmatrix} & Cl_1 & \\ & | & \\ Cl_2 & -Pt- & Cl_4 \\ & | & \\ & Cl_3 & \end{bmatrix}^{2-}$$

Zwei C_4-Operationen nacheinander sind dasselbe wie eine C_2-Operation.

$$C_4C_4 = C_4^2 = C_2. \tag{2.12}$$

Vier C_4-Operationen produzieren wieder den Anfangszustand, d. h.

$$C_4^4 = E. \tag{2.13}$$

Allgemein gilt $C_n^n = E$. Was ist nun das Inverse zu C_4? Es muß C_4^3 sein, denn $C_4^3 C_4 = C_4^4 = E$. E läßt sich auch als C_1 schreiben: $E = C_1$.

Die Folge von drei nacheinander ausgeführten C_4-Operationen, C_4^3, ist gerade eine Drehung in die entgegengesetzte Richtung der C_4-Rotation.

$$\begin{bmatrix} Cl_1 \\ | \\ Cl_2 - Pt - Cl_4 \\ | \\ Cl_3 \end{bmatrix} \xleftarrow{C_4} \begin{bmatrix} Cl_2 \\ | \\ Cl_3 - Pt - Cl_1 \\ | \\ Cl_4 \end{bmatrix} \xrightarrow{C_4^3} \begin{bmatrix} Cl_3 \\ | \\ Cl_4 - Pt - Cl_2 \\ | \\ Cl_1 \end{bmatrix}$$

Die entgegengesetzte (inverse) Operation von C_n^m ist allgemein C_n^{n-m}, d. h. $(C_4)^{-1} = C_4^3$ und $(C_7^2)^{-1} = C_7^5$.

(4) Eine Drehung, gefolgt von einer Spiegelung an der Ebene senkrecht zur Drehachse, ist unsere nächste Symmetrieoperation. Schauen wir uns das Molekül C_3H_4 (Allen) einmal an; Fig. 2.3. Wir können dieses Molekül zunächst um $2\pi/4 = 90°$ um die Achse durch die drei Kohlenstoffatome drehen und dann an einer Ebene durch das zentrale Kohlenstoffatom senkrecht zur Drehachse spiegeln, Fig. 2.4.

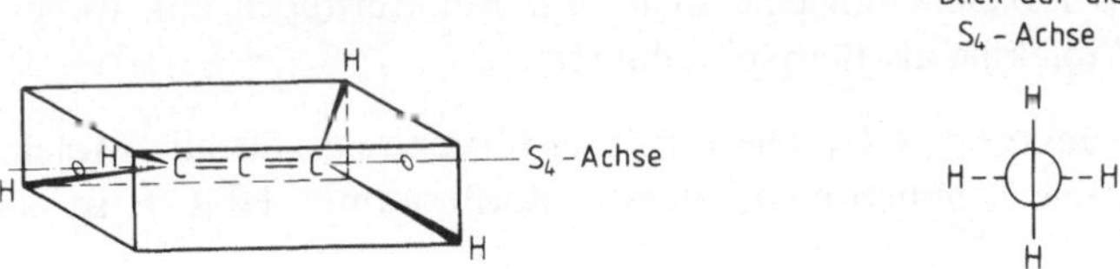

Fig. 2.3 Das Molekül C_3H_4 (Allen)

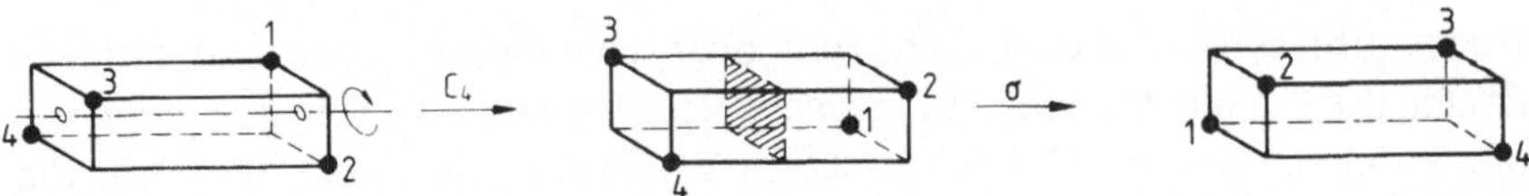

Fig. 2.4 Drehung und anschließende Spiegelung an der Ebene senkrecht zur Drehachse des C_3H_4

Diese Operation, die S_4-Drehspiegelung, läßt eine äquivalente Konfiguration des Moleküls zurück. Das Inverse von S_n^m ist S_n^{n+m}, wenn n gerade ist. Für ungerades n ist das Inverse von S_n^m jedoch S_n^{2n-m}.

(5) In version beinhaltet die Bewegung jedes Atoms durch das Molekülzentrum und bringt es so auf die entgegengesetzte Seite. Wir wollen das am Beispiel des Molybdänhexacarbonyls zeigen, Fig. 2.5.

Das Symbol „i" bezeichnet diese Operation, die wir auch Punktspiegelung an einem Zentrum nennen: $i = S_2$. Die Inversion ist äquivalent zu der S_2-Drehspiegelung um einen Punkt.

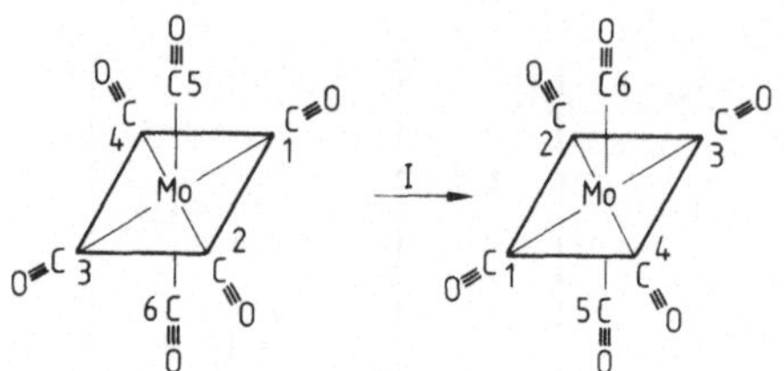

Fig. 2.5
Inversion, „i" des Molybdänhexacarbonyls, $Mo(CO)_6$

2.3   Punktgruppen

Ausgerüstet mit diesen Symmetrieoperatoren ist es uns nun möglich, sie in Gruppen anzuordnen, die als Punktgruppen[1]) bezeichnet werden. Es wird uns im weiteren möglich sein, jedes Molekül einer dieser Gruppen zuzuordnen, abhängig von den jeweiligen Symmetrieelementen, die das Molekül besitzt.

Wir bauen nun eine Liste von Punktgruppen auf, wobei wir jeweils einige Moleküle als Beispiel anführen.

Punktgruppe C_1 Diese triviale Gruppe enthält alle Moleküle, die überhaupt keine Symmetrie enthalten. Chlorfluoramin, HNClF, ist ein solches Molekül.

Weder gibt es ein Inversionszentrum noch eine Spiegelebene und nur eine Drehachse C_1, die das Molekül in sich übergehen läßt. Die einzige Symmetrieoperation, die wir an HNClF durchführen können ist $E \equiv C_1$, die Eindeutigkeitsoperation.

---

[1]) Die Gesamtheit aller Symmetrieoperationen eines Moleküls läßt mindestens einen Punkt im Raum invariant. Deshalb bezeichnen wir die Symmetriegruppen von Molekülen als Punktgruppen. Dieser Punkt muß nicht mit einem realen Atom des Moleküls zusammenfallen!

Punktgruppe C_S Zu dieser Punktgruppe gehören Moleküle, deren einziges Symmetrieelement eine Spiegelebene ist. Das sehr unstabile Formylchlorid, HCOCl, besitzt lediglich seine Molekülebene als Symmetrieelement.

$$
\begin{array}{l}
H \\
\quad \backslash \\
\qquad C = O \\
\quad / \\
Cl
\end{array}
$$

Diese σ-Operation bewegt noch nicht einmal eines der Atome. Die Spiegelebene im weiter oben bereits erwähnten Thionylfluorid SOF_2, vgl. Fig. 2.2, tauscht die beiden Fluoratome aus; das Molekül gehört ebenfalls zur Punktgruppe C_S.

Punktgruppe C_i Wenn Moleküle lediglich ein Inversionszentrum besitzen, gehören sie zur Punktgruppe C_i. So gehört etwa der „Rotamer" (Rotations-Isomer) des 1,2-Difluor-1,2-dichlorethans, der hier aufgezeigt ist, zu dieser Gruppe.

Beachte jedoch, daß ein Molekül wie dieses bereits bei moderater Temperatur heftig um die $C-C$-Bindung rotiert. Diese Rotation und damit der Verlust der Inversionssymmetrie wird dann das Spektrum dieser Verbindung bestimmen.

Punktgruppen C_n Die Moleküle, die zu diesen Gruppen gehören, besitzen lediglich eine n-fache Drehachse. Ein Molekül der Borsäure, mit drei Wasserstoffatomen aus der Ebene des BO_3-Rumpfes gewinkelt, besitzt eine C_3-Symmetrie.

Bevor wir mit den komplizierteren Punktgruppen fortfahren, gilt es zu überlegen, w a r u m die Symmetrieoperationen, anwendbar auf diese Moleküle, Gruppen bilden. Um eine Gruppe zu bilden, müssen die jeweiligen Operationen vier Bedingungen erfüllen.

(1) Eine Eindeutigkeitsoperation muß in jeder Gruppe vorhanden sein. Diese kommutiert mit allen anderen Operationen, da sie selbst das Molekül nicht ändert.

(2) Das Produkt von jeweils zwei Operationen in der Gruppe muß ebenfalls zur Gruppe gehören. Welche Operationen werden etwa von E und C_3 erzeugt?

$$E \cdot E = E. \qquad E \cdot C_3 = C_3, \qquad C_3 \cdot C_3 = C_3^2. \tag{2.14}$$

Das Produkt von C_3 mit sich selbst gibt C_3^2, daher muß dieses ebenfalls zur Gruppe gehören. Erzeugt nun C_3^2 noch irgendwelche neue Operationen?

$$E \cdot C_3^2 = C_3^2, \qquad C_3^2 \cdot C_3 = E, \qquad C_3^2 \cdot C_3^2 = C_3^4 = C_3.$$

Nein, es gibt keine weiteren Operationen.

Wir wollen die Multiplikationstabelle für diese Gruppe aufschreiben, Gl. (2.15):

$$
\begin{array}{c|ccc}
 & E & C_3 & C_3^2 \\
\hline
E & E & C_3 & C_3^2 \\
C_3 & C_3 & C_3^2 & E \\
C_3^2 & C_3^2 & E & C_3
\end{array}
\tag{2.15}
$$

(3) Die dritte notwendige Eigenschaft ist Assoziativität. Ist das Produkt $C_3 \cdot (C_3 \cdot C_3^2)$ dasselbe wie $(C_3 \cdot C_3) \cdot C_3^2$? Ja, es ist so:

Das erste Produkt ist $C_3(C_3 \cdot C_3^2) = C_3(C_3^3) = C_3 \cdot E = C_3$.
Das zweite ergibt $(C_3 \cdot C_3)\, C_3^2 = (C_3^2)\, C_3^2 = C_3$.

(4) Nun benötigen wir noch das Reziproke jeder Operation. Das Reziproke von E ist E; das von C_3 ist C_3^2; das von C_3^2 schließlich ist C_3. Das Produkt einer Operation mit ihrem Reziproken muß E ergeben. Damit erfüllen diese Operationen die vier Voraussetzungen für eine mathematische Gruppe. Uns daran erinnernd, wollen wir nun auf die komplizierteren Punktgruppen lossteuern.

Punktgruppen C_{nv} Wasser, H_2O, gehört zur Punktgruppe C_{2v}, Fig. 2.6. Es hat eine zweifache Drehachse und z w e i v e r t i k a l e S p i e g e l e b e n e n σ_v. Eine vertikale Spiegelebene ist — durch Definition — eine Spiegelebene, die mit der Drehachse zusammenfällt. Wir unterscheiden diese Ebenen voneinander, indem wir eine mit einem zusätzlichen Strich versehen, σ_v'. Hat ein Molekül lediglich eine C_n-Achse und n σ_v-Ebenen, so gehört es zur Punktgruppe C_{nv}. Finden wir eine C_n-Achse und irgendeine σ_v-Ebene, so ist garantiert, daß es n σ_v-Ebenen gibt, da die anderen durch Produkte der Operationen erzeugt werden.

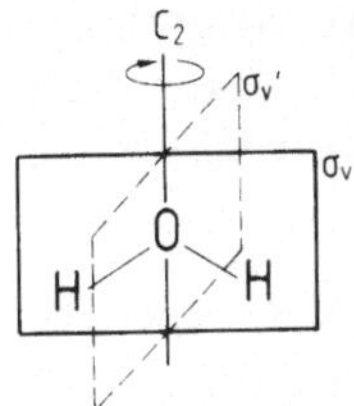

Fig. 2.6 Das Wassermolekül, H$_2$O mit zweifacher Drehachse, C$_2$, und zwei vertikalen Spiegelebenen, σ_v

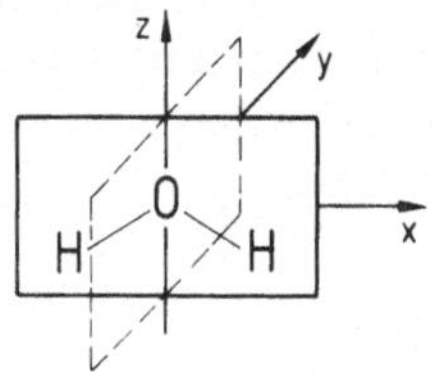

Fig. 2.7 Wahl des Koordinatensystems für das Molekül H$_2$O

Ein Beispiel ist Ammoniak, NH$_3$, das zur Punktgruppe C$_{3v}$ gehört, d. h. es hat eine C$_3$-Achse und drei σ_v-Ebenen.

Betrachten wir die C$_{2v}$-Multiplikationstabelle, Gl. (2.16). Die Gruppe erscheint komplett, da jedes Produkt von zwei beliebigen Operationen der Gruppe wieder Gruppenelement ist. Wir haben ein K o o r d i n a t e n s y s t e m entworfen, um es ein wenig einfacher zu machen, das Problem aufzuzeigen (Fig. 2.7 für H$_2$O).

Die z-Achse ist − durch Konvention − immer die p r i n z i p i e l l e (oder H a u p t -) D r e h a c h s e. Diese Hauptachse hat die höchste Ordnung in bezug auf die Drehung C$_n$.

	E	C$_2$	σ_v(xz)	σ'_v(yz)
E	E	C$_2$	σ_v(yz)	σ'_v(yz)
C$_2$	C$_2$	E	σ'_v(yz)	σ_v(xz)
σ_v(xy)	σ_v(xz)	σ'_v(yz)	E	C$_2$
σ'_v(yz)	σ'_v(yz)	σ_v(xz)	C$_2$	E

$$(2.16)$$

Noch ein weiterer Punkt zur Nomenklatur soll hier eingefügt werden. Die Gruppe C$_{4v}$, zu der zum Beispiel Mn(CO)$_5$Br gehört, weist zwei Arten von vertikalen Spiegelebenen auf; Fig. 2.8.

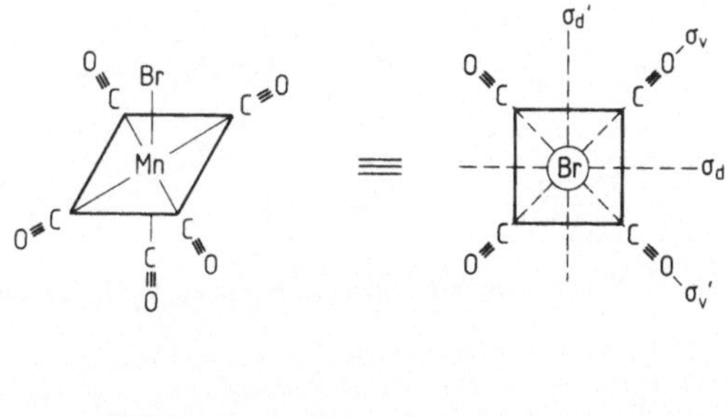

Fig. 2.8 Mn(CO)$_5$Br mit zwei unterschiedlichen Arten von Spiegelebenen, σ_v und σ_d

Die einen gehen durch das zentrale Manganatom und die Carbonylgruppen. Wir bezeichnen sie mit σ_v und σ_v'. Die anderen schneiden ebenfalls das zentrale Atom, aber halbieren dann die jeweiligen $(CO) - Mn - (CO)$-Winkel. Sie werden σ_d-Ebenen genannt, wobei „d" für d i a g o n a l steht.

Punktgruppen C_{nh} Diese Punktgruppen werden durch eine C_n-Achse und eine h o r i z o n t a l e Spiegelebene, σ_h, erzeugt. Durch Definition ist dabei eine horizontale Ebene diejenige, welche senkrecht zur Drehachse steht.

Butadien, C_4H_6, in seiner transplanaren (o-trans)Konformation gehört zum Beispiel zur Punktgruppe C_{2h}.

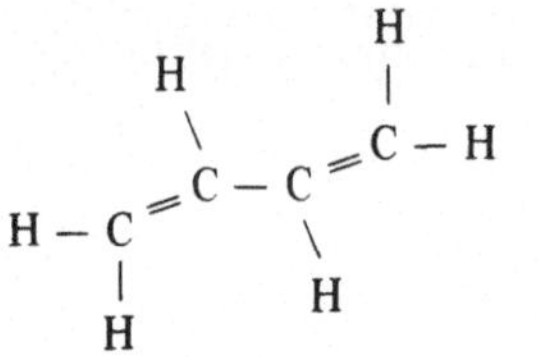

Dabei ist die σ_h-Ebene gleichzeitig die Molekülebene; die C_2-Achse teilt die zentrale $C - C$-Bindung mittig und steht senkrecht auf der Molekülebene. Sind das bereits alle Symmetrieelemente?

Wenn ja, sollten die entsprechenden Operationen eine Gruppe bilden. Wir wollen das überprüfen, d. h. nachsehen, ob diese Gruppe vollständig ist. Wir beginnen mit E, C_2 und σ_h.

$$
\begin{aligned}
E \cdot E &= E & C_2 \cdot C_2 &= E \\
E \cdot C_2 &= C_2 & C_2 \cdot \sigma_h &= S_2 = i \\
E \cdot \sigma_h &= \sigma_h & \sigma_h \cdot \sigma_h &= E.
\end{aligned}
\qquad (2.17)
$$

Wir haben die Inversionsoperation ausgelassen, wie unsere Überprüfung der binären Produkte zeigt. Tatsächlich gibt es ein Inversionszentrum dort, wo die C_2-Achse die Spiegelfläche durchsetzt. Ist die Gruppe nun komplett? Um das herauszufinden, benötigen wir alle Produkte von i und den anderen Operationen, vgl. Fig. 2.9.

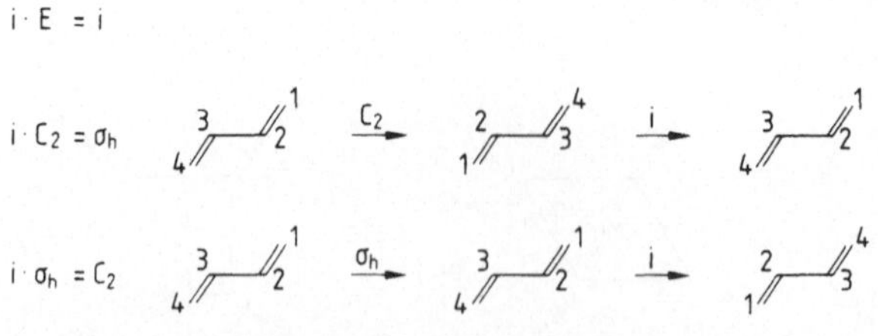

Fig. 2.9 Symmetrieoperationen am Butadien, C_4H_6. Produkte von i

Alle Produkte sind Elemente der Gruppe, daher muß die Gruppe nun komplett sein. Wie haben wir herausgefunden, daß $i \cdot C_2$ gleich σ_h und nicht gleich E ist? Fig. 2.9 ist nicht ausreichend, um zwischen E und σ_h zu unterscheiden. Ebenfalls offen ist noch, warum $i \cdot \sigma_h$ gleich C_2 und nicht gleich i ist. Wir müssen noch etwas mehr Information in Fig. 2.9 einbauen. In Fig. 2.10 zeichnen wir je einen Pfeil an die Kohlenstoffatome, der aus der Molekülebene herausweist. Diese Pfeile sollen als Zeiger dienen, damit man besser sehen kann, was bei den jeweiligen Operationen geschieht:

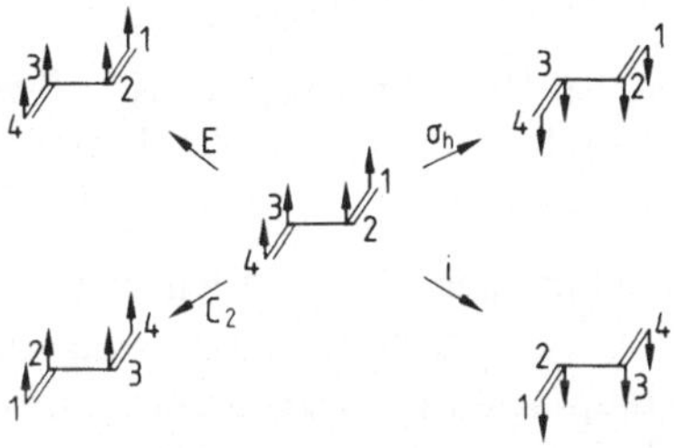

Fig. 2.10 Symmetrieoperationen am Butadien, C_4H_6: i, σ_h, E und C_2

σ_h und i drehen die Pfeilrichtungen jeweils um, hier von oben nach unten. Nun wollen wir die oben angeführten Produkte $i \cdot C_2$ und $i \cdot \sigma_h$ erneut untersuchen, Fig. 2.11:

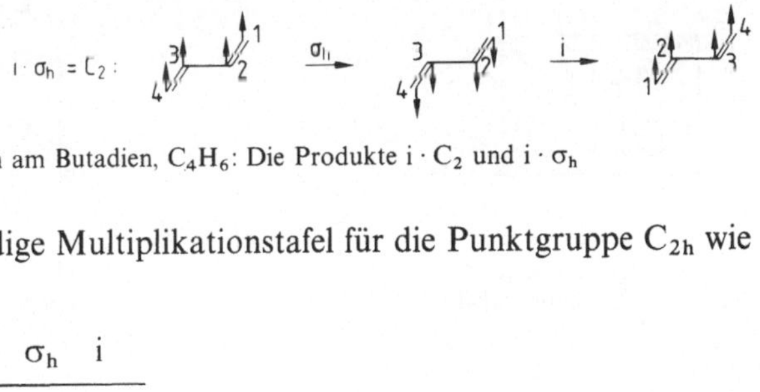

Fig. 2.11 Symmetrieoperationen am Butadien, C_4H_6: Die Produkte $i \cdot C_2$ und $i \cdot \sigma_h$

Damit sieht die vollständige Multiplikationstafel für die Punktgruppe C_{2h} wie folgt aus, Gl. (2.18):

	E	C_2	σ_h	i
E	E	C_2	σ_h	i
C_2	C_2	E	i	σ_h
σ_h	σ_h	i	E	C_2
i	i	σ_h	C_2	E

$$(2.18)$$

Punktgruppen D_n Die Punktgruppen D_n werden durch eine C_n-Achse und n C_2-Achsen senkrecht zu der C_n-Achse erzeugt. Ein Kation von D_3-Symmetrie

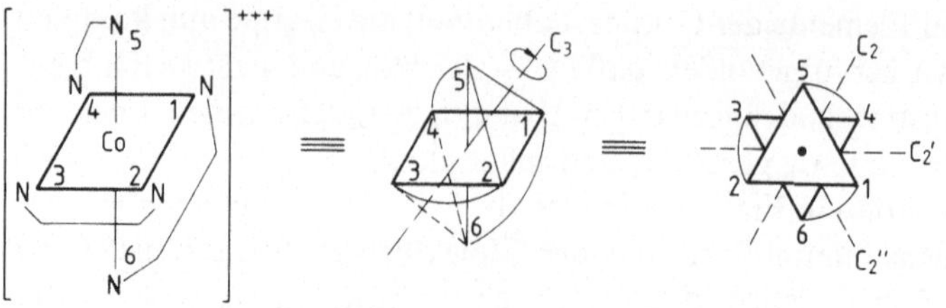

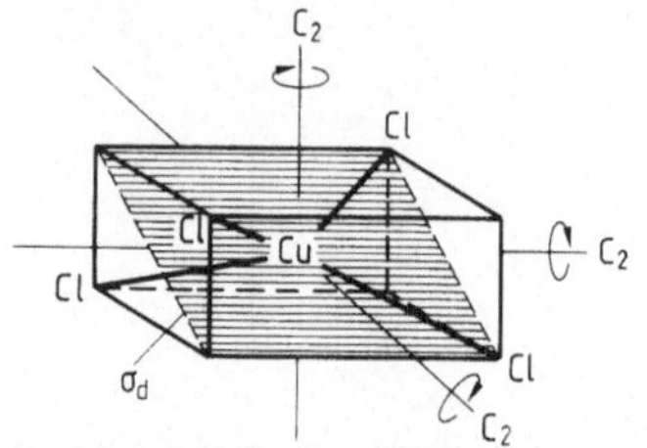

Fig. 2.12 Das Kation $[Co(H_2NCH_2CH_2NH_2)_3]^{3+}$, Trisethylendiamincobaltat(III)-Ion.

ist $Co(H_2NCH_2CH_2NH_2)_3^{3+}$. Beachte, daß es **drei** zueinander senkrechte C_2-Achsen gibt, Fig. 2.12. Eine C_n-Achse und eine darauf senkrecht stehende C_2-Achse erzeugen den Rest der dazu senkrechten C_2-Achsen.

Punktgruppen D_{nd} Wie wir jetzt vielleicht bereits erraten, wird diese Punktgruppe von einer C_n-Achse, dazu senkrechten C_2-Achsen und σ_d-Ebenen erzeugt. Die Hauptachse C_n liegt in den σ_d-Ebenen. So gibt es im speziellen Fall D_{2d} drei C_2-Achsen. Ist eine dieser Achsen irgendwie ausgezeichnet, dann wird σ_d bezüglich dieser Achse definiert. Ist keine Achse ausgezeichnet, wählen wir eine und starten damit. $[CuCl_4]^{2-}$ hat drei C_2-Achsen und zwei vertikale Spiegelebenen, von denen nur eine in Fig. 2.13 eingezeichnet ist. Die Bezeichnung dieser Ebenen als σ_d und nicht als σ_v ist willkürlich, jedoch so gebräuchlich. Es wird immer n zueinander senkrechte C_2-Achsen in der Punktgruppe D_{nd} geben.

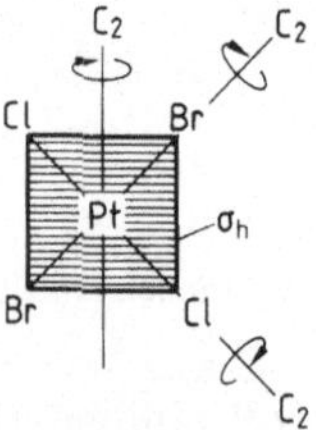

Fig. 2.13 Das Anion $[CuCl_4]^{2-}$, Tetrachlorocuprat(II)-Ion.

Fig. 2.14 Das Anion trans-$[PtCl_2Br_2]^{2-}$, trans-Dichlorodibromoplatinat(II)-Ion.

Punktgruppen D_{nh} Alter Hut: Wir benötigen eine C_n-Achse, n dazu senkrechte C_2-Achsen und eine horizontale Spiegelebene σ_h. Trans-$[PtCl_2Br_2]^{2-}$ hat D_{2h}-Symmetrie, Fig. 2.14.

Punktgruppen S_n Diese Punktgruppen werden von einer S_n-Achse erzeugt. Das weiter unten aufgezeigte Molekül, substituiertes „Spirononan", Fig. 2.15, hat **nur** die Elemente, die durch S_4 erzeugt werden, d. h. S_4, $S_4^2 = C_2$, S_4^3 und $S_4^4 = E$.

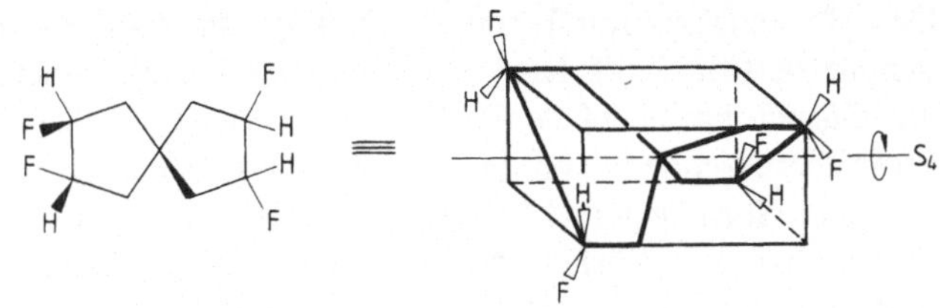

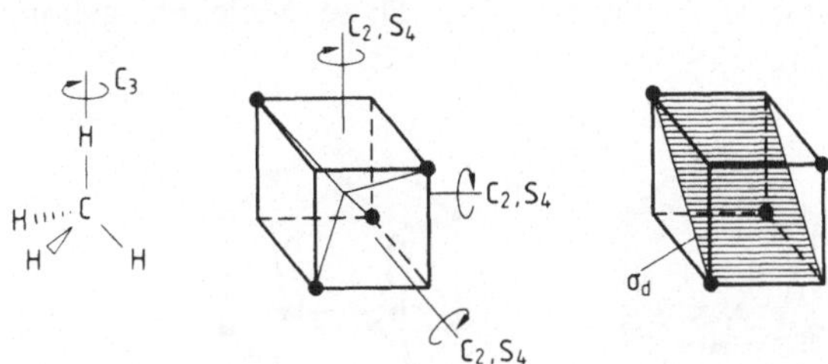

Fig. 2.15 Geometrie des substituierten „Spirononans"

Die S_2-Punktgruppe ist tatsächlich gerade die C_i-Punktgruppe, da $S_2 = i$. Daher verwenden wir die Bezeichnung S_2 nicht.

Wenn n ungerade ist, dann sind S_n-Punktgruppen gerade dasselbe wie die C_{nh}-Punktgruppen, deshalb bezeichnen wir sie auch mit C_{nh}. Daher werden nur $S_4, S_6, S_8, \dots$ als eigenständige Punktgruppen aufgefaßt.

Spezielle Punktgruppen Eine Vielfalt von Molekülen kann sofort einer der speziellen Punktgruppen zugeordnet werden.

Lineare Moleküle mit einem Inversionszentrum, sowie homonukleare zweiatomige Moleküle, sind in der Gruppe $D_{\infty h}$. Diese Moleküle, wie z. B.

$$O = C = C = C = O, \qquad H - H$$

haben eine C-Achse von unendlicher Ordnung und eine unendliche Anzahl von dazu senkrechten C_2-Achsen. Sie haben ebenfalls eine unendliche Anzahl von vertikalen Spiegelebenen. Das Zentrum des Moleküls ist ein Inversionszentrum, und die C_∞-Achse ist ebenfalls eine S_∞-Achse. Heteronukleare zweiatomige Moleküle gehören zu der Gruppe $C_{\infty v}$. Sie haben kein Inversionszentrum, jedoch haben sie eine unendliche Anzahl von vertikalen Spiegelebenen.

Tetraeder-Moleküle wie z. B. CH_4 gehören zur Punktgruppe T_d. Die 24 Operationen dieser Gruppe schließen C_2-Rotation, C_3-Rotation, S_4-Rotation, σ_d-Reflexion und die Identitätsoperation ein, Fig. 2.16.

Fig. 2.16 CH_4, ein Tetraedermolekül weist 24 Operationen der Punktgruppe T_d auf, eingetragen sind $C_3, 3\,C_2, 3\,S_4$ sowie die σ_d-Spiegelung

Das Hexanitrocuprat(II)-Ion, $Cu(NO_2)_6^{4-}$ im Salz $K_2PbCu(NO_2)_6$ hat T_h-Symmetrie (Fig. 2.17). Der Würfel mit den eingezeichneten Linien auf seinen Stirnflächen hat ebenfalls T_h-Symmetrie. Vier C_3-Achsen durchstoßen jeweils gegenüberliegende Ecken. Drei C_2-Achsen laufen durch die Mitten gegenüberliegender Stirnflächen. Mit den C_3-Achsen fallen die S_6-Achsen zusammen. Zudem hat der Würfel drei horizontale Spiegelebenen und ein Inversionszentrum.

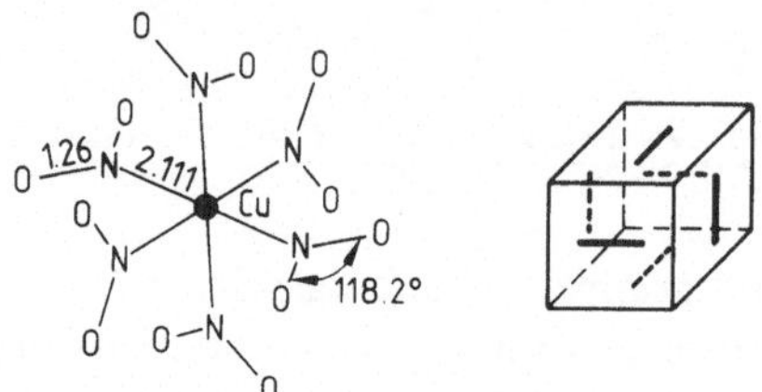

Fig. 2.17 Das Anion $[Cu(NO_2)_6]^{4-}$ hat dieselbe Symmetrie, T_h, wie der eingezeichnete Würfel

Oktaedrische Moleküle gehören zur Punktgruppe O_h. Es gibt 48 Operationen in dieser Gruppe; für das Hexafluoroaluminat(III)-Ion, $[AlF_6]^{3-}$ sind die C- und S-Achsen in Fig. 2.18 eingezeichnet. Zudem gibt es σ_d- und σ_h-Spiegelflächen und ein Inversionszentrum.

Fig. 2.18 Das Anion $[AlF_6]^{3-}$ mit seinen C_n- und S_n-Achsen

Schließlich haben wir noch die seltenen Moleküle, die höheren „platonischen Körpern" entsprechen, z. B. mit ikosaedrischer (20 Dreiecksstirnflächen) oder dodekaedrischer (12 Fünfecksstirnflächen) Struktur. $[B_{12}H_{12}]^{2-}$ hat die reguläre ikosaedrische Struktur. Diese Moleküle gehören zur Punktgruppe I_h, vgl. Fig. 2.19.

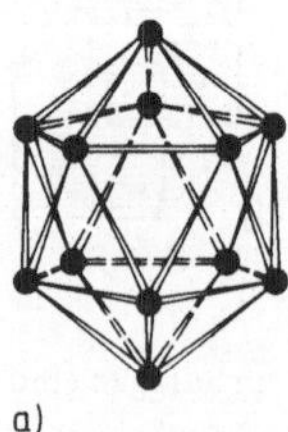

a)

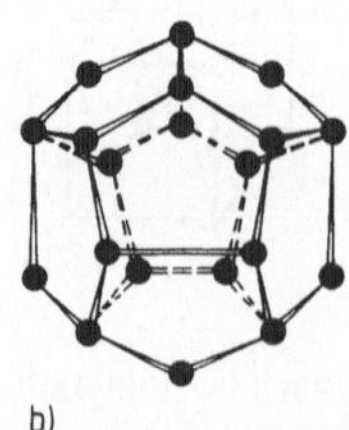

b)

Fig. 2.19 Ikosaeder (a) und Dodekaeder (b)

2.4 Einordnung von Molekülen in Punktgruppen

Wir entwickeln nun ein systematisches Vorgehen, um die Punktgruppe eines Moleküls zu bestimmen. Der Erfolg unseres Vorgehens wird davon abhängen, ob wir die im Molekül vorhandenen Symmetrieelemente auffinden. Mit zunehmender Praxis wird es uns immer einfacher fallen, alle Symmetrieelemente eines Moleküls zu finden.

(1) Moleküle mit sehr hoher Symmetrie können fast immer sofort linearen ($C_{\infty v}$, $D_{\infty h}$), kubischen (T, T_d, T_h, O, O_h) oder ikosaedrischen (I_h) Punktgruppen zugeordnet werden. Es mag notwendig sein, sich von der Anwesenheit von wirklich jedem Symmetrieelement zu überzeugen, bevor wir sicher gehen können, die Punktgruppe einer sehr komplizierten Spezies wie etwa $[Cu(NO_2)_6]^{4-} \Rightarrow (T_h)$ richtig bestimmt zu haben, vgl. Fig. 2.17.

(2) Gehört das Molekül zu keiner der unter (1) angegebenen Gruppen, sehen wir nach, ob es eine C_n-Achse hat. Wenn es so ist, fahren wir mit (3) fort. Wenn nicht, schauen wir nach einer Spiegelebene oder einem Inversionszentrum. Diese Elemente setzen die Punktgruppe C_s bzw. C_i fest. Gibt es gar kein Symmetrieelement, so ist die Punktgruppe eben „nur" C_1.

(3) Hat das Molekül eine C_n-Achse, so halten wir Ausschau nach einer S_{2n}-Achse, die mit der ausgezeichneten Achse zusammenfällt. Gibt es mehr als eine solcher Achsen, fahren wir mit Schritt (4) fort. Das Auftreten einer S_{2n}-Achse und vergebliche Suche nach weiteren Symmetrieelementen (ausgenommen ein mögliches Inversionszentrum) legen die Punktgruppe als S_{2n} fest.

(4) Besitzt das Molekül weitere ausgezeichnete Achsen oder Spiegelflächen, dann gehört es entweder zu einer C- oder D-Punktgruppe. Wenn eine C_2-Achse senkrecht zur C_n-Achse auftritt, so ist das Auftreten von n zueinander senkrechten zweifachen Achsen garantiert; dann gehört das Molekül zu einer D-Punktgruppe. Wenn keine Spiegelflächen gefunden werden können, ist es gerade D_n; ist eine horizontale Spiegelebene vorhanden, ist die Punktgruppe D_{nh}. Sind nur vertikale Spiegelebenen vorhanden, führt dieser Umstand zur Punktgruppe D_{nd}. Erinnern wir uns, daß vertikale Spiegelebenen kollinear mit der C_n-Achse sind, während eine horizontale Spiegelebene immer senkrecht auf der C_n-Achse steht.

(5) Können wir keine C_2-Achse senkrecht zur C_n-Achse finden, schauen wir nach horizontalen oder/und vertikalen Spiegelebenen. Tritt eine horizontale Ebene auf, haben wir es mit C_{nh} zu tun. Vertikale Ebenen geben uns C_{nv}. Finden wir überhaupt keine Spiegelebene, so ist die Punktgruppe geradewegs C_n.

Genug theoretisches Vorgehen, laßt uns ein paar praktische Beispiele anschauen:

A.

$$\begin{array}{ccc} H & & Cl \\ \diagdown & & \diagup \\ & C = C & \\ \diagup & & \diagdown \\ Br & & H \end{array}$$

(1) trans-1-Chlor-2-bromethen gehört zu keiner der linearen, tetraedrischen, oder ikosaedrischen Punktgruppen.

(2) Das Molekül besitzt weder eine geeignete Achse noch ein Inversionszentrum. Die Ebene des Moleküls ist eine Spiegelebene, daher ist die zugehörige Punktgruppe C_s.

B.

(1) Dichlormethan, Fig. 2.20, ist keiner der speziellen Punktgruppen zuzuordnen.

(2) Es gibt eine C_2-Achse, die das Kohlenstoffatom schneidet und sowohl $Cl-C-Cl$ als auch $H-C-H$ winkelhalbiert.

(3) Wir finden keine S_4-Achse, aber es gibt Symmetrieebenen.

(4) Senkrecht zur gefundenen C_2-Achse existiert keine weitere. Das Molekül gehört nicht zu den D-Gruppen.

(5) Kollinear mit der C_2-Achse liegen zwei Spiegelebenen. Eine enthält die beiden Cl-Atome und den Kohlenstoff C, während die zweite von beiden Wasserstoffatomen H und C aufgespannt wird. Da keine weitere, horizontale Spiegelebene auftaucht, gibt die Punktgruppe C_{2v} alle Symmetrieelemente des Moleküls an.

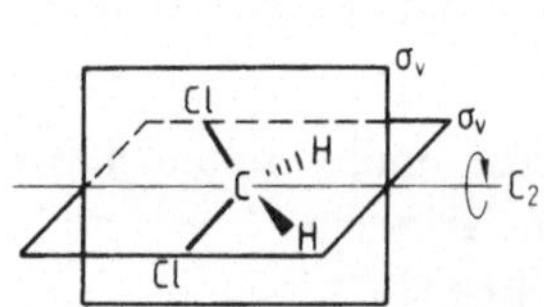

Fig. 2.20 Dichlormethan, CH_2Cl_2, mit Drehachse und Spiegelebenen

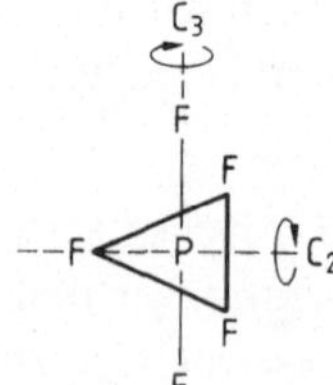

Fig. 2.21 Phosphorpentafluorid, PF_5, mit seinen Drehachsen

C.

(1) Phosphorpentafluorid, PF_5, Fig. 2.21, gehört keiner der speziellen Punktgruppen an.

(2) Neben der C_3-Achse durch die beiden axial angeordneten Fluoratome, finden wir zunächst eine C_2-Achse, die durch ein äquatorielles Fluoratom und das zentrale Phosphoratom geht.

(3) Es gibt zwar keine S_6-Achse kollinear mit der C_3-Achse, aber weitere Symmetrieelemente sind vorhanden.

(4) Eine C_2-Achse senkrecht zur C_3-Achse garantiert, daß zwei weitere, d. h. insgesamt drei C_2-Achsen existieren. Damit gehört das Molekül zu einer D-Gruppe. Die „Äquatorebene" mit Phosphor (P) und drei Fluoratomen (F) ist eine horizontale Spiegelebene. Die Punktgruppe muß daher D_{3h} sein.

D.

(1) Allen, C_3H_4, Fig. 2.22, gehört zu keiner der speziellen Punktgruppen ($C_{\infty v}$, $D_{\infty h}$, T, O oder I_h).

(2) Wir finden drei C_2-Achsen und gehen deshalb zu Schritt (4).

(4) Eine Spiegelebene kollinear mit einer der C_2-Achsen ist eine vertikale Spiegelebene. Es gibt zwei solcher Ebenen in diesem Molekül. Eine ist bereits in Fig. 2.22 eingezeichnet, die andere enthält wiederum die drei Kohlenstoffatome und die beiden Wasserstoffatome auf der linken Seite der Fig. 2.22. Es gibt keine horizontale Spiegelebene, damit ist die Punktgruppe D_{2h} adäquat. (Anmerkung: Hätten wir die beiden senkrechten C_2-Achsen in C_3H_4 zunächst nicht gefunden, wäre unsere Zuordnung die Punktgruppe C_{2v} gewesen. Die S_4-Achse würde jedoch darauf hinweisen, daß etwas falsch ist mit der C_{2v}-Gruppe, da eine solche keine S_4-Operation enthält. Dieses gibt uns Veranlassung, nach weiteren Symmetrieelementen im betreffenden Molekül Ausschau zu halten.)

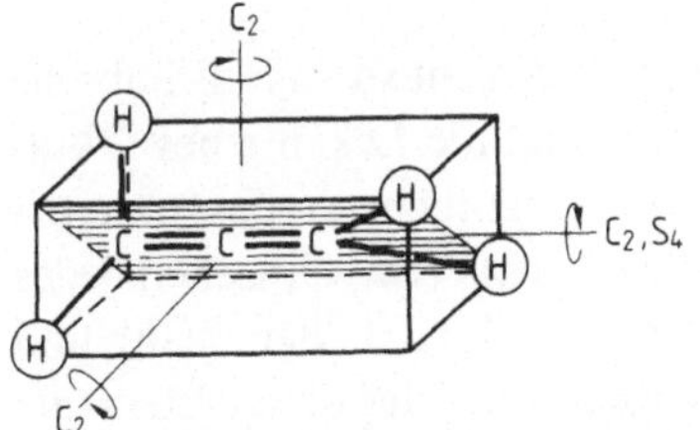

Fig. 2.22 Allen, C_3H_4, mit seinen Drehachsen und Spiegelebene

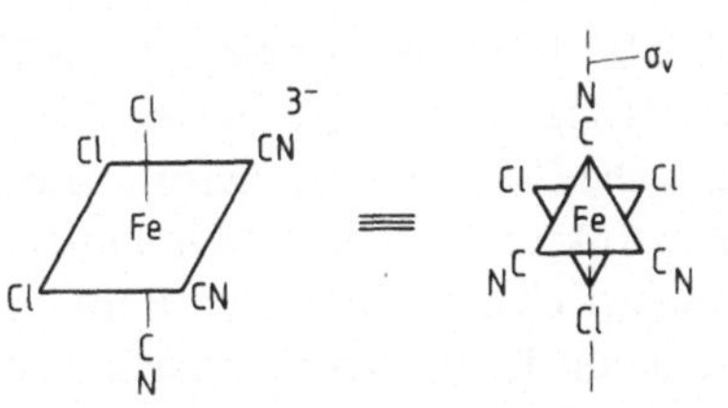

Fig. 2.23 $[FeCl_3(CN)_3]^{3-}$ in Ansicht und Draufsicht mit eingezeichneter Spiegelebene

E.

(1) Das Trichlorotricyanoferrat(III), Fig. 2.23, gehört keiner der speziellen Punktgruppen an.

(2) Bei genauem Hinsehen finden wir eine C_3-Achse: Sie geht durch das Fe-Atom und steht in der rechten Figur senkrecht zur Papierebene. Es gibt zusätzlich eine σ_v-Ebene, so fahren wir mit Schritt (4) fort.

(4) Wir finden keine zur C_3-Achse senkrechte C_2-Achse; das eliminiert die D-Punktgruppen.

(5) Mit der bereits gefundenen σ_v-Ebene und keiner weiteren σ_h-Ebene wird es schließlich C_{3v}.

F.

(1) Das Octacyanomolybdat(IV)-Anion, Fig. 2.24, hat die quadratische, antiprismatische Struktur und gehört zu keiner der speziellen Punktgruppen.

(2) Eine C_4-Achse, senkrecht zur Papierebene, durchsetzt das Mo-Atom.

(3) Eine S_8-Achse, kollinear mit der C_4-Achse, ist eindeutig, doch gibt es zahlreiche Symmetrieebenen.

(4) Wie im rechten Teil der Fig. 2.24 angedeutet, finden wir vier C_2-Achsen senkrecht zur C_4-Achse sowie vier vertikale Spiegelebenen σ_d. Da keine weiteren horizontalen Spiegelebenen vorliegen, bezeichnen wir die Punktgruppe richtig mit D_{4d}.

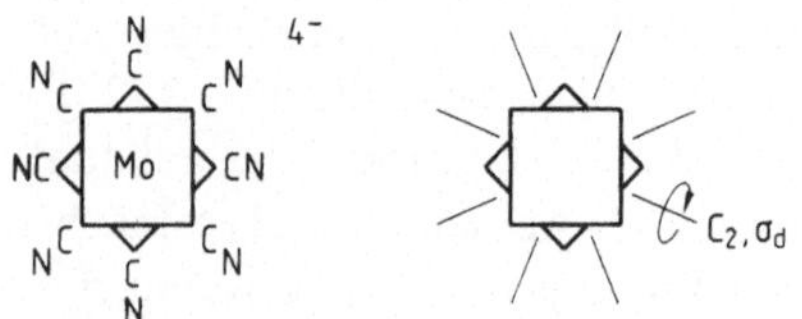

Fig. 2.24 Struktur des $[Mo(CN)_8]^{4-}$, Octacyano-
molybdat(IV)-Anions mit ein-
getragenen Drehachsen, C_2, sowie
Spiegelebenen σ_d

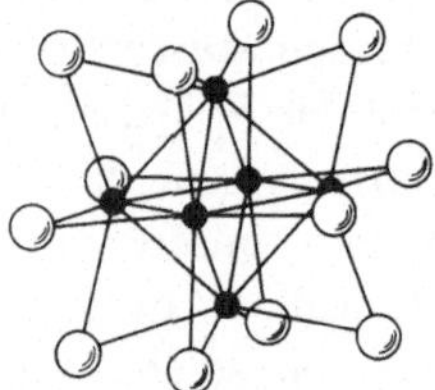

Fig. 2.25 Struktur des Kations $[Ta_6Cl_{12}]^{2+}$

G.

(1) Die Struktur des komplexen Ions $Ta_6Cl_{12}^{2+}$, Fig. 2.25, sieht so aus, als habe sie eine Menge Symmetrieelemente. Die Tantalatome sind die Ecken eines Oktaeders. Die Chloratome scheinen zunächst keine offensichtliche, hochsymmetrische Struktur zu haben. Wir können jedoch bei genauerem Hinsehen jedes Symmetrieelement (48!) der Punktgruppe O_h finden. Um in der Wahl und Festlegung der Punktgruppe sicher zu gehen, müßten wir jedes dieser Elemente untersuchen. Das sprengt den hier verfügbaren Raum, so wollen wir einen anderen, nützlicheren Weg zur Symmetriefestlegung aufzeigen.

2.5 Stereographische Projektionen

Ein Nachteil unserer bislang verwendeten Figuren zur Veranschaulichung von Symmetrieoperationen besteht darin, daß sie das Dreidimensionale zweidimensional darstellen und — bei wenig Geschick zum Zeichnen — unübersichtlich werden. Die stereographische Projektion wurde zunächst zur Klassifizierung von Kristallsymmetrien entwickelt. Sie erlaubt uns hier aber, einfache Zusammenhänge zwischen Symmetrieelementen anschaulich zu machen und ein Gefühl für den Begriff der geometrischen Punktgruppe zu entwickeln.

Um die Symmetrie eines Objektes darzustellen, bedienen wir uns einer stereographischen Projektion, d. h. eines einfachen, zweidimensionalen Diagramms, das die verschiedenen Symmetrieelemente jeder Punktgruppe sowie den Einfluß zugehöriger Operationen aufzeigt.

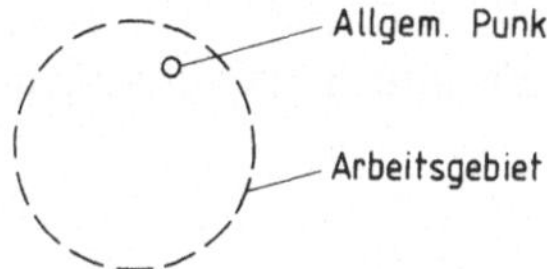

Fig. 2.26 Stereographische Projektion: Ausgangslage

Wir beginnen, indem wir unser „Arbeitsgebiet" mit einem gestrichelten Kreis begrenzen. Innerhalb dieses Gebiets zeichnen wir einen beliebigen Punkt, kleiner Kreis in Fig. 2.26, aus. Wir wollen zunächst die Auswirkung einer C_3-Achse durch die Mitte des großen Kreises und senkrecht zur Papierebene untersuchen, vgl. Fig. 2.27.

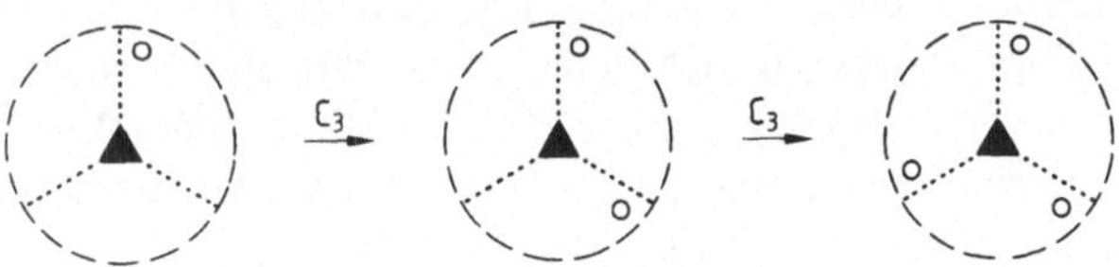

Fig. 2.27 C_3-Darstellung in stereographischer Projektion

Die Achse bezeichnen wir mit einem ausgefüllten Dreieck. Eine C_3-Drehung im Uhrzeigersinn bewegt den allgemeinen Punkt um 120° und erzeugt einen zweiten Punkt. Eine weitere, zweite C_3-Drehung erzeugt einen dritten Punkt und folgende Drehungen erzeugen wiederum diese drei Punkte. Fig. 2.27 rechts stellt daher eine Repräsentation der C_3-Punktgruppe dar. Die geraden, punktierten Linien sind nur als Hilfslinien eingezeichnet und stellen zunächst kein weiteres Symmetrieelement dar. Nehmen wir als nächstes eine vertikale Spiegelebene an, eingezeichnet als durchgezogene Linie in Fig. 2.28. Spiegelung der drei allgemeinen Punkte, mit 1, 2 und 3 bezeichnet, an dieser Ebene erzeugt die Punkte 1′, 2′ und 3′.

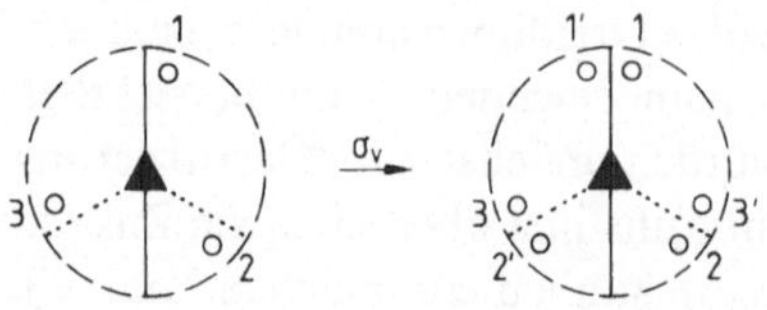

Fig. 2.28 σ_v-Darstellung in stereographischer Projektion

Am Diagramm, Fig. 2.28, sehen wir sofort, daß tatsächlich drei vertikale Spiegelebenen vorhanden sein müssen. Die C_3-Achse und eine σ_v-Ebene erzeugen eben zwei weitere σ_v-Ebenen. Fig. 2.29 ist eine Repräsentation der Punktgruppe C_{3v}.

Wir wollen fortfahren, indem wir die allgemeinen Punkte in Punkte oberhalb und unterhalb der Papierebene unterteilen: Punkte unterhalb der Ebene bekommen ein zusätzliches „+"-Zeichen.

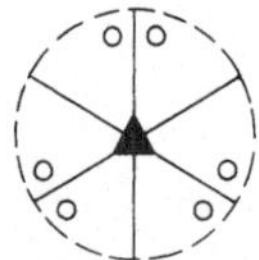

Fig. 2.29 Punktgruppe C_{3v} in stereographischer Projektion

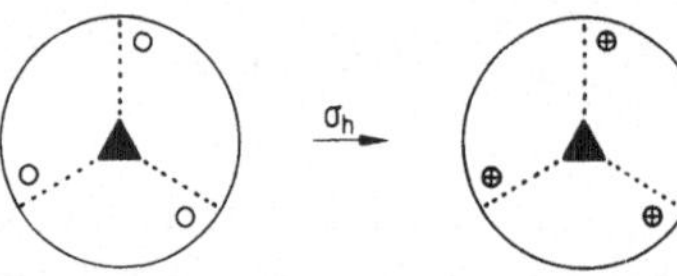

Fig. 2.30 Punktgruppe C_{3h} in stereographischer Projektion, erzeugt durch eine σ_h-Operation auf das C_3-Diagramm

Zurück zum C_3-Diagramm, Fig. 2.27. Fügen wir in dasselbe eine σ_h-Ebene ein. Dieser ‚Spiegel' in der Papierebene wird durch einen ausgezogenen Kreis um unser Arbeitsgebiet gekennzeichnet. Die σ_h-Operation erzeugt drei neue Punkte unterhalb der Papierebene. Damit haben wir geradewegs die C_{3h}-Repräsentation erzeugt, Fig. 2.30.

Die Ausdehnung auf andere Gruppen ist geradezu spielerisch einfach und direkt. Die Symbole, zunächst für die C_n-Achsen, sehen so aus:

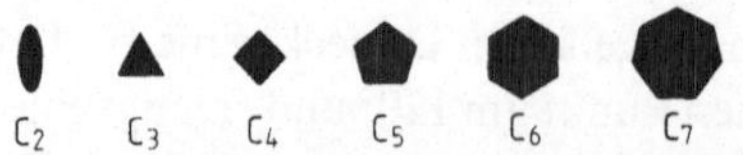

Ein Inversionszentrum wird durch einen kleinen, ausgefüllten Kreis angezeigt, die einzig weiteren notwendigen Symbole sind einige S_n-Achsen:

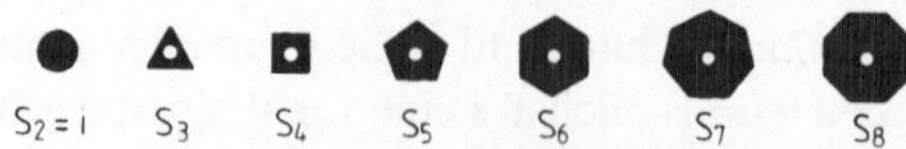

Um zu sehen, wie nützlich diese Darstellungen sind, ist es ganz sinnvoll zu unseren Problemen auf Seite 18 zurückzukehren. Dort wollten wir wissen, ob das Produkt $i \cdot C_2$ gleich σ_h oder E ist. Eine stereographische Projektion gibt uns unverzüglich Antwort; siehe Fig. 2.31.

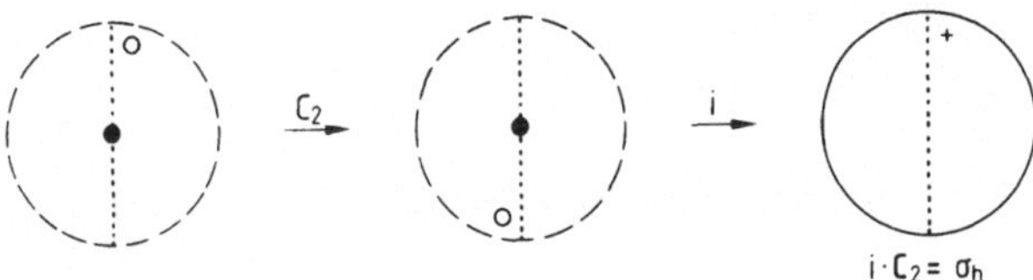

Fig. 2.31 Stereographische Projektion zum Produkt $i \cdot C_2 = \sigma_h$

Die nächste Frage war: Was ist das Produkt aus $i \cdot \sigma_h$? Wieder ist die Antwort sehr einfach zu finden; siehe Fig. 2.32.

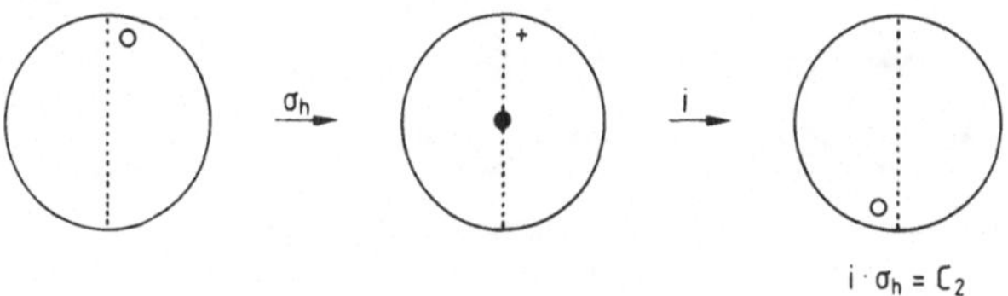

Fig. 2.32 Stereographische Projektion zum Produkt $i \cdot \sigma_h = C_2$

Eine weitere sehr nützliche Eigenschaft der stereographischen Projektion besteht darin, daß diese Darstellung der Punktgruppe uns erlaubt, alle Symmetrieoperationen innerhalb der Gruppe herauszufinden. Dabei erzeugt bereits eine kleine Anzahl von Symmetrieelementen den Rest.

Die D-Punktgruppen haben zweifache Drehachsen senkrecht zur Hauptachse. Diese zweifachen Achsen werden am Seitenrand des Arbeitsgebietes angezeigt. So kann die D_4-Punktgruppe von einer vierfachen Achse und einer dazu senkrechten zweifachen Achse erzeugt werden, Fig. 2.33.

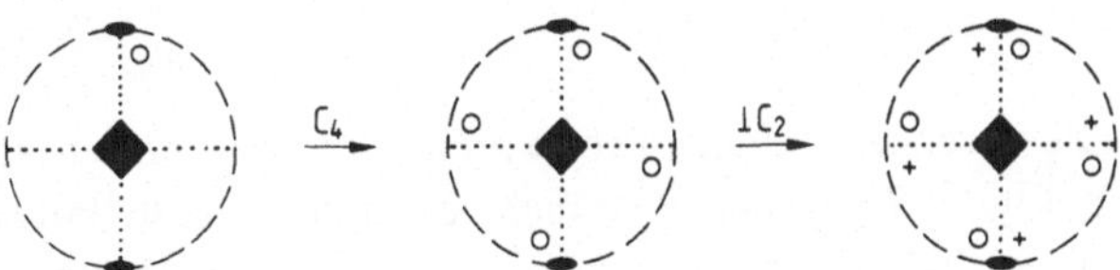

Fig. 2.33 Erzeugung einer D-Punktgruppe

Aber ein genauer Blick auf das letzte Diagramm zeigt vier dazu senkrechte C_2-Achsen; d. h. wir haben zwei weitere C_2-Achsen erzeugt, siehe Fig. 2.34.

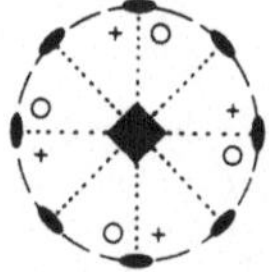

Fig. 2.34 Die stereographische D_4-Darstellung

Die Punktgruppe D_{4d} kann erzeugt werden, indem wir eine einfache diagonale Spiegelebene der Fig. 2.34 zufügen. Eine diagonale Ebene verläuft genau zwischen zwei C_2-Achsen in den D_{nd}-Punktgruppen, Fig. 2.35.

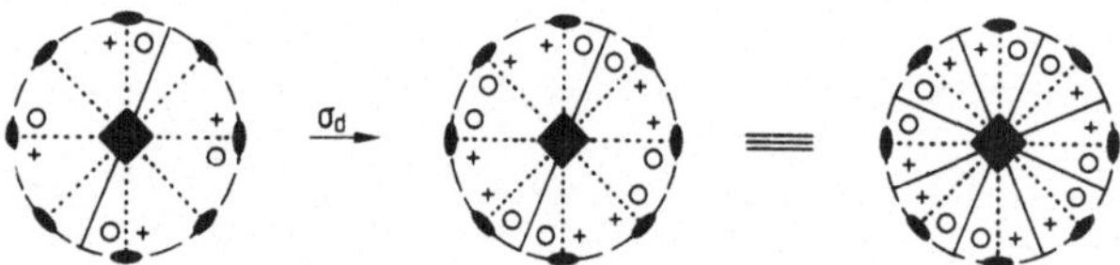

Fig. 2.35 Stereographische Projektion der D_{4d}-Punktgruppe

Die Gruppe D_{4h} wurde durch Hinzufügen einer σ_h-Ebene zum D_4-Diagramm erzeugt. In den D_{nh}-Punktgruppen ist die Unterscheidung zwischen vertikalen und diagonalen Spiegelebenen willkürlich. Beide sind kollinear mit C_2-Achsen, vgl. Fig. 2.36.

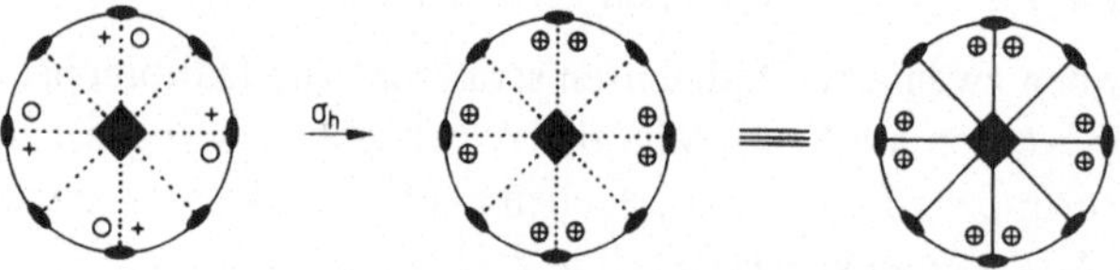

Fig. 2.36 Stereographische Projektion der D_{4h}-Punktgruppe

Die stereographischen Projektionen einiger repräsentativen Punktgruppen sind in Fig. 2.37 gegeben. Die nicht gezeigten Darstellungen der Gruppen T_d und O_h enthalten Spiegelebenen unter $45°$ zur Papierebene. Diese werden als gebogene, durchgezogene Linien eingezeichnet.

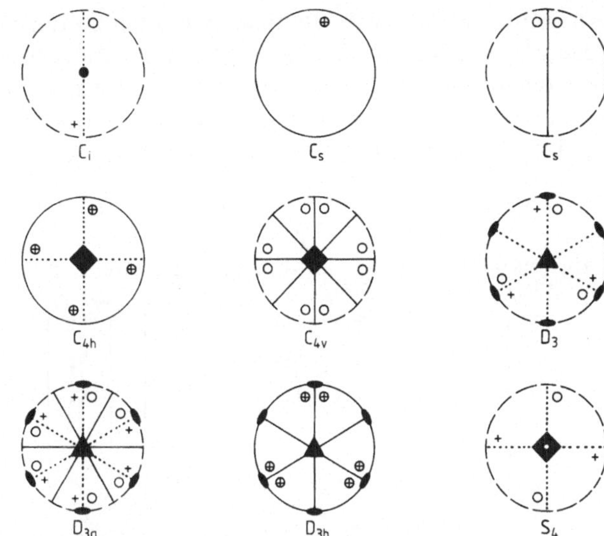

Fig. 2.37 Stereogaphische Projektionen einiger repräsentativer Punktgruppen

2.6   Matrizendarstellung einiger Symmetrieoperationen

Nachdem wir nun in der stereographischen Projektion eine anschauliche und einfache Möglichkeit gefunden haben, geometrische Punktgruppen darzustellen, besteht unser nächstes Ziel darin, sie auch quantitativ-algebraisch darzustellen, um Zugang zu Tabellenwerken zu finden (z. B. Charaktertafeln). Es wird sich zeigen, daß diese Darstellung durch M a t r i z e n möglich ist.

Mit einem Kopfsprung wollen wir jetzt in die Matrizenrechnung eintauchen. Doch vorher wollen wir uns eine kurze Einleitung (besser: einen kurzen Rückblick) in den Gebrauch von Matrizen zu Gemüte führen. Keine Angst dabei, wir wollen wiederum nichts übertreiben.

Eine Matrix ist zunächst eine rechtwinklige Anordnung von Zahlen zwischen zwei Klammern. Wir wollen uns hier gleich auf quadratische Matrizen beschränken, bei denen die Anzahl der Zeilen und Spalten gleich ist. Zunächst ist hier eine Matrix A mit den allgemeinen Elementen a_{ij} aufgezeichnet:

$$A = \begin{bmatrix} a_{11} & a_{12} & a_{13} & a_{14} & \cdots & a_{1n} \\ a_{21} & a_{22} & a_{23} & a_{24} & \cdots & a_{2n} \\ a_{31} & a_{32} & a_{33} & a_{34} & \cdots & a_{3n} \\ \vdots & \vdots & \vdots & \vdots & & \vdots \\ a_{n1} & a_{n2} & a_{n3} & a_{n4} & \cdots & a_{nn} \end{bmatrix} \tag{2.19}$$

Wir werden es mit zwei Multiplikationsarten zu tun haben, einmal die einer quadratischen Matrix mit einer weiteren quadratischen Matrix und dann die einer quadratischen Matrix mit einem Vektor. Letztere ist sehr einfach. Wenn die Komponenten des Vektors x_j sind und die Matrixelemente a_{ij}, dann hat der Produktvektor die Komponenten y_m, gegeben durch folgende Formel

$$y_m = \sum_j a_{mj}x_j. \tag{2.20}$$

Laßt uns sehen, was das in Matrizenschreibweise bedeutet:

$$\begin{bmatrix} a_{11} & a_{12} & a_{13} & a_{14} & \cdots & a_{1n} \\ a_{21} & a_{22} & a_{23} & a_{24} & \cdots & a_{2n} \\ a_{31} & a_{32} & a_{33} & a_{34} & \cdots & a_{3n} \\ \vdots & \vdots & \vdots & \vdots & & \vdots \\ a_{n1} & a_{n2} & a_{n3} & a_{n4} & \cdots & a_{nn} \end{bmatrix} \cdot \begin{bmatrix} x_1 \\ x_2 \\ x_3 \\ \vdots \\ x_n \end{bmatrix} = \begin{bmatrix} y_1 \\ y_2 \\ y_3 \\ \vdots \\ y_n \end{bmatrix} \tag{2.21}$$

$$A \qquad\qquad \cdot \quad \vec{x} \quad = \quad \vec{y}$$

Gl. (2.20) liefert so für y_1 gerade

$$y_1 = \sum_j^n a_{1j}x_j = a_{11}x_1 + a_{12}x_2 + a_{13}x_3 + \cdots + a_{1n}x_n, \tag{2.22}$$

d. h. gerade das Produkt der Koeffizienten der ersten Reihe mit den Komponenten des Spaltenvektors. Erinnern wir uns an „Reihe mal Spalte", und die Sache ist ganz einfach. Hier ein Beispiel:

$$\begin{bmatrix} 1 & 2 & 3 \\ 0 & 2 & 1 \\ 1 & 0 & 2 \end{bmatrix} \cdot \begin{bmatrix} x_1 \\ x_2 \\ x_3 \end{bmatrix} = \begin{bmatrix} x_1 + 2x_2 + 3x_3 \\ 2x_2 + x_3 \\ x_1 + 2x_3 \end{bmatrix} \tag{2.23}$$

Das Produkt zweier Matrizen ist eine einfache Erweiterung der oben angeführten Produkte. Wir behandeln die zweite Matrix einfach als einen Satz von Spaltenvektoren und multiplizieren so die erste Matrix mit jedem Vektor.

$$\begin{bmatrix} a_{11} & a_{12} & a_{13} & \cdots & a_{1n} \\ a_{21} & a_{22} & a_{23} & \cdots & a_{2n} \\ a_{31} & a_{32} & a_{33} & \cdots & a_{3n} \\ \vdots & \vdots & \vdots & & \vdots \\ a_{n1} & a_{n2} & a_{n3} & \cdots & a_{nn} \end{bmatrix} \cdot \begin{bmatrix} x_{11} & x_{12} & x_{13} & \cdots & x_{1n} \\ x_{21} & x_{22} & x_{23} & \cdots & x_{2n} \\ x_{31} & x_{32} & x_{33} & \cdots & x_{3n} \\ \vdots & \vdots & \vdots & & \vdots \\ x_{n1} & x_{n2} & x_{n3} & \cdots & x_{nn} \end{bmatrix}$$

$$\vec{x}_1 \quad \vec{x}_2 \quad \vec{x}_3 \quad \cdots \quad \vec{x}_n$$

$$A \qquad\qquad\qquad\qquad\qquad X$$

$$= \begin{bmatrix} y_{11} & y_{12} & y_{13} & \cdots & y_{1n} \\ y_{21} & y_{22} & y_{23} & \cdots & y_{2n} \\ y_{31} & y_{32} & y_{33} & \cdots & y_{3n} \\ \vdots & \vdots & \vdots & & \vdots \\ y_{n1} & y_{n2} & y_{n3} & \cdots & y_{nn} \end{bmatrix}$$

$$\quad\quad\quad \vec{y}_1 \quad \vec{y}_2 \quad \vec{y}_3 \quad \cdots \quad \vec{y}_n$$

$$= \quad\quad\quad\quad Y$$

(2.24)

Jeder Spaltenvektor $\vec{y}_j$ ergibt sich aus der Multiplikation von A mit $\vec{x}_j$. Wieder ein Beispiel mit Zahlen

$$\begin{bmatrix} 0 & 1 & 2 \\ 2 & 1 & 3 \\ 1 & 0 & 2 \end{bmatrix} \cdot \begin{bmatrix} 1 & 2 & 3 \\ 3 & 2 & 1 \\ 0 & 1 & 2 \end{bmatrix} = \begin{bmatrix} 3 & 4 & 5 \\ 5 & 9 & 13 \\ 1 & 4 & 7 \end{bmatrix}$$

(2.25)

Damit, man höre und staune, wissen wir bereits alles, was wir zu diesem Zeitpunkt über Matrizen wissen müssen. Was hat nun eine Matrix mit Symmetrieoperationen zu tun? Wir können Matrizen zur Darstellung von Symmetrieoperationen benutzen. Laßt uns zunächst die Punktgruppe C_{2h} betrachten. Wir nehmen einen beliebigen Vektor $\vec{r}$, der am Ursprung ansetzt und dessen Spitze den Punkt (x_1, y_1, z_1) auszeichnet, Fig. 2.38; durch eine 3×3-Matrix können wir die Wirkung der Symmetrieoperationen auf diesen Vektor darstellen. Die C_2-Achse sei zugleich die z-Achse. Die anderen Operationen der Gruppe sind E, i und σ_h. Die Spiegelebene ist die xy-Ebene. Nun ändert E am Vektor gar nichts. Dafür können wir folgende Matrizengleichung aufschreiben:

$$\begin{bmatrix} 1 & 0 & 0 \\ 0 & 1 & 0 \\ 0 & 0 & 1 \end{bmatrix} \cdot \begin{bmatrix} x_1 \\ y_1 \\ z_1 \end{bmatrix} = \begin{bmatrix} x_1 \\ y_1 \\ z_1 \end{bmatrix}$$

$$\quad E \quad\quad \cdot \quad \vec{r}_1 \quad = \quad \vec{r}_1$$

(2.26)

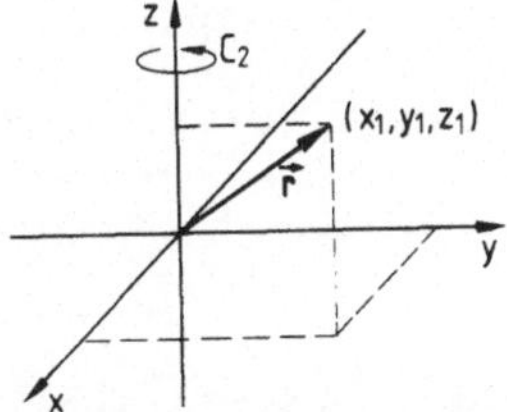

Fig. 2.38 Vektor (x_1, y_1, z_1) im Koordinatensystem

Inversion i ändert jede Koordinate in ihr Negatives:

$$\begin{bmatrix} -1 & 0 & 0 \\ 0 & -1 & 0 \\ 0 & 0 & -1 \end{bmatrix} \cdot \begin{bmatrix} x_1 \\ y_1 \\ z_1 \end{bmatrix} = \begin{bmatrix} -x_1 \\ -y_1 \\ -z_1 \end{bmatrix} \tag{2.27}$$

$$i \qquad \cdot \quad \vec{r}_1 \quad = \quad -\vec{r}_1$$

σ_h läßt die x- und y-Koordinate unverändert, ändert aber z zu $-z$:

$$\begin{bmatrix} 1 & 0 & 0 \\ 0 & 1 & 0 \\ 0 & 0 & -1 \end{bmatrix} \cdot \begin{bmatrix} x_1 \\ y_1 \\ z_1 \end{bmatrix} = \begin{bmatrix} x_1 \\ y_1 \\ -z_1 \end{bmatrix} \tag{2.28}$$

$$\sigma_h \qquad \cdot \quad \vec{r}_1 \quad = \quad \vec{r}_2$$

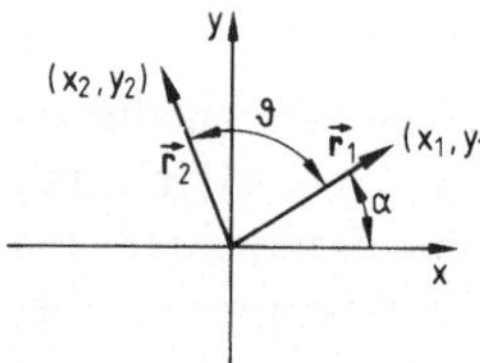

Fig. 2.39 Drehung eines Vektors r_1 um den Winkel ϑ zum Vektor r_2

Schließlich werden durch C_2 x und y verändert, z bleibt. Wir wollen die neuen x-und y-Koordinaten auf allgemeine Weise herleiten, so daß sie für beliebige Rotationsoperationen anwendbar sind. Betrachten wir zunächst die Rotation eines Vektors $\vec{r}_1$ um den Winkel ϑ, so daß er zum Vektor $\vec{r}_2$ wird, Fig. 2.39. Die Länge des jeweiligen Vektors ist 1. Die Werte von x_1 und y_1 sind damit gerade

$$x_1 = l \cos \alpha, \qquad y_1 = l \sin \alpha. \tag{2.29}$$

Der durch die Rotation um ϑ neu entstandene Vektor $\vec{r}_2$ hat die Koordinaten

$$x_2 = l \cos (\vartheta + \alpha), \qquad y_2 = l \sin (\vartheta + \alpha). \tag{2.30}$$

Wir erinnern an einfachste Schulmathematik, wonach

$$\cos (\vartheta + \alpha) = \cos \vartheta \cos \alpha - \sin \vartheta \sin \alpha,$$
$$\sin (\vartheta + \alpha) = \sin \vartheta \cos \alpha + \cos \vartheta \sin \alpha. \tag{2.31}$$

Daher $\quad x_2 = \underbrace{l \cos \vartheta \cos \alpha}_{x_1 \cos \vartheta} - \underbrace{l \sin \vartheta \sin \alpha}_{y_1 \sin \vartheta}, \quad y_2 = \underbrace{l \sin \vartheta \cos \alpha}_{x_1 \sin \vartheta} + \underbrace{l \cos \vartheta \sin \alpha}_{y_1 \cos \vartheta}$

$$\tag{2.32}$$

oder $\quad x_2 = x_1 \cos \vartheta - y_1 \sin \vartheta, \qquad y_2 = x_1 \sin \vartheta + y_1 \cos \vartheta. \tag{2.33}$

In unserer Matrizenschreibweise wird das einfach

$$\begin{bmatrix} \cos\vartheta & -\sin\vartheta \\ \sin\vartheta & \cos\vartheta \end{bmatrix} \cdot \begin{bmatrix} x_1 \\ y_1 \end{bmatrix} = \begin{bmatrix} x_2 \\ y_2 \end{bmatrix} \tag{2.34}$$

$$R_\vartheta \qquad \cdot \qquad \vec{r}_1 \quad = \quad \vec{r}_2$$

Die Matrix R_ϑ ist eine Darstellung einer Drehung um den Winkel ϑ. Eine C_2-Drehung ist eine Drehung von $\vartheta = 2\pi/2 = \pi$. Damit wird die Drehmatrix R_ϑ für C_2

$$C_2 = \begin{bmatrix} \cos\pi & -\sin\pi \\ \sin\pi & \cos\pi \end{bmatrix} = \begin{bmatrix} -1 & 0 \\ 0 & -1 \end{bmatrix} \tag{2.35}$$

Damit ist unsere, für die Punktgruppe C_{2h} letzte Matrizengleichung

$$\begin{bmatrix} -1 & 0 & 0 \\ 0 & -1 & 0 \\ 0 & 0 & 1 \end{bmatrix} \cdot \begin{bmatrix} x_1 \\ y_1 \\ z_1 \end{bmatrix} = \begin{bmatrix} -x_1 \\ -y_1 \\ z_1 \end{bmatrix} \tag{2.36}$$

$$C_2 \qquad \cdot \qquad \vec{r}_1 \quad = \quad \vec{r}_3$$

Sind diese die einzigen Darstellungen der Gruppe von Operationen in C_{2h}? Nein, sie sind es nicht. Wir können zum Beispiel irgendwelche Vektoren an jedem Atom des s-trans-Butadien-Moleküls in Fig. 2.9 bis 2.11 in seiner C_{2h} transplanaren Konformation anbringen und dann große Matrizen aufschreiben, entsprechend den unterschiedlichen Arten und Weisen, in denen die Vektoren unter der jeweiligen Operation überführt werden. Es gibt keine Begrenzung für dieses Verfahren — wir konnten Darstellungen den ganzen Tag lang aufschreiben.

Um nun zu rekapitulieren: Eine einfache(!) Darstellung der Operation der Punktgruppe C_{2h} ist

$$E = \begin{bmatrix} 1 & 0 & 0 \\ 0 & 1 & 0 \\ 0 & 0 & 1 \end{bmatrix} \qquad \sigma_h = \begin{bmatrix} 1 & 0 & 0 \\ 0 & 1 & 0 \\ 0 & 0 & -1 \end{bmatrix}$$

$$C_2 = \begin{bmatrix} -1 & 0 & 0 \\ 0 & -1 & 0 \\ 0 & 0 & 1 \end{bmatrix} \qquad i = \begin{bmatrix} -1 & 0 & 0 \\ 0 & -1 & 0 \\ 0 & 0 & -1 \end{bmatrix} \tag{2.37}$$

Wesentlich für die Molekülphysik ist nun die Tatsache, daß auch diese Matrizen eine mathematische Gruppe formen, die denselben Multiplikationstabellen gehorcht wie die Symmetrieoperationen. Gruppen-Multiplikationstabellen und dazugehörige Matrizen für jede wichtige Punktgruppe finden sich in entsprechenden molekülphysikalischen Werken; die Gruppen-Multiplikationstabelle für C_{2h} ist hier aufgezeigt, Gl. (2.38), zusammen mit einem Beispiel, das aufzeigen soll, daß die Matrizen derselben Tabelle folgen.

$$
\begin{array}{c|cccc}
 & E & C_2 & \sigma_h & i \\
\hline
E & E & C_2 & \sigma_h & i \\
C_2 & C_2 & E & i & \sigma_h \\
\sigma_h & \sigma_h & i & E & C_2 \\
i & i & \sigma_h & C_2 & E
\end{array}
\tag{2.38}
$$

$$
\begin{bmatrix} -1 & 0 & 0 \\ 0 & -1 & 0 \\ 0 & 0 & 1 \end{bmatrix} \cdot \begin{bmatrix} 1 & 0 & 0 \\ 0 & 1 & 0 \\ 0 & 0 & -1 \end{bmatrix} = \begin{bmatrix} -1 & 0 & 0 \\ 0 & -1 & 0 \\ 0 & 0 & -1 \end{bmatrix}
\tag{2.39}
$$
$$
C_2 \quad \cdot \quad \sigma_h \quad = \quad i
$$

Um jedoch vollen Nutzen aus den soeben genannten Tabellenwerken ziehen zu können, wollen wir im folgenden die Eigenschaften von Matrizen noch etwas näher beleuchten.

Wir merken etwas Wichtiges an: Das Produkt von zwei diagonalen Matrizen (Matrizen mit von Null verschiedenen Elementen nur in der Diagonalen) ist ebenfalls eine diagonale Matrix. Hinzu kommt, daß dabei jedes Diagonalelement der Produktmatrix gerade das Produkt der beiden entsprechenden Diagonalelemente der zu multiplizierenden Matrizen ist. Was damit gesagt wird, zeigt das folgende Beispiel:

$$
\begin{bmatrix} a_1 & 0 & 0 & \dots & 0 \\ 0 & b_1 & 0 & \dots & 0 \\ 0 & 0 & c_1 & \dots & 0 \\ \vdots & \vdots & \vdots & & \vdots \\ 0 & 0 & 0 & \dots & z_1 \end{bmatrix} \begin{bmatrix} a_2 & 0 & 0 & \dots & 0 \\ 0 & b_2 & 0 & \dots & 0 \\ 0 & 0 & c_2 & \dots & 0 \\ \vdots & \vdots & \vdots & & \vdots \\ 0 & 0 & 0 & \dots & z_2 \end{bmatrix}
$$
$$
= \begin{bmatrix} a_1a_2 & 0 & 0 & \dots & 0 \\ 0 & b_1b_2 & 0 & \dots & 0 \\ 0 & 0 & c_1c_2 & \dots & 0 \\ \vdots & \vdots & \vdots & & \vdots \\ 0 & 0 & 0 & \dots & z_1z_2 \end{bmatrix}
\tag{2.40}
$$

Noch eine allgemeine Feststellung sei hier getroffen: Wenn zwei Matrizen in Blockdiagonalform auftreten, so ist ihr Produkt eine Blockdiagonalmatrix derselben Form. Eine Blockdiagonalmatrix ist eine Matrix, die Blöcke (Untermatrizen quadratischer Form) auf der Diagonalen aufweist und sonst Nullen:

$$
\begin{bmatrix}
1 & 2 & 3 & 0 & 0 & 0 \\
3 & 2 & 1 & 0 & 0 & 0 \\
0 & 1 & 2 & 0 & 0 & 0 \\
0 & 0 & 0 & 2 & 3 & 0 \\
0 & 0 & 0 & 1 & 2 & 0 \\
0 & 0 & 0 & 0 & 0 & 1
\end{bmatrix}
\tag{2.41}
$$

Das Produkt von zwei Blockdiagonalmatrizen ist eine andere Matrix, die wir durch Multiplikation der einzelnen Blöcke erhalten; z. B. rechnen wir

$$
\begin{bmatrix}
1 & 2 & 3 & 0 & 0 & 0 \\
3 & 2 & 1 & 0 & 0 & 0 \\
0 & 1 & 2 & 0 & 0 & 0 \\
0 & 0 & 0 & 2 & 3 & 0 \\
0 & 0 & 0 & 1 & 2 & 0 \\
0 & 0 & 0 & 0 & 0 & 1
\end{bmatrix}
\cdot
\begin{bmatrix}
2 & 0 & 0 & 0 & 0 & 0 \\
1 & 0 & 2 & 0 & 0 & 0 \\
0 & 1 & 1 & 0 & 0 & 0 \\
0 & 0 & 0 & 0 & 2 & 0 \\
0 & 0 & 0 & 1 & 2 & 0 \\
0 & 0 & 0 & 0 & 0 & 3
\end{bmatrix}
=
\begin{bmatrix}
4 & 3 & 7 & 0 & 0 & 0 \\
8 & 1 & 5 & 0 & 0 & 0 \\
1 & 2 & 4 & 0 & 0 & 0 \\
0 & 0 & 0 & 3 & 10 & 0 \\
0 & 0 & 0 & 2 & 6 & 0 \\
0 & 0 & 0 & 0 & 0 & 3
\end{bmatrix}
\tag{2.42}
$$

in einzelnen Blöcken aus:

$$
\begin{bmatrix}
1 & 2 & 3 \\
3 & 2 & 1 \\
0 & 1 & 2
\end{bmatrix}
\cdot
\begin{bmatrix}
2 & 0 & 0 \\
1 & 0 & 2 \\
0 & 1 & 1
\end{bmatrix}
=
\begin{bmatrix}
4 & 3 & 7 \\
8 & 1 & 5 \\
1 & 2 & 4
\end{bmatrix}
$$

$$
\begin{bmatrix}
2 & 3 \\
1 & 2
\end{bmatrix}
\cdot
\begin{bmatrix}
0 & 2 \\
1 & 2
\end{bmatrix}
=
\begin{bmatrix}
3 & 10 \\
2 & 6
\end{bmatrix}
\tag{2.43}
$$

$$
[1] \cdot [3] = [3]
$$

Nun kommen wir zum entscheidenden Punkt. Jede „kooperative" Matrix, die einzige Art, mit der ein Molekülphysiker gern arbeiten würde, hat eine inverse Matrix geradeso, wie jede Operation einer Gruppe eine inverse Operation hat.

Und wie eine Operation multipliziert mit ihrem Inversen die Identität E ergibt, so gibt eine Matrix multipliziert mi ihrer inversen Matrix gerade die Einheitsmatrix 1, die lauter ‚1' auf der Diagonalen und sonst nur 0 aufweist.

$$Q^{-1} \cdot Q = 1. \tag{2.44}$$

Mit einer Matrix und ihrer Reziproken können wir eine Ähnlichkeitstransformation durchführen:

$$B = Q^{-1} \cdot A \cdot Q \tag{2.45}$$

wie für eine Gruppe allgemein gefordert ist, vgl. Gl. (2.10). Hier werden A und B k o n j u g i e r t genannt, genauso wie Symmetrieoperationen konjugiert sind, wenn sie durch eine solche Ähnlichkeitstransformation verknüpft sind.

Nun wollen wir annehmen, wir hätten eine Verschlüsselungsapparatur, die eine Matrix A aufnimmt und so lange einer Ähnlichkeitstransformation unterwirft, bis eine konjugierte Matrix B in Blockdiagonalform herauskommt. Weiter! Wir haben eine ganze Anzahl von Matrizen, die die verschiedenen Operationen einer Punktgruppe darstellen. Wir nehmen sie und stecken sie in die Verschlüsselungsmaschine. Heraus kommt ein neuer Satz von Matrizen $A', B', C', \dots$ in Blockdiagonalform. Diese neuen Matrizen

$$\begin{aligned}
A' &= Q^{-1} \cdot A \cdot Q \\
B' &= Q^{-1} \cdot B \cdot Q \\
C' &= Q^{-1} \cdot C \cdot Q \\
\vdots \quad &\quad \vdots \quad\; \vdots \quad \vdots
\end{aligned} \tag{2.46}$$

sind weiterhin Darstellungen derselben Operation. Laßt uns überprüfen, ob sie weiterhin derselben Multiplikationstabelle gehorchen. Ist z. B. $A \cdot B = C$, dann ist auch:

$$\begin{aligned}
A' \cdot B' &= (Q^{-1} \cdot A \cdot Q)(Q^{-1} \cdot B \cdot Q) \\
&= Q^{-1} \cdot A \cdot (Q \cdot Q^{-1}) \cdot B \cdot Q \\
&= Q^{-1} \cdot A \cdot I \cdot B \cdot Q = Q^{-1} \cdot A \cdot B \cdot Q \\
&= Q^{-1} \cdot C \cdot Q = C'
\end{aligned} \tag{2.47}$$

Dabei benutzten wir die Tatsache, daß die Einheitsmatrix 1 keinerlei Effekt auf irgendetwas hat, mit dem sie multipliziert wird.

$$1 \cdot M = M \cdot 1 = M. \tag{2.48}$$

Nun schauen wir uns das Produkt $A' \cdot B' = C'$ einmal an

$$\begin{bmatrix} A'_1 & & \\ & A'_2 & \\ & & A'_3 \end{bmatrix} \begin{bmatrix} B'_1 & & \\ & B'_2 & \\ & & B'_3 \end{bmatrix} = \begin{bmatrix} C'_1 & & \\ & C'_2 & \\ & & C'_3 \end{bmatrix} \tag{2.49}$$

Die kleine Matrix C'_1 muß das Produkt $A'_1 \cdot B'_1$ sein. Ähnlich ist $C'_2 = A'_2 \cdot B'_2$ und $C'_3 = A'_3 \cdot B'_3$. Diese Tatsache legt nahe, daß *jeder kleine Block der großen ähnlichkeitstransformierten Matrizen eine neue Darstellung der Operation* ist, da die kleinen Blöcke derselben Multiplikationstabelle gehorchen, die die großen Matrizen bereits befolgten.

Wir haben also Folgendes erreicht: Unsere Verschlüsselungsmaschine wurde mit einer großen reduziblen Darstellung gefüttert und hat diese in Blockdiagonalform reduziert. Jeder kleine Block, zurück in unserer Maschine, wird so lange reduziert, bis wir eine möglichst einfache Darstellung haben. Haben wir dann entweder eine 1×1-Matrix oder eine solche, die nicht weiter durch Ähnlichkeitstransformationen reduziert werden kann, nennen wir diese eine irreduzible Darstellung Γ_i. Das ist unser Hauptanliegen mit all dieser Matrizenrechnung bisher. Wir sollten uns das ruhig noch einmal durch den Kopf gehen lassen und so sicherstellen, daß wir verstanden haben, was eine irreduzible Darstellung ist. Das ist ein wichtiger, wenn nicht der wichtigste Punkt in diesem Kapitel: Entscheidend für uns ist nicht nur die (rein mathematische) Feststellung, daß diese Darstellungen der Symmetrieoperationen irreduzibel, d. h. nicht weiter zu vereinfachen sind und ein- oder mehrdimensional sein können, sondern:

> daß diese irreduziblen Darstellungen grundlegende(!) und verschiedenartige Darstellungen der Symmetrie-Eigenschaften des betrachteten Moleküls sind.

Wenn wir z. B. sagen „e_9 bildet eine Basis der Punktgruppe ...", so bedeutet das im Klartext: „e_9 stellt eine der möglichen grundlegenden Darstellungen aller Symmetrie-Operationen der Punktgruppe ... durch kleine Matrizen dar".

Zum Vergleich irreduzibler Darstellungen dienen die folgenden, durch Konvention festgelegten Bezeichnungen:

Symbol	Eigenschaft
A	symmetrisch unter n-facher Drehung
B	antisymmetrisch unter n-facher Drehung
E	zweidimensional
T	dreidimensional

Index	Lage	Eigenschaft
1	unten	symmetrisch unter σ_v oder C_2 senkrecht zu C_n
2	unten	antisymmetrisch unter σ_v oder C_2 senkrecht zu C_n
g	unten	symmetrisch unter i
u	unten	antisymmetrisch unter i
$'$	oben	symmetrisch unter σ_h, wenn i nicht vorhanden
$''$	oben	antisymmetrisch unter σ_h, wenn i nicht vorhanden
$+$	oben	symmetrisch unter σ_v in $D_{\infty h}$
$-$	oben	antisymmetrisch unter σ_v in $D_{\infty h}$

Ist die Anzahl irreduzibler Darstellungen der Operationen einer jeden Punktmenge unbegrenzt? Nein, sie ist es nicht. Obgleich wir reduzible Darstellungen den ganzen Tag lang aufschreiben können, lassen sie sich nur auf einige wenige verschiedene irreduzible Darstellungen reduzieren. Nicht nur die Symmetrie-Elemente mit ihren Gruppeneigenschaften (vgl. (2.38)), sondern auch die Anzahl und Art der irreduziblen Darstellungen sind also charakteristisch für eine gegebene Punktgruppe. Damit sind wir fast schon in der Lage, die Tabellen A 3 und A 4 im Anhang zu lesen. Die Anzahl dieser Darstellungen wollen wir im nächsten Abschnitt diskutieren, in dem es um Charaktere und Charaktertafeln geht.

2.7   Charaktere und Charaktertafeln

Es ist geradezu erstaunlich, wie einfach sich Molekülphysiker das Leben machen: Anstatt nun mit den einzelnen irreduziblen Darstellungen selbst zu arbeiten, machen wir uns die Sache noch einfacher und gebrauchen die Charaktere der Darstellungen.

Der Charakter einer Matrix ist die Summe ihrer Diagonalelemente. Der Charakter wird auch die Spur der Matrix genannt. Der Charakter der hier abgebildeten Matrix ist die Zahl 21.

$$\begin{bmatrix} 1 & 2 & 3 & 4 & 5 \\ 6 & 7 & 8 & 9 & 10 \\ 9 & 8 & 7 & 6 & 5 \\ 4 & 3 & 2 & 1 & 0 \\ 1 & 2 & 3 & 4 & 5 \end{bmatrix} \tag{2.50}$$

Die Charaktere von irreduziblen Darstellungen erweisen sich als außerordentlich handlich. Ohne weitere Verzögerung wollen wir uns die Charaktertafel für die Punktgruppe C_{3v} anschauen, Gl. (2.51). Zunächst finden wir über der eigentlichen Tabelle den kompletten Satz der Operationen dieser Gruppe $(E, C_3, C_3^2, \ldots)$. Auf der linken Seite stehen untereinander die Bezeichnungen der irreduziblen Darstellungen, die in dieser Gruppe vorkommen. Wir nennen sie Γ_1, Γ_2 und Γ_3.

$$
\begin{array}{c|cccccc}
C_{3v} & E & C_3 & C_3^2 & \sigma_v & \sigma_v' & \sigma_v'' \\
\hline
\Gamma_1 & 1 & 1 & 1 & 1 & 1 & 1 \\
\Gamma_2 & 1 & 1 & 1 & -1 & -1 & -1 \\
\Gamma_3 & 2 & -1 & -1 & 0 & 0 & 0
\end{array}
\tag{2.51}
$$

Diese Tafel haben wir einfach so — wie aus dem Nichts — herausgezogen. Es gibt jedoch ein paar einfache Theoreme, die uns sagen, wie Tafeln zu konstruieren sind. Haben wir erst einmal solche Tafeln, so werden wir sie sofort anwenden können.

Theorem 2.1 *Die Anzahl von irreduziblen Darstellungen ist gleich der Anzahl von Operationsklassen in der Gruppe.*

Großartig. Versuchen wir einen anschaulichen Beweis! Erinnern wir uns noch daran, was eine Klasse ist? Es ist der komplette Satz von Operationen, die miteinander konjugiert sind. Was sind die Klassen der Punktgruppe C_{3v}? Um das herauszufinden, benötigen wir eine Multiplikationstafel. Mit Hilfe des Ammoniak-Moleküls, Fig. 2.40, können wir eine solche Multiplikationstafel leicht erstellen:

$$
\begin{array}{c|cccccc}
 & E & C_3 & C_3^2 & \sigma_v & \sigma_v' & \sigma_v'' \\
\hline
E & E & C_3 & C_3^2 & \sigma_v & \sigma_v' & \sigma_v'' \\
C_3 & C_3 & C_3^2 & E & \sigma_v'' & \sigma_v & \sigma_v' \\
C_3^2 & C_3^2 & E & C_3 & \sigma_v' & \sigma_v'' & \sigma_v \\
\sigma_v & \sigma_v & \sigma_v' & \sigma_v'' & E & C_3 & C_3^2 \\
\sigma_v' & \sigma_v' & \sigma_v'' & \sigma_v & C_3^2 & E & C_3 \\
\sigma_v'' & \sigma_v'' & \sigma_v & \sigma_v' & C_3 & C_3^2 & E
\end{array}
\tag{2.52}
$$

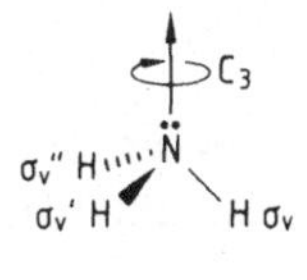

Fig. 2.40 Das Ammoniakmolekül, NH_3, mit eingetragener Drehachse, C_3, und Spiegelebenen σ_v

Wir fragen nun, wer mit wem in derselben Klasse ist. Wir versuchen einige Ähnlichkeitstransformationen. Zunächst müssen wir Operationen finden, die das Inverse von der jeweiligen Operation sind:

$$E^{-1} = E \qquad \sigma_v^{-1} = \sigma_v$$
$$C_3^{-1} = C_3^2 \qquad \sigma_v'^{-1} = \sigma_v'$$
$$(C_3^2)^{-1} = C_3 \qquad \sigma_v''^{-1} = \sigma_v'' \tag{2.53}$$

Als nächstes versuchen wir einige rein zufällige Ähnlichkeitstransformationen:

$$\sigma_v \quad C_3 \quad \sigma_v = C_3^2 \qquad C_3^2 \quad \sigma_v \quad C_3 = \sigma_v'' \qquad C_3^2 \quad E \quad C_3 = E$$
$$\sigma_v'' \quad C_3 \quad \sigma_v'' = C_3^2 \qquad \sigma_v \quad \sigma_v \quad \sigma_v = \sigma_v \qquad \sigma_v \quad E \quad \sigma_v = E$$
$$C_3^2 \quad C_3^2 \quad C_3 = C_3^2 \qquad C_3 \quad \sigma_v \quad C_3^2 = \sigma_v' \qquad \sigma_v'' \quad E \quad \sigma_v'' = E \tag{2.54}$$
$$\sigma_v' \quad C_3^2 \quad \sigma_v' = C_3 \qquad \sigma_v'' \quad \sigma_v' \quad \sigma_v'' = \sigma_v$$
$$\sigma_v' \quad \sigma_v'' \quad \sigma_v' = \sigma_v$$

Anschaulich haben wir gefunden: Die beiden Drehungen C_3 und C_3^2 sind in einer Klasse, und die drei Reflexionen bilden eine andere. E ist, wie immer, eine Klasse für sich. Da es drei Operationsklassen gibt, sind nach Theorem 2.1 drei irreduzible Darstellungen zu erwarten.

Theorem 2.2 *Die Charaktere aller Operationen in derselben Klasse sind für jede gegebene Darstellung identisch.*

Dieses bedeutet für unser Fallbeispiel, daß in der C_{3v}-Punktgruppe alle Reflexionen denselben Charakter haben müssen wie auch alle Drehungen — und das in jeder beliebigen Darstellung.

Theorem 2.3 *Die Summe der Quadrate der Charaktere in beliebiger irreduzibler Darstellung ist gleich der Ordnung der Gruppe.*

Die Ordnung der Gruppe ist die Anzahl der Operationen in ihr; für C_{3v} zum Beispiel ist die Ordnung sechs. Wir summieren die Quadrate jeder Darstellung:

$$\Gamma_1: \quad 1^2 + 1^2 \quad + 1^2 \quad + 1^2 \quad + 1^2 \quad + 1^2 \quad = 6$$
$$\Gamma_2: \quad 1^2 + 1^2 \quad + 1^2 \quad + (-1)^2 + (-1)^2 + (-1)^2 = 6 \tag{2.55}$$
$$\Gamma_3: \quad 2^2 + (-1)^2 + (-1)^2 + 0^2 \quad + 0^2 \quad + 0^2 \quad = 6$$

Theorem 2.4 *Das Punktprodukt der Charaktere zweier beliebiger Darstellungen ist Null.*

Was ist das Punktprodukt? Nehmen wir die Summe der Produkte der Charaktere unter jeder Operation, so haben wir das Punktprodukt. $\Gamma_1 \cdot \Gamma_2$ etwa sieht so aus:

$$
\begin{array}{lcccccc}
\Gamma_1: & 1 & 1 & 1 & 1 & 1 & 1 \\
\Gamma_2: & 1 & 1 & 1 & -1 & -1 & -1 \\
\hline
\Gamma_1 \cdot \Gamma_2: & \multicolumn{6}{l}{1\times 1 + 1\times 1 + 1\times 1 + 1\times(-1) + 1\times(-1) + 1\times(-1) = 0}
\end{array}
$$

$$(2.56)$$

Versuchen wir uns an $\Gamma_1 \cdot \Gamma_3$:

$$
\begin{array}{lcccccc}
\Gamma_1: & 1 & 1 & 1 & 1 & 1 & 1 \\
\Gamma_3: & 2 & -1 & -1 & 0 & 0 & 0 \\
\hline
\Gamma_1 \cdot \Gamma_3: & \multicolumn{6}{l}{1\times 2 + 1\times(-1) + 1\times(-1) + 1\times 0 + 1\times 0 + 1\times 0 = 0}
\end{array}
$$

$$(2.57)$$

Theorem 2.5 *Die Summe der Quadrate der Dimensionen irreduzibler Darstellungen einer Gruppe ist gleich der Ordnung der Gruppe.*

Fein, wenn wir wüßten, was der Begriff „Dimension einer irreduziblen Darstellung" meint. Damit wird eine Aussage über das Format der Transformationsmatrizen selbst gemacht, von denen nur die Charaktere in den verschiedenen irreduziblen Darstellungen tabelliert sind.

Die Dimension einer quadratischen Matrix ist einfach die Anzahl der Reihen (oder Spalten). Aber wie erfahren wir die Dimension einer irreduziblen Darstellung, wenn alles, was wir haben, gerade ihr Charakter ist? Die Antwort darauf ist, nach dem Charakter der Identitätsoperation E zu schauen. E wird immer eine Matrix sein, die Einsen in der Diagonale und sonst nur Nullen aufweist. Somit ist der Charakter von E die Dimension der Matrix.

Für eine dreidimensionale irreduzible Darstellung sieht E folgendermaßen aus:

$$
E = \begin{bmatrix} 1 & 0 & 0 \\ 0 & 1 & 0 \\ 0 & 0 & 1 \end{bmatrix} \qquad \text{Dimension} = \text{Charakter} = 3, \tag{2.58}
$$

d. h. die Dimension in dieser Darstellung von E ist gleich der Spur ($=$ Charakter) und beträgt 3.

Führt man nun eine Ähnlichkeitstransformation mit allen 6 Symmetrieoperationen der Gruppe (in reduzibler Darstellung) durch, so erhält man Transformationsmatrizen in Blockdiagonalform, s. S. 40 und S. 41. Die Blöcke entlang der Diagonalen bilden in unserem Fall 3 getrennte Sätze (Klassen), die wir als die 3 irreduziblen Darstellungen der Punktgruppe bezeichnen: Jeder dieser Sätze weist schon alle Gruppeneigenschaften auf und eine weitere Vereinfachung dieser Blöcke ist nicht möglich (daher „irreduzibel"!). Jeder dieser Sätze enthält nun Blockmatrizen eines bestimmten Formats; die Einheitsmatrix ist immer enthalten. Beispielsweise hat in Γ_3 (C_{3v}) die Identitätsoperation den Charakter 2, was auf zweidimensionale Blockmatrizen für alle Symmetrieoperationen schließen läßt. Die Summe der Quadrate der Dimensionen ist $1^2 + 1^2 + 2^2 = 6$, was der Ordnung der Gruppe entspricht.

Nun haben wir fast alles, um eine Charaktertafel zu konstruieren. Wir wollen hier eine solche für die Punktgruppe C_{4v} erstellen, die die Operationen E, C_4, $C_4^2 = C_2$, C_4^3, σ_v, σ_v', σ_d und σ_d' aufweist. Damit ist die Ordnung von C_{4v} Acht. Wieviele Klassen hat sie? Erstellen wir alle Multiplikationen, so finden wir zunächst, daß C_4 und C_4^3 in derselben Klasse sind; auch σ_v und σ_v' sowie σ_d und σ_d' bilden je eine Klasse. E und C_2 sind jeweils eine Klasse für sich. Wir sollten dabei beachten, daß allgemein die Mitglieder einer Klasse jeweils dieselbe geometrische Transformation in dem betreffenden Molekül ausführen: Eine Drehung und eine Spiegelung sind nie in derselben Klasse zu finden, ebenfalls nie diagonale und vertikale Spiegelung oder horizontale und vertikale. Offensichtlich finden wir fünf Klassen in C_{4v}, daher muß es fünf irreduzible Darstellungen geben. Bis hierher schaut unsere Charaktertafel noch sehr kindlich aus:

C_{4v}	E	C_4	C_2	C_4^3	σ_v	σ_v'	σ_d	σ_d'
Γ_1								
Γ_2								
Γ_3								
Γ_4								
Γ_5								

$$(2.59)$$

Der nächste Schritt ist der Gebrauch des „großen unausgesprochenen Theorems", das einfach sagt, daß Γ_1 für jede Punktgruppe gerade aus lauter Einsen besteht. Denn jede denkbare Matrix — auch die diagonalisierte unserer irreduziblen Darstellungen — multipliziert mit der Einheitsmatrix E ergibt die Matrix selbst:

C_{4v}	E	C_4	C_2	C_4^3	σ_v	σ_v'	σ_d	σ_d'
Γ_1	1	1	1	1	1	1	1	1
Γ_2								
Γ_3								
Γ_4								
Γ_5								

$$(2.60)$$

Theorem 2.5 sagt uns, daß die Summe der Quadrate der Dimension irreduzibler Darstellungen der Punktgruppe gleich der Ordnung der Gruppe ist. Welche fünf ganzen Zahlen haben aber Quadrate, die sich zu Acht aufsummieren? Es gibt nur eine Kombination, nämlich: $1 + 1 + 1 + 1 + 2 = 8$.

Damit können wir die erste Spalte ausfüllen (siehe Begründung zu (2.58)):

C_{4v}	E	C_4	C_2	C_4^3	σ_v	σ_v'	σ_d	σ_d'
Γ_1	1	1	1	1	1	1	1	1
Γ_2	1							
Γ_3	1							
Γ_4	1							
Γ_5	2							

$$(2.61)$$

Geführt von Theorem 2.2, 2.3 und 2.4 versuchen wir nun, den Rest der Tafel auszufüllen, so daß

(2) die Charaktere der Operationen in derselben Klasse die gleichen sind für jede irreduzible Darstellung,

(3) die Summe der Quadrate über jede Reihe gleich Acht ist und

(4) das Punktprodukt irgendwelcher zwei Reihen immer Null ist.

Wir versuchen das Rezept an einigen „Einsen" und „minus Einsen" in der zweiten Reihe:

C_{4v}	E	C_4	C_2	C_4^3	σ_v	σ_v'	σ_d	σ_d'
Γ_1	1	1	1	1	1	1	1	1
Γ_2	1	1	1	1	-1	-1	-1	-1
Γ_3	1							
Γ_4	1							
Γ_5	2							

$$(2.62)$$

Γ_2 erfüllt alle drei oben angegebenen Bedingungen. Tatsächlich können wir alle Charaktere der eindimensionalen Darstellungen durch systematisches Probieren mit Kombinationen von $+1$ und -1 erschließen, wenn wir nur die Randbedingungen (Theorem 2.2, 2.3 und 2.4) beachten:

C_{4v}	E	C_4	C_2	C_4^3	σ_v	σ_v'	σ_d	σ_d'
Γ_1	1	1	1	1	1	1	1	1
Γ_2	1	1	1	1	-1	-1	-1	-1
Γ_3	1	-1	1	-1	-1	-1	1	1
Γ_4	1	-1	1	-1	1	1	-1	-1
Γ_5	2							

$$(2.63)$$

Bevor wir fortfahren, sollten wir die Tabelle vereinfachen und die jeweiligen Mitglieder derselben Klasse in einer Spalte zusammenfassen. Da die Charaktere für jedes Mitglied der Klasse dieselben sein müssen, verlieren wir gar nichts, wenn wir so verfahren.

C_{4v}	E	$2C_4$	C_2	$2\sigma_v$	$2\sigma_d$
Γ_1	1	1	1	1	1
Γ_2	1	1	1	-1	-1
Γ_3	1	-1	1	-1	1
Γ_4	1	-1	1	1	-1
Γ_5	2				

$$(2.64)$$

Die Zahlen vor jeder Operation im Tafelkopf sagen uns, wieviele Mitglieder jede Klasse hat, und das macht sie s e h r   w i c h t i g. Angenommen, wir bilden das Punktprodukt der ersten beiden Reihen

$$\Gamma_1 \cdot \Gamma_2 = 1 \cdot 1 + 1 \cdot 1 + 1 \cdot 1 + 1 \cdot (-1) + 1 \cdot (-1) = +1!!? \qquad (2.65)$$

Was ist passiert? Das Punktprodukt muß doch gleich Null sein. Wir haben vergessen, jedes Produkt mit der Anzahl der zugehörigen Mitglieder der jeweiligen Klasse zu multiplizieren. Führen wir das aus, so ergibt sich

$$\Gamma_1 \cdot \Gamma_2 = 1 \cdot 1 + 2 \cdot (1 \cdot 1) + 1 \cdot 1 + 2 \cdot (1 \cdot (-1))$$
$$+ 2 \cdot (1 \cdot (-1)) = 0. \qquad (2.66)$$

Die Zahlen im Kopf der Tabelle werden also für jede Art von Berechnung unter Ausnutzung dieser Tafel gebraucht. Das sollten wir in Erinnerung behalten.

Das Punktprodukt-Theorem liefert einige Gleichungen für die Charaktere der letzten, noch ausstehenden irreduziblen Darstellung. Beachte, daß wir vier Charaktere benötigen, gleichzeitig auch vier Gleichungen dafür aufschreiben können. Schön, nicht wahr? Wir nennen die fehlenden Charaktere von Γ_5 zunächst a, b, c und d,

C_{4v}	E	$2C_4$	C_2	$2\sigma_v$	$2\sigma_d$
Γ_1	1	1	1	1	1
Γ_2	1	1	1	-1	-1
Γ_3	1	-1	1	-1	1
Γ_4	1	-1	1	1	-1
Γ_5	2	a	b	c	d

$$(2.67)$$

und wir bilden damit die Produktgruppe

$$\Gamma_1 \cdot \Gamma_5 = 1 \cdot 2 + 2 \cdot (1 \cdot a) + 1 \cdot b + 2 \cdot (1 \cdot c) + 2 \cdot (1 \cdot d)$$

$$
\begin{aligned}
&\quad\;\; 2 \;+\; 2a \;+\; b \;+\; 2c \;+\; 2d \;= 0 \\
\Gamma_2 \cdot \Gamma_5 = {}&\quad\;\; 2 \;+\; 2a \;+\; b \;-\; 2c \;-\; 2d \;= 0 \\
\Gamma_3 \cdot \Gamma_5 = {}&\quad\;\; 2 \;-\; 2a \;+\; b \;-\; 2c \;+\; 2d \;= 0 \\
\Gamma_4 \cdot \Gamma_5 = {}&\quad\;\; 2 \;-\; 2a \;+\; b \;+\; 2c \;-\; 2d \;= 0
\end{aligned}
\tag{2.68}
$$

Addieren wir alle Gleichungen, so erhalten wir $8 + 4b = 0$ oder $b = -2$. Addition der ersten und dritten Gleichung gibt $4 + 2b + 4d = 0$ oder $d = 0$. Die erste und vierte Gleichung führen zu $4 + 2b + 4c = 0$, damit zu $c = 0$. Schließlich können wir aus den ersten beiden Gleichungen $4 + 4a + 2b = 0$ oder $a = 0$ entnehmen. Damit ist die Tafel vollständig:

$$
\begin{array}{c|ccccc}
C_{4v} & E & 2C_4 & C_2 & 2\sigma_v & 2\sigma_d \\
\hline
\Gamma_1 & 1 & 1 & 1 & 1 & 1 \\
\Gamma_2 & 1 & 1 & 1 & -1 & -1 \\
\Gamma_3 & 1 & -1 & 1 & -1 & 1 \\
\Gamma_4 & 1 & -1 & 1 & 1 & -1 \\
\Gamma_5 & 2 & 0 & -2 & 0 & 0
\end{array}
\tag{2.69}
$$

Zur Überprüfung bilden wir nach Theorem 2.5 die Ordnung der Gruppe; die Summe der Quadrate über Γ_5 ergibt Acht. Damit haben wir einen allgemeinen Weg gefunden, um Charaktertafeln aufzubauen. Wir wollen nun aber keine weiteren in allen Einzelheiten aufbauen; im Anhang dieses Büchleins (Anhang A.4) sind diejenigen aufgeführt, die wir brauchen.

Wir probieren gleich einmal einige dieser Charaktertafeln aus und sehen so, welche Information in ihnen enthalten ist. Die gesamte C_{4v}-Tafel ist hier aus dem Anhang noch einmal aufgeführt.

$$
\begin{array}{c|ccccc|c|c}
C_{4v} & E & 2C_4 & C_2 & 2\sigma_v & 2\sigma_d & & \\
\hline
A_1 & 1 & 1 & 1 & 1 & 1 & z & x^2 + y^2,\, z^2 \\
A_2 & 1 & 1 & 1 & -1 & -1 & R_z & \\
B_1 & 1 & -1 & 1 & 1 & -1 & & x^2 - y^2 \\
B_2 & 1 & -1 & 1 & -1 & 1 & & xy \\
E & 2 & 0 & -2 & 0 & 0 & (x,\,y)\,(R_x,\,R_y) &
\end{array}
\tag{2.70}
$$

Wir sehen vier Felder. Der Hauptteil enthält die Charaktere. Links davon stehen die Bezeichnungen der irreduziblen Darstellungen Γ_i. Festgelegt durch Konvention benutzen wir die großen Buchstaben A, B, E und T (in einigen Tafeln auch F). A und B sind eindimensional, E ist zwei- und T schließlich dreidimensional. Der Unterschied zwischen A und B besteht darin, daß der Charakter unter der Hauptdrehungsoperation C_n immer $+1$ für A- und -1 für B-Darstellung ist. Wir erkennen weitere Bezeichnungen wie Indizes und/oder gestrichene oder doppeltgestrichene Größen, aber diese sind augenblicklich nicht übermäßig wichtig. Zunächst betrachten wir sie nur als Bezeichnungen. Wichtige Indizes sind die Buchstaben „u" bzw. „g". Eine „g"-Darstellung ist symmetrisch bezüglich Inversion, während eine „u"-Darstellung diesbezüglich antisymmetrisch ist. Verdeutlichen wollen wir dieses Symmetrieverhalten an p- und d-Atomorbitalen. Ein p-Orbital geht in sein Negatives über, wenn jeder Punkt durch den Ursprung invertiert wird, Fig. 2.41. Es ist eine „u" (ungerade)-Funktion. Das weiter unten gezeigte d-Orbital ist eine „g" (gerade)-Funktion, vgl. Fig. 2.41.

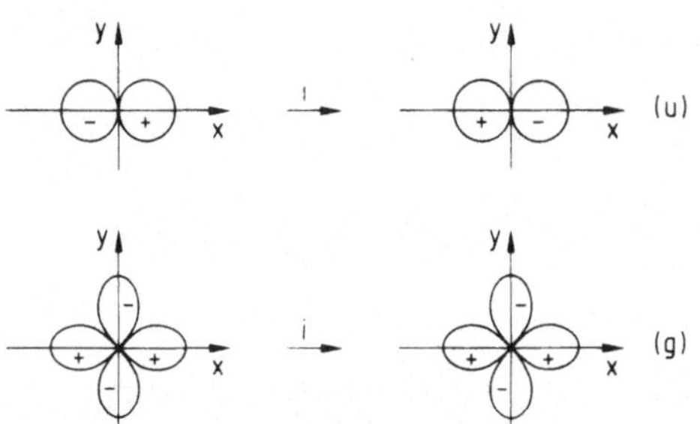

Fig. 2.41 p- und d-Orbital unter der Operation „i", ungerade (u)- und gerade (g)-Funktionen

Die beiden Spalten auf der rechten Seite der Tafel enthalten Basisfunktionen für die irreduziblen Darstellungen. Um zu verstehen, was eine Basisfunktion ist und ein Gefühl für die geometrische Bedeutung der Charaktere zu bekommen, schreiben wir zunächst einige Matrix-Darstellungen für Operationen dieser Gruppe aus. Die C_4-Operation um die z-Achse ändert die Koordinaten des Punktes (x, y, z) wie folgt: Die z-Koordinate bleibt unverändert, während die x- und y-Koordinaten sich entsprechend der früher hergeleiteten Gleichung (2.34) verändern:

$$\begin{bmatrix} \cos 2\pi/4 & -\sin 2\pi/4 \\ \sin 2\pi/4 & \cos 2\pi/4 \end{bmatrix} \cdot \begin{bmatrix} x_1 \\ y_1 \end{bmatrix} = \begin{bmatrix} x_2 \\ y_2 \end{bmatrix} \tag{2.71}$$

Damit sieht die Matrix-Darstellung für C_4 so aus:

$$C_4 = \begin{bmatrix} \cos 2\pi/4 & -\sin 2\pi/4 & 0 \\ \sin 2\pi/4 & \cos 2\pi/4 & 0 \\ 0 & 0 & 1 \end{bmatrix} = \begin{bmatrix} 0 & -1 & 0 \\ 1 & 0 & 0 \\ 0 & 0 & 1 \end{bmatrix} \tag{2.72}$$

Entsprechend ist die Darstellung von C_2 gleich

$$C_2 = \begin{bmatrix} \cos\pi & -\sin\pi & 0 \\ \sin\pi & \cos\pi & 0 \\ 0 & 0 & 1 \end{bmatrix} = \begin{bmatrix} -1 & 0 & 0 \\ 0 & -1 & 0 \\ 0 & 0 & 1 \end{bmatrix} \tag{2.73}$$

Die beiden σ_v-Operationen benutzen die xz- und yz-Spiegelebenen. Die σ_{xz}-Operation läßt x und z unverändert, führt aber y in $-$y über. σ_{yz} verändert y und z nicht, jedoch x zu $-$x, Fig. 2.42.

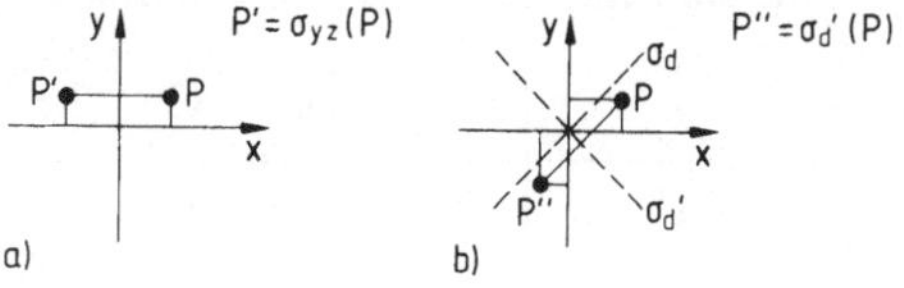

Fig. 2.42 Spiegeloperationen σ_{yz} (a) und σ_d' (b)

$$\sigma_{xz} = \begin{bmatrix} 1 & 0 & 0 \\ 0 & -1 & 0 \\ 0 & 0 & 1 \end{bmatrix} \qquad \sigma_{yz} = \begin{bmatrix} -1 & 0 & 0 \\ 0 & 1 & 0 \\ 0 & 0 & 1 \end{bmatrix}$$

$$\sigma_d = \begin{bmatrix} 0 & 1 & 0 \\ 1 & 0 & 0 \\ 0 & 0 & 1 \end{bmatrix} \qquad \sigma_d' = \begin{bmatrix} 0 & -1 & 0 \\ -1 & 0 & 0 \\ 0 & 0 & 1 \end{bmatrix} \tag{2.74}$$

Ohne Weiteres herzuleiten, können wir bereits sehen, daß z nie mit x oder y durch diese Operation gemischt wird. x und y jedoch werden durch die vierfache Drehung und die σ_d-Operation gemischt. Die Matrizen sind schon irreduzible Darstellungen der Symmetrieoperationen (vgl. S. 41), genauer: Sie enthalten schon die **Blockmatrizen** dieser Darstellungen (s. S. 45). Sie werden weiter ausgearbeitet mit x und y in einem Block sowie z in einem anderen.

$$\begin{array}{ccccccc} E & C_4 & C_2 & \sigma_{xz} & \sigma_{yz} & \sigma_d & \sigma_d' \end{array}$$

$$\Gamma_{x,y} \begin{bmatrix} 1 & 0 \\ 0 & 1 \end{bmatrix} \begin{bmatrix} 0 & -1 \\ 1 & 0 \end{bmatrix} \begin{bmatrix} -1 & 0 \\ 0 & -1 \end{bmatrix} \begin{bmatrix} 1 & 0 \\ 0 & -1 \end{bmatrix} \begin{bmatrix} -1 & 0 \\ 0 & 1 \end{bmatrix} \begin{bmatrix} 0 & 1 \\ 1 & 0 \end{bmatrix} \begin{bmatrix} 0 & -1 \\ -1 & 0 \end{bmatrix}$$

$$\Gamma_z \quad [1] \qquad [1] \qquad\quad [1] \qquad\quad [1] \qquad\quad [1] \qquad [1] \qquad\quad [1] \tag{2.75}$$

Die **C h a r a k t e r e** von $\Gamma_{x,y}$ sind die Spuren der Blockmatrizen (vgl. S. 42):

	E	$2C_4$	C_2	$2\sigma_v$	$2\sigma_d$
$\Gamma_{x,y}$	2	0	-2	0	0

$$\tag{2.76}$$

Die Charaktere von Γ_z sind alles Einsen. Wir sagen, daß x und y eine Basis für die irreduzible Darstellung E in der Punktgruppe C_{4v} darstellen. z bildet eine Basis für die irreduzible Darstellung A_1.

Die Funktion $x^2 - y^2$ hat die Symmetrie eines $d_{x^2-y^2}$-Orbitals. Wie wird diese Funktion durch die Symmetrieoperationen der Gruppe transformiert? Siehe dazu Fig. 2.43. Beachte, daß das $d_{x^2-y^2}$-Orbital immer in sich selbst oder sein Negatives überführt wird; daher transformiert es bei den angegebenen Symmetrieoperationen unter einer eindimensionalen Darstellung.

Damit sind die Charaktere der Darstellung mit der Basisfunktion $x^2 - y^2$

	E	$2C_4$	C_2	$2\sigma_v$	$2\sigma_d$
$\Gamma_{x^2-y^2}$	1	-1	1	1	-1

$$(2.77)$$

Das ist gerade die irreduzible Darstellung B_1, d. h. die Funktion $x^2 - y^2$ bildet eine Basis für die Darstellung B_1. Wir sagen auch: $x^2 - y^2$ transformiert wie B_1.

Die einzigen anderen Symbole in der Charaktertafel beziehen sich auf die Drehungen um die x-, y- und z-Achse, R_x, R_y und R_z. Schauen wir uns die Drehung um die z-Achse genauer an, Fig. 2.44. Der gekrümmte Pfeil repräsentiert eine solche Drehung und zeigt die Transformation unter den verschiedenen Operationen. E, C_4 und C_2 ändern die Drehrichtung ($\hat{=}$ Pfeilrichtung) nicht. Die beiden Reflexionen kehren den Drehsinn um.

	E	$2C_4$	C_2	$2\sigma_v$	$2\sigma_d$
Γ_{R_z}	1	1	1	-1	-1

$$(2.78)$$

Diese Drehung bildet eine Basis für die irreduzible Darstellung A_2, d. h. sie transformiert wie A_2. R_x und R_y zusammen bilden eine Basis für die E-Darstellung.

Eine besondere Eigenschaft der Charaktertafeln verdient noch Erwähnung: Viele Punktgruppen haben imaginäre Charaktere, die entweder durch $\pm i \left(= \pm\sqrt{-1} \right)$ oder die Symbole ε und ε^* angegeben sind. Für eine Gruppe mit einer Hauptachse der Drehung C_n ist $\varepsilon = e^{2\pi i/n}$. Erinnern wir uns, daß

$$e^{i\theta} = \cos\theta + i\sin\theta \tag{2.79}$$

ist, so sehen wir sofort, daß ε für eine Gruppe mit einer C_n-Achse gerade

$$e^{2\pi i/n} = \cos 2\pi/n + i\sin 2\pi/n \tag{2.80}$$

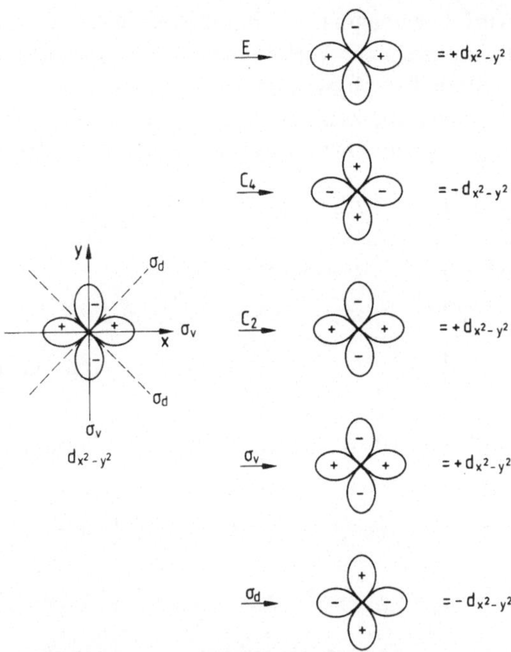

Fig. 2.43 Transformationen eines $d_{x^2-y^2}$-Orbitals unter verschiedenen Symmetrieoperationen

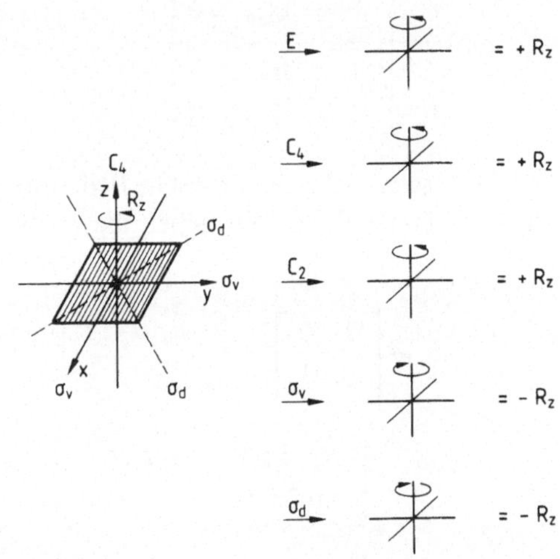

Fig. 2.44 Transformation einer Drehung um die z-Achse, R_z, unter verschiedenen Symmetrieoperationen

wird. Die imaginären Charaktere erscheinen immer in Paaren von Konjugiert-Komplexen. Ihr Vorkommen ist eine mathematische Notwendigkeit. Für den Gebrauch in physikalischen Problemen, die reelle Zahlen erfordern, können wir die paarweise konjugiert komplexen Zahlen addieren, so daß sie reelle Charaktere ergeben. Dies ist folgend für die C_3-Punktgruppe illustriert:

$$
\begin{array}{c|ccc}
C_3 & E & C_3 & C_3^2 \qquad \varepsilon \\
\hline
A & 1 & 1 & 1 \qquad = e^{2\pi i/3} \\[2mm]
E & \left\{ \begin{array}{lll} 1 & \varepsilon & \varepsilon^* \quad = \cos 2\pi/3 + i \sin 2\pi/3 \\[2mm] 1 & \varepsilon^* & \varepsilon \quad = -\dfrac{1}{2} + i\sqrt{3}/2 \quad \text{(aus geometrischer Betrachtung)} \end{array} \right.
\end{array}
\tag{2.81}
$$

Addieren wir die beiden Reihen von Charakteren für E, so erhalten wir

$$
\begin{array}{ccccccc}
& 1 & \varepsilon & \varepsilon^* & & 1 & \left(\dfrac{1}{2} + i\sqrt{3}/2\right) & \left(\dfrac{1}{2} - i\sqrt{3}/2\right) \\[3mm]
+ & 1 & \varepsilon^* & \varepsilon & = & 1 & \left(\dfrac{1}{2} - i\sqrt{3}/2\right) & \left(\dfrac{1}{2} + i\sqrt{3}/2\right) \\[2mm]
\hline
& 1 & \varepsilon + \varepsilon^* & \varepsilon + \varepsilon^* & & 2 & -1 & -1
\end{array}
\tag{2.82}
$$

Damit haben wir eine nützliche Form der Charaktertafel für C_3 erhalten:

$$
\begin{array}{c|ccc}
C_3 & E & C_3 & C_3^2 \\
\hline
A & 1 & 1 & 1 \\
E & 2 & -1 & -1
\end{array}
\tag{2.83}
$$

Welche anschauliche geometrische Bedeutung hat das? x und y bilden eine Basis für die E-Darstellung. Wir geben die Matrizendarstellungen der Operationen an:

$$
E = \begin{bmatrix} 1 & 0 \\ 0 & 1 \end{bmatrix}
$$

$$
C_3 = \begin{bmatrix} \cos 2\pi/3 & -\sin 2\pi/3 \\ \sin 2\pi/3 & \cos 2\pi/3 \end{bmatrix} = \begin{bmatrix} -1/2 & -\sqrt{3}/2 \\ \sqrt{3}/2 & -1/2 \end{bmatrix}
\tag{2.84}
$$

$$
C_3^2 = \begin{bmatrix} \cos 4\pi/3 & -\sin 4\pi/3 \\ \sin 4\pi/3 & \cos 4\pi/3 \end{bmatrix} = \begin{bmatrix} -1/2 & \sqrt{3}/2 \\ -\sqrt{3}/2 & -1/2 \end{bmatrix}
$$

Tatsächlich sind die Spuren dieser Matrizen genau gleich dem, was in unserer neuen Tafel steht:

$$\begin{array}{c|ccc} C_3 & E & C_3 & C_3^2 \\ \hline \Gamma_{x,y} & 2 & -1 & -1 \end{array}$$

(2.85)

Noch ein abschließender Punkt, diese Charaktertafeln betreffend, sei erwähnt. Die Tafeln für die u n e n d l i c h e n Punktgruppen $C_{\infty v}$ und $D_{\infty h}$ (von denen jede eine unbegrenzte Zahl von Operationen enthält) haben verschiedene Bezeichnungen für ihre irreduziblen Darstellungen. An die Stelle von A, B, E und T treten hier griechische Buchstaben. Dieses ist historisch bedingt und hat keine spezielle Bedeutung.

2.8 Zerlegung reduzibler Darstellungen und das direkte Produkt

Unser Problem besteht darin, Gruppentheorie auf Alltagsprobleme der Molekülphysik anzuwenden. In der Regel ist dabei eine unserer Aufgaben, ein gegebenes Molekül symmetriemäßig einzuordnen und eine Gruppe von Transformationsmatrizen zu finden. Diese erste Darstellung ist gewöhnlich noch reduzibel und kann wieder diagonalisiert werden. Entsprechend haben wir es mit den Charakteren reduzibler Darstellungen zu tun. Die entscheidende Frage wird die nach den irreduziblen Darstellungen sein, deren Summe unsere reduzible Darstellung ist. Hier ist ein Beispiel. In der Punktgruppe C_{2v} haben wir es mit einer reduziblen Darstellung Γ_{red} zu tun:

$$\begin{array}{c|cccc} C_{2v} & E & C_2 & \sigma_v(xz) & \sigma_v(yz) \\ \hline A_1 & 1 & 1 & 1 & 1 \\ A_2 & 1 & 1 & -1 & -1 \\ B_1 & 1 & -1 & 1 & -1 \\ B_2 & 1 & -1 & -1 & 1 \\ \Gamma_{red} & 3 & 1 & 3 & 1 \end{array}$$

(2.86)

Wir werden finden, daß Γ_{red} gerade gleich der Summe von $2A_1 + B_1$ ist.

$$\begin{array}{rcccc} 2A_1 = & 2 & 2 & 2 & 2 \\ B_1 = & 1 & -1 & 1 & -1 \\ \hline 2A_1 + B_1 = & 3 & 1 & 3 & 1 \end{array}$$

(2.87)

Wie können wir bestimmen, daß $\Gamma_{red} = 2A_1 + B_1$? Es gibt zwei Möglichkeiten:
1. Die Zerlegung von irgendeiner reduziblen Darstellung kommt nur einfach vor,
d. h. wenn wir irgendeine Kombination von irreduziblen Darstellungen finden,
deren Summe Γ_{red} ist, dann haben wir bereits die − einzig mögliche − Antwort.
Oft ist der einfache Prozeß des Inspizierens zugleich der schnellste Weg, eine
reduzible Darstellung zu zerlegen.

2. Wir gehen systematisch vor. Dieser weit längere, jedoch unfehlbare Weg, eine
reduzible Darstellung zu zerlegen, ist durch eine handliche, großartige Formel
niedergelegt:

$$a_i = \frac{1}{h} \sum_R \chi^R \cdot \chi_i^R \tag{2.88}$$

mit a_i die Häufigkeit, mit der die irreduzible Darstellung Γ_i in der
        reduziblen Darstellung Γ_{red} erscheint,
        h   Ordnung der Punktgruppe,
        R   eine Operation in der Gruppe,
        χ^R Charakter der Operation R in der reduziblen Darstellung Γ_{red},
        χ_i^R Charakter der Operation R in der irreduziblen Darstellung Γ_i.

Um zu sehen, wie diese Formel angewandt wird, schauen wir das obenstehende
Beispiel noch einmal an. Die Ordnung der Punktgruppe C_{2v} ist Vier. Die
Häufigkeit, mit der A_1 in der reduziblen Darstellung erscheint, ist gegeben
durch

$$a_{A_1} = \frac{1}{4} \sum_R \chi^R \chi_{A_1}^R = \frac{1}{4}\,(1 \cdot 3 + 1 \cdot 1 + 1 \cdot 3 + 1 \cdot 1) = 2. \tag{2.89}$$

Entsprechend sind

$$a_{A_2} = \frac{1}{4}\,(1 \cdot 3 + 1 \cdot 1 + (-1 \cdot 3) + (-1 \cdot 1)) = 0$$

$$a_{B_1} = \frac{1}{4}\,(1 \cdot 3 + (-1 \cdot 1) + 1 \cdot 3 + (-1 \cdot 1)) = 1 \tag{2.90}$$

$$a_{B_2} = \frac{1}{4}\,(1 \cdot 3 + (-1 \cdot 1) + (-1 \cdot 3) + 1 \cdot 1) = 0.$$

Daher wird

$$\Gamma_{red} = 2A_1 + B_1. \tag{2.91}$$

Nachdrücklich sei betont, daß es notwendig ist, die Anzahl von Mitgliedern jeder Gruppe in diesen Berechnungen unbedingt zu berücksichtigen; ein Beispiel:

C_{3v}	E	$2C_3$	$3\sigma_v$
A_1	1	1	1
A_2	1	1	-1
E	2	-1	0
Γ_{red}	12	0	2

$$(2.92)$$

$$a_{A_1} = \frac{1}{6}\left(1 \cdot 12 + 2(1 \cdot 0) + 3(1 \cdot 2)\right) = 3$$

$$a_{A_2} = \frac{1}{6}\left(1 \cdot 12 + 2(1 \cdot 0) + 3(-1 \cdot 2)\right) = 1 \tag{2.93}$$

$$a_E = \frac{1}{6}\left(2 \cdot 12 + 2(-1 \cdot 0) + 3(0 \cdot 2)\right) = 4$$

$$\Gamma_{red} = 3A_1 + A_2 + 4E. \tag{2.94}$$

Wichtig für die praktische Spektroskopie sind **direkte Produkte**. Unser Schlußpunkt in dieser Diskussion befaßt sich mit ihnen. Wir erhalten sie durch Multiplikation der Charaktere zweier Darstellungen Γ_1 und Γ_2. In der Punktgruppe D_3 wären z. B. denkbar:

D_3	E	$2C_3$	$3C_2$
A_1	1	1	1
A_2	1	1	-1
E	2	-1	0
$A_1 \times E$	2	-1	0
$A_2 \times E$	2	-1	0
$E \times E$	4	1	0
$A_2 \times A_2$	1	1	1

$$(2.95)$$

Die Charaktere des direkten Produkts $A_2 \times E$ erhielten wir einfach durch Multiplikation der Charaktere von A_2 und E für die jeweilige Operation. Das direkte Produkt von zwei irreduziblen Darstellungen ergibt eine neue Darstellung, die entweder selbst bereits irreduzibel ist oder reduziert werden kann.

$$A_1 \cdot E = E \qquad A_2 \cdot E = E$$
$$A_1 \cdot A_2 = A_2 \qquad E \cdot E = A_1 + A_2 + E. \tag{2.96}$$

3 Schwingungen und ihre Spektroskopie

3.1 Einleitung

Interpretation, oft auch die Voraussage der Wechselwirkung von Licht und Materie ist die Aufgabe eines Spektroskopikers. In diesem Kapitel werden wir uns vornehmlich mit dem infraroten Bereich des Spektrums (IR) auseinandersetzen; wir wollen uns dabei auf den Bereich von 0.1 bis 5000 cm^{-1} beschränken. Die Energie dieser elektromagnetischen Strahlung ($2 \cdot 10^{-24}$ bis $1 \cdot 10^{-19}$ J) reicht aus, um die Dreh- und Schwingungsbewegung von Molekülen anzuregen, wenn sie diese Strahlung absorbieren. Gewöhnlich wird die Drehbewegung bei niedrigerer Strahlungsfrequenz (0.1 bis 10 cm^{-1}) angeregt. Im Bereich der Schwingungsübergänge (100 bis 5000 cm^{-1}) werden sowohl Schwingung als auch Drehbewegung angeregt.

Zahl und Art der angeregten Schwingungen geben Aufschluß über die Symmetrie, damit Einblick in den Aufbau eines gegebenen Moleküls. Auswahlregeln für IR, Raman- und Resonanzspektroskopie z. B. in Lösungen erlauben eine einwandfreie Zuordnung der beobachteten Absorptionsfrequenzen zu den Symmetrien der Schwingungen in einer gegebenen Punktgruppe. Kommt ein bestimmter Bindungstyp (funktionelle Gruppe) nur einmal vor, so erlauben die Spektren wenigstens die Aussage, ob eine bestimmte funktionelle Gruppe vorhanden ist oder nicht.

Wir wollen uns in diesem Kapitel zunächst mit der Absorption von Licht (elektro-magnetischer Strahlung) durch Moleküle beschäftigen. Dabei werden IR-Spektren durch Wärmestrahlung (s. o.), Raman-Spektren mit energiereicherem, oft sichtbarem Licht aufgenommen. Dabei werden ebenfalls Schwingungen kombiniert mit Rotationen angeregt.

Am Beispiel der einfachsten, da nur zweiatomigen Moleküle entwerfen wir Modelle für die Drehbewegung (Rotation), die harmonische und anharmonische Schwingungsbewegung und deren Einfluß auf die Drehbewegung, Kraftkonstanten und Besetzung der einzelnen Zustände. Letztere haben für die Stärke der Lichtabsorption (Intensität) große Bedeutung.

In der Gasphase ist die Feinstruktur der Spektren noch aufgelöst, in der Flüssigkeit fällt die Rotationsstruktur fort: Statt Linien erhalten wir breite Schwingungsbanden.

Weiterer Schwerpunkt des Kapitels ist die modellmäßige Behandlung der Schwingungsspektren mehratomiger Moleküle: Die Zahl der möglichen Schwingungen eines N-Teilchensystems wird vermindert durch Beachten der Freiheitsgrade des jeweiligen Moleküls. Die genauere Beschreibung der einzelnen Schwingungstypen erfolgt durch Normalkoordinaten, d. h. Koordinaten, die den Schwingungsmöglichkeiten des Moleküls, gegeben durch die irreduziblen Darstellungen der Gruppe des Moleküls, entsprechen. Ein gruppentheoretisches Konzept erlaubt die Ableitung dieser irreduziblen Darstellungen aus der durch einfache geometrische Betrachtung abgeleiteten Gesamtsymmetrie des Moleküls.

Die Existenz IR-aktiver, Raman-aktiver und polarisiert Raman-aktiver Schwingungsabsorptionen läßt sich aus Überlegungen über die Symmetrie von Wellenfunktionen sowie Dipol- und Polarisierbarkeitsoperator voraussagen, ebenso Obertöne und heiße Banden.

Den Abschluß des Kapitels bildet die Verknüpfung der Schwingungssymmetrien mit geometrischen Vorstellungen am Beispiel einiger kleiner Moleküle.

3.2   Licht

Licht hat die Eigenschaften von Wellen und Teilchen. Lichtwellen beschreiben wir als zueinander senkrecht schwingende elektrische (E) und magnetische Felder (H). Eben (linear) polarisiertes Licht liegt vor, wenn das elektrische Feld nur in einer Ebene schwingt, so wie in der xz-Ebene in Fig. 3.1.

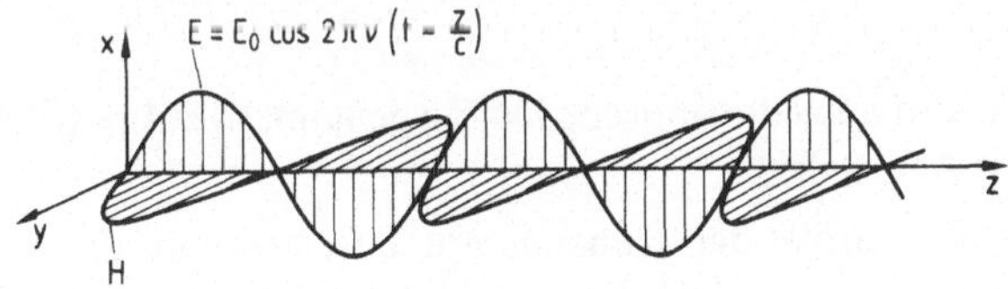

Fig. 3.1 Ebene (linear polarisierte) Lichtwelle, die sich in z-Richtung ausbreitet

Der Ausdruck für die Größe des elektrischen Feldes, die Feldstärke E, am Punkte z ist dann

$$E = E_0 \cos 2\pi\nu(t - z/c) \tag{3.1}$$

mit E_0 maximales elektrisches Feld,
    ν Frequenz,
    t Zeit,
    c Lichtgeschwindigkeit.

Es ist dieses schwingende Feld, das mit Molekülen wechselwirkt und Energie auf das Molekül übertragen kann. Die Beziehung zwischen Frequenz und Wellenlänge ist einfach

$$\lambda \cdot \nu = c. \tag{3.2}$$

Betrachten wir Licht im Teilchenbild und nennen diskrete Teilchen Photonen, so trägt jedes dieser Photonen die Energie

$$E = h\nu. \tag{3.3}$$

Die Größe h ist das Plancksche Wirkungsquantum. Die spektroskopisch gebräuchliche Wellenzahl $\bar{\nu}$ ist definiert als

$$\bar{\nu} = 1/\lambda. \tag{3.4}$$

Mit der Einheit cm^{-1} wird sie in allen Bereichen der Molekülphysik benutzt, wobei die Wellenlänge immer der Vakuumwellenlänge entspricht. Energien sind Wellenzahlen direkt proportional:

$$E = h\nu = hc/\lambda = hc\bar{\nu}. \tag{3.5}$$

Einige der gebräuchlichsten Energieeinheiten sowie ihre Umrechnungsfaktoren sind im Anhang A.1 bzw. A.2 angegeben.

Wieviel Licht durch eine Probe absorbiert wurde, beschreiben wir durch zwei Größen.

1. Bezeichnen wir die einfallende Lichtintensität mit I_0, so ist die Absorption definiert als

$$A = \log I_0/I. \tag{3.6}$$

A wird auch die optische Dichte genannt. Mit $I = I_0$ folgt $A = 0$. Wenn $I_0 = 10I$ ist $A = 1$ usw.

2. Die Größe der Transmission T ist definiert als

$$T = I/I_0. \tag{3.7}$$

T reicht von 0 („Probe ist optisch dicht") bis 1 und wird allgemein angegeben als prozentuale Transmission mit dem Bereich 0 bis 100%. Die Absorption ist direkt proportional zur Konzentration unserer Probe c und zur Länge der Probenzelle l:

$$A = \varepsilon cl. \tag{3.8}$$

Die Proportionalitätskonstante ε wird molekularer Extinktionskoeffizient genannt. Mit [c] in $Mol \cdot liter^{-1}$ und [l] in cm, hat [ε] die Dimension liter $\cdot$ Mol^{-1} $\cdot$ cm^{-1}. Dieser Extinktionskoeffizient gibt uns an, wie stark eine Probe bei einer gegebenen Wellenlänge eingestrahltes Licht absorbiert.

Für die elektronische Anregungsspektroskopie wird ε oft gemessen und in der Literatur angegeben, aber nur selten finden wir quantitative Messungen des Extinktionskoeffizienten für den Bereich der Schwingungs-Rotations-Übergänge.

3.3   Infrarot(IR)- und Raman-Spektren

Schwingungs-Rotationsspektren werden gewöhnlich mit zwei verschiedenen Techniken gemessen. In der Infrarotspektroskopie fällt Licht auf eine Probe und der durchgelassene Anteil wird gemessen. Immer dann, wenn die Frequenz des Lichtes mit absorbierenden Übergängen im Molekül der Probe zusammenfällt, wird weniger Licht durchgelassen (Transmissionsmethode, siehe Fig. 3.2).

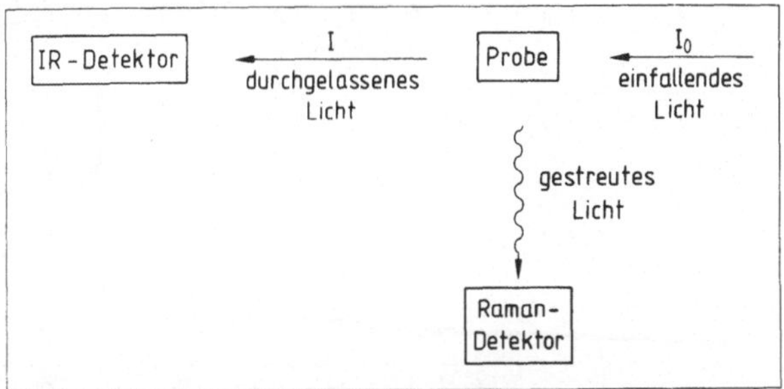

Fig. 3.2 Schematischer Aufbau für IR-Absorptions- bzw. Raman-Spektroskopie

Bei der Raman-Spektroskopie ist es nicht durchgelassenes Licht, das wir beobachten, sondern das gestreute Licht, nun aber spektral zerlegt, siehe Fig. 3.2. Gewöhnlich schauen wir unter einem Winkel von 90° zum einfallenden (jetzt häufig energiereicheren, d. h. sichtbaren oder ultravioletten) Licht.

Lassen wir Licht der Frequenz ν_0 durch eine Probe, z. B. eine homogene Lösung, fallen, so wird der größte Teil des Lichtes die Probe ungehindert passieren. Ein kleiner Bruchteil des Lichtes wird jedoch in alle Richtungen gestreut und kann so auch von allen Seiten gesehen werden. Dieses Phänomen ist als R a y l e i g h - S t r e u u n g bekannt. Ein wiederum sehr viel kleinerer Bruchteil des gestreuten Lichtes hat nicht mehr die Frequenz ν_0, sondern Frequenzen ν_1 derart, daß $\Delta E_i = h \, |\nu_0 - \nu_i|$ Energiebeträgen entspricht, die von den Molekülen der Probe absorbiert oder freigesetzt, d. h. emittiert wurden. Dieser Prozeß, der zum Auftreten von Frequenzen ungleich ν_0 führt, wird R a m a n - S t r e u u n g genannt.

Dabei kann v_i größer oder kleiner v_0 sein, aber gestreutes Licht mit $v_i < v_0$ ist weit intensiver als das mit Frequenzen $v_i > v_0$. Streulicht mit $v_i < v_0$ nennen wir Stokes-Strahlung, Streulicht mit $v_i > v_0$ Anti-Stokes-Strahlung.

Vergleichen wir die beiden Techniken, so finden wir, daß in der ersten Art — Absorptionsspektroskopie — infrarotes Licht notwendig ist: Wir messen „einfach" die Wellenlänge des absorbierten Lichtes, jedoch mit allen Nachteilen der relativ unempfindlichen Infrarot-Detektoren.

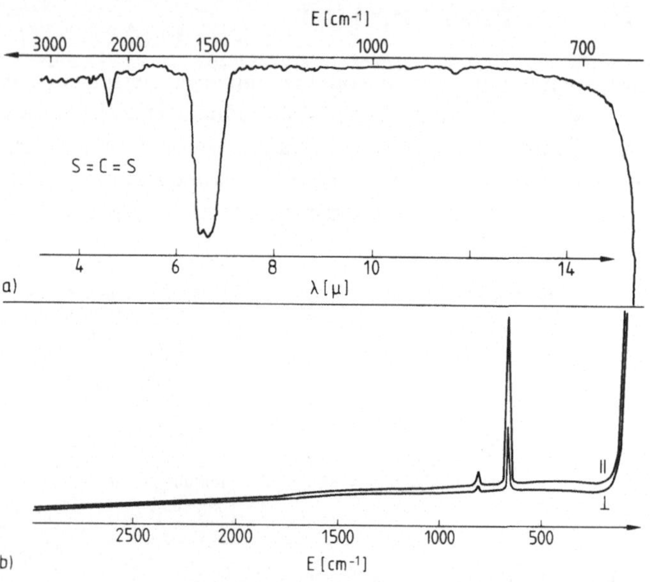

Fig. 3.3 a) Infrarotspektrum von CS_2 und b) Raman-Spektrum desselben Moleküls

In der Raman-Spektroskopie dagegen können wir Licht weit höherer Frequenzen benutzen. Modern ist der Gebrauch sichtbarer Laserstrahlung. Gemessen werden die Frequenzen des gestreuten Raman-Lichtes.

Fig. 3.3a zeigt das Infrarotspektrum von CS_2, Kohlenstoffdisulfid oder auch Schwefelkohlenstoff, aufgenommen im Bereich 700 bis 4 000 cm^{-1}. Die stärkste Absorption wird bei etwa 1 510 cm^{-1} beobachtet neben einigen sehr viel schwächeren Absorptionen. Das Raman-Spektrum von CS_2 in Fig. 3.3b zeigt die stärkste Bande bei 657 cm^{-1} Abstand von der Frequenz des einfallenden Lichtes. In diesem Fall ist die Lichtquelle ein He-Ne-Laser der Frequenz 15 798 cm^{-1} ($\lambda = 6\,328$ Å). Schematisch ist das Gesamtspektrum in Fig. 3.4 wiedergegeben. Die Erklärung für die beiden unterschiedlichen Meßkurven der Raman-Streuung in Fig. 3.3b geben wir in dem Abschnitt über Polarisation.

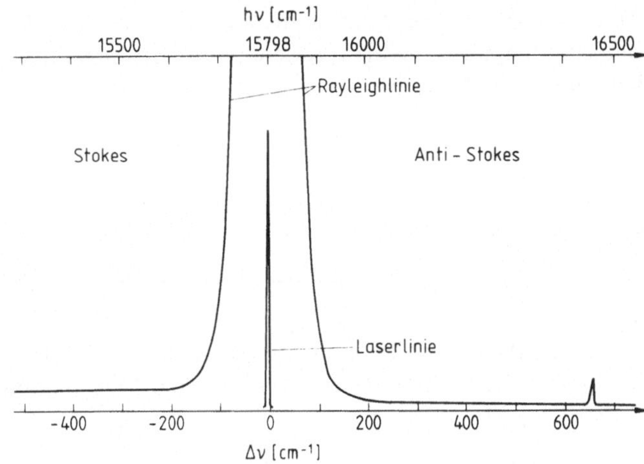

Fig. 3.4 Ausschnitt aus dem Raman-Spektrum des CS_2

Auffallend ist, daß in demselben Molekül, hier CS_2, Schwingungsmoden, die im Raman-Prozeß angeregt werden, allgemein verschieden sind von denjenigen, die durch infrarotes Licht angeregt werden. Daher sehen IR- und Raman-Spektren eines Moleküls verschieden aus, sie ergänzen sich in ihrer Aussage. Die dafür verantwortlichen Auswahlregeln, die bestimmen, welche Schwingungsmoden IR-, welche Raman-aktiv sind, wollen wir später in Abschn. 3.6 diskutieren.

3.4   Zweiatomige Moleküle

Die einfachsten Moleküle sind die zweiatomigen. Ihre Schwingungs-Rotations-Spektren illustrieren die meisten der grundlegenden Prinzipien der Molekülphysik, die ebenfalls auf vielatomige Moleküle anwendbar sind. Um zunächst einfachste Spektren zu analysieren und zu verstehen, benötigen wir Modelle sowohl für die Drehbewegung als auch für die Schwingung zweiatomiger Moleküle.

3.4.1   Der starre Rotator

Als einfachstes Modell eines rotierenden zweiatomigen Moleküls nehmen wir zwei Kerne an, die in einem Abstand R_e, ihrem Gleichgewichtsabstand, zueinander fixiert sind.

Haben die Kerne die Massen m_1 und m_2, so wird das Molekül um den Massenmittelpunkt (MMP) rotieren, dessen Lage definiert ist durch die Bedingung $m_1 \cdot R_1 = m_2 \cdot R_2$, Fig. 3.5.

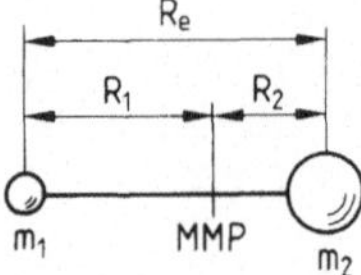

Fig. 3.5 Der starre Rotator mit Massenmittelpunkt MMP

Das Trägheitsmoment eines Systems ist definiert durch $I = \sum m_i \cdot R_i^2$, wobei R_i den jeweiligen Abstand der Masse m_i vom Massenmittelpunkt angibt. Für zweiatomige Moleküle ist

$$I = \frac{m_1 \cdot m_2}{m_1 + m_2} \cdot R_e^2 \equiv \mu R_e^2 \tag{3.9}$$

mit der reduzierten Masse

$$\mu \equiv \frac{m_1 \cdot m_2}{m_1 + m_2}. \tag{3.10}$$

Die quantenmechanische Behandlung des starren Rotators führt zu dem wichtigen Resultat, daß ein solcher Rotator nur mit diskreten Energiewerten

$$\varepsilon_J = \frac{h^2}{8\pi^2 \cdot I} J(J + 1) = \frac{\hbar^2}{2I} J(J + 1) \tag{3.11}$$

rotieren kann[1]. In Gleichung (3.11) ist ε_J die Energie des Rotationszustandes J, wobei J als Rotationsquantenzahl die positiven, ganzen Zahlen durchläuft: $J = 0, 1, 2, 3, \ldots$ Traditionell drückt man in der Spektroskopie die Energie in Einheiten von cm^{-1} (Wellenzahlen) aus. Da $E = hc\bar{v}$, folgt $\bar{v} = E/hc$; $\bar{v}$ ist also ein direktes Maß für die absorbierte Energie. Die Energie $\bar{\varepsilon}_J$ im Wellenzahlenmaß ist daher:

$$\bar{\varepsilon}_J = \frac{\varepsilon_J}{hc} = \frac{h}{8\pi^2 \cdot I \cdot c} \cdot J(J + 1) \tag{3.12}$$

was sich vereinfachen läßt zu:

$$\bar{\varepsilon}_J \equiv \bar{B} J(J + 1) \tag{3.13}$$

wobei wir die Größe $h/8\pi^2 \cdot I \cdot c$ als $\bar{B}$, die Rotationskonstante, zusammenfassen.

---

[1] Zum tieferen Verständnis kommen wir im Abschn. 4.1, wo wir den Hamiltonoperator aufstellen und die zugehörige (Bewegungs-)Differentialgleichung lösen.

Ein Querstrich über einem Symbol wird im weiteren Verlauf hin und wieder gebraucht, um anzudeuten, daß die jeweilige Dimension cm^{-1} ist.

Wir wollen ein konkretes Beispiel anschauen. Das Molekül $^{12}C^{16}O$

$$^{12}C = 12.000 \text{ a. u.}\quad \text{(atomare Einheiten)}[1]$$

$$^{16}O = 15.995 \text{ a. u.}$$

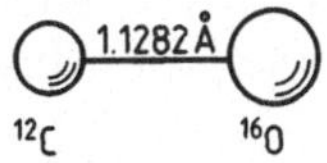

hat eine reduzierte Masse von

Fig. 3.6 Das Molekül $^{12}C^{16}O$

$$\mu = \frac{(12.000) \cdot (15.995)}{12.000 + 15.995} = 6.85 \text{ a. u.}$$

$$= \frac{6.85}{6.0225 \cdot 10^{26}} \text{ kg} = 1.14 \cdot 10^{-26} \text{ kg.}$$

Das Trägheitsmoment ist

$$I = \mu R_e^2 = (1.14 \cdot 10^{-26})(1.1282 \cdot 10^{-10})^2$$

$$= 1.45 \cdot 10^{-46} \text{ kg m}^2,$$

und die möglichen Rotationsenergien sind dann

$$\bar{\varepsilon}_J = \frac{(6.626 \cdot 10^{-34} \text{ J s}) \cdot J(J + 1)}{8\pi^2(1.45 \cdot 10^{-46} \text{ kg m}^2)(2.998 \cdot 10^8 \text{ m s}^{-1})}$$

$$\bar{\varepsilon}_J = 1.93 \, J(J + 1) \text{ cm}^{-1}.$$

Daher wird das Molekül CO mit den folgenden diskreten kinetischen Energien rotieren:

J	J(J + 1)	$\bar{\varepsilon}_J = 1.93\,J(J + 1)$ $[cm^{-1}]$
0	0	0
1	2	3.86
2	6	11.6
3	12	23.2
4	20	38.6
⋮	⋮	⋮

Um seine Energie vom Rotationszustand $J = 1$ zum Zustand $J = 2$ zu ändern, muß CO ein Photon der Wellenzahl $11.6 \text{ cm}^{-1} - 3.86 \text{ cm}^{-1} = 7.74 \text{ cm}^{-1}$ absorbieren. Dieses ist Strahlung im Bereich der Mikrowellen, d. h. reine Rotationsspektroskopie ist Mikrowellenspektroskopie.

---

[1] Diese Einheit entspricht der Masse (in kg) von $6.0225 \cdot 10^{26}$ Atomen.

Reale Moleküle verhalten sich nicht wie starre Rotatoren, obgleich die Näherung recht gut ist. Ein Modell des nicht-starren Rotators nimmt an, daß die Bindungslänge, d. h. R_e, zunimmt, sobald die Rotationsenergie anwächst, i. e. J größer wird. Ein solches Modell führt zu folgendem Ausdruck für die Energieniveaus

$$\bar{\varepsilon}_J = \bar{B}J(J + 1) - \bar{D}J^2(J + 1)^2; \tag{3.14}$$

$\bar{D}$ wird die Konstante der Zentrifugalaufweitung genannt. In Tab. 3.1 vergleichen wir das genau vermessene Spektrum der Rotationsübergänge des HCl mit den aus Gl. (3.13) und (3.14) berechneten Energien. Die Berücksichtigung der Zentrifugalaufweitung ergibt eine recht gute Übereinstimmung zwischen Theorie und Experiment.

Tab. 3.1 Rotationsübergänge des HCl

Übergang $J \rightarrow J + 1$	$v_{beob.}$ [cm^{-1}]	$v_{ber.} = 2\bar{B}(J + 1)$ (mit $\bar{B} = 10.34$ cm^{-1})	$v_{ber.} = 2\bar{B}(J + 1) - 4\bar{D}(J + 1)^3$ ($\bar{B} = 10.395$; $\bar{D} = 0.0004$ cm^{-1})
3 → 4	83.03	82.72	83.06
4 → 5	104.10	103.40	103.75
5 → 6	124.30	124.08	124.39
6 → 7	145.03	144.76	144.98
7 → 8	165.51	165.44	165.50
8 → 9	185.86	186.12	185.94
9 → 10	206.38	206.80	206.30
10 → 11	226.50	227.48	226.55

3.4.2 Der harmonische Oszillator

Zwei Massen m_1 und m_2 seien durch Kräfte gebunden, deren in der Kernverbindungslinie gelegene Resultierende sich quasielastisch, also wie eine „Federkraft" verhalte. Soll bei der auftretenden reinen Schwingung weder Translation noch Rotation eintreten, dann dürfen sich die Massen nur in der Richtung der Modellachse bewegen, und zwar so, daß bezüglich der Einzelverrückungen q_1 und q_2 das Hookesche Gesetz gilt, Fig. 3.7, $q_1 m_1 = -q_2 m_2 = \mu q$ mit reduzierter Masse μ, Gl. (3.10), und $q = q_1 + q_2$ (Federverzerrung). Beim harmonischen Oszillator bleibt während der ganzen Schwingung die rücktreibende Kraft der jeweiligen Verzerrung proportional entsprechend dem Hookeschen Gesetz einer Federkraft in der Mechanik. Die Rückstellkraft ist

$$f = -kq, \tag{3.15}$$

wobei $q = R - R_e$ die Schwingungskoordinate und k die Kraftkonstante angeben, vgl. Fig. 3.7.

Die potentielle Energie U dieses Systems ist dann

$$dU = -fdq = +kqdq, \qquad U = \frac{1}{2} k \cdot q^2. \qquad (3.16)$$

Mathematisch läßt sich dieses Zweikörperproblem zurückführen auf ein Einkörperproblem, indem sich ein „Teilchen" der reduzierten Masse $\mu = m_1 \cdot m_2/(m_1 + m_2)$ in einem Potential der Form nach Gl. (3.16) bewegt, siehe Fig. 3.8.

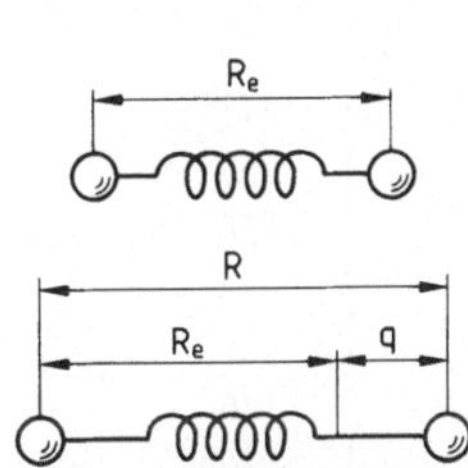

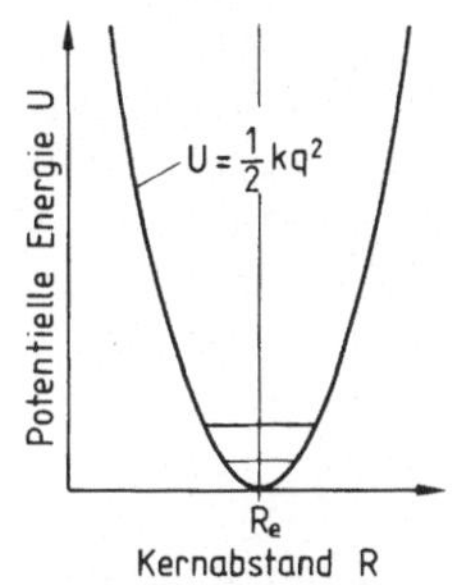

Fig. 3.7 Der harmonische Oszillator (Federmodell)

Fig. 3.8 Potentialform des harmonischen Oszillators

Die quantenmechanische Lösung dieses Einkörperproblems zeigt uns, daß das Teilchen nur diskrete Schwingungsenergieniveaus einnehmen kann, charakterisiert durch die Schwingungsquantenzahl v und schematisch eingetragen in Fig. 3.8.

$$\varepsilon_v = \left(v + \frac{1}{2}\right) \frac{h}{2\pi} \sqrt{k/\mu} \equiv \left(v + \frac{1}{2}\right) \hbar\omega \qquad (3.17)$$

$$\text{mit} \qquad v = \frac{1}{2\pi} \sqrt{k/\mu}, \qquad \omega = \sqrt{k/\mu} \qquad (3.18)$$

v durchläuft die Werte 0, 1, 2, 3, … In Einheiten der Wellenzahl [cm^{-1}] erhalten wir schließlich für die Energie des harmonischen Oszillators:

$$\bar{\varepsilon}_v = \frac{\varepsilon_v}{hc} = \left(v + \frac{1}{2}\right) \frac{\omega}{c} \equiv \left(v + \frac{1}{2}\right) \bar{\omega}. \qquad (3.19)$$

Beachte neben dem wesentlichen Ergebnis der Schwingungsquantelung (nur diskrete Energien sind möglich!), daß im niedrigsten Schwingungsniveau (v = 0) das Molekül immer noch Energie, die sog. Nullpunktschwingungsenergie, $\varepsilon_0 = \frac{1}{2} \hbar\omega$ besitzt, im Gegensatz zur Drehbewegung, deren Nullpunktsenergie (J = 0) tatsächlich Null ist.

Tab. 3.2 Grundschwingungsquanten, Kraftkonstanten k
und Bindungsenergien D_0

Molekül	$\bar{v}$ [cm^{-1}] (v = 0 → v = 1 Überg.)	k [N m^{-1}]	D_0 [kcal/Mol]
H_2	4159.2	$5.2 \cdot 10^2$	104
D_2	2990.3	5.3	104
HF	3958.4	8.8	135
HCl	2885.6	4.8	103
HBr	2559.3	3.8	87
HI	2230.0	2.9	71
CO	2143.3	18.7	257
NO	1876.0	15.5	150
F_2	892.0	4.5	38
Cl_2	556.9	3.2	58
Br_2	321.0	2.4	46
I_2	231.4	1.7	36
O_2	1556.3	11.4	119
N_2	2330.7	22.6	227
Li_2	246.3	1.3	26
Na_2	157.8	1.7	18
NaCl	378.0	1.2	98
KCl	278.0	0.8	101

Von großer Bedeutung bei unseren Überlegungen u. a. über die Auswahlregeln ist hierbei noch die Wellenfunktion $\psi(v)$, die die einzelnen Schwingungsniveaus charakterisiert. Diese hat die folgende Form

$$\psi(v) = N_v \exp\left(-\frac{1}{2}\alpha q^2\right) \cdot H_v(\sqrt{\alpha} \cdot q) \tag{3.20}$$

mit $\quad \alpha = \frac{2\pi}{h}\sqrt{\mu k} \quad$ und $\quad N_v = \left(\frac{\sqrt{\alpha}}{2^v v! \sqrt{\pi}}\right)^{1/2};$

H_v ist ein hermitesches Polynom vom Grad v der Funktion $\sqrt{\alpha} \cdot q$. Diese Zwischenbemerkung soll nicht dazu dienen, den Leser dieses Büchleins zu veranlassen, dieses nun endgültig zuzuklappen! Diese Wellenfunktionen werden einfach durch Multiplikation einer haarigen Konstanten (N_v) mit einem Polynom in q(H_v) und schließlich mit einer Exponentialfunktion in q erhalten. Wir werden lediglich an der Form solcher Wellenfunktionen interessiert sein, wenn wir uns mit Auswahlregeln beschäftigen (Abschn. 3.6).

Entsprechend dem Modell des harmonischen Oszillators hat ein zweiatomiges Molekül Schwingungsniveaus im gleichbleibenden Abstand, die mit $\frac{1}{2}\,\hbar\omega$ vom Minimum des Potentials anfangen und mit Abständen von benachbarten Niveaus entsprechend $\hbar\omega$ wiederholen. Die Schwingungsspektren zweiatomiger Moleküle resultieren gewöhnlich aus der Anregung von $v = 0$ nach $v = 1$. Das gibt uns sofort den Wert $\Delta E = \hbar\omega$, aus dem wir die Kraftkonstante k berechnen können, Maß für die chemische Bindung des Moleküls. Eine Aufstellung solcher Daten ist in Tab. 3.2 gegeben. Die Bindungen, von denen wir annehmen, daß sie besonders stark sind, weisen offensichtlich auch die größten Kraftkonstanten auf.

3.4.3   Der anharmonische Oszillator

Die parabelförmige Potentialmulde in Fig. 3.38 ist leider noch eine ziemlich ungeeignete Darstellung für die Bindungskraft, die ein zweiatomiges Molekül kennzeichnet. Plausibel wäre ein eher anharmonisches Verhalten, d. h. eine unsymmetrische Potentialkurve. Mit abnehmendem q kommen sich die Kerne näher und stoßen einander ab. Diese Abstoßung wächst mit abnehmenden Kernabständen stark an. Mit zunehmendem q auf der anderen Seite wird die Rückstellkraft kleiner und kleiner, geht schließlich gegen Null, und das Molekül dissoziiert. Ein solches Potential zeigt Fig. 3.9.

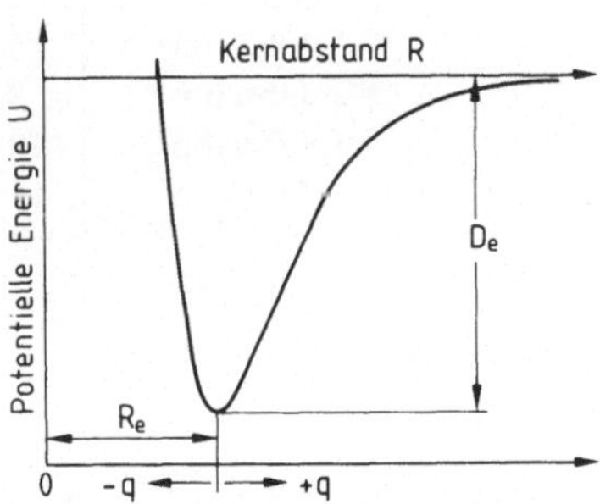

Fig. 3.9 Potentialform des anharmonischen
          Oszillators

Eine analytische Funktion, die im interessierenden Bereich für reale Moleküle einen solchen Verlauf hat, ist das Morse-Potential. Diese rein empirische Potentialfunktion hat die Form

$$U = D_e(1 - e^{-\beta q})^2, \tag{3.21}$$

wobei D_e die Tiefe der Potentialmulde angibt und β ein Maß für die Krümmung im Bereich des Potentialminimums ist. Benutzen wir ein solches Morse-

Potential, um die erlaubten Energieniveaus des Systems auszurechnen, erhalten wir

$$\bar{\varepsilon}_v = \bar{\omega}_e \left(v + \frac{1}{2} \right) - \bar{\omega}_e x_e \left(v + \frac{1}{2} \right)^2 . \tag{3.22}$$

Die Größe $\bar{\omega}_e$ ersetzt $\bar{\omega}$ des einfachen harmonischen Oszillators. Der zweite Term ist eine anharmonische Korrektur, die erheblich kleiner als der erste Term ist. $\bar{\omega}_e$ und x_e, durch ein (spektroskopisches) Experiment bestimmt, ermöglichen die Bestimmung von β und D_e.

Übergänge vom Grundschwingungszustand ($v = 0$) zu höheren Niveaus beinhalten die Energie

$$\Delta\bar{\varepsilon} = \bar{\varepsilon}_v - \bar{\varepsilon}_0 = \bar{\omega}_e v - \bar{\omega}_e x_e v(v + 1). \tag{3.23}$$

Der Übergang von $v = 0$ zum $v = 1$ Niveau wird der „fundamentale Übergang" (Grundton) genannt. Der Übergang von $v = 0$ nach $v = 2$ entsprechend der erste Oberton, der Übergang von $v = 0$ nach $v = 3$ zweiter Oberton usw. Ein gutes (fast schon abgenutztes) Beispiel ist das HCl-Molekül, das beschrieben wird

Tab. 3.3

Δv	Bezeichnung	$v_{obs.}$ [cm^{-1}]	Oszillator	
			harmonischer	anharmonischer
$1 \leftarrow 0$	Fundamentale	2885.9	2885.9	2885.7
$2 \leftarrow 0$	1. Oberton	5668.0	5771.8	5668.2
$3 \leftarrow 0$	2. Oberton	8347.0	8657.7	8347.5
$4 \leftarrow 0$	3. Oberton	10923.1	11543.6	10923.6
$5 \leftarrow 0$	4. Oberton	13396.5	14429.5	13396.5

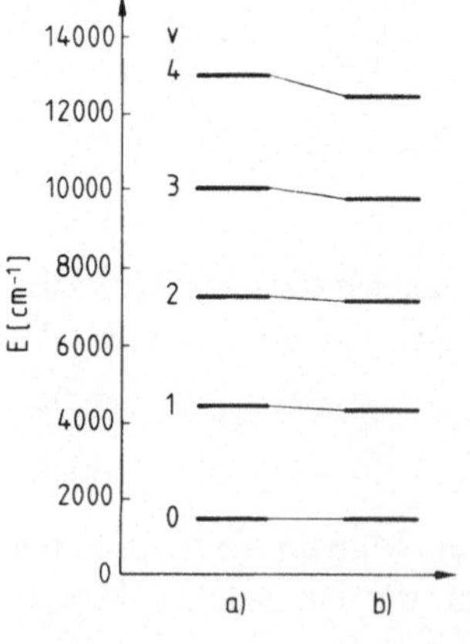

Fig. 3.10 Vergleich der unteren Energieniveaus für HCl, (a) harmonisch und (b) anharmonisch

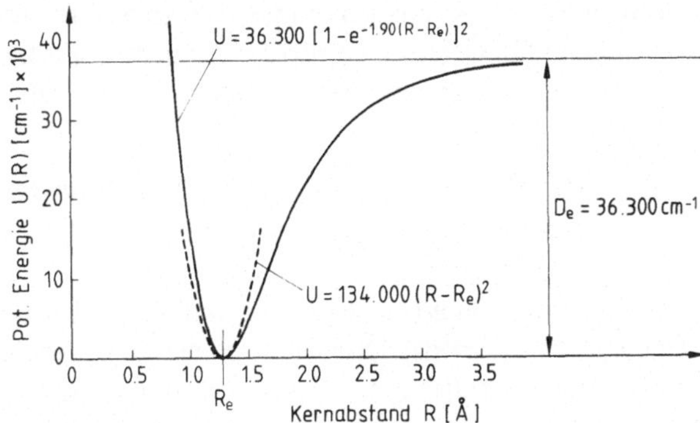

Fig. 3.11 Morse-Potential für das Molekül HCl

durch folgende Werte

$$\bar{\omega}_e = 2988.90\ \mathrm{cm}^{-1}, \qquad \bar{\omega}_e x_e = 51.60\ \mathrm{cm}^{-1}.$$

Gemessene Übergänge zeigen eine deutliche Abnahme des Abstandes zwischen benachbarten höheren Schwingungszuständen (Tab. 3.3, Fig. 3.10); das Bild des anharmonischen Oszillators erlaubt eine quantitative Beschreibung. Fig. 3.11 zeigt ein solches Morse-Potential, das HCl ziemlich gut wiedergibt.

Es sei daran erinnert, daß die wahre Dissoziationsenergie $\bar{D}_0$ (Arbeit), die aufzubringen ist, um ein Molekül aus dem Schwingungsgrundzustand zu dissoziieren, nicht $\bar{D}_e$ sondern $\bar{D}_e$ minus die Nullpunktsenergie ist,

$$\bar{D}_0 = \bar{D}_e - \bar{\varepsilon}_0, \tag{3.24}$$

$$\bar{\varepsilon}_0 = \frac{1}{2}\,\bar{\omega}_e - \frac{1}{4}\,\bar{\omega}_e x_e. \tag{3.25}$$

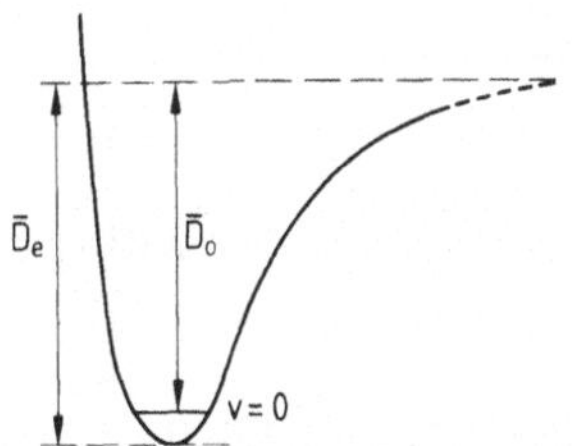

Der Wert von $\bar{\omega}_e$ kann in Beziehung gesetzt werden zu k_e, der (anharmonischen) Kraftkonstante. In der Theorie ist dieses eine bessere Darstellung der Bindungskraft als k aus dem harmonischen Oszillatormodell. Zum Vergleich: k(HCl) gegeben in Tab. 3.2 mit $4.8 \cdot 10^2\ \mathrm{N\,m}^{-1}$, während k_e(HCl), berechnet aus $\bar{\omega}_e$(HCl), gleich $5.2 \cdot 10^2\ \mathrm{N\,m}^{-1}$ ist, ca. 8% größer. Um $\bar{\omega}_e$ zu bestimmen, benötigen wir also streng genommen Informationen über Obertöne. Dieses ist, insbesondere für vielatomige Moleküle, nicht praktikabel bzw. oft unmöglich; daher werden wir oft doch nur einfache k-Werte betrachten.

3.4.4   Die Beziehung zwischen der Kraftkonstante k und der Bindungsenergie D_0

Es ist sicher verlockend zu behaupten, daß ein großer Betrag der Kraftkonstante k einen großen Wert der Dissoziationsenergie D_0 nach sich zieht. In Fig. 3.12 a sind die Bindungsenthalpien der Moleküle aus Tab. 3.2 gegen ihre Kraftkonstanten aufgetragen. Auf den ersten Blick zeigt sich bereits, daß es einen groben Zusammenhang zwischen k und D_0 gibt, aber sicher nicht besser als eben eine grobe Korrelation. Wenn jedoch, chemisch betrachtet, ähnliche Bindungsverhältnisse vorliegen, ist die Beziehung weit besser, wie Fig. 3.12 b für Halogenwasserstoffe zeigt.

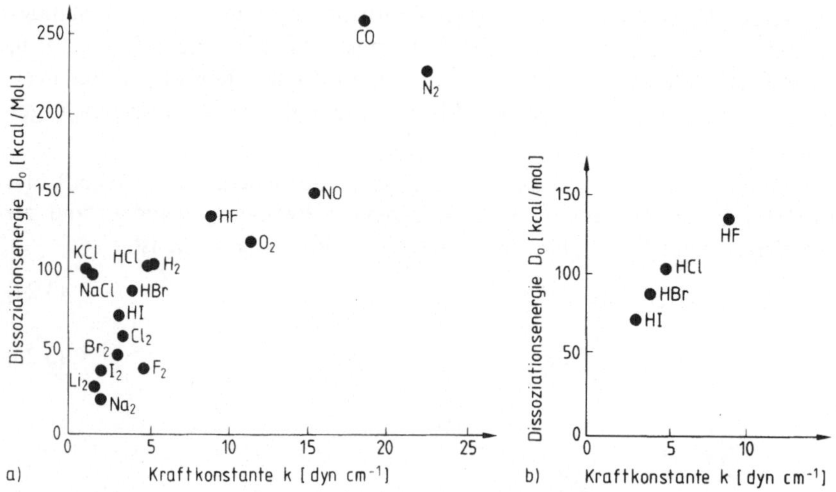

Fig. 3.12 Dissoziationsenergien $\bar{D}_0$ und Kraftkonstanten k der Moleküle aus Tab. 3.2 (a) und der Halogenwasserstoffe (b)

Bei genauerer Betrachtung der theoretischen Modelle für den Oszillator ist jedoch ein sehr enger, allgemeiner Zusammenhang zwischen k und D_0 eher rein zufällig: k gibt ein Maß für die Krümmung im Potentialminimum, D_0 ist ein Maß für die Potentialtopftiefe. Unmittelbar glauben wir zwar zu erkennen (und erwarten daher), daß ein tieferes Potential eine starke Krümmung im Bereich des Minimums aufweist, aber das ist rein intuitiv.

3.4.5   Die Besetzung von Energieniveaus

Aus dem Maxwell-Boltzmann-Verteilungsgesetz folgt, daß Moleküle im thermischen Gleichgewicht zwei Zustände der Energie ε_i und ε_j so bevölkern, daß die relative Besetzung dieser Zustände sich wie folgt verhält

$$\frac{n_j}{n_i} = \frac{e^{-\varepsilon_j/kT}}{e^{-\varepsilon_i/kT}} = e^{-\Delta\varepsilon/kT}. \tag{3.26}$$

Hier sind n_i und n_j die jeweilige Anzahl der Moleküle im Zustand i bzw. j, und k ist die Boltzmannkonstante (siehe Abschn. A.1). Gl. (3.26) gilt exakt, wenn es jeweils nur einen Zustand zur Energie ε_i bzw. ε_j gibt. Wir wollen stattdessen annehmen, daß es zwei („entartete") Zustände zur Energie ε_i gibt. Das Verteilungsgesetz wird dann einen zusätzlichen Faktor 2 im Nenner haben. In einem solchen Fall gilt:

$$\frac{n_j}{n_i} = \frac{e^{-\varepsilon_j/kT}}{2e^{-\varepsilon_i/kT}}, \tag{3.27}$$

m. a. W.: Wir sagen vom unteren Zustand, daß er zweifach entartet ist. Allgemein gilt für zwei Zustände mit Entartungen g_i bzw. g_j,

$$\frac{n_j}{n_i} = \frac{g_j\, e^{-\varepsilon_j/kT}}{g_i\, e^{-\varepsilon_i/kT}} = \frac{g_j}{g_i} \cdot e^{-\Delta\varepsilon/kT}. \tag{3.28}$$

Was läßt sich daraus für Rotationen und Schwingungen zweiatomiger Moleküle folgern? Zunächst wollen wir uns der relativen Besetzungshäufigkeit von Schwingungsenergieniveaus zweiatomiger Moleküle zuwenden. Wir sind an den relativen Besetzungen des Zustandes v und des Grundzustandes ($v = 0$) interessiert. Die relevante Verteilung ist unter der Annahme eines harmonischen Oszillators gegeben durch:

$$\frac{n_v}{n_0} = \frac{e^{-(v+1/2)\hbar\omega/kT}}{e^{-(1/2)\hbar\omega/kT}} = e^{-v\hbar\omega/kT}. \tag{3.29}$$

Schwingungszustände sind nicht entartet, daher gilt $g_v = g_0 = 1$. Setzen wir reale Werte in Gl. (3.29) ein, so zeigt sich, daß für nahezu alle Moleküle (siehe Tab. 3.4, $\bar{v}_0 > 500\,\mathrm{cm}^{-1}$) bei Zimmertemperatur (300 K) die Besetzung von Schwingungszuständen über dem Grundzustand verschwindend gering sein muß. Die errechneten Werte sind in Tab. 3.4 angegeben.

Tab. 3.4 Besetzung von Schwingungszuständen

Molekül	$\bar{\nu}_0$	$n_1/n_0\,(= e^{-h_c\bar{\nu}/kT})$	
	$[\text{cm}^{-1}]$	für $T = 300$ K	für $T = 1\,000$ K
H_2	4 160.2	$2.16 \cdot 10^{-9}$	$2.51 \cdot 10^{-3}$
HCl	2 885.9	$9.77 \cdot 10^{-7}$	$1.57 \cdot 10^{-2}$
N_2	2 330.7	$1.40 \cdot 10^{-5}$	$3.50 \cdot 10^{-2}$
CO	2 143.2	$3.43 \cdot 10^{-5}$	$4.58 \cdot 10^{-2}$
O_2	1 556.4	$4.74 \cdot 10^{-4}$	$1.07 \cdot 10^{-1}$
S_2	721.6	$3.14 \cdot 10^{-2}$	$3.54 \cdot 10^{-1}$
Cl_2	556.9	$6.92 \cdot 10^{-2}$	$4.49 \cdot 10^{-1}$
I_2	213.2	$3.60 \cdot 10^{-1}$	$7.36 \cdot 10^{-1}$

Für kleinere Schwingungsquanten, z. B. J_2: $\bar{\nu} = 213.2$ cm^{-1}, kommt es bereits zu merklicher Besetzung, wie Fig. 3.13 sie zeigt. Wir merken uns, daß im thermischen Gleichgewicht die Besetzungshäufigkeit der Schwingungsniveaus exponentiell mit der Energie abnimmt.

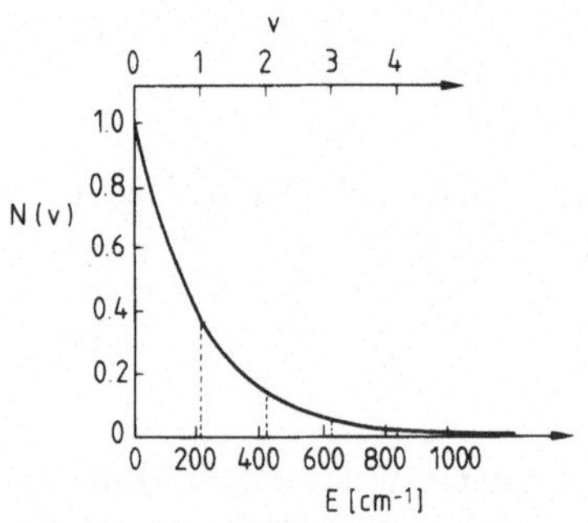

Fig. 3.13
Thermische Besetzung von Schwingungsniveaus am Beispiel J_2. Die durchgezogene Kurve gibt die Funktion $e^{-E/kT}$ für $T = 300$ K und E in cm^{-1}. Die Schwingungsbezeichnung (gebrochene Linien und v-Angaben im oberen Teil) beziehen sich auf das Jodmolekül, J_2

Die Besetzung von Rotationsniveaus ist eine ganz andere. Zwei Faktoren begünstigen hohe Besetzungen der niedrigeren Rotationsniveaus der meisten Moleküle. Einer ist der Umstand, daß die Energiewerte $\Delta\varepsilon_j$ sehr viel kleiner sind als die Schwingungsenergieniveaus. Der zweite ist die Entartung der Rotationsniveaus. Das Rotationsniveau J eines starren Rotators hat eine $(2J + 1)$-fache Entartung. Das bedeutet z. B., daß ein Molekül im $(J = 4)$-Rotationsniveau sich in $2 \cdot 4 + 1 = 9$ Rotationszuständen befindet, die alle dieselbe Energie aufweisen $(\bar{\varepsilon}_4 = \bar{B} \cdot 4(4 + 1) = 20\bar{B})$. Daher wird die Besetzung der Rotationsniveaus durch folgende Gleichung gegeben:

$$\frac{n_J}{n_0} = \frac{(2J + 1)\, e^{-h_c\bar{B}(J(J+1))/kT}}{(2(0) + 1)\, e^{-h_c\bar{B}(0(0+1))kT}} = (2J + 1)\, e^{-h_c\bar{B}J(J+1)/kT}. \tag{3.30}$$

Diese Funktion nimmt mit zunehmender Energie ($\equiv$ zunehmendem J) nicht monoton ab, sondern steigt zunächst an zu einem Maximum. Grund ist der zunächst stärker anwachsende Entartungsgrad $2J + 1$ verglichen mit dem exponentiellen Abfall. Die relative Besetzung der Rotationsniveaus „unseres alten Freundes" HCl bei 300 K zeigt Fig. 3.14. In diesem Fall sehen wir sofort, daß $J = 3$ die größte Bevölkerung (und damit Besetzungsdichte) aufweist.

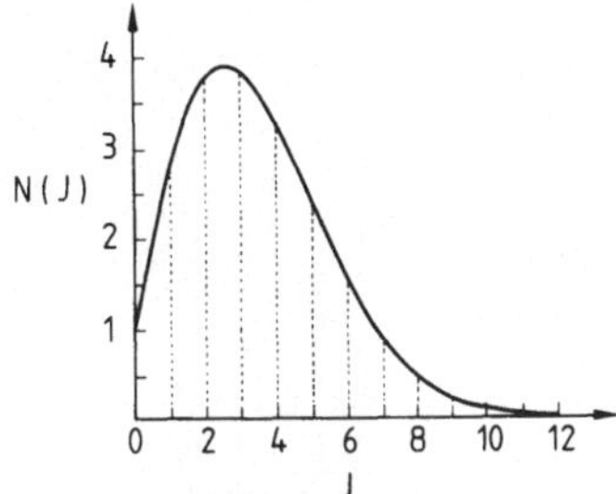

Fig. 3.14
Thermische Besetzung von Rotationsniveaus am Beispiel
HCl für T = 300 K

3.4.6   Analyse eines Schwingungs-Rotations-Spektrums: CO

Der Umfang der Modellvorstellungen und -rechnungen zur Beschreibung vielatomiger Moleküle und der Aufwand zur Interpretation ihrer Spektren ist recht hoch.

Bevor wir uns ihnen zuwenden, wollen wir zunächst unsere noch sehr theoretischen Kenntnisse an der Interpretation des Schwingungs-Rotationsspektrums des Kohlenstoffmonoxids, CO, erproben und dabei sehen, daß die Analyse Aufschluß über Atomabstand und Bindungsstärke (Kraftkonstante) ergibt. Zunächst, noch etwas ungewöhnlich, das Absorptionsspektrum des in Tetrachlorkohlenstoff (CCl_4) gelösten CO in Fig. 3.15a. Es erscheint nicht sehr aufschlußreich, zeigt es uns doch lediglich ein breites Band für den $v = 0$ nach $v = 1$ Übergang bei etwa $2150\ \text{cm}^{-1}$. Die vielen Molekülstöße, die in Lösungen in Pikosekunden, d. h. 10^{-12} s, ablaufen, bewirken im wesentlichen eine Verbreiterung aller Rotationslinien so weit, daß ein „Kontinuum" von Übergängen möglich ist und keine „Feinstruktur" bedingt durch Rotationsübergänge sichtbar bleibt.

In der Gasphase verhält es sich völlig anders (zumindest solange, wie wir nicht im extremen Hochdruckbereich von $p > 1$ kbar experimentieren). Fig. 3.15b zeigt die wundervolle Rotationsfeinstruktur dieser CO-Bande. Zur genauen Analyse ist diese in Fig. 3.15c vergrößert (Energieskala auseinandergezogen) dargestellt. Was wir sehen, sind zwei Sätze von Rotationslinien (Absorptionen), die P-Zweig und R-Zweig genannt werden. Die Mitte des Spektrums (sie würde Q-Zweig

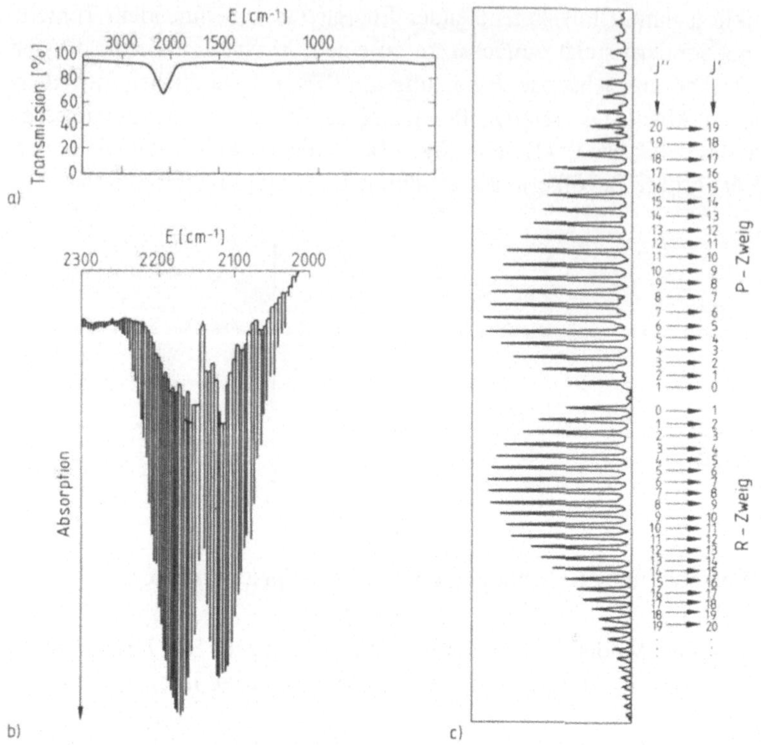

Fig.3.15 a) Absorptionsspektrum des CO, gelöst in Tetrachlorkohlenstoff, CCl_4
b) CO-Bandenstruktur in der freien Gasphase
c) Ausschnitt aus der CO-Bande, die in Fig. 3.15b dargestellt ist

genannt) fehlt. Der Grund ist in den Auswahlregeln zu suchen, die die möglichen Übergänge beschreiben. Wir wollen uns das einmal genauer anschauen und zusätzliche Informationen über die Bindungslänge in CO im Grundzustand (v = 0) und angeregten Zustand (v = 1) gewinnen sowie etwas über die Kraftkonstante k dieser Bindung erfahren. Nebenbei: Die sehr viel kleineren Strukturen, die vom P-Zweig fast verdeckt werden, sind auf das bei natürlichem Isotopengemisch zu etwa 1% vorkommende $^{13}C^{16}O$ zurückzuführen. Zunächst wollen wir annehmen, daß CO ein asymmetrisches Potential aufweist, etwa so, wie in Fig. 3.16 aufgezeigt. Zur Berücksichtigung dieser Asymmetrie wollen wir ferner voraussetzen, daß die Gleichgewichtsabstände in den jeweiligen Schwingungszuständen verschieden sind: Für zunehmende Schwingungsquantenzahlen v erwarten wir zunehmende Kernabstände R_v.

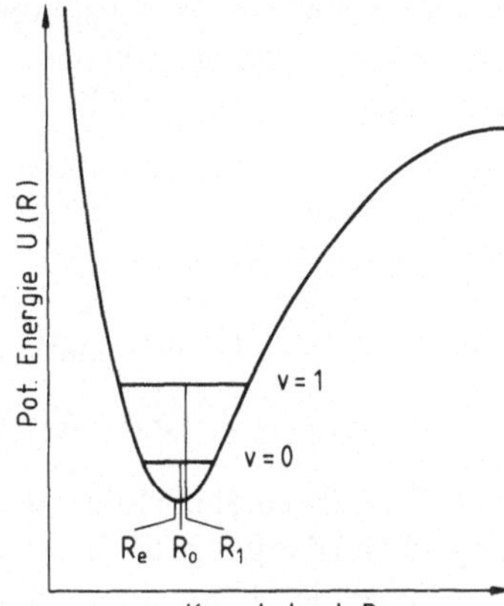

Fig. 3.16
Gleichgewichtslagen R_i für ein Molekül in verschiedenen
Schwingungsniveaus v_i, verglichen mit Minimumabstand
R_e

In unserer Fig. 3.16 wird die Gleichgewichtslage jeweils in der Mitte der
horizontalen Linien angezeigt, die die jeweilige Schwingungsenergie angeben;
wie zu sehen ist, ist R_1 etwas größer als R_0, dieses wiederum etwas größer als
R_e ($\equiv$ Abstand in Minimum der Potentialkurve).

In einem Schwingungsniveau kann das Molekül nun viele Rotationsniveaus
annehmen. Das Modell des starren Rotators führt uns zu folgendem Ausdruck
für die Rotationsenergien (siehe Gl. (3.13))

$$\bar{\varepsilon}_J = \bar{B}J(J + 1)$$

mit $\qquad \bar{B} = \dfrac{h}{8\pi^2 Ic} = \dfrac{h}{8\pi^2 c\mu R^2}.$ $\qquad\qquad$ (3.31)

Wir wollen die Anharmonizität berücksichtigen, indem wir für verschiedene
Schwingungsniveaus etwas unterschiedliche $\bar{B}$ annehmen, da sich der Betrag von
R ja ebenfalls ändert, siehe Fig. 3.16. Wir deuten diesen Sachverhalt durch einen
Index an $\bar{B}$ bzw. R an:

$$\bar{\varepsilon}_J = \bar{B}_v J(J + 1) \qquad\qquad (3.32)$$

mit $\qquad \bar{B}_v = \dfrac{h}{8\pi^2 c\mu R_v^2}.$ $\qquad\qquad$ (3.33)

Jedes Molekül kann durch seine Quantenzahlen v und J charakterisiert werden,
und seine Gesamtenergie (im elektronischen Grundzustand) ist die Summe der
Schwingungs- und Rotationsenergien:

$$\bar{\varepsilon}_{v,J} = (v + 1/2)\,\bar{\omega} + \bar{B}_v J(J + 1). \qquad\qquad (3.34)$$

Für die Schwingungsenergie verwenden wir hierbei das Modell des harmonischen Oszillators, da bei kleinen Quantenzahlen (v = 0, 1, 2) die Anharmonizität noch nicht ins Gewicht fällt.

Ein Molekül im Schwingungszustand v = 1 und Rotationsniveau J = 2 hat die Energie $(3/2\bar{\omega} + 6\bar{B}_1)$ in Einheiten von Wellenzahlen. Die Auswahlregeln für zweiatomige Moleküle, die wir jetzt noch nicht herleiten wollen, zeigen, daß in einem Übergang vom Niveau (v, J) zum Niveau (v', J') die einzigen erlaubten Änderungen der Quantenzahlen

$$\Delta v = \pm 1 \quad \text{und} \quad \Delta J = \pm 1 \tag{3.35}$$

sind. Da nahezu alle Moleküle den Startwert v = 0 aufweisen, sind die einzig möglichen Übergänge $(0, J) \rightarrow (1, J \pm 1)$. Diesen Sachverhalt illustriert Fig. 3.17. Der fehlende Übergang im Zentrum des Spektrums entspräche dem

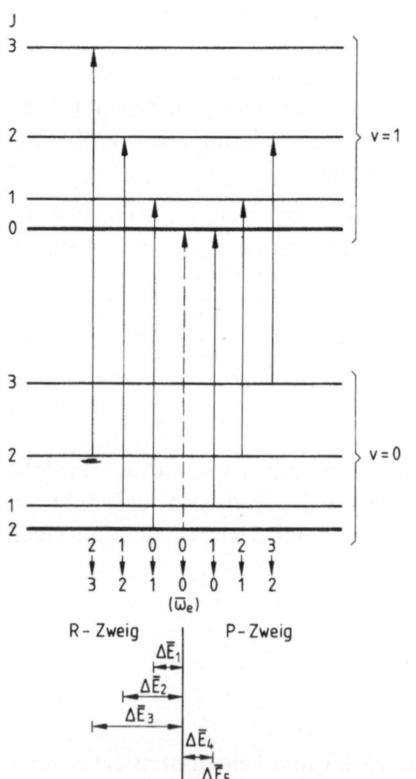

Fig. 3.17 Schwingungs-Rotationsniveaus und erlaubte Übergänge (durchgezogene Linien). Entstehung des R- $(\Delta J = +1)$ und P- $(\Delta J = -1)$ Zweiges

$(0, 0) \rightarrow (1, 0)$-Übergang, der die Auswahlregel für ΔJ verletzt. Die Übergänge bei niedrigeren Frequenzen, d. h. niedriger Energie $\Delta\varepsilon$ des Überganges (der P-Zweig), entsprechen $(\Delta J = -1)$-Übergängen, während der R-Zweig die $\Delta J = +1$ Übergänge wiedergibt. Durch einfache Subtraktion der niedrigeren Energie von der höheren in Fig. 3.17 ist es uns möglich, folgende Beziehungen aufzustellen: Für P- und R-Übergänge, die von demselben J-Wert in $v = 0$ beginnen, gilt

$$\bar{v}_R(J) - \bar{v}_P(J) = 2\bar{B}_1(2J + 1). \tag{3.36}$$

Ein R-Übergang, der bei $(0, J)$ beginnt, endet in $(1, J + 1)$. Ein P-Übergang von $(0, J + 2)$ endet in demselben $(1, J + 1)$-Niveau. Für diese Übergänge gilt daher

$$\bar{v}_R(J) - \bar{v}_P(J + 2) = 2\bar{B}_0(2J + 3). \tag{3.37}$$

Zeichnen wir nun in einem Diagramm die linken Seiten der Gl. (3.36) bzw. (3.37) gegen $(2J + 1)$ bzw. $(2J + 3)$, so erhalten wir einen linearen Zusammenhang, d. h. Geraden, deren Steigungen uns gerade $2\bar{B}_1$ bzw. $2\bar{B}_0$ geben.

Die Frequenzen der ersten fünfzehn Übergänge der beiden Zweige des Spektrums, Fig. 3.15 c sind in Tab. 3.5 aufgeführt. Mit diesen Daten können wir Gl. (3.36) und (3.37) graphisch auswerten und so Werte für $\bar{B}_1$ und $\bar{B}_0$ erhalten. Tab. 3.6 zeigt diese für die Auswertung von Gl. (3.37) notwendigen Daten, die graphische Auswertung ist in Fig. 3.18 wiedergegeben. Aus $\bar{B}_1$ und $\bar{B}_0$ können wir dann Werte für R_1 und R_0 bestimmen, siehe Gl. (3.33).

Wir postulieren nun (ähnlich wie beim Übergang vom harmonischen zum anharmonischen Oszillator), daß die Werte von $\bar{B}_v$ sich mit zunehmendem v wie folgt ändern:

$$\bar{B}_v = \bar{B}_e - \alpha_e(v + 1/2) \tag{3.38}$$

mit $\qquad B_e = \dfrac{h}{8\pi^2 c \mu R_e^2}. \tag{3.39}$

Tab. 3.5 (Werte in $[\text{cm}^{-1}]$)

P-Zweig	R-Zweig	P-Zweig	R-Zweig
2 139.7	2 147.4	2 107.7	2 176.5
2 135.8	2 151.1	2 103.6	2 180.0
2 131.9	2 154.9	2 099.3	2 183.3
2 128.0	2 158.8	2 095.2	2 186.8
2 124.1	2 162.2	2 090.8	2 190.1
2 120.0	2 165.9	2 086.5	2 193.3
2 115.9	2 169.4	2 082.1	2 196.7
2 111.8	2 173.0		

Tab. 3.6 Zur Auswertung von Gl. (3.37)

J	$2J + 3$	$\bar{v}_R(J)$	$\bar{v}_P(J + 2)$	$\bar{v}_R(J) - \bar{v}_P(J + 2)$
0	3	2147.4	2135.8	11.6
1	5	2151.1	2131.9	19.2
2	7	2154.9	2128.0	26.9
3	9	2158.8	2124.1	34.7
4	11	2162.2	2120.0	42.2
5	13	2165.9	2115.9	50.0
6	15	2169.4	2111.8	57.6
7	17	2173.0	2107.7	65.3
8	19	2176.5	2103.6	72.9
9	21	2180.0	2099.3	80.7

Die Größe α_e ist eine, verglichen mit $\bar{B}_e$ kleine, zunächst empirische Konstante mit der Einheit cm^{-1}. Sobald wir Werte für $\bar{B}_0$ und $\bar{B}_1$ bestimmt haben, ist es uns möglich, $\bar{B}_e$ und α_e zu bekommen. $\bar{B}_e$ liefert unverzüglich die Größe R_e, damit können wir die Kraftkonstante k berechnen. Die so erhaltenen Molekülkonstanten aus Fig. 3.15c (Spektrum) und die einer graphischen Analyse der ersten 10 Meßwerte unter Benutzung der Gl. (3.36) und (3.37) sind in Tab. 3.7 mit Molekülkonstanten aus Arbeiten höherer Genauigkeit (insbesondere höherer Auflösung) verglichen. Die in Tab. 3.7 rechts tabellierten Werte für CO werden heute allgemein akzeptiert. In Tab. 3.8 schließlich sind diese Konstanten für eine Reihe zweiatomiger Moleküle aufgeführt, ausführliche Tabellen finden sich im Buch von Huber und Herzberg. Wir merken noch an, daß für CO bei der Temperatur, bei der das Spektrum in Fig. 3.15c aufgenommen wurde (ca. 300 K), das Rotationsniveau $J = 6$ am stärksten besetzt ist. Die P- und R-Zweige werden breiter, sobald bei ansteigenden Temperaturen Zustände mit höheren J besetzt werden. Dieses ist in Fig. 3.19 für das Molekül HCl bei verschiedenen Temperaturen dargestellt. Könnte man diesen Effekt zu einer Methode ausbauen, um auf einfache Art Temperaturen zu messen, indem wir IR-Spektroskopie betreiben? Das ist tatsächlich der Fall.

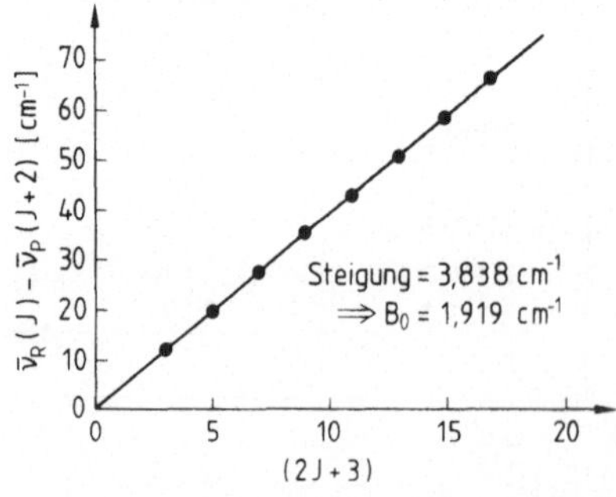

Fig. 3.18 Graphische Auswertung zur Bestimmung der Rotationskonstanten des CO

Tab. 3.7 CO-Molekülkonstanten

Molekül-konstante	Diese Analyse (Gl. (3.37) ff.)	Literaturwert
$\bar{B}_e$	$1.929\ \text{cm}^{-1}$	1.9314
$\bar{B}_0$	$1.919\ \text{cm}^{-1}$	1.9227
$\bar{B}_1$	$1.898\ \text{cm}^{-1}$	1.9052
$\bar{R}_e$	$1.129\ \text{Å}$	1.1282
$\bar{R}_0$	$1.132\ \text{Å}$	1.1307
$\bar{R}_1$	$1.139\ \text{Å}$	1.1359
α_e	$0.021\ \text{cm}^{-1}$	0.01748
k	$18.56\ \text{dyn cm}^{-1}$	—

Tab. 3.8 Abhängigkeit von $\bar{B}$ und der Bindungslängen $\bar{R}_e$, $\bar{R}_0$ und $\bar{R}_1$ vom Schwingungszustand des Moleküls (Werte von α_e ergeben sich aus Gl. (3.38))

Molekül	$\bar{B}_e$ $[\text{cm}^{-1}]$	α_e $[\text{cm}^{-1}]$	$\bar{R}_e$ $[\text{Å}]$	$\bar{R}_0$ $[\text{Å}]$	$\bar{R}_1$ $[\text{Å}]$
H_2	60.809	2.993	0.7417	0.7505	0.7702
HD	45.655	1.993	0.7416	0.7495	0.7668
D_2	30.429	1.049	0.7414	0.7481	0.7616
HCl	10.5909	0.3019	1.27460	1.2838	1.3028
DCl	5.445	0.1118	1.275	1.282	1.295
CO	1.9314	0.01748	1.1282	1.1307	1.1359
N_2	2.010	0.0187	1.094	1.097	1.102

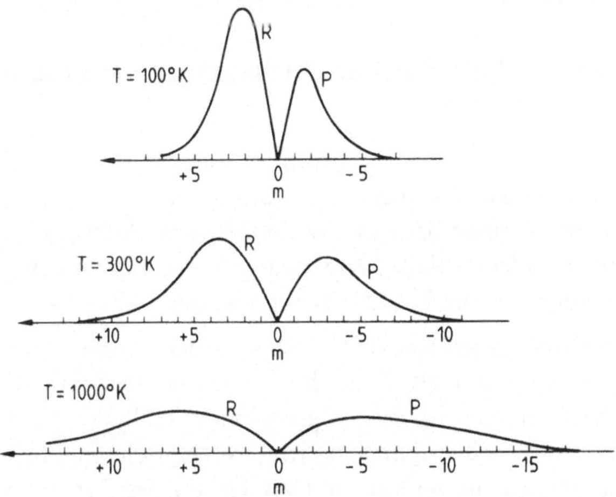

Fig. 3.19 Rotationsspektren des HCl bei verschiedenen Temperaturen

Bei sehr niedrigen Temperaturen werden sogar die Schwingungsbanden gasförmiger mehratomiger Moleküle ziemlich scharf, da nur einige Rotationsübergänge angeregt werden, d. h. die Banden werden schmaler und nur wenig Überlappung tritt auf. Dieser Umstand macht Spektren, die bei der Temperatur des flüssigen Stickstoffes (ca. 77 K) aufgenommen sind, sehr nützlich; die bei Zimmertemperatur noch heftig überlappenden Banden sind nun oft aufgelöst. Fig. 3.20 zeigt als Beispiel die Spektren von Tetrachlorkohlenstoff (CCl_4). Während bei Zimmertemperatur vier Bandenspektren, bedingt durch die Isotopenkombinationen $^{12}C^{35}Cl_4$, $^{12}C^{37}Cl^{35}Cl_3$, $^{12}C^{37}Cl_2{}^{35}Cl_2$ und $^{12}C^{37}Cl_3{}^{35}Cl$, ein stark überlappendes Multiplett (noch bei der höchsten Auflösung des Spektrometers) bilden, sind diese Banden bei 77 K vollständig aufgelöst.

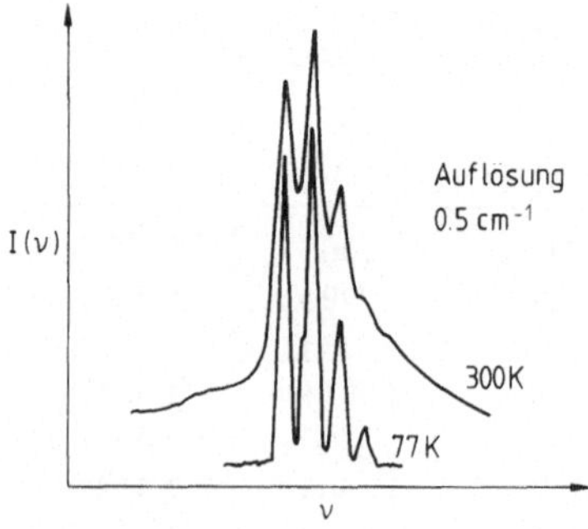

Fig. 3.20 Raman-Spektrum des CCl_4 bei unterschiedlicher Temperatur

3.5   Die Normalschwingungen vielatomiger Moleküle

Die Modelle zur quantitativen Interpretation von Schwingungs-Rotationsspektren zweiatomiger Moleküle waren einfach zu verstehen, da diese Moleküle lediglich einen Schwingungsfreiheitsgrad aufweisen. Sogar am absoluten Nullpunkt bleibt diese Schwingungsbewegung bestehen, da das Molekül nicht weniger als die Nullpunktsschwingung haben kann.

Mehratomige Moleküle haben sehr viel kompliziertere Schwingungs-Rotationsbewegungen. Diese Vielzahl von Bewegungen läßt sich jedoch zurückführen auf die Überlagerung einer begrenzten Anzahl von grundlegenden Bewegungen, die normale Schwingungsmoden (Normalschwingungen) genannt werden. Wir werden uns im weiteren mit der Anzahl, den Typen sowie den Symmetrien dieser Moden beschäftigen.

Betrachten wir ein Teilchen im dreidimensionalen Raum. Jede Bewegung dieses Teilchens läßt sich durch drei Koordinaten beschreiben.

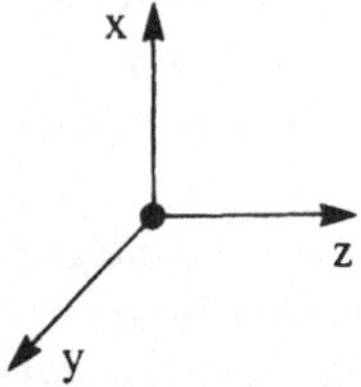

Wir sagen, daß das Teilchen drei Freiheitsgrade besitzt. Jeder Freiheitsgrad in diesem Beispiel bedeutet eine Translation des Teilchens. Als nächstes wollen wir einen Satz von zwei Teilchen (z. B. die Kerne eines zweiatomigen Moleküls) betrachten. Da jedes Teilchen drei Freiheitsgrade besitzt, hat das System sechs Freiheitsgrade.

Drei von ihnen sind lediglich Translationen der gesamten „Einheit" in der x-, y- oder z-Richtung.

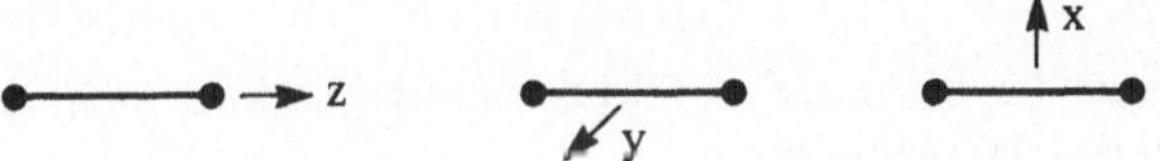

Zwei weitere Freiheitsgrade beschreiben die Rotation um den Massenmittelpunkt. Wir können zunächst einen weiteren Rotationsfreiheitsgrad erwarten, aber ein lineares Molekül kann nicht um die Kernverbindungslinie rotieren. Der Grund liegt darin, daß eine Rotation eine Bewegung der Kerne im Raum wiedergeben muß. Eine angenommene Rotation um die Kernverbindungslinie bewirkt jedoch keine Änderung dieser Kernkoordinaten. So bleibt schließlich ein Freiheitsgrad für die Schwingung.

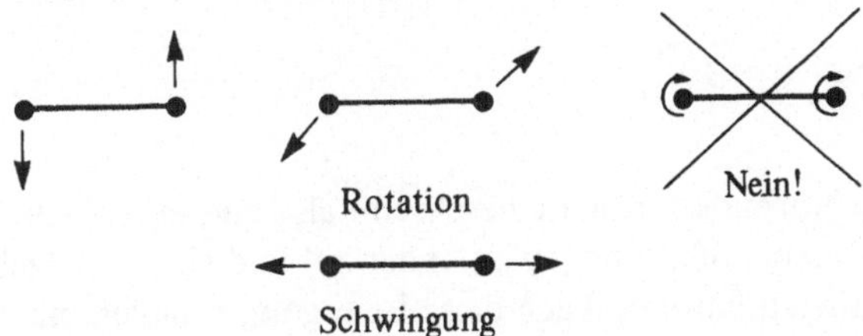

Jede Bewegung des gesamten zweiatomigen Moleküls im Raum läßt sich durch Überlagerung dieser s e c h s verschiedenen Bewegungsarten darstellen.

Ein Ensemble von drei Teilchen, wie z. B. ein Wassermolekül H_2O mit drei Kernen, wird $3 \times 3 = 9$ Freiheitsgrade aufweisen. Drei beschreiben wiederum die Translation des gesamten Moleküls. Diesmal haben wir ebenfalls drei Freiheitsgrade für die Rotation um zueinander senkrechte Drehachsen durch den Massenmittelpunkt des Moleküls. Übrig bleiben drei Freiheitsgrade für die Schwingungen. Diese drei Schwingungsarten sind die drei Normalschwingungen des Moleküls. Im Bezugssystem des Moleküls, d. h. wenn wir auf einem der Atome Platz nähmen und mit dem Molekül rotieren sowie uns im Raum bewegen würden, könnten wir genau diese (und nur diese) Normalschwingungen beobachten; anders: j e d e mögliche Schwingung kann in eine Summe dieser drei einfachen Normalschwingungen zerlegt werden.

Allgemein hat ein Molekül mit n Atomen $(3n - 6)$ Schwingungsmoden. Ein lineares Molekül wird $(3n - 5)$ Schwingungsmoden aufweisen, da die Rotation um die Kernverbindungslinie fehlt.

3.5.1   Normalkoordinaten

Was ist eine Normalkoordinate Q? Eine einzelne Koordinate, auf der wir den Verlauf einer Normalschwingung verfolgen können, nennen wir eine Normalkoordinate. Nehmen wir zunächst wieder $^{12}C^{16}O$ als Beispiel.

$$\longleftarrow\ ^{12}C\text{-----}\,^{16}O \longrightarrow$$

Eine Schwingung, die die Lage des Massenmittelpunktes nicht ändert, ist diejenige, bei der das ^{12}C-Atom genau 16/12 so weit wie das ^{16}O-Atom schwingt. Bei Bewegungen entlang der Normalkoordinate sagen wir das (16/12)-fache an Ortsveränderung für ^{12}C verglichen mit ^{16}O voraus. Beide Ortsveränderungen der Atome finden mit der gleichen Frequenz und Phase statt. Die Verschiebungen würden dabei in diesem Falle vom Gleichgewichtsabstand R_0 zu messen sein, d. h. die Normalkoordinate wäre $R - R_0$. Eine der drei Normalschwingungen des Wassers ist hier gezeigt.

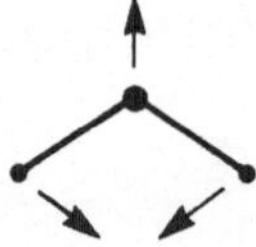

Die entsprechende Normalkoordinate beschreibt also eine erhebliche Verschiebung der beiden Wasserstoffatome (aufeinander zu) und eine sehr viel kleinere Verrückung des Sauerstoffatoms. Auch diese Bewegungen laufen mit derselben

Frequenz und in Phase ab. Wenn Q einen Wert von 1/3 seines Gesamtwerts hat, meinen wir damit, daß jedes Atom 1/3 seiner totalen Verschiebung innerhalb einer Schwingung hinter sich gebracht hat.

Normalkoordinaten werden mathematisch so definiert, daß man die potentielle Energie des Moleküls letztlich wie folgt ausdrücken kann:

$$U = \frac{1}{2} \sum_i \lambda_i Q_i^2,$$
(3.40)

wobei λ_i Konstanten sind. Die weitergehende mathematische Behandlung der Normalkoordinaten wird zunehmend schwierig und geht weit über die Belange dieser Einführung hinaus.

Woran wir tatsächlich sehr viel mehr interessiert sind, ist die Symmetrie der jeweiligen Normalschwingungen. *Dabei wird jede Normalschwingung eine Basis für eine irreduzible Darstellung der Punktgruppe des betrachteten Moleküls darstellen.* Wir wollen das zunächst wiederum an den drei Normalschwingungen des Wassermoleküls zeigen.

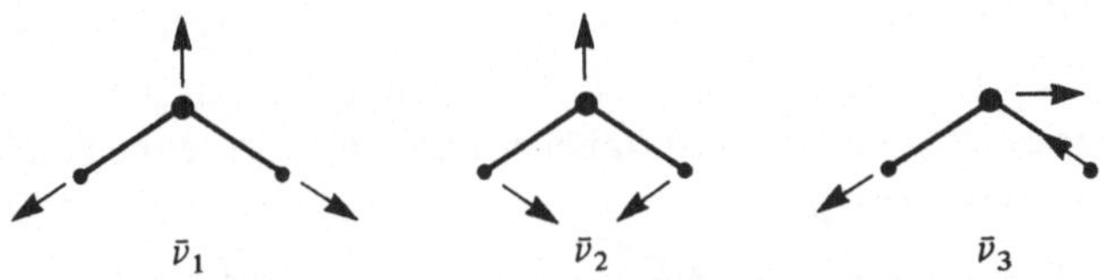

Die Normalschwingungen werden gewöhnlich bezeichnet mit $\bar{\nu}_1$, $\bar{\nu}_2$, ..., die entsprechenden Normalkoordinaten mit Q_1, Q_2, ... Auf den ersten Blick sehen wir nicht viel Unterschied zwischen Normalschwingungen und Normalkoordinaten, nicht wahr? Wir bezeichnen nun, unsere rudimentäre Gruppentheorie (Abschn. 2) voraussetzend, die C_2-Achse des Moleküls als z-Koordinate und die Molekülebene als die xz-Ebene; damit können wir tabellieren, wie sich jede Normalschwingung unter den Symmetrieoperationen der Punktgruppe C_{2v} verhält:

C_{2v}	E	C_2	σ_{xz}	σ_{yz}	
$\bar{\nu}_1$	1	1	1	1	$= a_1$
$\bar{\nu}_2$	1	1	1	1	$= a_1$
$\bar{\nu}_3$	1	−1	1	−1	$= b_1$

(aus der C_{2v}-Charaktertafel im Anhang A4.4, S. 294)

Wir wollen uns $\bar{\nu}_3$ genauer anschauen. Die Operation E läßt alles beim alten, deshalb hat sie den Charakter $+1$. Die C_2-Operation ändert das Aussehen wie folgt, Fig. 3.21.

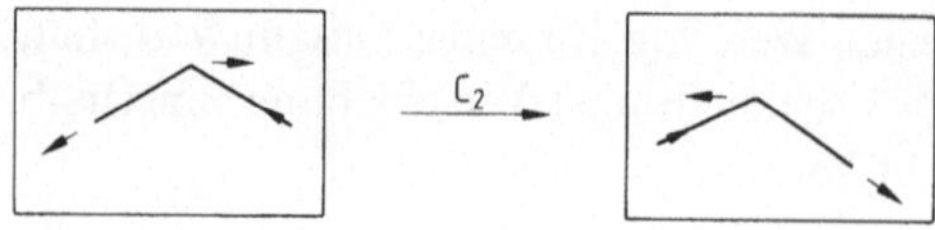

Fig. 3.21 Die Normalschwingung $\bar{\nu}_3$ (des H_2O) unter der Symmetrieoperation C_2

Die rechte Figur zeigt, daß jedes Atom sich gerade in die entgegengesetzte Richtung, verglichen mit der Ausgangssituation, bewegt. Die Schwingung ist in ihr Negatives transformiert worden. Der Charakter ist -1. Ähnlich transformieren die beiden σ_v Operationen die Schwingungen in sich selbst ($+1$) bzw. ihr Negatives (-1). Damit transformiert diese „*asymmetrische Dehnungsschwingung*" $\bar{\nu}_3$ wie b_1. Die beiden anderen, $\bar{\nu}_1$ und $\bar{\nu}_2$, ändern sich bei keiner der angewandten Operationen und transformieren daher wie a_1. Die Bedeutung dieser Symmetrieoperationen von Normalschwingungen wird deutlich, sobald wir zu den Auswahlregeln kommen (Abschn. 3.6).

Zunächst wollen wir nach einem systematischen Vorgehen Ausschau halten mit dem Ziel, die Symmetrien der Normalschwingungen für irgendein beliebiges Molekül zu bestimmen.

Von diesem Punkt an werden wir dazu kommen, unsere in der rudimentären Gruppentheorie erstellten Charaktertabellen (Anhang A.4) kennen und lieben zu lernen. Hier ist das „Rezept":

(1) Lege ein kartesisches Koordinatensystem in das Molekül, das mit der Charaktertabelle übereinstimmt. Allgemein gilt die einzige Einschränkung, die Hauptdrehachse als z-Achse zu wählen.

(2) Zeichne an jedes Atom des Moleküls drei zueinander senkrecht stehende „Auslenk"-Vektoren. Diese repräsentieren die drei Freiheitsgrade jedes Atoms. Sie können in der Richtung mit den Hauptkoordinaten des Moleküls (unter (1)) übereinstimmen, müssen jedoch nicht. Erfahrung wird bei der geeignetesten Wahl eines Satzes von Vektoren entscheiden.

(3) Auf die Gesamtheit dieser 3n Vektoren wende nacheinander die Operationen der Punktgruppe des Moleküls an. Ziel ist es dabei, den Charakter jeder Operation zu bestimmen; mathematisch bedeutet dieses, die Spur der Matrix zu finden, die jede Operation der 3n Vektoren repräsentiert (vgl. Abschn. 2.7).

(4) Zerlege diese reduzible Darstellung, deren Charaktere gerade bestimmt wurden (vgl. Abschn. 2.8). Dabei erzeugen wir eine Summe von 3n irreduziblen Darstellungen. Dabei zählen zweifach entartete Darstellungen als zwei Darstellungen in dieser Summe, dreifach entartete als drei, usw.

(5) Diese 3n irreduziblen Darstellungen sind die Symmetrien der 3n Freiheitsgrade des Moleküls. Subtrahiere von der Summe der 3n-irreduziblen Darstellun-

gen die sechs irreduziblen Darstellungen (fünf für lineare Moleküle), zu denen Translation und Rotation gehören. Eine wichtige Hilfe sind dabei die Basisfunktionen der Charaktertabelle; die drei Translationsfreiheitsgrade werden wie x, y und z transformiert, die als Basisfunktionen rechts in der Charaktertafel aufgelistet sind. Die Drehsymmetrien sind durch die Funktionen R_x, R_y und R_z gegeben, ebenfalls rechts in der Charaktertafel. Zurück bleiben die $(3n - 6)$-Symmetrien der Normalschwingungen des Moleküls. Vermutlich ist bis zu diesem Punkt auch der letzte Hoffnungsschimmer, diese Anweisungen zu verstehen, geschwunden, und wir bleiben zurück ohne die blasseste Ahnung von der Bedeutung des oben Gesagten. So wollen wir mit ein paar Beispielen versuchen, Klarheit zu gewinnen.

3.5.2 H_2O

Das uns jetzt schon etwas bekannte Wassermolekül gehört zur Punktgruppe C_{2v}. Schritt (1) heißt, die zweifache Drehachse gleich der z-Achse zu wählen. Wir können dann x und y in die beiden Spiegelebenen legen. Dabei spielt die jeweilige Zuordnung keine Rolle, beide Möglichkeiten sind akzeptabel. Wir wollen das vorausgegangene Rezept verwenden und die Molekülebene als xz-Ebene wählen.

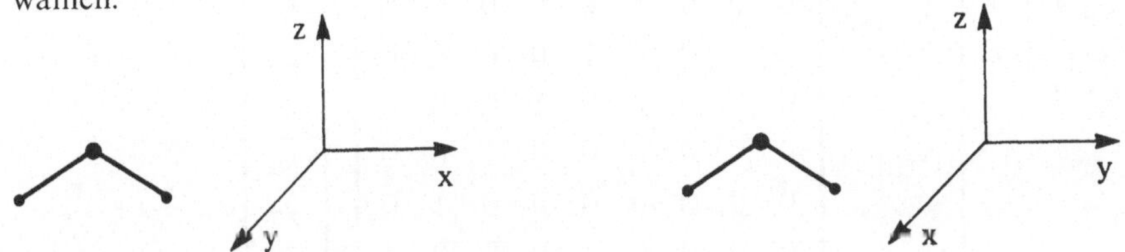

Sollte jemand dieses „linkshändige" K o o r d i n a t e n s y s t e m (ab jetzt „KS" genannt) nicht mögen, wie im linken Bild oben, so kann er die y-Achse in die Bildebene statt aus ihr heraus einzeichnen. In Schritt (2) sollen wir drei kleine Vektoren an jedes Atom zeichnen, die die jeweiligen Freiheitsgrade des Atoms aufzeigen. Um zu zeigen, daß die Orientierung keine Rolle spielt, werden wir beide Sätze von Vektoren in Fig. 3.22 gebrauchen und sie durch Anweisung (3) hindurch benutzen.

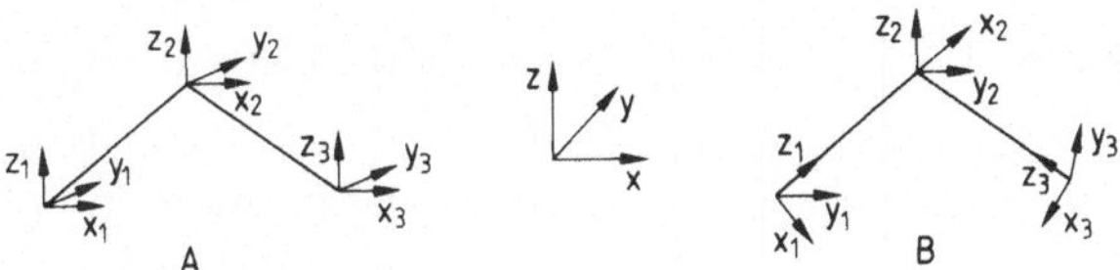

Fig. 3.22 Wahl der Koordinatensysteme, KS A und KS B

Im KS A ist jeder Vektor parallel zu der gleichnamigen Achse im Hauptkoordinatensystem. Im KS B weisen z_1 bzw. z_3 in Richtung der OH-Bindung. Im KS A haben wir y so gewählt, daß es jeweils in die Papierebene zeigt, und x liegt in der Papier- (zugleich Molekül-)ebene. Im KS B sind x_1 und x_3 in der Ebene, während x_2 in sie hineinweist, ebenfalls y_1 und y_3. Wir könnten jeden Vektor in eine beliebige Richtung weisen lassen, wichtig ist jedoch, daß die drei zusammengehörenden (x_i, y_i, z_i) ein rechtwinkliges KS bilden, d. h. aufeinander senkrecht stehen. Die Vektoren brauchen dabei weder parallel noch senkrecht zum KS zu stehen, aber es ist dann einfacher, mit ihnen zu arbeiten.

Schritt (3) ist nun der wichtigste Schritt. Entweder sind wir „gemachte" Leute danach oder „zusammengebrochen". Die Punktgruppe C_{2v} hat die Operationen E, C_2, σ_{xy} und σ_{yz}. Die Matrizen, die die Eindeutigkeitsoperation an den neuen Verschiebungsvektoren wiedergeben, sind einfach:

$$
\text{KS A oder KS B} \quad E \quad
\begin{bmatrix} x_1 \\ y_1 \\ z_1 \\ x_2 \\ y_2 \\ z_2 \\ x_3 \\ y_3 \\ z_3 \end{bmatrix}
=
\begin{bmatrix}
1 & 0 & 0 & 0 & 0 & 0 & 0 & 0 & 0 \\
0 & 1 & 0 & 0 & 0 & 0 & 0 & 0 & 0 \\
0 & 0 & 1 & 0 & 0 & 0 & 0 & 0 & 0 \\
0 & 0 & 0 & 1 & 0 & 0 & 0 & 0 & 0 \\
0 & 0 & 0 & 0 & 1 & 0 & 0 & 0 & 0 \\
0 & 0 & 0 & 0 & 0 & 1 & 0 & 0 & 0 \\
0 & 0 & 0 & 0 & 0 & 0 & 1 & 0 & 0 \\
0 & 0 & 0 & 0 & 0 & 0 & 0 & 1 & 0 \\
0 & 0 & 0 & 0 & 0 & 0 & 0 & 0 & 1
\end{bmatrix}
\begin{bmatrix} x_1 \\ y_1 \\ z_1 \\ x_2 \\ y_2 \\ z_2 \\ x_3 \\ y_3 \\ z_3 \end{bmatrix}
\qquad \text{Spur} = 9.
$$

C_2 ist weit interessanter:

$$
\text{KS A} \quad C_2 \quad
\begin{bmatrix} x_1 \\ y_1 \\ z_1 \\ x_2 \\ y_2 \\ z_2 \\ x_3 \\ y_3 \\ z_3 \end{bmatrix}
=
\begin{bmatrix}
0 & 0 & 0 & 0 & 0 & 0 & -1 & 0 & 0 \\
0 & 0 & 0 & 0 & 0 & 0 & 0 & -1 & 0 \\
0 & 0 & 0 & 0 & 0 & 0 & 0 & 0 & 1 \\
0 & 0 & 0 & -1 & 0 & 0 & 0 & 0 & 0 \\
0 & 0 & 0 & 0 & -1 & 0 & 0 & 0 & 0 \\
0 & 0 & 0 & 0 & 0 & 1 & 0 & 0 & 0 \\
-1 & 0 & 0 & 0 & 0 & 0 & 0 & 0 & 0 \\
0 & -1 & 0 & 0 & 0 & 0 & 0 & 0 & 0 \\
0 & 0 & 1 & 0 & 0 & 0 & 0 & 0 & 0
\end{bmatrix}
\begin{bmatrix} x_1 \\ y_1 \\ z_1 \\ x_2 \\ y_2 \\ z_2 \\ x_3 \\ y_3 \\ z_3 \end{bmatrix}
\qquad \text{Spur} = -1
$$

oder im anderen Koordinatensystem

$$KS\ B\quad C_2\ \begin{bmatrix} x_1 \\ y_1 \\ z_1 \\ x_2 \\ y_2 \\ z_2 \\ x_3 \\ y_3 \\ z_3 \end{bmatrix} = \begin{bmatrix} 0 & 0 & 0 & 0 & 0 & 0 & 1 & 0 & 0 \\ 0 & 0 & 0 & 0 & 0 & 0 & 0 & -1 & 0 \\ 0 & 0 & 0 & 0 & 0 & 0 & 0 & 0 & 1 \\ 0 & 0 & 0 & -1 & 0 & 0 & 0 & 0 & 0 \\ 0 & 0 & 0 & 0 & -1 & 0 & 0 & 0 & 0 \\ 0 & 0 & 0 & 0 & 0 & 1 & 0 & 0 & 0 \\ 1 & 0 & 0 & 0 & 0 & 0 & 0 & 0 & 0 \\ 0 & -1 & 0 & 0 & 0 & 0 & 0 & 0 & 0 \\ 0 & 0 & 1 & 0 & 0 & 0 & 0 & 0 & 0 \end{bmatrix} \begin{bmatrix} x_1 \\ y_1 \\ z_1 \\ x_2 \\ y_2 \\ z_2 \\ x_3 \\ y_3 \\ z_3 \end{bmatrix} \qquad Spur = -1.$$

Diese Matrizen sollten wir nun deuten. Im KS A wird durch C_2 folgendes bewirkt:

$$x_1 = -x_3, \qquad x_2 = -x_2, \qquad x_3 = -x_1,$$
$$y_1 = -y_3, \qquad y_2 = -y_2, \qquad y_3 = -y_1,$$
$$z_1 = +z_3, \qquad z_2 = +z_2, \qquad z_3 = +z_1.$$

Die Spur der Matrix ist -1. Im KS B transformiert C_2 wie folgt

$$x_1 = +x_3, \qquad x_2 = -x_2, \qquad x_3 = +x_1,$$
$$y_1 = -y_3, \qquad y_2 = -y_2, \qquad y_3 = -y_1,$$
$$z_1 = +z_3, \qquad z_2 = +z_2, \qquad z_3 = +z_1.$$

Wieder ist die Spur -1.

Wenn wir nun für jede Operation eine solche Matrix zu erstellen hätten, könnten wir wohl dabei verrückt werden. Doch zum Glück gibt es eine Regel, um die benötigten Charaktere wesentlich einfacher zu erhalten: *Ein Vektor trägt nur dann zur Spur einer Matrix bei, wenn er unter der Transformation in die $\pm$-Version seiner selbst übergeht (oder in eine nichtorthogonale, durch Drehung entstandene Version seiner selbst).* Die Vektorensätze x_1, y_1 und z_1 sowie x_3, y_3, z_3 ändern ihre Position unter C_2-Drehung und können nicht zur Spur beitragen. Nur x_2, y_2 und z_2 bleiben an demselben Zentrum, und nur diese müssen untersucht werden. Sofort erhalten wir die Spur -1 für beide KS.

Als weiteres Beispiel nehmen wir σ_{yz}. Im KS A können die Vektoren an den H-Atomen vernachlässigt werden, da sie ihre Zentren unter σ_{yz} vertauschen.

Die Vektoren am Sauerstoff transformieren so:

$$x_2 \rightarrow -x_2$$
$$y_2 \rightarrow +y_2 \qquad \text{Spur} = +1.$$
$$z_2 \rightarrow +z_2$$

Im KS B sind die Vektoren an den Wasserstoffatomen wieder irrelevant. Die Sauerstoffvektoren transformieren nun so

$$x_2 \rightarrow +x_2$$
$$y_2 \rightarrow -y_2 \qquad \text{Spur} = +1.$$
$$z_2 \rightarrow +z_2$$

Die Operation σ_{xz} läßt alle Atome fest, deshalb haben wir alle neun Vektoren zu berücksichtigen. In beiden Fällen ist die Spur $= +3$.

KS A

$$x_1 \rightarrow +x_1 \quad x_2 \rightarrow +x_2 \quad x_3 \rightarrow +x_3$$
$$y_1 \rightarrow -y_1 \quad y_2 \rightarrow -y_2 \quad y_3 \rightarrow -y_3$$
$$z_1 \rightarrow +z_1 \quad z_2 \rightarrow +z_2 \quad z_3 \rightarrow +z_3$$

KS B

$$x_1 \rightarrow +x_1 \quad x_2 \rightarrow -x_2 \quad x_3 \rightarrow +x_3$$
$$y_1 \rightarrow -y_1 \quad y_2 \rightarrow +y_2 \quad y_3 \rightarrow -y_3$$
$$z_1 \rightarrow +z_1 \quad z_2 \rightarrow +z_2 \quad z_3 \rightarrow +z_3$$

Die reduzible Darstellung, die die neun Freiheitsgrade des Wassers beschreibt, ist nach allem

C_{2v}	E	C_2	σ_{xz}	σ_{yz}
Γ_{tot}	9	-1	$+3$	$+1$

,

wobei wir die vollständige reduzible Darstellung der neun Freiheitsgrade Γ_{tot} nennen wollen. Gebrauchen wir nun noch die Formeln aus unserer anwendungsbezogenen Gruppentheorie, Abschn. 2.2, so erhalten wir

$$\Gamma_{tot} = 3a_1 + a_2 + 3b_1 + 2b_2.$$

Wesentlich ist hierbei, daß wir neun irreduzible Darstellungen erhalten haben. Finden wir an dieser Stelle weniger als 3n irreduzible Darstellungen, so haben wir etwas falsch gemacht und müssen Schritt (3) wiederholen.

In Schritt (5) schließlich subtrahieren wir Γ_{trans} und Γ_{rot}, die Darstellungen der Translationen und Rotationen. Die C_{2v}-Charaktertafel zeigt, daß x, y und z wie b_1, b_2 und a_1 transformieren. Die Rotationen R_x, R_y und R_z schließlich transformieren wie b_2, b_1 und a_2. Daher ist

$$\Gamma_{vib} = \Gamma_{tot} - \Gamma_{trans} - \Gamma_{rot}$$
$$= (3a_1 + a_2 + 3b_1 + 2b_2) - (a_1 + b_1 + b_2) - (a_2 + b_1 + b_2);$$
$$\Gamma_{vib} = 2a_1 + b_1.$$

Die drei Normalschwingungen des Wassermoleküls haben also die Symmetrien a_1, a_1 und b_1, genau dasselbe Ergebnis, das wir bereits weiter oben gefunden haben.

3.5.3 CO_2

Dieses Molekül führt uns in die Punktgruppe $D_{\infty h}$, die einige ungewöhnliche Eigenschaften aufweist. Wir legen ein Koordinatensystem in das Molekül, Fig. 3.23, und geben die darauf bezogenen Charaktere für die einzelnen Symmetrieelemente an:

$D_{\infty h}$	E	$2C_\infty^\phi$	$\infty\,\sigma_v$	i	$2S_\infty^\phi$	$\infty\,C_2$
Γ_{tot}	9	$3 + 6\cos\phi$	3	-3	$-1 + 2\cos\phi$	-3

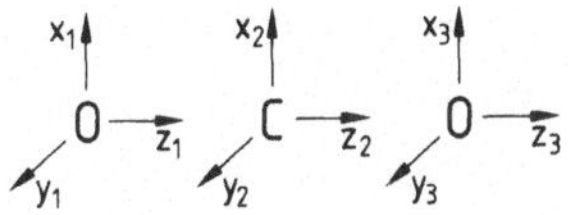

Fig. 3.23
Koordinatensystem für das Molekül CO_2

Diese Charaktere sind wie folgt erzeugt worden: Die Identitätsoperation läßt alle neun Vektoren unverändert, d. h. der Charakter von E ist 9. Die C_∞^ϕ-Drehung (eine Drehung um den Winkel ϕ um die C_∞-Achse) läßt alle z-Vektoren unverändert, d. h. Charakter: $3 \times 1 = 3$. Die Drehmatrix transformiert jeden (x, y)-Vektorsatz zu gemischten Ausdrücken in x und y:

$$C_x^\phi \begin{pmatrix} x \\ y \end{pmatrix} = \begin{pmatrix} \cos\phi & \sin\phi \\ \sin\phi & \cos\phi \end{pmatrix} \begin{pmatrix} x \\ y \end{pmatrix} \qquad \text{Spur} = 2\cos\phi.$$

Es gibt drei Sätze von (x, y)-Vektoren; damit ist der Charakter der Drehmatrizen $6\cos\phi$. Der Charakter der Gesamtmatrix unter der Drehoperation ist also $3 + 6\cos\phi$.

Um den Charakter unter σ_v herauszufinden, greifen wir zunächst eine der unendlichen σ_v-Ebenen heraus. Wir könnten irgendeine beliebige Ebene wählen; um es möglichst einfach zu machen, wählen wir die xz-Ebene. Die Spiegelung an ihr läßt sechs Vektoren (x_1, x_2, x_3, z_1, z_2, z_3) unverändert und verändert lediglich die drei y-Vektoren in ihr Negatives. Damit ist der Charakter hier $+3$.

Die Inversion bewegt die Vektoren an den Sauerstoffatomen, deshalb lassen wir sie außer acht ($3 - 3 = 0$). Die drei Vektoren am Kohlenstoff gehen in ihr Negatives über und bestimmen so den Gesamtcharakter zu -3.

S_∞^ϕ, die Drehspiegelung, invertiert im wesentlichen die Sauerstoffvektoren (Beitrag zum Gesamtcharakter: $3 - 3 = 0$). Nur die Transformation der Koordinaten des C-Atoms liefert einen Beitrag:

$$z_2 \rightarrow -z_2$$

$$\begin{pmatrix} x_2 \\ y_2 \end{pmatrix} \rightarrow \begin{pmatrix} \cos\phi & -\sin\phi \\ \sin\phi & \cos\phi \end{pmatrix} \begin{pmatrix} x_2 \\ y_2 \end{pmatrix} \qquad \text{Spur} = -1 + 2\cos\phi.$$

Als C_2-Achse wählen wir die x-Achse durch das C-Atom. Der Beitrag der Sauerstoffatome zum Gesamtcharakter ist mithin $(1 - 2) + (1 - 2) = -2$, der des C-Atoms

$$x_2 \rightarrow +x_2$$
$$y_2 \rightarrow -y_2 \qquad \text{Spur} = -1.$$
$$z_2 \rightarrow -z_2$$

Wir erhalten als Gesamtcharakter der C_2-Drehung um x: -3.

Wir können keine einfache Gleichung zum Zerlegen von Γ_{tot} angeben, da die Ordnung der Gruppe unendlich ist!

Wir können jedoch Γ_{tot} vereinfachen, indem wir zunächst Γ_{trans} und Γ_{rot} subtrahieren.

$D_{\infty h}$	E	$2C_\infty^\phi$	$\infty\sigma_v$	i	$2S_\infty^\phi$	∞C_2
Γ_{tot}	9	$3 + 6\cos\phi$	3	-3	$-1 + 2\cos\phi$	-3
Γ_{trans}	3	$1 + 2\cos\phi$	1	-3	$-1 + 2\cos\phi$	-1
Γ_{rot}	2	$2\cos\phi$	0	2	$-2\cos\phi$	-2
Γ_{vib}	4	$2 + 2\cos\phi$	2	-2	$2\cos\phi$	0

Für Γ_{trans} berücksichtigen wir nur die Transformation des C-Atoms; für Γ_{rot} haben wir nur (R_x, R_y) benutzt, da es keine Drehung um die z-Achse gibt. Nun enthält Γ_{vib} Faktoren der Art $2\cos\phi$ unter C_∞^ϕ und S_∞^ϕ. Schauen wir uns die $D_{\infty h}$-Charaktertafel an, so fällt auf, daß π_u beteiligt ist, d. h. eine irreduzible Darstellung π_u, die in der (x, y)-Ebene transformiert. Wir versuchen einfach mal, π_u von Γ_{vib} zu subtrahieren.

$D_{\infty h}$	E	$2C_\infty^\phi$	$\infty\sigma_v$	i	$2S_\infty^\phi$	∞C_2
Γ_{vib}	4	$2 + 2\cos\phi$	2	-2	$2\cos\phi$	0
π_u	2	$2\cos\phi$	0	-2	$2\cos\phi$	0
$\Gamma_{vib} - \pi_u$	2	2	2	0	0	0

Wir erkennen: Die Differenz $\Gamma_{vib} - \pi_u$ entspricht der Summe von $\sigma_g^+ + \sigma_u^+$, daher ist

$$\Gamma_{vib} = \sigma_g^+ + \sigma_u^+ + \pi_u.$$

Zählen wir π_u als zwei Darstellungen (jeder Charakter unter π_u enthält den Faktor 2), so haben wir vier irreduzible Darstellungen für die vier Freiheitsgrade identifiziert.

Die mathematische Analyse der Normalkoordinaten würde uns zeigen, daß es zwei Dehnungsschwingungen und zwei entartete Biegeschwingungen gibt, Fig. 3.24.

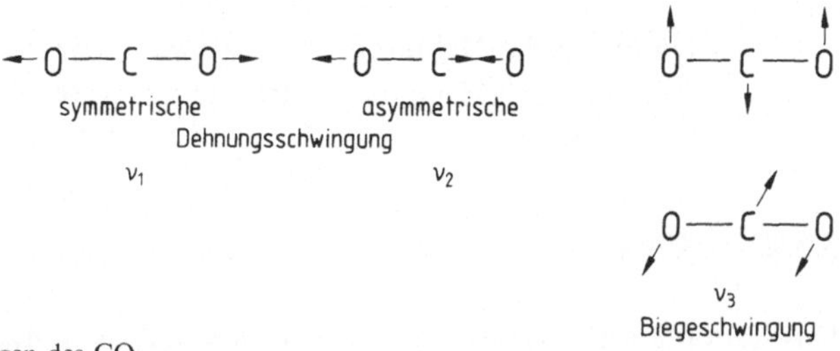

O—C—O   O—C—O   O—C—O

symmetrische   asymmetrische
Dehnungsschwingung

ν_1 ν_2

O—C—O

ν_3
Biegeschwingung

Fig. 3.24 Normalschwingungen des CO_2

Anschaulich sind für ein Molekül mit 2 C–O-Bindungen auch zwei Dehnungsschwingungen (Moden) zu erwarten. Welche Symmetrien haben diese Schwingungen? Die Lösung ist einfach:

$D_{\infty h}$	E	$2C_\infty^\phi$	$\infty\sigma_v$	i	$2S_\infty^\phi$	∞C_2	
symmetr. Dehng.	1	1	1	1	1	1	$= \sigma_g^+$
asymmetr. Dehng.	1	1	1	-1	-1	-1	$= \sigma_u^+$

Um diese Charaktere zu finden, betrachten wir alle Bewegungsrichtungen in der Darstellung einer Normalschwingung als Gesamtheit. Zum Beispiel verändert sich die asymmetrische Dehnungsschwingung unter der Inversionsoperation wie folgt:

$$\leftarrow O \cdots C \rightarrow\ \leftarrow O \xrightarrow{\ \ i\ \ } O \rightarrow\ \leftarrow C \cdots O \rightarrow$$

Bei der Biegeschwingung kehren sich alle Bewegungsrichtungen der Atome um, d. h. der Charakter der asymmetrischen Dehnungsschwingung unter der Inversion ist -1. Die Biegeschwingungen transformieren genauso wie die entartete π_u-Darstellung. Als bemerkenswert erscheint hierbei die Tatsache, daß z. B. die C_∞^ϕ-Drehung zu einer Überlagerung der Biegeschwingungen in der xz- und yz-Ebene führt; die Charaktere erhalten dadurch eine gemischte Form. Wir sehen jedoch, daß beide Biegeschwingungen genau dieselbe Bewegung, physikalisch gesehen, ausführen und deshalb dieselbe Energie haben. Durch diese Entartung erscheint die Mischung der Biegeschwingungen als physikalisch bedeutungslos; wir erwarten nur eine einzige beobachtbare Biegeschwingung.

Andererseits haben die beiden Dehnungsschwingungen nicht dieselbe Energie, da sie völlig unterschiedliche Veränderungen in dem Molekül hervorrufen. Sie sind grundverschieden und ihre Charaktere werden auch nicht von Symmetrieoperationen gemischt. Die asymmetrische Schwingung hat allgemein (aber nicht immer) höhere Energie als die symmetrische.

Für CO_2 sind mithin drei Frequenzen zugeordnet worden:

$$\begin{array}{ll}
\text{symmetrische Dehnungsschwingung} & 1\,337\ \mathrm{cm}^{-1}, \\
\text{asymmetrische Dehnungsschwingung} & 2\,349\ \mathrm{cm}^{-1}, \\
\text{Biegeschwingung} & 667\ \mathrm{cm}^{-1}.
\end{array}$$

3.5.4   XeF$_4$

Das Xenontetrafluorid ist ein ebenes Molekül; die Fluoratome sind quadratisch um das Zentralatom angeordnet; wir bringen die Vektoren an jedem Atom parallel zu den Hauptvektoren an, die das KS definieren, Fig. 3.25.

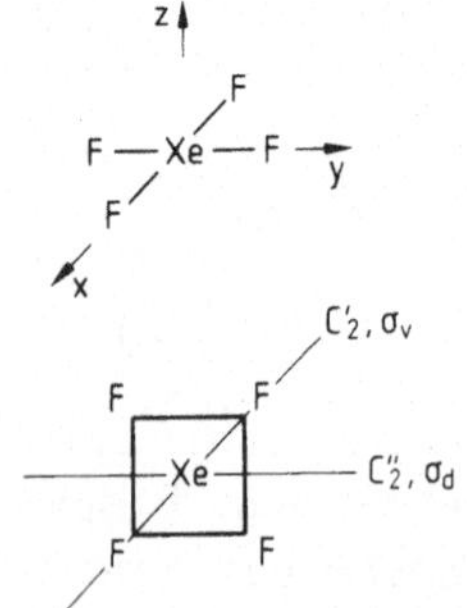

Fig. 3.25 Koordinatensystem für das Molekül XeF$_4$, Drehachsen und Reflexionsebenen

Die σ_v-Ebenen gehen durch die Xe$-$F-Bindungen, die σ_d-Ebenen teilen die F$-$Xe$-$F-Bindungswinkel. Ebenso fallen die C_2'-Achsen mit den Bindungsachsen zusammen, die C_2''-Achsen mit den Winkelhalbierenden. Die Charaktere unter der Operation C_4 sind einfach zu bestimmen: Alle Vektoren an den Fluoratomen in der (x, y)-Ebene ändern ihre Position; die z-Vektoren nicht. Die x- und y-Vektoren des Xe-Atoms werden um $90°$ gedreht und tragen nicht zum Gesamtcharakter bei. Daher ist der Charakter für alle 15 Vektoren gleich $+1$. Entsprechend den $3 \cdot 5 - 6 = 9$ Schwingungsfreiheitsgraden erhalten wir durch Zerlegung unserer reduziblen Darstellung nach Rezept (s. Abschn. 2.8) nach

Abzug der irreduziblen Darstellungen für Rotation und Translation (vgl. Abschn. 3.5.3) auch genau 9 irreduzible Darstellungen für Γ_{vib}:

D_{4h}	E	$2C_4$	C_2	$2C_2'$	$2C_2''$	i	$2S_4$	σ_v	$2\sigma_v$	$2\sigma_d$
Γ_{tot}	15	1	-1	-3	-1	-3	-1	5	3	1

$$= a_{1g} + a_{2g} + b_{1g} + b_{2g} + e_g + 2a_{2u} + b_{2u} + 3e_u$$

$$\Gamma_{trans} = a_{2u} + e_u$$
$$\Gamma_{rot} = a_{2g} + e_g$$
$$\Gamma_{vib} = a_{1g} + b_{1g} + b_{2g} + a_{2u} + b_{2u} + 2e_u.$$

Eine detaillierte mathematische Normalkoordinatenanalyse zeigt, wie diese Schwingungsformen aussehen, Fig. 3.26. In dieser Figur bezeichnen die „+"- und „−"-Zeichen Bewegungen aus der Papierebene heraus bzw. in sie hinein. Jede Bewegungsform hat eine Bezeichnung, $\bar{\nu}_i$. Bei entarteten Schwingungen ist jeweils nur eine Bewegungsform gezeigt. Eine genauere Bezeichnung der

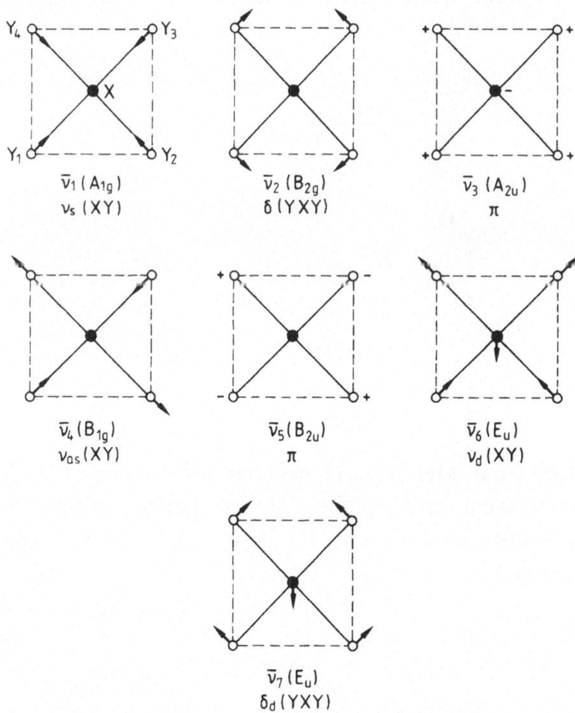

Fig. 3.26 Normalschwingungen für ebene XY$_4$-Moleküle

jeweiligen Schwingungsform „verbirgt" sich noch in der Kurzbezeichnung unter der zugehörigen Symmetriebezeichnung. Die gebräuchlichen Abkürzungen sind in Tab. 3.9 erklärt.

Tab. 3.9 Schwingungsbezeichnungen

ν	– Dehnungs-	π	– aus der Ebene heraus
δ	– Deformations-	as	– asymmetrisch
ϱ_w	– Wedel- (wagging)	s	– symmetrisch
ϱ_r	– Schaukel (rocking)	d	– entartet (degenerate)
ϱ_t	– Verdrehungs- (twisting)		

3.5.5   BCl$_3$

Das Bortrichlorid-Molekül hat D_{3h}-Symmetrie. Es ist eben; die Chloratome bilden ein gleichseitiges Dreieck um das zentrale Boratom. Wir wollen an ihm die Wirkung einer C_3-Drehung untersuchen. Wiederum legen wir die Verschiebungsvektoren parallel zum Hauptkoordinatensystem. Das Molekül liege in der xy-Ebene. Wie erwartet, finden wir sechs Schwingungsfreiheitsgrade.

D_{3h}	E	$2C_3$	$3C_2$	σ_h	$2S_3$	$3\sigma_v$	
Γ_{tot}	12	0	-1	4	-2	2	$= a_1' + a_2' + 3e' + 2a_2'' + e''$,

$$\Gamma_{trans} = e' + a_2'',$$
$$\Gamma_{rot} = a_2' + e'',$$
$$\Gamma_{vib} = a_1' + 2e' + a_2''.$$

Den Charakter unter C_3 erhalten wir wie folgt: Die Chlor-Vektoren werden alle fortbewegt und ergeben keinen Beitrag zum Gesamtcharakter. Der Bor-z-Vektor verbleibt unverändert $(+1)$. Die Bor-x- und Bor-y-Vektoren werden gemischt:

$$C_3 \begin{pmatrix} x \\ y \end{pmatrix} = \begin{pmatrix} -1/2 & -\sqrt{3/2} \\ \sqrt{3/2} & -1/2 \end{pmatrix} \cdot \begin{pmatrix} x \\ y \end{pmatrix} \qquad \text{Spur} = -1.$$

Die Gesamtspur ist gerade $1 - 1 = 0$. Die vier Normalschwingungen sind in Fig. 3.27 anschaulich dargestellt.

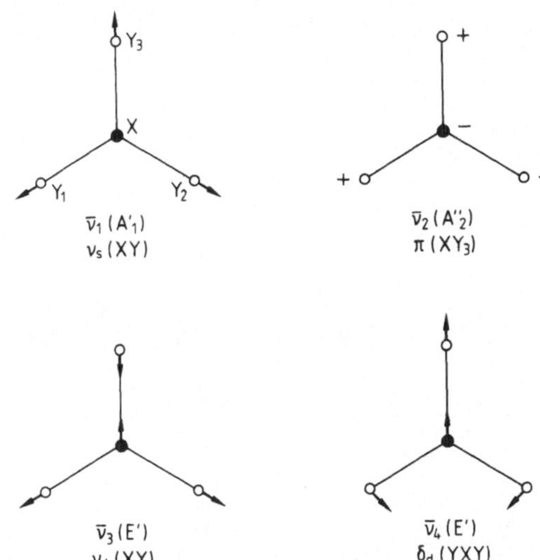

Fig. 3.27 Normalschwingungen für ebene XY_3-Moleküle wie BCl_3

3.5.6 B_2H_6

Zum Abschluß schauen wir uns noch das Molekül Diboran an (zwei Tetraeder, über eine Kante verknüpft), um die in Tab. 3.9 angegebenen „beschreibenden" Schwingungsformen (Wedel-, Schaukel-, Verdrehungs- etc.) zu illustrieren, Fig. 3.28.

Fig. 3.28 Diboran, B_2H_6 und sein Koordinatensystem

D_{2h}	E	$C_2(z)$	$C_2(y)$	$C_2(x)$	i	σ_{xy}	σ_{xz}	σ_{yz}
Γ_{tot}	24	0	−2	−2	0	4	6	2

$$= 4a_g + 3b_{1g} + 3b_{2g} + 2b_{3g} + a_u + 4b_{1u} + 3b_{2u} + 4b_{3u},$$

$$\Gamma_{trans} = b_{1u} + b_{2u} + b_{3u},$$
$$\Gamma_{rot} = b_{1g} + b_{2g} + b_{3g},$$
$$\Gamma_{vib} = 4a_g + 2b_{1g} + 2b_{2g} + b_{3g} + a_u + 3b_{1u} + 2b_{2u} + 3b_{3u}.$$

Die 18 Normalschwingungen sind in Fig. 3.29 anschaulich dargestellt. Bei der Numerierung der Normalformen wird, ausgehend von den total symmetrischen Bewegungen in Richtung abnehmender Symmetrie durchnumeriert. *Hat ein Satz von Schwingungsbewegungen dieselbe Symmetrie, so ordnen wir sie nach abnehmender Energie.* So hat z. B. $\bar{\nu}_{10}$ (Ringdeformation) weniger Energie als $\bar{\nu}_9$ im Diboran.

3 Schwingungen und ihre Spektroskopie

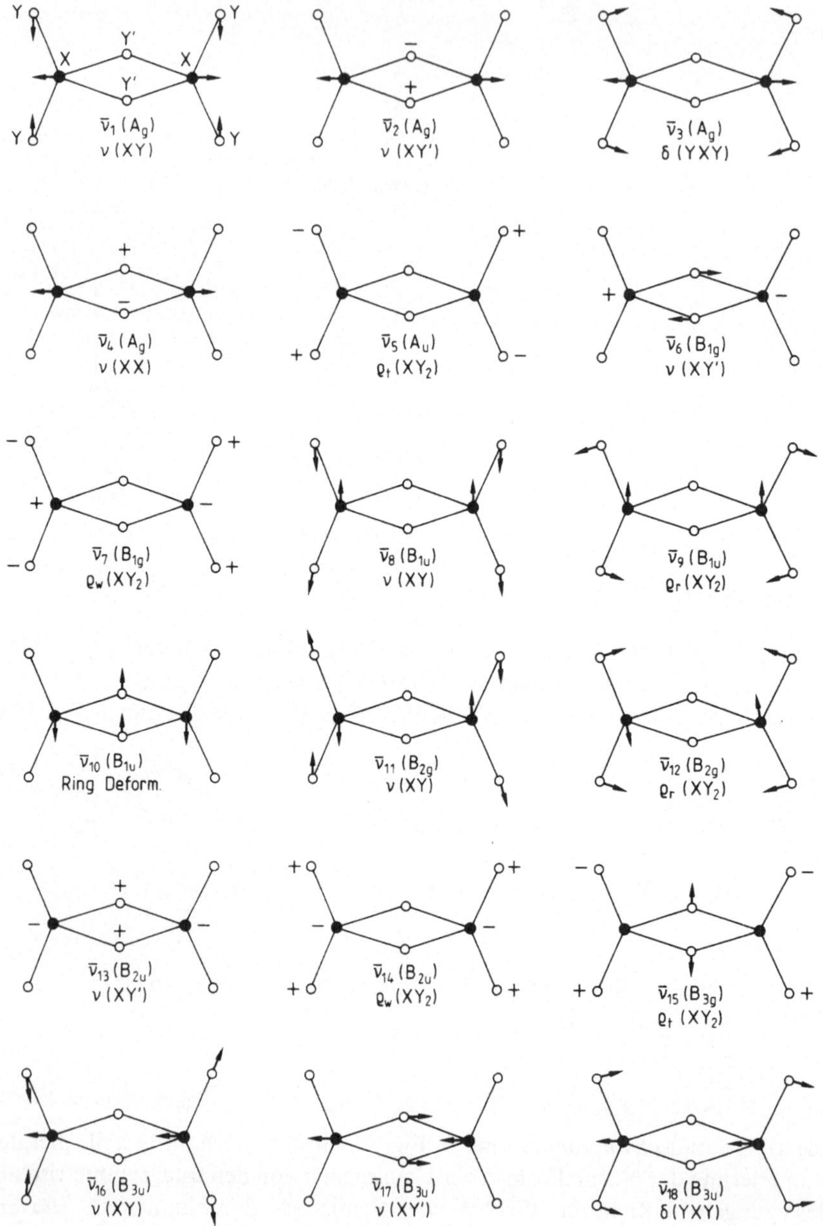

Fig. 3.29 Normalschwingungen für X_2Y_6 Moleküle mit Brückenverbindung wie B_2H_6

3.6   Auswahlregeln und Polarisation

3.6.1   Fundamentale Übergänge

Im vorangehenden Abschnitt haben wir verschiedene Formen der Schwingungs-bewegung kennengelernt. Bei Zimmertemperatur liegen fast alle diese Schwin-gungen im Grundzustand ($v = 0$) mit der Nullpunktsenergie ($1/2\hbar\omega$) vor. Für jede Schwingungsmode eines Moleküls nehmen wir je eine Wellenfunktion $\psi_i(v)$ an. Der Index i soll uns anzeigen, daß wir es mit der i-ten Normalschwingung zu tun haben; v ist die zugehörige Quantenzahl. Haben wir ein Molekül mit drei Grundschwingungsmoden, dann wird seine Gesamtschwingung das Produkt der Wellenfunktionen sein, die die jeweiligen Normalschwingungen beschreiben:

$$\psi_{vib} = \psi_1(v) \cdot \psi_2(v) \cdot \psi_3(v). \tag{3.41}$$

Eine Anregung von $\bar{v}_1$ aus dem Grundzustand in den ersten angeregten Zustand schreiben wir

$$\psi_1(0)\ \psi_2(0)\ \psi_3(0) \rightarrow \psi_1(1)\ \psi_2(0)\ \psi_3(0);$$

wenn $\bar{v}_2$ und $\bar{v}_3$ gleichzeitig angeregt werden, so gilt

$$\psi_1(0)\ \psi_2(0)\ \psi_3(0) \rightarrow \psi_1(0)\ \psi_2(1)\ \psi_3(1).$$

Allgemein ist die Wahrscheinlichkeit für zwei gleichzeitig stattfindende Über-gänge sehr viel geringer als die Wahrscheinlichkeit der zeitlich getrennten einzelnen Übergänge, da die Produktregel für unabhängige Wahrscheinlich-keiten gilt.

Die Schwingungs-Auswahlregeln geben uns die möglichen Übergänge an. Sie zeigen uns zudem auf, ob der Übergang im Infrarot- oder Ramanspektrum auftritt. Übergänge, die im IR-Spektrum auftauchen, nennen wir IR-aktiv, entsprechend Raman-aktiv diejenigen, die wir im Raman-Spektrum beobachten. Bevor wir uns jedoch die Gesetzmäßigkeit für die Auswahlregeln eingehender anschauen, sollten wir uns zunächst die physikalischen Grundlagen für diese Regeln und einige mathematische Eigenschaften von Integralen vergegen-wärtigen.

Die physikalischen Bedingungen, die einen Übergang möglich (d. h. aktiv) machen, sind einfach zu behalten:

Ein Schwingungsübergang ist IR-aktiv, wenn sich während der Schwingung das Dipolmoment *des Moleküls ändert.*

Ein Schwingungsübergang ist Raman-aktiv, wenn sich während der Schwingung die Polarisierbarkeit *des Moleküls ändert.*

Wie sind nun Dipolmoment und Polarisierbarkeit bei vielatomigen Molekülen definiert?

Wenn zwei Teilchen der Ladung $+e$ und $-e$ sich im Abstand $\vec{r}$ befinden, resultiert daraus ein Dipolmoment $\vec{\mu}$ mit

$$\vec{\mu} = e \cdot \vec{r}. \tag{3.42}$$

Für ein Vielteilchensystem ordnen wir jeder kartesischen Koordinate einen Dipol (eine *Dipolkomponente*) zu. Die x-Komponente des Moments wäre mithin die Summe:

$$\mu_x = \sum_i e_i x_i \tag{3.43}$$

wobei e die Ladung des Teilchens i mit der Ortskoordinate x ist. Der quantenmechanische Ausdruck für den entsprechenden Erwartungswert des Dipolmoments ist für das **statische** Dipolmoment:

$$\vec{\mu} = e \cdot \vec{r} = e \cdot \int \psi \vec{r} \psi^* \, d\tau$$

bzw. für die x-Komponente eines Mehrteilchensystems

$$\mu_x = \sum e_i x_i = e \cdot \sum \int \psi x_i \psi^* \, d\tau.$$

Das elektrische Moment des Übergangs (**Übergangsdipolmoment**) zwischen zwei Zuständen mit den Energien E_v und $E_{v'}$ ist:

$$\vec{M}_{vv'} = e \cdot \int \psi_v \vec{r} \psi_{v'}^* \, d\tau$$

bzw. für die x-Komponente eines Mehrteilchensystems

$$M_{vv',x} = e \cdot \sum \int \psi_v \cdot x_i \psi_{v'}^* \, d\tau.$$

Die Summen

$$\sum \int \psi_v x_i \psi_{v'}^* \, d\tau,$$

bzw. $\quad \sum \int \psi_v y_i \psi_{v'}^* \, d\tau,$

bzw. $\quad \sum \int \psi_v z_i \psi_{v'}^* \, d\tau$

bezeichnen wir als **Matrixelemente** des Überganges $v \rightarrow v'$. Die **Übergangswahrscheinlichkeit** $A_{vv'}$ zwischen den Zuständen v und v' ist proportional dem Quadrat der elektrischen Momente:

$$A_{vv'} \sim (\vec{M}_{vv'})^2 = e^2 \left(\int \psi_v \vec{r} \psi_{v'}^* \, d\tau \right)^2$$

$$= e^2 \left(\sum \int \ldots x_i \ldots \right)^2 + \left(\sum \int \ldots y_i \ldots \right)^2 + \left(\sum \int \ldots z_i \ldots \right)^2.$$

Sie kann nur dann verschieden von Null sein, wenn mindestens eines der Integrale unter den Summen von Null verschieden ist, was wiederum von den Symmetrieverhalten von ψ_v und $\psi_{v'}$ abhängt. Diese Symmetrie muß sich ändern und damit das Dipolmoment.

Zusammengefaßt ersehen wir: Wenn sich nur eine der drei Komponenten des Dipolmomentes bei der Schwingung ändert, dann ist diese Schwingung IR-aktiv; d. h. der Übergang könnte im IR-Spektrum beobachtet werden.

Bringen wir ein Molekül in ein elektrisches Feld $\vec{E}$ ein, so wird ein Dipolmoment $\vec{\mu}_{ind}$ in dem Molekül induziert, d. h. die Kerne werden in Richtung des negativen Poles und die leichter verschiebbaren Elektronen in Richtung des positiven Poles verschoben. Der induzierte Dipol ist der Feldstärke proportional; die Proportionalitätskonstante α wird die Polarisierbarkeit des Moleküls genannt.

$$\vec{\mu}_{ind} = \alpha \cdot \vec{E}. \tag{3.44}$$

Die Polarisierbarkeit α ist kompliziert durch die Ausrichtung (den Richtungscharakter) der chemischen Bindungen. Ein elektrisches Feld, nur in x-Richtung angelegt, induziert nicht nur einen Dipol in der x-Richtung, sondern allgemein auch einen in y- und z-Richtung. Wir berücksichtigen diesen Sachverhalt, indem wir α als *Tensor* schreiben.

$$\mu_{ind}(x) = \alpha_{xx}E_x + \alpha_{xy}E_y + \alpha_{xz}E_z$$

$$\mu_{ind}(y) = \alpha_{yx}E_x + \alpha_{yy}E_y + \alpha_{yz}E_z$$

$$\mu_{ind}(z) = \alpha_{zx}E_x + \alpha_{zy}E_y + \alpha_{zz}E_z$$

$$\begin{pmatrix} \mu_{ind}(x) \\ \mu_{ind}(y) \\ \mu_{ind}(z) \end{pmatrix} = \begin{pmatrix} \alpha_{xx} & \alpha_{xy} & \alpha_{xz} \\ \alpha_{yx} & \alpha_{yy} & \alpha_{yz} \\ \alpha_{zx} & \alpha_{zy} & \alpha_{zz} \end{pmatrix} \begin{pmatrix} E_x \\ E_y \\ E_z \end{pmatrix}. \tag{3.45}$$

Der Tensor α ist symmetrisch, da $\alpha_{xy} = \alpha_{yx}$, $\alpha_{xz} = \alpha_{zx}$ und $\alpha_{yz} = \alpha_{zy}$. Der entsprechende quantenmechanische Ausdruck für den Erwartungswert des induzierten Dipols ist

$$\vec{\mu}_{ind} = \alpha \cdot \vec{E} = \vec{E} \int \psi \vec{\alpha} \psi^* \, d\tau.$$

Das induzierte elektrische Moment (Dipolmoment) des Überganges zwischen zwei Zuständen mit den Energien E_v und $E_{v'}$ ist

$$\vec{M}_{vv'} = \vec{E} \int \psi_v \vec{\alpha} \psi_v^* \, d\tau.$$

Dieser Ausdruck enthält − ausgeschrieben − Matrixelemente ähnlich den oben angeführten, z. B.

$$\sum \int \psi_v \alpha_{xy} \psi_{v'} \, d\tau.$$

Schließlich ist die Übergangswahrscheinlichkeit

$$A_{vv'} \sim (\vec{M}_{vv'})^2$$

nur dann von Null verschieden, wenn mindestens eines der Matrixelemente, abhängig u. a. von der Symmetrie von ψ_v bzw. $\psi_{v'}$, von Null verschieden ist. *Ein Übergang ist immer dann Raman-aktiv, wenn (wenigstens) eine der sechs verschiedenen Komponenten des Polarisierbarkeitstensors sich während der Schwingung ändert.*

Die dazugehörigen Integrale haben allgemein die Form $\int_{-\infty}^{\infty} \phi_A \phi_B \, d\tau$ und $\int_{-\infty}^{\infty} \phi_A \hat{o} \phi_C \, d\tau$. Hierin sind ϕ_A, ϕ_B und ϕ_C irgendwelche Wellenfunktionen, $\hat{o}$ ein Operator und $d\tau$ ist ein ganz allgemeines Raum-Differential, etwa dx dy dz für kartesische Koordinaten. Für ein Molekül, das zu einer ganz bestimmten Punktgruppe gehört, bilden die Funktionen ϕ jeweils eine Basis für eine irreduzible Darstellung der Punktgruppe.

Nehmen wir einmal an, ϕ_i bilde eine Basis für die irreduzible Darstellung Γ_i. Das direkte Produkt der Γ_i wird, allgemein, irgendeine reduzible Darstellung sein.

Wir merken uns: *Das Integral* $I = \int_{-\infty}^{+\infty} \phi_A \phi_B \, d\tau$ *ist nur dann von Null verschieden, wenn das direkte Produkt* $\Gamma_A \times \Gamma_B$ *die totalsymmetrische irreduzible Darstellung der Punktgruppe enthält* (Charakter für alle Symmetrieelemente = 1). Zunächst ein Beispiel: In der Punktgruppe D_{3h} werden zwei Funktionen der Symmetrie e' und a_2'' immer I = 0 ergeben, da $e' \times a_2'' = e''$, damit $\neq a_1'$. Zwei Funktionen der Symmetrie e' jedoch geben $I \neq 0$, da $e' \times e' = a_1' + a_2' + e'$. Für ein Integral von drei Funktionen untersuchen wir das direkte Produkt aller drei irreduziblen Darstellungen, um herauszufinden, ob das Integral von Null verschieden ist. Beweggrund (aber nicht Ableitung) für die obige Regel können wir in geraden und ungeraden Funktionen finden. Eine Funktion wie $y = e^{-x^2}$ ist eine g e r a d e Funktion, d. h. Reflexion an der y-Achse läßt die Funktion unverändert. Die Funktion $y = xe^{-x^2}$ ist eine u n g e r a d e Funktion, da sie ihr Vorzeichen umkehrt, wenn wir sie auf die andere Seite der y-Achse reflektieren. Die Integration einer geraden Funktion zwischen $-\infty$ und $+\infty$ ergibt einen von Null verschiedenen Wert, während das Integral der ungeraden Funktionen verschwindet, denn alle positiven Beiträge werden exakt durch die negativen Beiträge aufgehoben, Fig. 3.30. Eine gerade Funktion wäre invariant gegenüber jeder Symmetrieoperation der Punktgruppe, daher bildet sie notwendigerweise eine Basis für die totalsymmetrische irreduzible Darstellung.

Nun zur Symmetrie von Wellenfunktionen. Sie wird von den (schrecklichen) hermiteschen Polynomen diktiert (Gl. (3.20)). Die Form der Schwingungswellen-

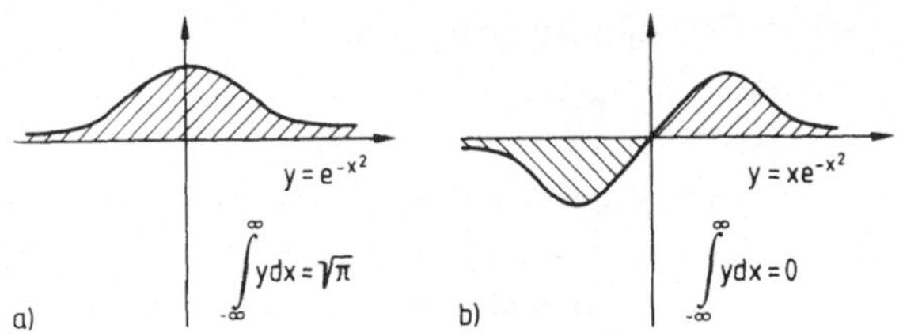

Fig. 3.30 Darstellung einer geraden Funktion (a) und einer ungeraden Funktion (b)

funktion für jede Normalschwingung ist

$$\psi(v) = N_v H_v\left(\sqrt{\alpha}Q\right) e^{-\frac{1}{2}\alpha Q^2} \tag{3.46}$$

mit der Konstanten N_v, dem Polynom H_v und der Normalkoordinate Q. Wir geben die ersten fünf Wellenfunktionen explizit an:

$$\psi(0) = N_0\left(e^{-\frac{1}{2}\alpha Q^2}\right),$$

$$\psi(1) = N_1 Q\left(e^{-\frac{1}{2}\alpha Q^2}\right),$$

$$\psi(2) = N_2(2\alpha Q^2 - 1)\left(e^{-\frac{1}{2}\alpha Q^2}\right), \tag{3.47}$$

$$\psi(3) = N_3(2\alpha^{3/2}Q^3 - 3\alpha^{1/2}Q)\left(e^{-\frac{1}{2}\alpha Q^2}\right),$$

$$\psi(4) = N_4(4\alpha^2 Q^4 - 12\alpha Q^2 + 3)\left(e^{-\frac{1}{2}\alpha Q^2}\right).$$

In Kap. 3.5.1 stellten wir fest, daß jede Normalkoordinate Q eine Basis für eine irreduzible Darstellung in der Punktgruppe des Moleküls bildet. Was ist nun die Symmetrie der Wellenfunktion $\psi(0)$? Wenn Q eine Basis für eine nicht-entartete irreduzible Darstellung bildet, dann werden alle Koordinaten der Punkte des Objektes durch alle Symmetrieoperationen der Punktgruppe in sich selbst oder in das Negative davon überführt. Daher wird auch Q^2 immer in sich selbst überführt. Die Funktion $\psi(0)$ bleibt dabei unter jeder Symmetrieoperation unverändert. Daher transformiert $\psi(0)$ wie die totalsymmetrische irreduzible Darstellung.

Wenn Q wie eine entartete irreduzible Darstellung transformiert, dann ist $\psi(0)$ immer noch totalsymmetrisch, aber die Analyse ist nun etwas komplizierter, wir werden hier nicht auf sie eingehen.

$\psi(1)$ enthält das Produkt $Qe^{-\frac{1}{2}\alpha Q^2}$. Der exponentielle Anteil ist totalsymmetrisch, wie wir gerade herausgefunden haben. Daher transformiert die Funktion wie

Q selbst. Wir können schreiben

$$\Gamma_{\psi(1)} = \Gamma_Q. \tag{3.48}$$

$\psi(2)$ hat zwei Komponenten, die wie Q^2 und wie $\exp\left((-1/2)\,\alpha Q^2\right)$ transformieren. Beide sind totalsymmetrisch. $\psi(3)$ wird wie Q^3 und wie Q transformieren; beide haben einfach die Symmetrie von Q.

Wir sehen, daß gerade Funktionen totalsymmetrisch sind, während die ungeraden die Symmetrie der Normalkoordinate haben. Die Regeln für die Symmetrie der Wellenfunktionen, wenn Q entartet ist, wollen wir erst im Abschnitt über Obertöne geben (Abschn. 3.6.2).

Mit den soeben gefundenen Informationen können wir schließlich zu den Auswahlregeln kommen. Zuständig ist wiederum die Quantenmechanik. Sie gibt uns die Wahrscheinlichkeit für den Übergang $\psi(v) \to \psi(v')$ durch das Übergangs(moment-)Integral, $M_{vv'}$, das auch Matrixelement genannt wird:

$$M_{vv'} = \int\limits_{-\infty}^{+\infty} \psi^*(v)\, \hat{o}\psi(v')\, d\tau, \tag{3.49}$$

$\psi^*(v)$ ist das Konjugiert-Komplexe der Funktion $\psi(v)$. Da alle Schwingungswellenfunktionen reale Funktionen sind, lassen wir den Stern bis auf weiteres in diesem Kapitel weg.

$\hat{o}$ ist ein geeigneter Operator für die jeweilige Methode, den Übergang zu stimulieren. Für IR-Übergänge ist $\hat{o}$ einfach der Dipolmomentoperator $\hat{\mu}$; für Raman-Übergänge ist $\hat{o}$ der Polarisierbarkeitsoperator $\hat{\alpha}$. Ein Übergang ist e r l a u b t, wenn $M_{vv'} \neq 0$ ist. Der Übergang ist v e r b o t e n, wenn $M_{vv'} = 0$ ist. $M_{vv'}$ ist nur dann ungleich Null, wenn in dem direkten Produkt $\Gamma_{\psi(v)}\Gamma_{\hat{o}}\Gamma_{\psi(v')}$ eine totalsymmetrische irreduzible Darstellung auftritt. Wo finden wir nun Informationen über die Symmetrie der Faktoren des direkten Produkts? Die Symmetrien der Wellenfunktionen für Schwingungen kennen wir bereits: In v gerade Funktionen ψ_v sind immer totalsymmetrisch, die ungeraden Funktionen haben die Symmetrie der Normalkoordinate, die als irreduzible Darstellung tabelliert ist (s. o.). Der Dipoloperator $\hat{\mu}$ hat drei Komponenten, die wie die Funktionen x, y und z transformieren. Der Polarisierbarkeitsoperator $\hat{\alpha}$ hat sechs Komponenten, die wie die quadratischen Funktionen x^2, y^2, z^2, xz, xy und yz transformieren (möglich sind auch Linearkombinationen wie $x^2 - y^2$ etc.). Diese Funktionen erscheinen alle auf der rechten Seite der Charaktertafel; so können wir ihre Symmetrie einfach finden.

Genug trockene Theorie: Laßt uns an einigen praktischen Beispielen unsere Aussagen überprüfen. Wir benutzen dazu die Charaktertafeln und versuchen zunächst, eine Schwingungsanalyse für ein homonukleares zweiatomiges Molekül wie Stickstoff, N_2, durchzuführen:

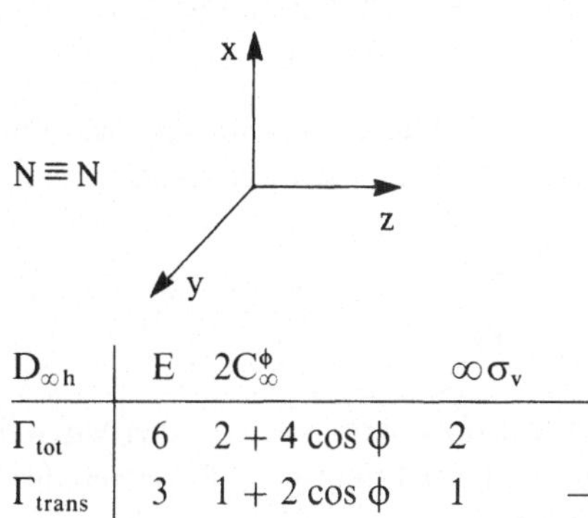

$D_{\infty h}$	E	$2C_\infty^\phi$	$\infty\sigma_v$	i	$2S_\infty^\phi$	∞C_2
Γ_{tot}	6	$2 + 4\cos\phi$	2	0	0	0
Γ_{trans}	3	$1 + 2\cos\phi$	1	-3	$-1 + 2\cos\phi$	-1
Γ_{rot}	2	$2\cos\phi$	0	2	$-2\cos\phi$	2
Γ_{vib}	1	1	1	1	1	1

$$\Gamma_{vib} = \sigma_g^+$$

Die Schwingung hat die Symmetrie σ_g^+. Der fundamentale Übergang ist der, bei dem wir das Molekül aus $v = 0$ in $v = 1$ anregen. (Solche fundamentalen Übergänge sind gewöhnlich um mindestens eine Größenordnung intensiver als die Obertöne mit $\Delta v = 2, 3, \ldots$). Um zu sehen, ob der Übergang im IR-Spektrum erlaubt ist, schreiben wir zunächst das entsprechende Übergangsintegral auf:

$$M_{01} = \int \psi(0)\,\hat{\mu}\psi(1)\,d\tau. \tag{3.50}$$

Die Symmetrie des Integranden ist gegeben durch:

$$\psi(0)\,\hat{\mu}\psi(1) \sim \sigma_g^+ \begin{pmatrix} \pi_u \\ \sigma_u^+ \end{pmatrix} \sigma_g^+. \tag{3.51}$$

Das Symbol „$\sim$" soll bedeuten „transformiert wie". Laßt uns diesen Ausdruck genauer untersuchen. $\psi(0)$ ist i m m e r totalsymmetrisch. $\psi(1)$ hat die Symmetrie der Normalkoordinate, in diesem Fall σ_g^+. Der Dipoloperator hat die Symmetrie der drei Vektoren x, y und z. In $D_{\infty h}$ transformieren x und y wie π_u und z transformiert wie σ_u^+. Daher hat der Operator nur zwei Komponenten. Wir entwickeln jetzt die beiden Sätze von direkten Produkten in Gl. (3.51) anhand der Tabellen A.3:

$$\sigma_g^+ \begin{pmatrix} \pi_u \\ \sigma_u^+ \end{pmatrix} \sigma_g^+ = \begin{pmatrix} \sigma_g^+ & \pi_u & \sigma_g^+ \\ \sigma_g^+ & \sigma_u^+ & \sigma_g^+ \end{pmatrix} = \begin{pmatrix} \pi_u \\ \sigma_u^+ \end{pmatrix}. \tag{3.52}$$

Die Dreifach-Produkte sind $(\sigma_g^+)\,(\pi_u)\,(\sigma_g^+)$ und $(\sigma_g^+)\,(\sigma_u^+)\,(\sigma_g^+)$. Da keines dieser Produkte die totalsymmetrische Darstellung σ_g^+ enthält, ist da Integral notwendigerweise Null; d. h. der Übergang ist IR-verboten und wird im IR-Spektrum nicht auftreten.

Wie ist es mit dem Raman-Spektrum? Die Komponenten des Tensors der Polarisierbarkeit α (Gl. (3.45)) werden in $D_{\infty h}$ wie folgt transformiert:

$$x^2 + y^2 \sim \sigma_g^+, \qquad xz,\ yz \sim \pi_g,$$
$$z^2 \sim \sigma_g^+, \qquad\qquad x^2 - y^2,\ xy \sim \delta_g. \tag{3.53}$$

(Zwei verschiedene Komponenten transformieren wie σ_g^+, aber wir werden nur eine davon in der gesamten Rechnung berücksichtigen.) Einsetzen der Komponenten aus Gl. (3.53) in Gl. (3.49) liefert uns

$$M_{01} = \int \psi(0)\,\hat\alpha\psi(1)\,d\tau \tag{3.54}$$

und für die Symmetrie

$$\psi(0)\,\hat\alpha\psi(1) \sim \sigma_g^+ \begin{pmatrix} x & \delta_g & \pi_g \\ \delta_g & x & \pi_g \\ \pi_g & \pi_g & \sigma_g \end{pmatrix} \sigma_g^+. \tag{3.55}$$

Da es uns nur darauf ankommt, ob ein bestimmter Charakter überhaupt in der Matrix der Tensoroperationen vorkommt, „verkürzen" wir die Matrix zwanglos zu einem Spaltenvektor und erhalten:

$$\psi(0)\,\hat\alpha\psi(1) \sim \sigma_g^+ \begin{pmatrix} \sigma_g^+ \\ \pi_g \\ \delta_g \end{pmatrix} \sigma_g^+ = \begin{pmatrix} \sigma_g^+ \\ \pi_g \\ \delta_g \end{pmatrix}.$$

Die direkten Produkte enthalten tatsächlich σ_g^+, daher ist der Übergang Raman-erlaubt und wird im Raman-Spektrum beobachtet, während, wie oben gezeigt, das IR-Spektrum nichts aufweist. Diese Symmetrieanalyse des Übergangsintegrals zeigt uns nur, ob das Integral notwendigerweise verschwindet oder nicht. Wenn das Integral ungleich Null ist, können uns selbstverständlich diese Symmetrieüberlegungen allein nicht angeben, welchen Wert es tatsächlich hat. Die Stärke der Absorptionsbande kann nur bestimmt werden, indem wir die Integrale tatsächlich ausführen, doch das geht über den Rahmen dieses Büchleins hinaus.

Wir wenden uns dem heteronuklearen CO zu:

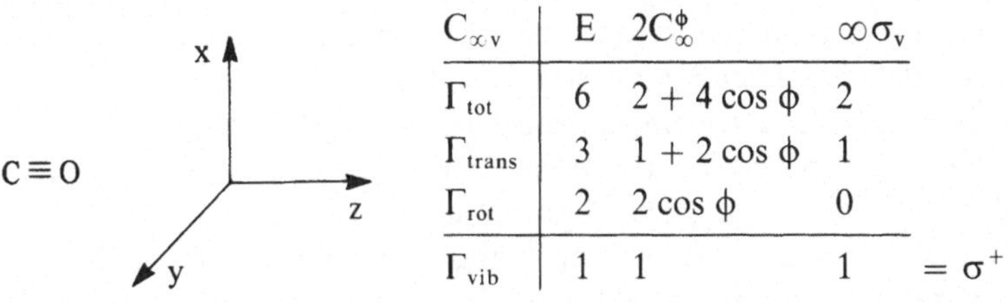

$C_{\infty v}$	E	$2C_\infty^\phi$	$\infty\,\sigma_v$
Γ_{tot}	6	$2 + 4\cos\phi$	2
Γ_{trans}	3	$1 + 2\cos\phi$	1
Γ_{rot}	2	$2\cos\phi$	0
Γ_{vib}	1	1	1	$= \sigma^+$.

Die beiden Integrale sind

$$\text{IR:} \qquad \psi(0)\,\hat{\mu}\psi(1) \sim \sigma^+ \begin{pmatrix} \sigma^+ \\ \pi \end{pmatrix} \sigma^+ = \begin{pmatrix} \sigma^+ \\ \pi \end{pmatrix},$$

$$\text{Raman:} \quad \psi(0)\,\hat{\alpha}\psi(1) \sim \sigma^+ \begin{pmatrix} x & \delta & \pi \\ \delta & x & \pi \\ \pi & \pi & \sigma^+ \end{pmatrix} \to \sigma^+ \begin{pmatrix} \sigma^+ \\ \pi \\ \delta \end{pmatrix} \sigma^+ = \begin{pmatrix} \sigma^+ \\ \pi \\ \delta \end{pmatrix}.$$

$$(3.56)$$

Beide direkten Produkte enthalten σ^+, damit ist der Übergang sowohl IR- als auch Raman-erlaubt. In beiden Spektren tritt eine Bande bei $2143\ \text{cm}^{-1}$ auf. Verallgemeinert wird jedes heteronukleare zweiatomige Molekül IR- wie Raman-Spektren zeigen.

Nun können wir uns der Polarisation zuwenden, wobei wir CO als erstes Beispiel benutzen. Das direkte Produkt $\psi(0)\,\hat{\mu}_z\psi(1)$ hat die Symmetrie σ^+. Das Produkt $\psi(0) \begin{pmatrix} \hat{\mu}_x \\ \hat{\mu}_y \end{pmatrix} \psi(1)$ ist π. Nur die z-Komponente ist erlaubt. Das bedeutet konkret, daß auf ein im Raum fixiertes CO-Molekül, wie oben gezeigt, auffallendes Licht, das linear in z-Richtung polarisiert ist, absorbiert werden kann. Der Begriff „Linear polarisiertes Licht in z-Richtung" beschreibt Licht, dessen elektrischer Vektor in der z-Richtung schwingt; x- oder y-polarisiertes Licht wird von dem Molekül nicht absorbiert.

Raman-Spektren weisen ebenfalls Polarisation auf, allerdings ist die Situation komplizierter. Wir wollen einen allgemeinen Gebrauch der Polarisation in der Raman-Spektroskopie aufzeigen. Ausgehend von linear polarisiertem Licht, das auf die Probe fällt, ist es möglich, das gestreute Raman-Licht durch einen weiteren Polarisator, der entweder parallel oder senkrecht zur Polarisationsebene des einfallenden Lichts steht, zu untersuchen. Für eine Probe in Lösung sagt die Theorie voraus, daß eine depolarisierte (unpolarisierte) Bande bei senkrechter Beobachtung 3/4 der Intensität aufweist, die bei paralleler Beobachtung gemessen wird. Polarisierte Banden zeigen weniger als 3/4 der Intensität, wenn der Analysator senkrecht zur Polarisationsebene des einfallenden Lichts steht.

Polarisierte Banden können nur von totalsymmetrischen Schwingungen erzeugt werden. Daher können Banden, die polarisiert sind, sofort der totalsymmetrischen Darstellung zugeordnet werden und die depolarisierten Banden den Moden irgendwelcher anderer Symmetrien. Von den drei Banden im Spektrum des CCl_4, siehe Fig. 3.31, verschwindet die bei der höchsten Energie ($460\ cm^{-1}$) nahezu vollständig, wenn die Polarisatoren zueinander senkrecht stehen. Die beiden anderen Banden zeigen Depolarisationsverhältnisse von 0.75 ± 0.02. Somit muß die der Bande bei $460\ cm^{-1}$ zugeordnete Molekülschwingung $a_1 (= \sigma^-)$-Symmetrie haben, während die beiden anderen sicher eine andere als a_1-Symmetrie aufweisen.

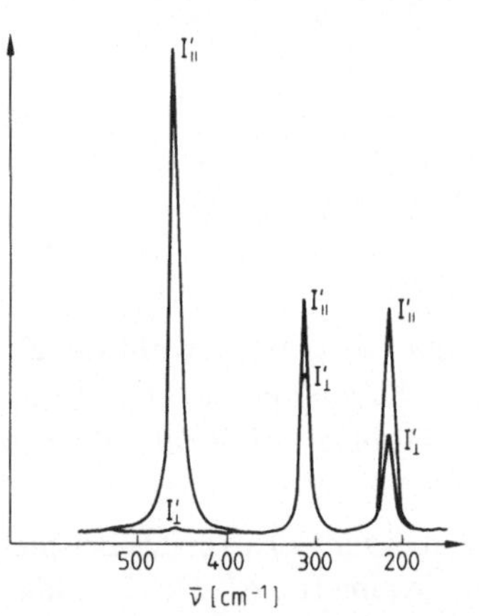

Durch Verwendung von polarisiertem Licht können wir also im Raman-Spektrum Banden den erwarteten Schwingungssymmetrien zuordnen. Eine Sprachregelung sei noch angemerkt: Hat die einer Bande zugrunde liegende Schwingung z. B. a_1-Symmetrie, so sagen wir kurz: Die Bande hat a_1-Symmetrie.

Fig. 3.31 Polarisationsabhängigkeit des Raman-Spektrums von CCl_4

Wir wollen zu den Auswahlregeln zurückgehen und einen Blick auf H_2O werfen. Die Ausarbeitung der Charaktertafel für H_2O (in C_{2v}) sowie eine einfache geometrische Betrachtung (Fig. 3.3) zeigen, daß es drei Normalschwingungen gibt, die folgende Symmetrien aufweisen

$$\bar{\nu}_1 \sim a_1, \qquad \bar{\nu}_2 \sim a_1, \qquad \bar{\nu}_3 \sim b_1.$$

Die drei IR-Übergangsmomente sind daher (Symmetrien der Koordinaten aus Anhang A.4.4)

$$\bar{\nu}_1 \text{ oder } \bar{\nu}_2: \quad \psi(0)\,\hat{\mu}\,\psi(1) \sim a_1 \begin{pmatrix} a_1 \\ b_1 \\ b_2 \end{pmatrix} a_1 = \begin{pmatrix} a_1 \\ b_1 \\ b_2 \end{pmatrix};$$

$$\bar{\nu}_3: \quad \psi(0)\,\hat{\mu}\,\psi(1) \sim a_1 \begin{pmatrix} a_1 \\ b_1 \\ b_2 \end{pmatrix} b_1 = \begin{pmatrix} b_1 \\ a_1 \\ a_2 \end{pmatrix}.$$

$$(3.57)$$

In dem $\bar{v}_3$-Integral ist die Symmetrie des $\psi(1)$ gleich b_1, da $\psi(1)$ nach den Regeln aus Abschn. 3.6.1 die Symmetrie von $\bar{v}_3$ hat. Andererseits ist $\psi(0) \sim a_1$ für $\bar{v}_3$ oder irgendeine andere Schwingung. Alle drei Übergänge sind IR-erlaubt. $\bar{v}_1$ und $\bar{v}_2$ sind z-polarisiert; $\bar{v}_3$ ist x-polarisiert. Die drei Übergänge werden bei $3\,657\ \mathrm{cm}^{-1}$ ($\bar{v}_1$), $1\,595\ \mathrm{cm}^{-1}$ ($\bar{v}_2$) und $3\,756\ \mathrm{cm}^{-1}$ ($\bar{v}_3$) im (gasförmigen) Wasserdampf beobachtet.

Der Effekt polarisierten Lichts ist in Fig. 3.32 aufgezeigt. Das dort gezeigte Spektrum ist rein theoretisch, da es keine Möglichkeit gibt, Wassermoleküle während der Aufnahme des Spektrums orientiert im Raum zu fixieren. Es ist lediglich ein instruktives, wenn auch hypothetisches Beispiel, an dem die physikalischen Grundlagen der Polarisationsregeln einfach zu sehen sind: Die Schwingungen $\bar{v}_1$ und $\bar{v}_2$ ändern die z-Komponente des Dipolmoments. $\bar{v}_3$ ändert lediglich die x-Komponente, siehe Fig. 3.33.

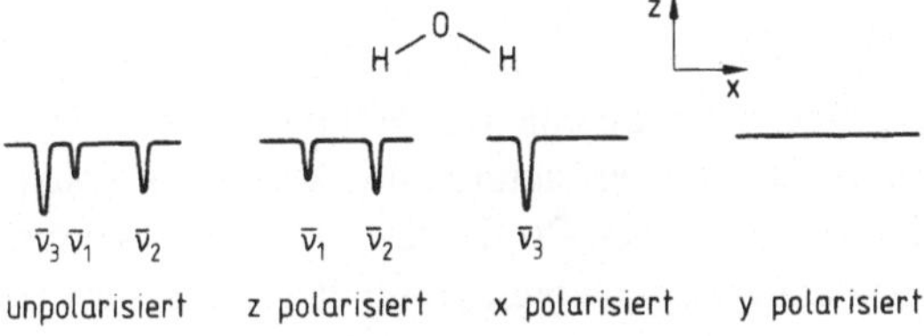

Fig. 3.32 (Künstliche) Polarisationsspektren an im Raum fixierten H_2O-Molekülen

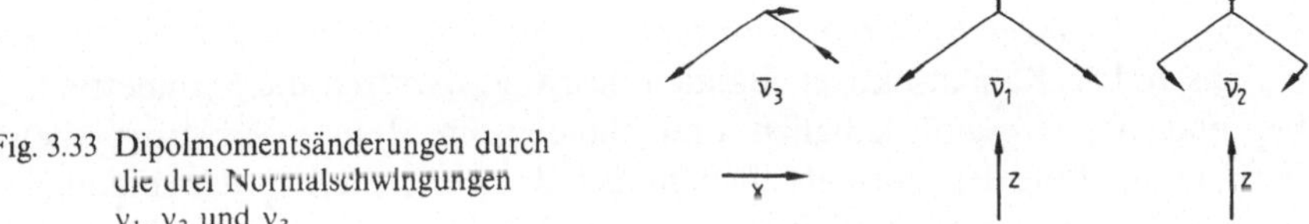

Fig. 3.33 Dipolmomentsänderungen durch die drei Normalschwingungen v_1, v_2 und v_3

Die Raman-Übergangsmomente zeigen, daß alle drei Übergänge ebenfalls Raman-erlaubt sind (verkürzte Darstellung der Tensormatrix wie oben):

$$\bar{v}_1 \text{ oder } \bar{v}_2:\quad a_1 \begin{pmatrix} a_1 \\ a_2 \\ b_1 \\ b_2 \end{pmatrix} a_1 = \begin{pmatrix} a_1 \\ a_2 \\ b_1 \\ b_2 \end{pmatrix} \curlywedge \text{ erlaubt,}$$

$$\bar{v}_3:\quad a_1 \begin{pmatrix} a_1 \\ a_2 \\ b_1 \\ b_2 \end{pmatrix} b_1 = \begin{pmatrix} b_1 \\ b_2 \\ a_1 \\ a_2 \end{pmatrix} \curlywedge \text{ erlaubt.}$$

$$(3.58)$$

XeF_4 ist ein weiteres instruktives Beispiel. Wir haben bereits gefunden, daß $\Gamma_{vib} = a_{1g} + b_{1g} + b_{2g} + a_{2u} + b_{2u} + 2e_u$. Es gibt insgesamt neun Schwingungsmoden, von denen zwei Paar entartet sind. Daher wird es insgesamt sieben fundamentale Übergänge geben. Nun könnten wir die sechs unterschiedlichen Integrale untersuchen, aber das ist zuviel Arbeit. Als Beispiel wollen wir uns b_{1g} anschauen:

$$\text{IR:} \qquad M_{01} \sim a_{1g} \begin{pmatrix} a_{2u} \\ e_u \end{pmatrix} b_{1g} = \begin{pmatrix} b_{2u} \\ e_u \end{pmatrix} \rightsquigarrow \text{verboten,}$$

$$\text{Raman:} \quad M_{01} \sim a_{1g} \begin{pmatrix} a_{1g} \\ b_{1g} \\ b_{2g} \\ e_g \end{pmatrix} b_{1g} = \begin{pmatrix} b_{1g} \\ a_{1g} \\ a_{2g} \\ e_g \end{pmatrix} \rightsquigarrow \text{erlaubt.}$$

$$\tag{3.59}$$

Die Symmetrie von $\psi(0)$ ist immer a_{1g} für jede Schwingung in XeF_4. a_{1g} mal irgendeine irreduzible Darstellung ist gerade gleich dieser irreduziblen Darstellung. Der einzig signifikante Term des Integrals ist $\psi(1)$. Um a_{1g} als eine Komponente des Produktes $\hat{o}\psi(1)$ zu bekommen, ist lediglich vonnöten, daß eine der Komponenten von $\hat{o}$ dieselbe Symmetrie hat wie $\psi(1)$. *Daher haben die einzig möglichen IR-aktiven Schwingungen des Grundzustandes dieselben Symmetrien wie die drei Komponenten von* $\hat{\mu}$. Die IR-aktiven Moden von XeF_4 haben die Symmetrie a_{2u} oder e_u. Es wird nur drei Fundamentalschwingungen im IR-Spektrum dieses Moleküls geben. *Die einzig möglichen Raman-aktiven Grundschwingungen wiederum werden die Symmetrien der sechs* $\hat{\alpha}$-*Komponenten aufweisen.* Die Raman-aktiven Banden des XeF_4 besitzen die Symmetrie a_{1g}, b_{1g} und b_{2g}. Es gibt lediglich drei Banden im Raman-Spektrum dieser Verbindung. Eine der Normalschwingungen des XeF_4, die b_{2u}-Schwingung, ist sowohl Raman- als auch IR-inaktiv, kann also durch keine dieser Methoden angeregt werden.

Diese Analyse illustriert die grundsätzliche Ausscheidungsregel: *In einem Molekül mit Symmetriezentrum hat* $\hat{\mu}$ *immer ungerade,* $\hat{\alpha}$ *immer gerade Symmetrie. Daher können nur* u-*Moden IR-aktiv sein und nur* g-*Moden Raman-aktiv. Keine Bewegungsform kann sowohl IR- als auch Raman-aktiv ausfallen. Finden wir Banden derselben Frequenz im IR- wie im Raman-Spektrum einer Verbindung, so liegt der Verdacht nahe, daß die Verbindung kein Symmetriezentrum besitzt.*

Als letztes Beispiel hierzu analysieren wir Bortrichlorid, BCl_3; (D_{3h}).

$$\Gamma_{vib} = a_1' + 2e' + a_2'',$$

$$\hat{\mu} \sim \begin{pmatrix} a_2'' \\ e' \end{pmatrix}; \qquad \hat{\alpha} \sim \begin{pmatrix} a_1' \\ e' \\ e'' \end{pmatrix} \quad \begin{array}{l} \text{(Dem Leser ist die Berechnung} \\ \text{als Übung überlassen.)} \end{array}$$

Die a_2''- und zwei e'-Banden werden IR-aktiv sein. Das Raman-Spektrum wird die drei Banden der Symmetrie a_1' und e' zeigen. Daher treten zwei Banden bei derselben Frequenz in beiden Spektren auf, während jedes Spektrum eine Bande enthält, die in dem anderen nicht auftritt. Die beobachteten Spektren von $^{10}B^{35}Cl_3$ zeigen in der Tat Banden bei 995, 480 und 244 cm^{-1} im IR- und 995, 471 und 244 cm^{-1} im Raman-Spektrum. Dieses Resultat läßt uns sofort die a_1'- mit 471 cm^{-1}, die a_2''- mit 480 cm^{-1} und die beiden e'-Moden mit 995 bzw. 244 cm^{-1} bezeichnen.

3.6.2   Obertöne, Kombinations- und „heiße" Banden

Fast alle Spektren zeigen weit mehr als die Anzahl von Banden, die wir von den Grundschwingungen her bisher vorausgesetzt haben. Zusätzlich treten Übergänge auf, deren Intensitäten jedoch allgemein geringer sind als die der Grundschwingungen. O b e r t ö n e *treten auf, wenn eine Schwingung über* $v = 1$ *hinaus durch ein einzelnes Photon aus* $v = 0$ *angeregt wird.* Zum Beispiel wird im Übergang $\psi_1(0)\,\psi_2(0)\,\psi_3(0) \to \psi_1(0)\,\psi_2(3)\,\psi_3(0)$ $\bar{v}_2$ in den Zustand $v = 3$ angeregt. Diese Absorptionsbande wird der zweite Oberton von $\bar{v}_2$ genannt. Im einfachsten Bild der harmonischen Näherung ist die Energie dieses Überganges das Dreifache des Grundschwingungsübergangs $0 \to 1$. Eine realistischere Abschätzung wird etwas weniger als das Dreifache sein, da die Potentialkurven nicht parabelförmig sind. Eine K o m b i n a t i o n s b a n d e *beobachten wir, sobald mehr als eine Schwingung durch ein Photon angeregt wird.* Zwei Beispiele sind

$$\psi_1(0)\,\psi_2(0)\,\psi_3(0) \to \psi_1(1)\,\psi_2(1)\,\psi_3(0)$$

und $$\psi_1(0)\,\psi_2(0)\,\psi_3(0) \to \psi_1(2)\,\psi_2(0)\,\psi_3(1).$$

Im ersten Fall sollte die Frequenz der Kombinationsbande gerade die Summe der beiden fundamentalen Übergänge sein, im zweiten die Frequenz des fundamentalen $\bar{v}_3$-Überganges und des ersten Obertones von $\bar{v}_1$. Eine „ h e i ß e " B a n d e (h o t b a n d) *wird immer dann beobachtet, wenn eine bereits angeregte Schwingung weiter* (= *höher*) *angeregt wird.* Der Übergang

$$\psi_1(0)\,\psi_2(1)\,\psi_3(0) \to \psi_1(0)\,\psi_2(2)\,\psi_3(0)$$

entspricht zum Beispiel einer „heißen" Bande. Die thermische Besetzung des unteren Zustandes $(\dots \psi_2(1) \dots)$ ist in der Regel niedrig, so daß die Absorptionsbande schwach sein wird.

Um zu unterscheiden, ob ein Übergang erlaubt ist oder nicht, entwickeln wir das Übergangsmoment-Integral

$$\int_{-\infty}^{+\infty} \psi_{gs}\,\hat{o}\,\psi_{es}\,d\tau,$$

wobei ψ_{gs} (gs $\hat{=}$ ground state) die Grundzustandswellenfunktion und ψ_{es} (es $\hat{=}$ excited state) die des angeregten Zustandes ist. Zunächst wollen wir einen Oberton betrachten. Angenommen, eine Schwingung $\bar{\nu}_i$ wird in das v-te Energieniveau angeregt. ψ_{gs} wird totalsymmetrisch sein. So haben wir noch die Eigenschaften von ψ_{es} zu bedenken: Ist $\bar{\nu}_i$ nicht entartet, so gibt die Regel aus Abschn. 3.6.1, daß für gerade v $\psi(v)$ totalsymmetrisch ist, für ungerade v $\psi(v)$ die Symmetrie von $\bar{\nu}_i$ besitzt. Was nun, wenn $\bar{\nu}_i$ *entartet* ist? Da wir die Symmetrie von ψ_{es} entwickeln wollen, nehmen wir zunächst an, $\bar{\nu}_a$ und $\bar{\nu}_b$ seien entartet. In der *fundamentalen Anregung* wird lediglich eine von beiden angeregt:

$$\psi_a(0)\,\psi_b(0) \rightarrow \psi_a(1)\,\psi_b(0)$$

oder $$\psi_a(0)\,\psi_b(0) \rightarrow \psi_a(0)\,\psi_b(1).$$

Für den *ersten Oberton* gibt es drei Möglichkeiten:

$$\psi_a(0)\,\psi_b(0) \rightarrow \psi_a(2)\,\psi_b(0), \quad \text{d. h. reiner Oberton,}$$

$$\psi_a(0)\,\psi_b(0) \rightarrow \psi_a(1)\,\psi_b(1), \quad \text{d. h. Kombinationsbande,}$$

$$\psi_a(0)\,\psi_b(0) \rightarrow \psi_a(0)\,\psi_b(2), \quad \text{d. h. reiner Oberton.}$$

Der *dritte Oberton* würde bereits durch fünf Möglichkeiten wiedergegeben:

$$\psi_a(0)\,\psi_b(0) \rightarrow \psi_a(4)\,\psi_b(0), \quad \text{d. h. reiner Oberton,}$$

$$\left.\begin{aligned}
\psi_a(0)\,\psi_b(0) &\rightarrow \psi_a(3)\,\psi_b(1),\\
\psi_a(0)\,\psi_b(0) &\rightarrow \psi_a(2)\,\psi_b(2),\\
\psi_a(0)\,\psi_b(0) &\rightarrow \psi_a(1)\,\psi_b(3),
\end{aligned}\right\} \quad \text{d. h. Kombinationsbanden,}$$

$$\psi_a(0)\,\psi_b(0) \rightarrow \psi_a(0)\,\psi_b(4), \quad \text{d. h. reiner Oberton.}$$

Angenommen, $\bar{\nu}_a$ und $\bar{\nu}_b$ transformieren wie e in der Punktgruppe C_{4v}. Die Symmetrie von $\psi_a(0)\,\psi_b(0)$ ist $a_1 \times a_1 = a_1$. Die Symmetrie von $\big(\psi_a(1)\,\psi_b(0),\ \psi_a(0)\,\psi_b(1)\big)$ ist $a_1 \times b_1 = e$. Die Symmetrie des ersten Obertones (s. o.) $\big(\psi_a(2)\,\psi_b(0),\ \psi_a(1)\,\psi_b(1),\ \psi_a(0)\,\psi_b(2)\big)$ ist jedoch n i c h t $e \times e = a_1 + a_2 + b_1 + b_2$. Es kann nicht $e \times e$ sein, da drei Wellenfunktionen auftreten und $e \times e$ die Dimension von vier hat. Es gibt aber eine Rekursionsformel[1]), die uns erlaubt herauszufinden, welches die geeignete Symmetrie ist:

$$\chi_v(R) = \frac{1}{2}\left[\chi(R)\,\chi_{v-1}(R) + \chi(R^v)\right]. \tag{3.60}$$

Hier bezeichnet $\chi_v(R)$ den Charakter unter der Operation R für das v-te Energieniveau, $\chi(R)$ ist der Charakter unter R für die entartete irreduzible

---

[1]) Diese Rekursionsformel gilt n u r für Obertonbanden m i t e i n a n d e r entarteter Schwingungen.

Darstellung, $\chi_{v-1}(R)$ ist der Charakter des $(v-1)$-ten Energieniveaus, und $\chi(R^v)$ ist der Charakter der Operation R^v, d. h. v-fach ausgeführtes R.

Da dieses so völlig unverständlich ist, wollen wir es an einem Beispiel erproben. Laßt uns versuchen herauszufinden, ob der dritte Oberton eines Paares von entarteten Schwingungen der Symmetrie e in der Punktgruppe C_{4v} sowohl im IR- wie im Raman-Spektrum erlaubt ist. Die Integrale dazu sind

$$\text{IR:} \qquad \int \psi_{gs}\hat{\mu}\psi_{es}\, d\tau \sim a_1 \begin{pmatrix} a_1 \\ e \end{pmatrix} \Gamma_{\psi_{es}}$$

$$\text{Raman:} \quad \int \psi_{gs}\hat{\alpha}\psi_{es}\, d\tau \sim a_1 \begin{pmatrix} a_1 \\ b_1 \\ b_2 \\ e \end{pmatrix} \Gamma_{\psi_{es}}$$

Die Symmetrie des vierten angeregten Zustandes, $\Gamma_{\psi_{es}}$, bestimmen wir mit Gl. (3.60). In Tab. 3.10 ist alles angegeben, was wir brauchen, um diese Symmetrie zu bestimmen. Wir finden, daß ψ_{es} wie $2a_1 + a_2 + b_1 + b_2$ transformiert. Fig. 3.34 gibt die abwechselnde Symmetrie als Funktion der Schwingungs-Quantenzahl für einen b_1- bzw. e-Mode in der Punktgruppe C_{4v}. *Wir bemerken insbesondere, daß die Niveaus mit gerader Quantenzahl immer mindestens eine totalsymmetrische Komponente enthalten.*

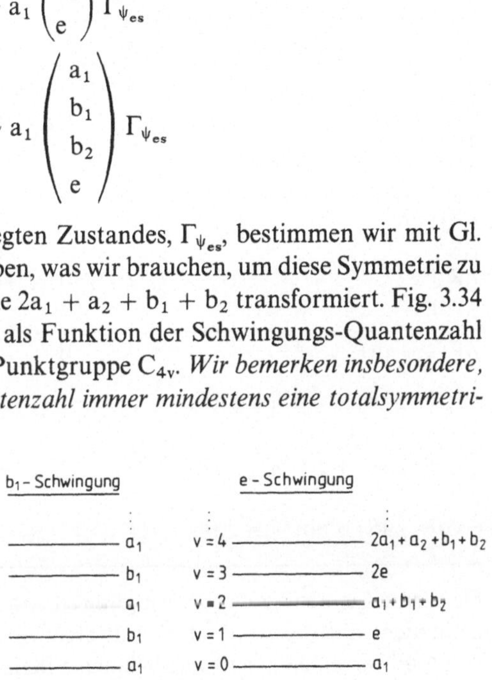

b_1 - Schwingung		e - Schwingung
a_1	v = 4	$2a_1 + a_2 + b_1 + b_2$
b_1	v = 3	2e
a_1	v = 2	$a_1 + b_1 + b_2$
b_1	v = 1	e
a_1	v = 0	a_1

Fig. 3.34 Symmetrien der niedrigsten Schwingungsniveaus eines Moleküls der Punktgruppe C_{4v}

Nun vervollständigen wir die Integrale,

$$\text{IR:} \qquad a_1 \begin{pmatrix} a_1 \\ e \end{pmatrix} (a_1 + a_2 + b_1 + b_2) = \begin{pmatrix} a_1 + a_2 + b_1 + b_2 \\ 4e \end{pmatrix} \diagdown \text{(erl.)},$$

$$\tag{3.61}$$

$$\text{Raman:}\ a_1 \begin{pmatrix} a_1 \\ b_1 \\ b_2 \\ e \end{pmatrix} (a_1 + a_2 + b_1 + b_2) = \begin{pmatrix} 3a_1 + 3a_2 + 3b_1 + 3b_2 \\ 4e \end{pmatrix} \diagdown \text{(erl.)}.$$

Tab. 3.10 Berechnung der Symmetrie für Wellenfunktionen (e-Mode) bis $v = 4$ in der Punktgruppe C_{4v}

C_{4v}	E	$2C_4$	C_2	$2\sigma_v$	$2\sigma_d$
A_1	1	1	1	1	1
A_2	1	1	1	-1	-1
B_1	1	-1	1	1	-1
B_2	1	-1	1	-1	1
E	2	0	-2	0	0
	E	C_4	C_2	σ_v	σ_d
R	E	C_4	C_2	σ_v	σ_d
R^2	E	C_2	E	E	E
R^3	E	C_4^{-1}	C_2	σ_v	σ_d
R^4	E	E	E	E	E
$\chi(R) = E$	2	0	-2	0	0
$\chi(R^2)$	2	-2	2	2	2
$\chi(R^3)$	2	0	-2	0	0
$\chi(R^4)$	2	2	2	2	2
$\chi(R) \equiv \chi_1(R)$	2	0	-2	0	$0 = e$
$\frac{1}{2}[\chi(R)\,\chi_1(R) + \chi(R^2)] = \chi_2(R)$	3	-1	3	1	$1 = a_1 + b_1 + b_2$
$\frac{1}{2}[\chi(R)\,\chi_2(R) + \chi(R^3)] = \chi_3(R)$	4	0	-4	0	$0 = 2e$
$\frac{1}{2}[\chi(R)\,\chi_3(R) + \chi(R^4)] = \chi_4(R)$	5	1	5	1	$1 = 2a_1 + a_2 + b_1 + b_2$

Der dritte Oberton der e-Schwingung ist somit in beiden Spektren erlaubt. Dies heißt nicht, daß die Bande stark auftreten wird, sondern zeigt lediglich an, daß sie von Null verschieden ist. Die allgemeine Behandlung von Kombinationsbanden (zweier mehrfach) entarteter Schwingungen ist weit komplizierter. Wiederum suchen wir zunächst die Symmetrie von ψ_{es}. Angenommen, wir wollen herausfinden, ob der Übergang

$$\psi_1(0)\ \psi_2(0)\ \psi_3(0) \to \psi_1(2)\ \psi_2(0)\ \psi_3(1)$$

erlaubt ist. Die Symmetrie von ψ_{es} ist das direkte Produkt ($\Gamma_{\psi_1(2)} \cdot \Gamma_{\psi_3(1)}$) unabhängig davon, ob einer oder beide Moden entartet sind. Wenn in unserem Fall z. B. $\bar{v}_1$ zweifach entartet ist, müssen wir Gl. (3.60) oder, für dreifach entartete Schwingungen,

$$\chi_v(R) = \frac{1}{3}\left[2\chi(R)\,\chi_{v-1}(R) + \frac{1}{2}\{\chi(R^2) - [\chi(R)]^2\,\chi_{v-2}(R) + \chi(R^v)\}\right]$$

$$(3.62)$$

benutzen, um $\Gamma_{\psi_1(2)}$ zu entwickeln. Wenn zum Beispiel $\bar{\nu}_1$ die Symmetrie e und $\bar{\nu}_3$ die Symmetrie a_2 in der Punktgruppe C_{4v} hat, erhalten wir

$$\Gamma_{\psi_{es}} = (\Gamma_{\psi_1(2)})\,(\Gamma_{\psi_3(1)}) = (a_1 + b_1 + b_2)\,(a_2) = a_2 + b_2 + b_1. \qquad (3.63)$$

An diesem Beispiel wird eine wichtige Unterscheidung unmittelbar klar. Angenommen, wir haben ein Paar von dreifach entarteten Schwingungen, jede mit der Symmetrie t_2 in der oktaedrischen Punktgruppe 0. Die Symmetrie des zweiten angeregten Zustandes ($v = 2$) jeder Schwingung bekommen wir unter Benutzung von Gl. (3.62) zu

$$\psi_{es} \sim a_1 + e + t_2.$$

Die Symmetrie der Kombinationsbande, in der jede Schwingung einfach angeregt ist, ist das direkte Produkt der Symmetrien beider Bewegungen:

$$\psi_{es} = \psi_1(1)\,\psi_2(1) \sim (t_2)\,(t_2) = a_1 + e + t_1 + t_2. \qquad (3.64)$$

In einer Kombinationsbande, in der eine Schwingung zweifach, die andere einfach angeregt ist, ist die Symmetrie

$$\psi_{es} = \psi_1(2)\,\psi_2(1) \sim (a_1 + e + t_2)\,(t_2). \qquad (3.65)$$

Das Übergangsmoment-Integral für heiße Banden benutzt einfach die entsprechenden Symmetrien von ψ_{gs} und ψ_{es}. Dabei wird ψ_{gs}, hier nicht der Grundzustand, in der Regel nicht totalsymmetrisch sein, da mindestens einer der Moden nicht im ($v = 0$)-Zustand ist. Hat $\bar{\nu}_i$ etwa die Symmetrie b_2, dann wird der Übergang $\psi_i(1) \rightarrow \psi_i(2)$ charakterisiert sein durch die Symmetrien

$$\psi_{gs} \sim b_2, \qquad \psi_{es} \sim a_1.$$

3.6.3   Konstruktion von Normalschwingungen

Bisher ist unser Bild von den Normalschwingungen des jeweiligen Moleküls wie aus dem Nichts hervorgezaubert worden. Tatsächlich können diese Darstellungen jedoch aus Symmetriebetrachtungen (der Schwingungen) hergeleitet werden.

Laßt uns zunächst wiederum H_2O untersuchen. Die drei Normalschwingungen transformieren wie $2a_1 + b_1$. Die Konstruktion dieser Bewegungsformen wird einfach, wenn wir die Dehnungsschwingungen von den Biegeschwingungen separieren d. h. trennen und damit voneinander unabhängig betrachten können. Wir zeichnen einen Doppelpfeil zwischen die OH-Bindungen mit dem Ziel, die Dehnungsschwingungen zu isolieren. Dann bestimmen wir, wie diese beiden Pfeile durch die Operationen der Punktgruppe C_{2v} transformiert werden.

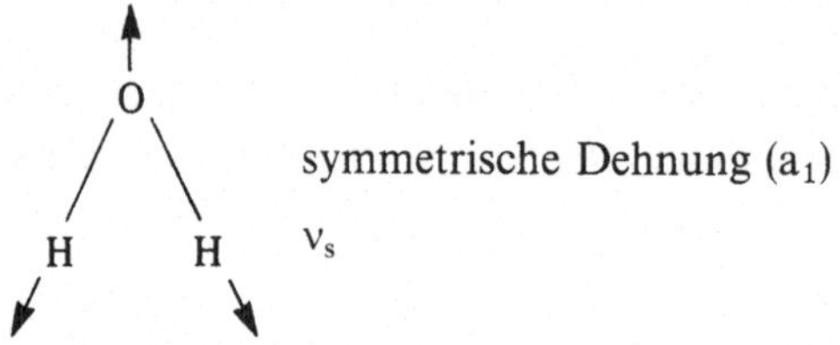

C_{2v}	E	C_2	σ_{xz}	σ_{yz}	
$\Gamma_{Dehng.}$	2	0	2	0	$= a_1 + b_1$

Die OH-Dehnungsschwingungen des Wassermoleküls sind als symmetrisch (a_1) und antisymmetrisch (b_1) klassifiziert, da die eine symmetrisch ist zu einer C_2-Operation, die andere nicht. Eine solche symmetrische Dehnung ist einfach zu konstruieren, wobei der Pfeil am O-Atom den Massenmittelpunkt konstant läßt:

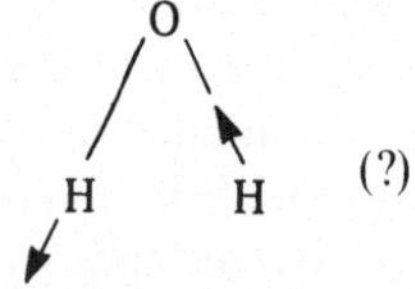

symmetrische Dehnung (a_1)

ν_s

Wahrscheinlich wären wir zunächst geneigt, die antisymmetrische Schwingung wie folgt aufzuzeichnen:

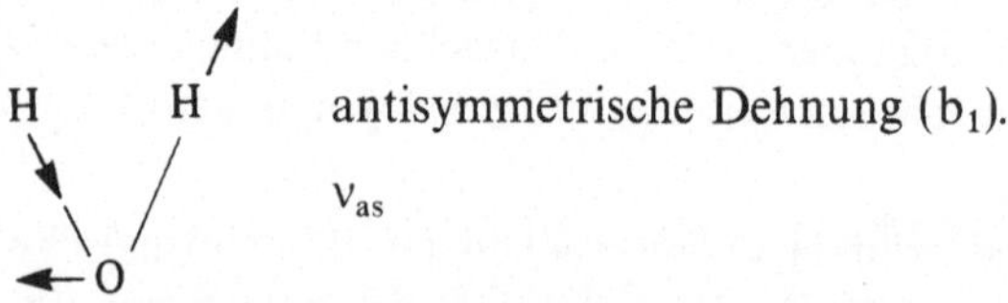

(?)

Das erscheint einleuchtend, bis auf den Umstand, daß sich bei einer solchen Bewegung der Massenmittelpunkt (Schwerpunkt) des Moleküls während der Schwingung bewegen würde. Daher muß sich das Sauerstoffatom nach rechts bewegen:

antisymmetrische Dehnung (b_1).

ν_{as}

Die Biegeschwingung des H_2O muß a_1-Symmetrie haben, da die drei Schwingungen zusammen die Darstellung $2a_1 + b_1$ besitzen und für die Dehnungsschwingungen bereits die irreduziblen Darstellungen a_1 und b_1 benutzt wurden. Es gibt nur einen einsichtigen Weg, die Biegeschwingung des H_2O zu illustrieren; sie erfolgt offensichtlich in der Molekülebene; der Schwerpunkt des Moleküls bleibt in Ruhe:

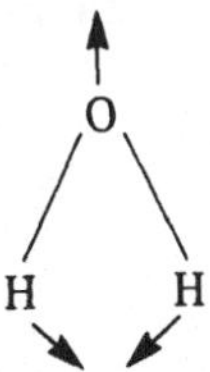

Biegeschwingung (a_1).

Das lineare dreiatomige Molekül CO_2 hat vier Normalschwingungen der Symmetrien $\sigma_g^+ + \sigma_u^+ + \pi_u$. Die Dehnungsschwingungen werden durch $\sigma_g^+ + \sigma_u^+$ transformiert:

$O \longleftrightarrow C \longleftrightarrow O$

$D_{\infty h}$	E	$2C_\infty^\phi$	$\infty\sigma_v$	i	$2S_\infty^\phi$	∞C_2	
$\Gamma_{\text{Dehng.}}$	2	2	2	0	0	0	$= \sigma_g^+ + \sigma_u^+$

Daher werden die beiden Biegeschwingungen durch π_u transformiert und müssen entartet sein. Wir können wiederum symmetrische und antisymmetrische Dehnungsschwingungen aufzeichnen:

$$\leftarrow O - C - O \rightarrow \qquad O \rightarrow \; \leftarrow C - O \rightarrow$$
$$\bar{\nu}_s(\sigma_g^+) \qquad\qquad \bar{\nu}_{as}(\sigma_u^+)$$

Die (entartete) Biegeschwingung erfolgt einmal in der Papierebene, einmal senkrecht dazu:

$$\delta_d(\pi_u).$$

Diesen Befund können wir verallgemeinern: In jedem Molekül mit einer C_2-Achse (und keiner Achse höherer Ordnung) können wir symmetrische und antisymmetrische Dehnungsschwingungen konstruieren. Als Beispiel wählen wir Dichlormethan, CH_2Cl_2:

C_{2v}	E	C_2	σ_{xz}	σ_{yz}	
Γ_{C-Cl}	2	0	2	0	$= a_1 + b_1$
Γ_{C-H}	2	0	0	2	$= a_1 + b_2$

Die beiden $(C-Cl)$-Dehnungen werden durch $a_1 + b_1$ transformiert, und die beiden $(C-H)$-Dehnungen durch $a_1 + b_2$. Beide Sätze enthalten je eine symmetrische und eine antisymmetrische Bewegung, Fig. 3.35.

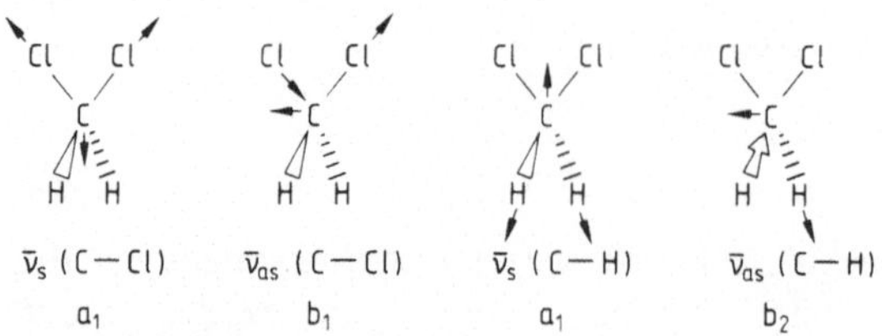

Fig. 3.35 Dehnungsschwingungen des Dichlormethan, $C_2H_2Cl_2$

Bei der Ableitung dieser Schwingungsformen (Moden) haben wir Gebrauch von der Näherung gemacht, daß die $(C-Cl)$- und $(C-H)$-Dehnungsschwingungen getrennt behandelt (genauer: voneinander separiert) werden können. *Diese getrennte Behandlung* (S e p a r a t i o n) *ist allgemein eine gute Näherung immer dann, wenn die Energien der jeweiligen Moden gut voneinander getrennt sind*, wie es in CH_2Cl_2 der Fall ist. Kommen sich die Energien unterschiedlicher Moden näher, so können Moden derselben Symmetrie sich linear überlagern. So sind die beiden a_1-Dehnungsschwingungen in CCl_2Br_2 im Spektrum möglicherweise nicht in getrennte $(C-Cl)$- und $(C-Br)$-Schwingungen aufzulösen. Es wird natürlich weiterhin zwei a_1-Dehnungsschwingungen in CCl_2Br_2 geben, aber es kann keine als reine $(C-Cl)$- bzw. $(C-Br)$-Schwingung angesehen werden. Zum oben behandelten CH_2Cl_2 ist nachzutragen, daß die Konstruktion der fünf Biegeschwingungen keineswegs so einfach ist wie die der Dehnungsschwingungen.

Wir untersuchen nun die Eigenschaften der C_4-Achse am Beispiel des quadratisch ebenen Moleküls XeF_4. Beachte, daß wir hier Koordinatenachsen, die im rechten Winkel zueinander stehen, getrennt betrachten.

D_{4h}	E	$2C_4$	C_2	$2C_2'$	$2C_2''$	i	$2S_4$	σ_h	$2\sigma_v$	$2\sigma_d$	
$\Gamma_{Dehng.}$	4	0	0	2	0	0	0	4	2	0	$= a_{1g} + b_{1g} + e_u$

$$\Gamma_{vib} = a_{1g} + b_{1g} + b_{2g} + a_{2u} + b_{2u} + 2e_u$$
$$\Gamma_{Biege.} = \Gamma_{vib} - \Gamma_{Dehng.} = b_{2g} + a_{2u} + b_{2u} + e_u$$

Eine der Dehnungsschwingungen ist totalsymmetrisch und kann leicht konstruiert werden, Fig. 3.36.

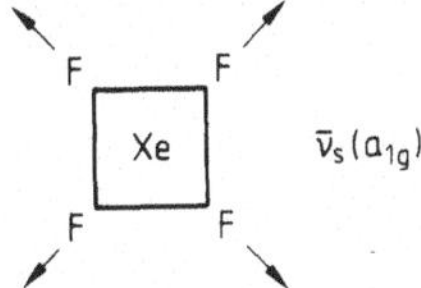

Fig. 3.36 Totalsymmetrische (a_{1g}) Dehnungsschwingung des XeF$_4$

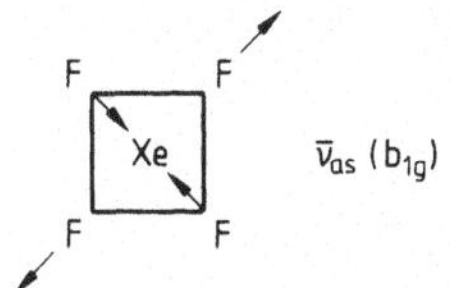

Fig. 3.37 Die antisymmetrische (b_{1g}) Dehnungsschwingung des XeF$_4$

Die b_{1g}-Mode muß antisymmetrisch zur C_4-Drehung sein. Wir können ihre Form erschließen, indem wir die Charaktere der irreduziblen Darstellung b_{1g} finden; entweder benutzen wir dazu die Charaktertafel

D_{4h}	E	$2C_4$	C_2	$2C_2'$	$2C_2''$	i	$2S_4$	σ_h	$2\sigma_v$	$2\sigma_d$
b_{1g}	1	-1	1	1	-1	1	-1	1	1	-1

oder lesen aus der Tafel ab, daß die Funktion $x^2 - y^2$ gerade b_{1g}-Symmetrie aufweist. Die Normalbewegung in der obigen Fig. 3.37 hat dieselbe Symmetrie wie $x^2 - y^2$, d. h. sie hat ein bestimmtes Vorzeichen in bezug auf die x-Achse und das entgegengesetzte in bezug auf die y-Achse. Die entarteten e_u-Moden finden wir am einfachsten, wenn wir beachten, daß x und y eine Basis für e_u bilden; wir sehen in Fig. 3.38 die einfache Konstruktion. Schwingungsformen gleicher Energie in der (x,y)-Ebene lassen sich auf dem Papier geometrisch leicht ableiten.

Diese beiden Funktionen, oder passende lineare Überlagerungen derselben Funktionen, entsprechen den entarteten Dehnungsschwingungen, Fig. 3.39.

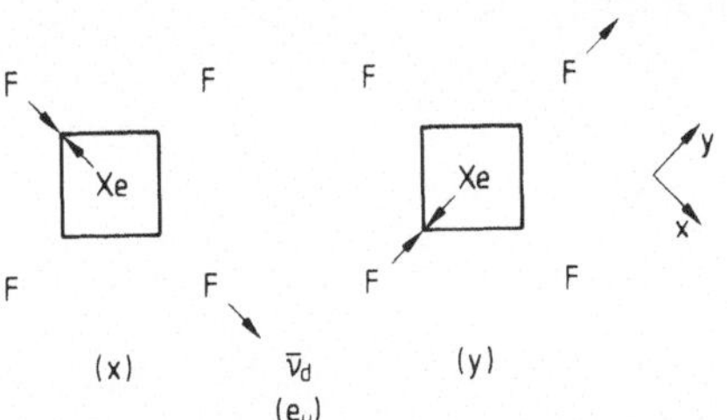

Fig. 3.38 Basisfunktionen für die entarteten (e_u) Dehnungsschwingungen des XeF$_4$

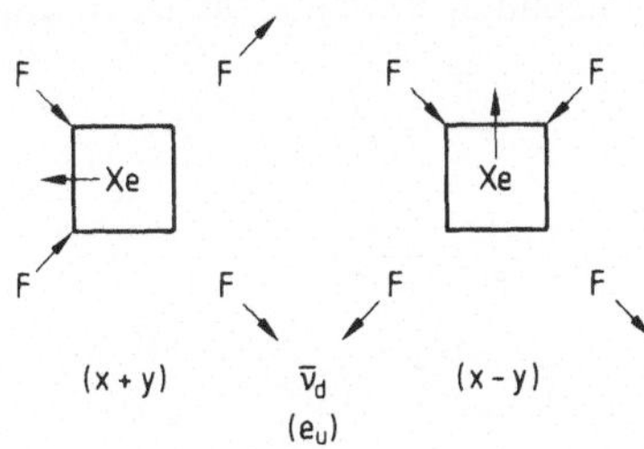

Fig. 3.39 Entartete (e_u) Dehnungsschwingungen des XeF$_4$

Die Biegeschwingungen werden wie $b_{2g} + a_{2u} + b_{2u} + e_u$ transformiert. Wie so oft sind diese schwer abzuleiten. Wir wollen die Biegeschwingung, die aus der Ebene heraus erfolgt, durch vier Kreuze + bezeichnen. Diese Kreuze sollen anzeigen, daß die vier Fluoratome bei der Schwingung aus der Ebene heraus bewegt werden:

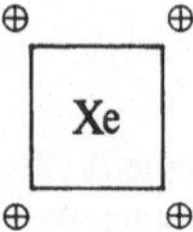

Die geometrische Betrachtung liefert die Charaktere der reduzierten Darstellung Γ_i

D_{4h}	E	$2C_4$	C_2	$2C_2'$	$2C_2''$	i	$2S_4$	σ_h	$2\sigma_v$	$2\sigma_d$	
$\Gamma_{\text{aus der Ebene heraus}}$	4	0	0	-2	0	0	0	-4	2	0	$= a_{2u} + b_{2u} + e_g$

Nun fällt sofort auf, daß die e_g-Mode der entarteten Drehbewegung um die x- und y-Achse entspricht, mithin keine Normalschwingung sein kann:

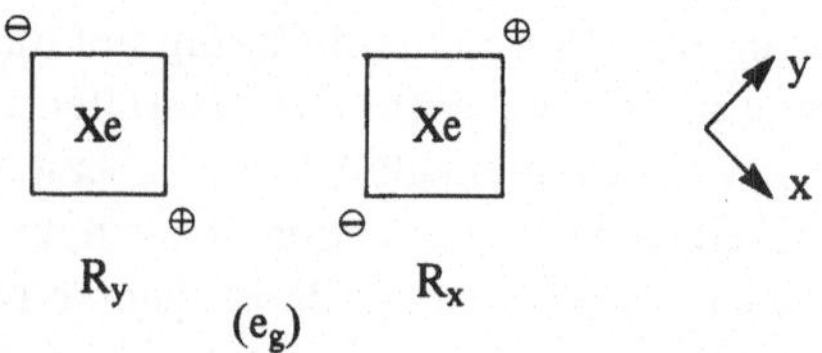

Die Biegeschwingungen aus der Ebene heraus müssen die Transformationseigenschaften der Darstellung a_{2u} und b_{2u} haben. Eine a_{2u}-Mode ist symmetrisch bezüglich einer C_4-Drehung, eine b_2-Mode ist das nicht. Daher konstruieren wir die folgenden Bewegungsformen auf dem Papier:

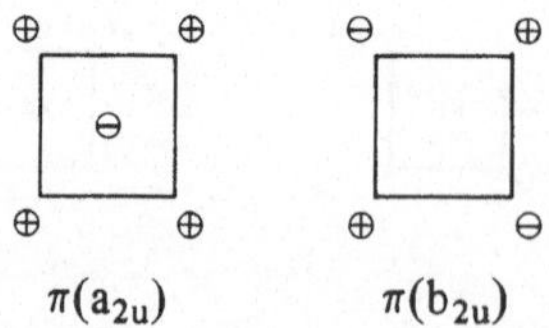

Vier Pfeile in der Molekül-(= Papier-)Ebene stellen Biegeschwingungen in der Ebene dar, die durch $b_{2g} + e_u + a_{2g}$ transformiert werden:

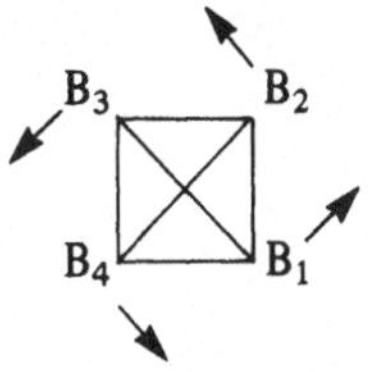

D_{4h}	E	$2C_4$	C_2	$2C_2'$	$2C_2''$	i	$2S_4$	σ_h	$2\sigma_v$	$2\sigma_d$	
$\Gamma_{\text{in der Ebene}}$	4	0	0	-2	0	0	0	4	-2	0	$= b_{2g} + e_u + a_{2g}$

Die a_{2g}-Mode entspricht genau der R_z-Drehung, sie ist also auch keine Normalschwingung. Die b_{2g}-Mode ist antisymmetrisch zur C_4-Drehung, daher können wir sie wie folgt zeichnen:

$$\delta(b_{2g})$$

Schließlich bildet die irreduzible Darstellung e_u eine Basis für x und y. Entsprechend symbolisieren wir die e_u-Schwingung durch einen positiven Vektor, der die Richtung der Biegung angibt, auf der positiven Seite der x-Achse und durch einen negativen Vektor auf der negativen Seite der x-Achse. Damit können wir die Biegeschwingung konstruieren, die wie x transformiert. Das Ergebnis sieht dann so aus, wie es Fig. 3.40 aufzeigt:

Fig. 3.40 (e_u) Biegeschwingungen des XeF_4, die wie x transformieren

Die Symmetrie der C_4-Achse bedingt energetische Entartungen, die nicht schwer abzuhandeln sind, da die Basisfunktionen x und y ebenfalls eine C_4-Achse definieren.

Die C_3-Achse ist da schon etwas schwieriger. Sobald wir aber einen C_3-Fall verstanden haben, folgen andere wie von selbst. Laßt uns die möglichen Schwingungen des Bortrichlorid, BCl_3 (Punktgruppe D_{3h}) untersuchen; die

Zerlegung einer einfachen reduziblen Darstellung nach irreduziblen Darstellungen liefert als Ergebnis:

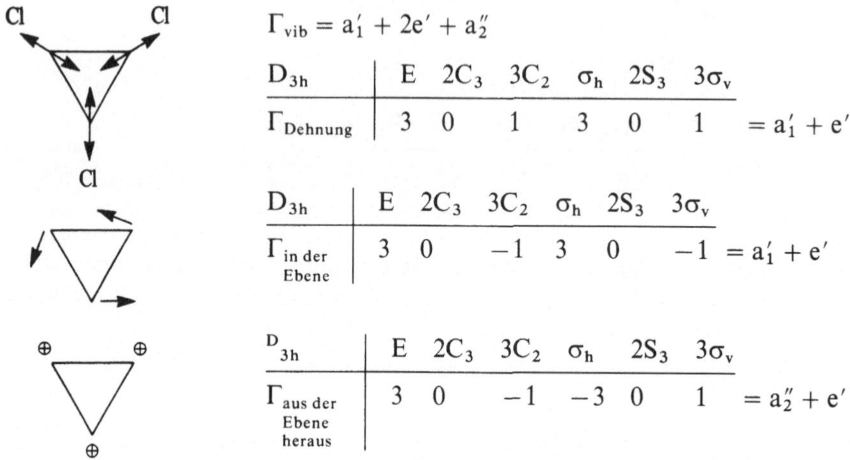

$$\Gamma_{vib} = a_1' + 2e' + a_2''$$

D_{3h}	E	$2C_3$	$3C_2$	σ_h	$2S_3$	$3\sigma_v$	
$\Gamma_{Dehnung}$	3	0	1	3	0	1	$= a_1' + e'$

D_{3h}	E	$2C_3$	$3C_2$	σ_h	$2S_3$	$3\sigma_v$	
$\Gamma_{\text{in der Ebene}}$	3	0	-1	3	0	-1	$= a_1' + e'$

D_{3h}	E	$2C_3$	$3C_2$	σ_h	$2S_3$	$3\sigma_v$	
$\Gamma_{\text{aus der Ebene heraus}}$	3	0	-1	-3	0	1	$= a_2'' + e'$

Die Dehnungsschwingungen des BCl_3 werden wie $a_1' + e'$ transformiert. a_1' ist totalsymmetrisch und kann leicht, Fig. 3.41, aufgezeichnet werden:

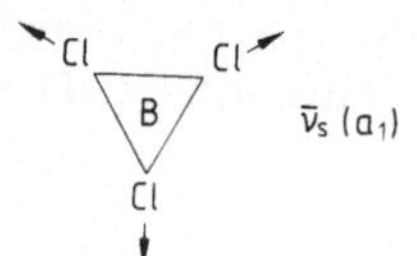

Fig. 3.41 Totalsymmetrische (a_1) Dehnungsschwingung des BCl_3

Die e'-Dehnungsschwingung erfordert einige Arbeit. Die Charaktertafel zeigt auf, daß die Funktionen x und y zusammen eine Basis für e' bilden. Willkürlich (aber nicht rein zufällig) wählen wir das unten gezeigte Koordinatensystem:

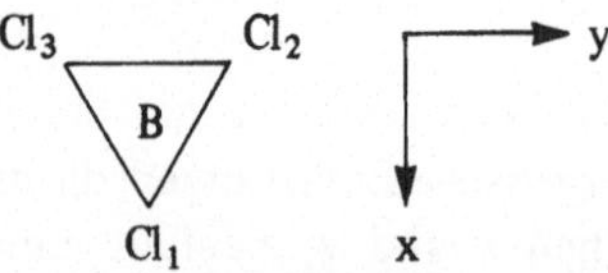

Nachdem wir uns das Molekül BCl_3 eine Weile angeschaut haben, bemerken wir möglicherweise, teils durch Intuition, teils durch Überlegung, daß wir eine Dehnungsschwingung zeichnen könnten, die wie y transformiert wird:

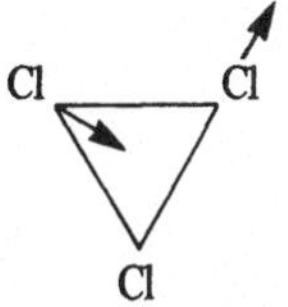

Denn die Vektorsumme der gezeichneten Pfeile, genauer die Summe der Komponenten, weist genau in y-Richtung, ist positiv in der $(+y)$-Richtung, negativ in der $(-y)$-Richtung und Null bezüglich der x-Achse. Bezeichnen wir Dehnungen der Bindung i mit Δ_i, so wird eine y entsprechende Basisfunktion gegeben durch $y \propto (\Delta_2 - \Delta_3)$. Das ist genau der Basisvektor $\vec{B}_y = (\vec{\Delta}_2 - \vec{\Delta}_3)$. Diese Schwingung wird also wie y transformiert.

Durch Drehung um die C_3-Achse erzeugen wir Funktionen, die wie x transformiert werden; x und y sind durch die C_3-Drehmatrix miteinander verknüpft:

$$C_3 \begin{pmatrix} x \\ y \end{pmatrix} = \begin{pmatrix} -1/2 & -\sqrt{3}/2 \\ \sqrt{3}/2 & -1/2 \end{pmatrix} \cdot \begin{pmatrix} x \\ y \end{pmatrix} = \begin{pmatrix} (-1/2)\,x & -(\sqrt{3}/2)\,y \\ (\sqrt{3}/2)\,x & -(1/2)\,y \end{pmatrix}$$

(3.66)

insbesondere:

$$C_3(y) = \frac{\sqrt{3}}{2}\,(x) - \frac{1}{2}\,(y).$$

(3.67)

Unsere Vektorsumme der Auslenkungen $(\vec{\Delta}_2 - \vec{\Delta}_3)$ wird wie y transformiert. Wir können, bildlich gesprochen, unsere Figur um 120° drehen und sehen, daß der Auslenkungsvektor genau in die Richtung der um C_3 gedrehten y-Achse weist:

$$y \propto \Delta_2 - \Delta_3$$
$$C_3(y) \propto \Delta_3 - \Delta_1.$$

Von hier hilft uns ein wenig Algebra eine Funktion zu finden, die wie x transformiert wird:

$$C_3(y) = \frac{\sqrt{3}}{2}\,(x) - \frac{1}{2}\,(y),$$

$$C_3(\Delta_2 - \Delta_3) = \frac{\sqrt{3}}{2}\,(x) - \frac{1}{2}\,(\Delta_2 - \Delta_3),$$

$$\Delta_3 - \Delta_1 = \frac{\sqrt{3}}{2}\,(x) - \frac{1}{2}\,(\Delta_2 - \Delta_3),$$

(3.68)

$$\frac{\sqrt{3}}{2}(x) = -\Delta_1 + \frac{1}{2}\Delta_2 + \frac{1}{2}\Delta_3,$$

$$x \propto 2\Delta_1 - \Delta_2 - \Delta_3.$$

(3.68)

Dabei ist die Konstante vor der Funktion für unser Vorhaben vollständig unbedeutend. Das, was wir zu beachten haben, ist die Symmetrie der Funktion. Unser Verfahren hat zwei Funktionen erzeugt, die zur Beschreibung von Dehnungsschwingungen geeignet sind. Sie werden wie x und y transformiert und weisen damit die Symmetrie e′ auf. In Fig. 3.42 haben wir zusätzlich durch geeignete Pfeile die Bewegung des Boratoms angedeutet, um die Ruhelage des Massenmittelpunktes sicherzustellen.

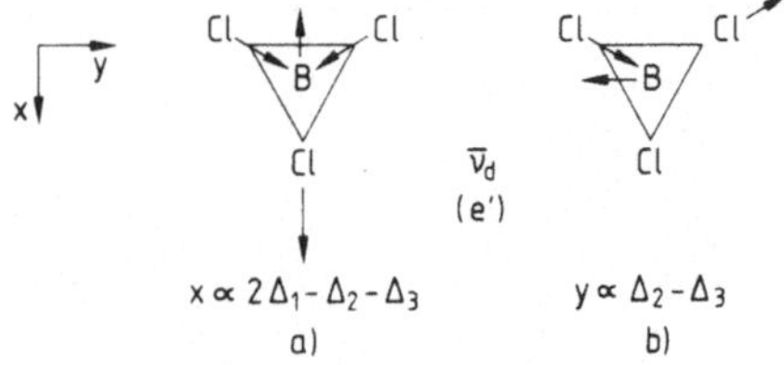

Fig. 3.42 (e′) Dehnungsschwingungen des BCl_3, die (a) wie x bzw. (b) wie y transformieren

Das Beispiel BCl_3 schließen wir mit der Betrachtung der vier notwendigen Biegeschwingungen in der Ebene ab. Die drei Biegevektoren werden durch $a_2' + e'$ transformiert. Die a_2'-Funktion ist einfach die Drehung um die z-Achse,

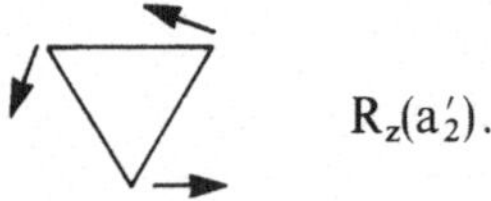

$R_z(a_2')$.

Bei der Konstruktion eines Satzes von e′-Biegeschwingungen folgen wir demselben Rezept wie bei den Dehnungen. Bezeichnen wir den jeweiligen Vektor mit B_i, so ist eine Funktion zur Beschreibung einer Biegeschwingung, die wie x transformiert, gerade $-B_2 + B_3$:

$x \propto -B_2 + B_3$.

Wieder benutzen wir die Drehmatrix, um y zu erzeugen:

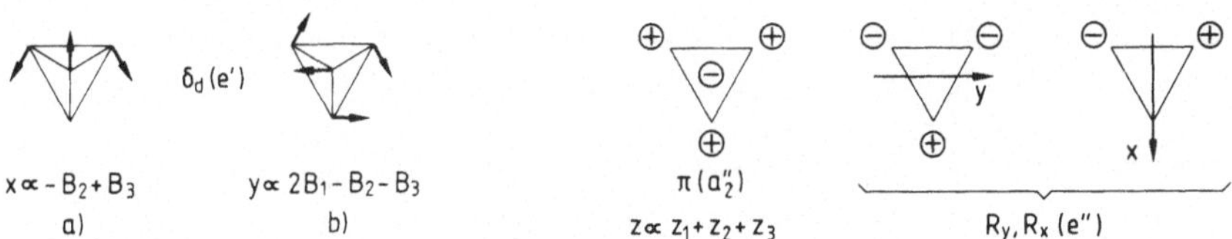

$$C_3(x) = B_1 - B_3,$$

$$C_3(x) = -\frac{1}{2}(x) - \frac{\sqrt{3}}{2}(y),$$

$$B_1 - B_3 = -\frac{1}{2}(-B_2 + B_3) - \frac{\sqrt{3}}{2}(y), \tag{3.69}$$

$$y \propto 2B_1 - B_2 - B_3.$$

Die Form dieser Funktionen ist dieselbe wie diejenige, die wir für die Dehnung erhielten, siehe Fig. 3.43.

Biegeschwingungen aus der Ebene heraus sind geradezu trivial. Die drei Vektoren werden durch $a_2'' + e''$ transformiert. e'' ist dabei einfach Drehung um die x- und y-Achsen. a_2'' ist eine echte Deformation aus der Ebene heraus, die durch z transformiert wird, Fig. 3.44.

Fig. 3.43 (e') Biegeschwingungen des BCl_3, die (a) wie x bzw. (b) wie y transformiert werden

Fig. 3.44 (a_2'') und (e'') Biegeschwingungen des BCl_3, die wie z transformiert werden

Abschließend wollen wir die allgemeine Anwendung der gefundenen Resultate zeigen, z. B. indem wir die Dehnungsschwingungen des Methylchlorid, CH_3Cl, untersuchen. Die drei Wasserstoffatome sind äquivalent und müssen daher zusammen kombiniert werden, während das Chloratom für sich steht und separat behandelt wird.

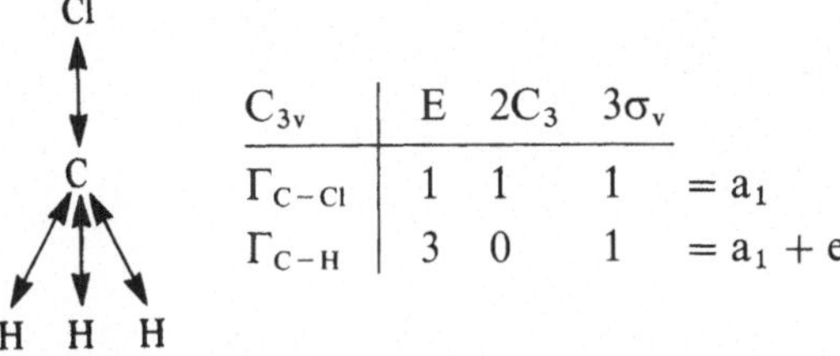

C_{3v}	E	$2C_3$	$3\sigma_v$	
Γ_{C-Cl}	1	1	1	$= a_1$
Γ_{C-H}	3	0	1	$= a_1 + e$

Die a_1 (C−Cl)-Dehnungsschwingung ist trivial. In jedem Molekül ist die Dehnung einer nur einmal vorkommenden Bindung eine legitime Basis für eine

Normalschwingung. Ob dieses eine gute Näherung für die tatsächliche Schwingung des Moleküls ist, kann nur durch eine detaillierte numerische Berechnung überprüft werden. Ist die Dehnungsschwingung in ihrer Frequenz, d. h. Energie, weit von anderen Schwingungen derselben Symmetrie entfernt, ist es immer eine gute Näherung. Ist jedoch die Frequenz einer oder sogar mehrerer Schwingungen derselben Symmetrie ähnlich, so werden sich die Bewegungsformen dieser Schwingungen mischen.

Die a_1-Mode der C − H-Dehnung ist die totalsymmetrische Bewegung, während die entarteten e-Moden direkt denen der oben angeführten BCl_3-Bewegungen entsprechen, siehe Fig. 3.45.

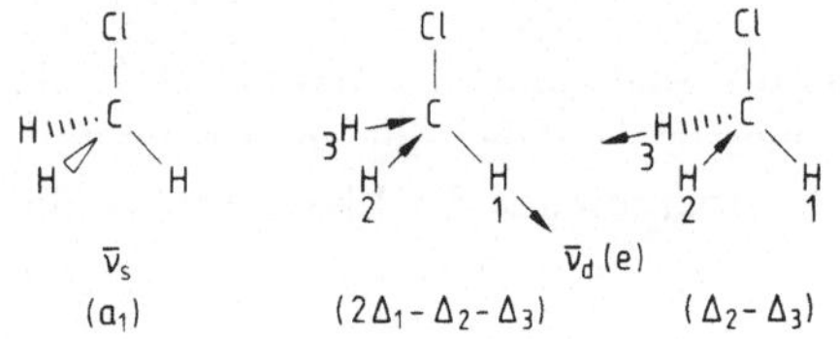

Fig. 3.45 Die totalsymmetrische (a_1) sowie entarteten (e) Dehnungsschwingungen des CH_3Cl

4 „Neandertaler-Orbitaltheorie"

Die Molekülorbitaltheorie (MO-Theorie), die wir in diesem Buch äußerst
einfach beschreiben wollen, formt eine Grundlage für das Verständnis der
elektronischen Spektroskopie. Es ist ziemlich amüsant, wie weit wir mit der
MO-Theorie kommen, ohne eine Menge linearer Algebra zu benutzen. Wir
müssen dennoch mit einer kleinen Dosis Quantenmechanik beginnen. Kombiniert mit einer größeren Prise (besser: Hilfe) von Symmetrieeigenschaften sind
wir gleich mitten in der schönsten, farbenprächtigsten Molekülphysik.

4.1 Einführung in die Quantenmechanik

„Das aufziehende Gewitter" oder „Den Wind säen"

Der Beginn allen „Übels" ist die zeitunabhängige Schrödingergleichung, in
unverfänglichster Form

$$H\psi = E\psi;$$

H ist der Hamiltonoperator, der das gegebene System beschreibt; E ist die
Energie des Systems. Für unser Vorhaben ist das ein einfacher Skalar. ψ ist die
Wellenfunktion, also eine geeignete Funktion der Koordinaten x, y und z, die
ebenfalls das System beschreibt. Der Hamiltonoperator ist unser Zugang zu dem
Problem. Wir lösen für ψ und E. Allgemein wird ein Hamiltonoperator zu vielen
Lösungen ψ und E führen. Für jedes ψ_i werden wir E_i finden. Sind die Energien
von zwei oder mehr Wellenfunktionen identisch, nennen wir die Wellenfunktion
entartet. Oft werden die Wellenfunktionen auch „Eigenfunktionen" und die
Energien „Eigenwerte" genannt.

Die Form des Hamiltonoperators wird durch die Physik des Problems
bestimmt. Für ein einzelnes Teilchen der Masse m und der potentiellen Energie
V ist die Form des Hamiltonoperators in drei Dimensionen:

$$H = -\frac{\hbar^2}{2m}\nabla^2 + V$$

mit $\quad \hbar = h/2\pi \quad$ und $\quad \nabla^2 = \frac{\partial^2}{\partial x^2} + \frac{\partial^2}{\partial y^2} + \frac{\partial^2}{\partial z^2} \quad$ (lies: „Nabla-Quadrat").

Der erste Term des Hamiltonoperators entspricht gerade der kinetischen Energie des Teilchens und der zweite der potentiellen Energie. Dabei ändert sich nur die potentielle Energie von Problem zu Problem.

Als Beispiel für ein bestimmtes Energiepotential betrachten wir einen harmonischen Oszillator der Masse m, dessen Gleichgewichtslage im Koordinatenursprung liegt. Das Teilchen soll sich nur entlang der x-Achse bewegen können. Die einwirkende Kraft auf das Teilchen ist $F = -kx$ und die potentielle Energie $V = \frac{1}{2} kx^2$. In der Quantenmechanik formulieren wir den Hamiltonoperator also wie folgt

$$H = -\frac{\hbar^2}{2m} \frac{d^2}{dx^2} + \frac{1}{2} kx^2.$$

Damit wird die Schrödingergleichung zu:

$$-\frac{\hbar^2}{2m} \frac{d^2\psi}{dx^2} + \frac{1}{2} kx^2\psi = E\psi,$$

wobei die Wellenfunktion ψ „nur" eine Funktion der Koordinate x ist. Die Schrödingergleichung aufzustellen, ist der einfache Teil der Quantenmechanik. Sie zu lösen ist ein anderes Problem. Tatsächlich können fast alle Gleichungen dieser Art von allgemeinem Interesse nicht gelöst werden, und wir benutzen Näherungsmethoden, oft mit großem numerischem Aufwand, um sie zu lösen, d. h. Wellenfunktionen ψ_i und Eigenwerte E_i zu erhalten. Glücklicherweise kann die Gleichung des harmonischen Oszillators analytisch gelöst werden. Dennoch, auch dieser Lösungsweg ist nicht einfach.

Zunächst einmal stellt sich heraus, daß in diesem Fall eine unendliche Zahl von Wellenfunktionen ψ_i das Problem löst. Zu jeder gibt es eine zugehörige Energie E_i. Wir geben die ersten drei Lösungen an und stellen sie in Fig. 4.1 bildlich dar:

$$\psi_0 = \left(\frac{\alpha}{\pi}\right)^{1/4} e^{-\alpha x^2/2}; \qquad E_0 = \frac{1}{2}(h\nu)$$

$$\psi_1 = \left(\frac{4\alpha^3}{\pi}\right)^{1/4} x\, e^{-\alpha x^2/2}; \qquad E_1 = \frac{3}{2}(h\nu)$$

$$\psi_2 = \left(\frac{\alpha}{4\pi}\right)^{1/4} (1 - 2\alpha x^2)\, e^{-\alpha x^2/2}; \qquad E_2 = \frac{5}{2}(h\nu)$$

$$\text{mit} \qquad \alpha = \frac{1}{\hbar}\sqrt{mk}, \qquad \nu = \frac{1}{2\pi}\sqrt{\frac{k}{m}}.$$

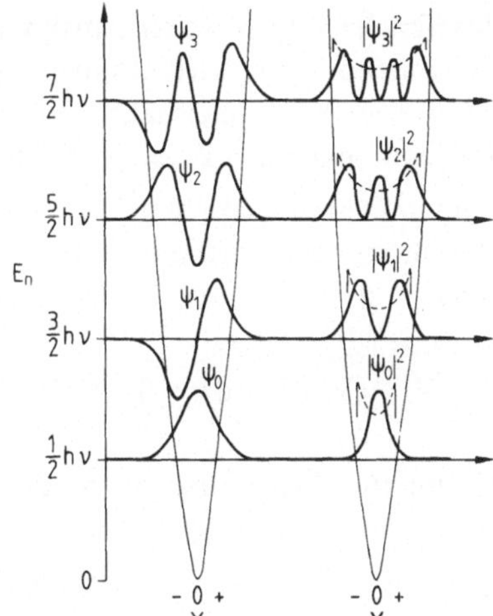

Fig. 4.1 Energieniveaus, Wellenfunktionen und Aufenthaltswahrscheinlichkeiten für den harmonischen Oszillator. Die klassische Aufenthaltswahrscheinlichkeit ist gestrichelt eingezeichnet

An diesem einfachen Beispiel können wir einige Punkte bereits anschaulich verstehen: Die Wahrscheinlichkeit, ein Teilchen im kleinen Volumenelement dτ zu finden, ist gegeben durch $\psi^*\psi$ dτ[1]). In bekannter Schreibweise mag dτ durch dx dy dz oder durch $r^2 \sin \vartheta$ dr dϑ dφ oder andere, infinitesimale Volumenelemente gegeben sein. Die Wahrscheinlichkeit, das harmonisch schwingende Teilchen im Intervall zwischen x und x + dx zu finden, ist einfach ψ^2 dx, da die ψ_i reell sind. Da die gesamte Wahrscheinlichkeit, das Teilchen irgendwo im Raum zu finden, gleich Eins sein muß, muß die Normierungsbedingung erfüllt sein:

$$\int_{-\infty}^{+\infty} \psi^*\psi \, d\tau = 1. \tag{4.1}$$

Für die oben angegebene Lösung ψ_0 können wir das einfach überprüfen, wenn wir beachten, daß $\int_0^{\infty} e^{-\alpha x^2} dx = \frac{1}{2}\sqrt{\pi/a}$ ist.

In Fig. 4.1 geben die Graphen $|\psi_i|^2$ die errechnete Wahrscheinlichkeit an, das Teilchen an irgendeinem Punkt entlang der x-Achse zu finden. Von besonderer Bedeutung sind drei Details: 1. Im Gegensatz zum klassischen Teilchen gibt es nur bestimmte „Energieniveaus". 2. Es besteht eine endliche, wenn auch kleine Wahrscheinlichkeit, das Teilchen außerhalb des parabolischen Potentials zu finden. In der klassischen Mechanik ist ein Teilchen beschränkt innerhalb der Koordinaten, in denen seine Energie $\frac{1}{2}kx^2$ ist. Quantenmechanisch kann sich

---

[1]) Der Stern an ψ^* bedeutet, daß die zu ψ konjugiert-komplexe Funktion genommen wird.

das Teilchen etwas weiter „ausbreiten". Dieses Phänomen, in einen Potentialwall einzudringen, wird „tunneln" genannt, der Durchtritt durch einen Potentialwall auch „Tunneleffekt". 3. Die niedrigste Energie, die ein schwingendes Teilchen annehmen kann, ist $1/2\hbar\omega \neq 0$ („Nullpunktsenergie").

Eine weitere Eigenschaft der verschiedenen Lösungen zu einem gegebenen Hamiltonoperator ist die, daß *verschiedene Wellenfunktionen zueinander orthogonal* sind, d. h.

$$\int_{-\infty}^{+\infty} \psi_i^* \psi_j \, d\tau = 0. \tag{4.2}$$

Normierte Wellenfunktionen, die zudem orthogonal sind, werden orthonormierte Funktionen genannt.

Nun etwas Algebra: Wir multiplizieren beide Seiten der Schrödingergleichung mit der zu ψ konjugiert-komplexen Funktion ψ^* von links und integrieren über den Gesamtraum

$$H\psi = E\psi \qquad \int_{-\infty}^{+\infty} \psi^* H\psi \, d\tau = \int_{-\infty}^{+\infty} \psi^* E\psi \, d\tau.$$

Da E eine skalare Größe ist, können wir den Ausdruck umformen zu:

$$\int_{-\infty}^{+\infty} \psi^* H\psi \, d\tau = E \int_{-\infty}^{+\infty} \psi^* \psi \, d\tau \quad \text{oder} \quad E = \frac{\int \psi^* H\psi \, d\tau}{\int \psi^* \psi \, d\tau}. \tag{4.3}$$

Wenn ψ normiert ist, ist der Nenner gleich Eins.

Dieser Ausdruck gibt den statistischen Erwartungswert für die Energie des Systems an, das durch den von uns aufgestellten Operator gegeben ist. Selbstverständlich ergibt der Hamiltonoperator einen r e e l l e n Erwartungswert. Mithin gehört er zusammen mit dem Impulsoperator $p = i\hbar\, \partial/\partial x$ und dem (Orts-)Operator x zu der Klasse der h e r m i t i s c h e n Operatoren. (Andere Operatoren ergeben keinen reellen Eigenwert, sie sind nicht-hermitisch.)

Mit einer weiteren quantenmechanischen Bezeichnung haben wir das Fundament, auf dem wir aufbauen können: Angenommen, wir haben den Hamiltonoperator konstruiert, aber die entsprechende Differentialgleichung kann nicht gelöst werden! Was passiert, wenn wir eine Funktion ψ_r r a t e n und in den Ausdruck für die Energie, Gl. (4.3), einsetzen? Das wird uns einen Näherungswert der Energie E_r geben, basierend auf unserer geratenen Funktion ψ_r und dem realen Hamiltonoperator, den wir auf die Situation anwenden:

$$E_r = \frac{\int \psi_r^* H\psi_r \, d\tau}{\int \psi_r^* \psi_r \, d\tau}. \tag{4.4}$$

Ein äußerst wichtiges Theorem sagt uns nun, daß die Energie E_r, die wir aus irgendeiner geratenen Funktion ψ_r bekommen, immer größer als die wahre Energie ist; letztere bekämen wir nur, wenn wir die Schrödingergleichung wirklich lösen könnten. Dieses Theorem ist die Grundlage für ein bedeutendes Näherungsverfahren, die (Ritzsche) „Variationsmethode". Wir beginnen mit geeignet gewählten Wellenfunktionen, denen wir einige Anpassungsparameter geben. Dann minimalisieren wir die Energie in Gl. (4.4) durch Variation dieser Parameter. Sobald die resultierende Energie nahe der wahren Energie des Systems (bestimmt durch das Experiment) ist, können wir hoffen, daß die so geratene Wellenfunktion eine gute Näherung der wirklichen Wellenfunktion ist. Unsere Wahl wird dabei nicht rein zufällig sein. Die ausgesuchte Funktion sollte bereits mit vielen Eigenschaften der realen Funktion ausgestattet sein; dazu gehört, wie wir bereits wissen, unbedingt die Eindeutigkeit, Stetigkeit und die stetige Differenzierbarkeit. Sicher ist es klug, Funktionen zu wählen, die von vornherein sämtliche Randbedingungen erfüllen, die ebenfalls von den realen Funktionen eingehalten werden.

4.2   MO aus LCAO

Diese Überschrift im Telegramm-Stil wird uns zur Konstruktion von Molekülorbitalen (MO) durch lineare Überlagerung (LC: linear combination) von Atomorbitalen (AO) führen. Mit unserem wenn auch mageren Hintergrund quantenmechanischer Kenntnisse sind wir nun vorbereitet, uns einige Molekülprobleme anzuschauen und sie zu lösen! Das einfachste Molekül, das uns bekannt ist, dürfte wohl das Wasserstoffkation H_2^+ sein, das nur zwei Kerne und ein Elektron enthält. Mit Hilfe von Fig. 4.2 können wir einen geeigneten Hamiltonoperator konstruieren, gleich ausgedehnt auf den allgemeinen Fall eines Elektrons und zweier beliebiger Kerne mit der Ladung $+Z_A e$ und $+Z_B e$ (z. B. HeH^{2+}, He_2^{3+}, LiH^{3+}, ...).

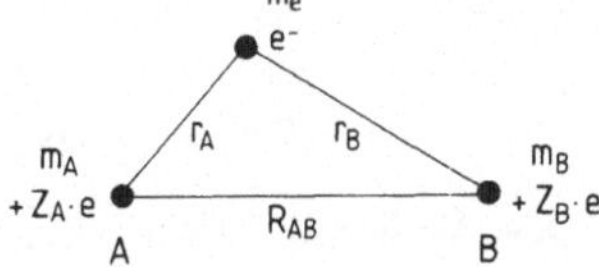

Fig. 4.2 Einelektron-Zweikern-System

Der Hamiltonoperator muß jeweils einen Term der kinetischen Energie für jedes Teilchen als auch je einen Term der potentiellen Energie, der die drei verschiedenen elektrostatischen Wechselwirkungen enthält, auweisen. Daher erhalten wir

$$H = -\frac{\hbar^2}{2m_e}\nabla_e^2 - \frac{\hbar^2}{2m_A}\nabla_A^2 - \frac{\hbar^2}{2m_B}\nabla_B^2 - \frac{Z_A e^2}{r_A} - \frac{Z_B e^2}{r_B} + \frac{Z_A Z_B e^2}{R_{AB}}$$

$$\underbrace{\qquad\qquad\qquad\qquad\qquad}_{\text{Terme kinetischer Energie}} \quad \underbrace{\qquad\qquad\qquad\qquad}_{\text{Terme potentieller Energie}}$$

Eine allgemeine und äußerst nützliche Näherung an diesem Punkt ist die Born-Oppenheimer-Näherung. Da die Kerne um mehr als das tausendfache schwerer als die Elektronen sind und sich deshalb verglichen mit den Elektronen nur langsam bewegen, können wir das Problem so behandeln, als ob die Kerne in einem Abstand R_{AB} festgehalten werden und nur dem Elektron erlaubt ist, sich zu bewegen. In dieser Näherung verschwinden zunächst einmal der zweite und dritte Term des Hamiltonoperators, da die ∇^2-Terme für stationäre Teilchen verschwinden. (Zweimalige Differentiation nach der Ortskoordinate (∇^2) ergibt Null.) Wir lösen das Problem für verschiedene Werte von R_{AB}; die Gleichgewichtslage wird diejenige sein, die der niedrigsten Energie des Systems entspricht.

So haben wir den Hamiltonoperator. Großartig! Wir stellen die Differentialgleichung auf und müssen diese „nur noch" lösen. Jetzt sind wir in großen Schwierigkeiten! Dieses spezielle Dreikörper-Problem kann gelöst werden, wenn wir mathematisch genug versiert sind, es in konfokalen elliptischen Koordinaten aufzuschreiben, und die dazugehörige Algebra bewältigen können. Aber sobald wir ein zweites Elektron hinzufügen (H_2, HeH^+, ...), ist das Problem hoffnungslos kompliziert. Schon prinzipiell läßt sich die Gleichung nicht in geschlossener Form lösen. Aber ein „echter Molekülphysiker" läßt sich nicht von einem solchen „kleinen" Hindernis abschrecken. Wenn wir die Gleichung nicht lösen können, ist die nächstbeste Sache, eine Antwort zu raten und das Variationsprinzip anzuwenden:

Laßt uns eine Wellenfunktion ψ für das Elektron annehmen, die eine Linearkombination von 1s-Atomorbitalen der beiden Kerne ist, die in geschlossener Form einfach zu berechnen sind und sich — noch einfacher — in entsprechenden Literaturwerken tabelliert finden (mathematisch handelt es sich um Kugelfunktionen):

$$\psi = c_1 \phi_{1s_A} + c_2 \phi_{1s_B}.$$

Diese Wellenfunktion ψ bezeichnen wir als Molekülorbital (MO), und das Spiel, das wir hier versuchen, wird die LCAO-Methode genannt: „Linear Combination of Atomic Orbitals".

Die Funktionen ϕ_{1s_A} und ϕ_{1s_B} sind schon normiert, und jede für sich ist bereits eine Lösung der Schrödingergleichung der einzelnen Atome A und B. Folgende

Gleichungen haben zu den Atomorbitalen geführt:

$$H = -\frac{\hbar^2}{2m_e}\,\nabla_e^2 - \frac{Z_A e^2}{r_A},$$

$$H\phi_{1s_A} = E\phi_{1s_A},$$

$$\int_{-\infty}^{+\infty} \phi_{1s_A}^* \phi_{1s_A}\,d\tau = 1.$$

Als Unbekannte enthält das Molekülorbital ψ noch die Koeffizienten c_1 und c_2, die es zu finden gilt. Dabei hilft uns zunächst die Beobachtung, daß das Molekülorbital ψ als Summe zweier normierter Atomorbitale selbst noch nicht normiert ist. Daher wollen wir zunächst ψ normieren, ausgedrückt durch eine Normierungskonstante N.

$$\int_{-\infty}^{+\infty} (N\psi)^* \, (N\psi)\,d\tau = 1 = N^2 \int_{-\infty}^{+\infty} (c_1\phi_{1s_A}^* + c_2\phi_{1s_B}^*)(c_1\phi_{1s_A} + c_2\phi_{1s_B})\,d\tau$$

$$1 = N^2 \int_{-\infty}^{+\infty} (c_1^2\phi_{1s_A}^2\,d\tau + 2c_1c_2\phi_{1s_A}\phi_{1s_B}\,d\tau + c_2^2\phi_{1s_B}^2\,d\tau)$$

$$1 = N^2(c_1^2 \cdot 1 + 2c_1c_2 \int_{-\infty}^{+\infty} \phi_{1s_A}\phi_{1s_B}\,d\tau + c_2^2 \cdot 1)$$

$$1 = N^2(c_1^2 + c_2^2 + 2c_1c_2 S_{1s_A 1s_B})$$

$$N = (c_1^2 + c_2^2 + 2c_1c_2 S_{1s_A 1s_B})^{-1/2}$$

und erhalten als zunächst weitere Unbekannte das Integral:

$$S_{1s_A 1s_B} \equiv \int_{-\infty}^{+\infty} \phi_{1s_A}\phi_{1s_B}\,d\tau,$$

das anschaulich die Überlappung der Atomorbitale ϕ_{1s_A} und ϕ_{1s_B} darstellt. Der erste und der dritte Term waren leicht zu lösen, da jede Funktion bereits normiert war. Der mittlere Term enthält das eben bezeichnete Überlappungsintegral $S_{1s_A 1s_B}$. Allgemein wird das Überlappungsintegral von irgendwelchen Funktionen ϕ_i und ϕ_j mit S_{ij} bezeichnet. Physikalisch ist dieses Überlappungsintegral ein Maß für das Gebiet, in dem Elektronendichte von beiden Ladungsverteilungen (hier Atomorbitalen) auftritt. Der maximale Wert eines Überlappungsintegrals ist Eins.

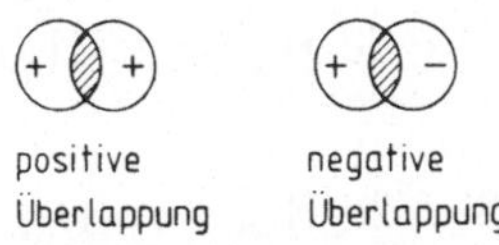

Nun haben wir eine normierte LCAO-Wellenfunktion. Die Variationsmethode kann als nächstes benutzt werden, um die Koeffizienten c_1 und c_2 zu bestimmen, die die niedrigste Energie geben.

$$E = \int_{-\infty}^{+\infty} (N\psi)^* \, H(N\psi) \, d\tau$$

$$= N^2 \int (c_1\phi_{1s_A} + c_2\phi_{1s_B}) \, H(c_1\phi_{1s_A} + c_2\phi_{1s_B}) \, d\tau$$

$$= N^2 \Big[c_1^2 \underbrace{\int \phi_{1s_A} H \phi_{1s_A} \, d\tau}_{H_{AA}} + c_1c_2 \underbrace{\int \phi_{1s_A} H \phi_{1s_B} \, d\tau}_{H_{AB}}$$

$$+ c_2c_1 \underbrace{\int \phi_{1s_B} H \phi_{1s_A} \, d\tau}_{H_{BA}} + c_2^2 \underbrace{\int \phi_{1s_B} H \phi_{1s_B} \, d\tau}_{H_{BB}} \Big]$$

$$= N^2[c_1^2 H_{AA} + c_1c_2 H_{AB} + c_2c_1 H_{BA} + c_2^2 H_{BB}].$$

Hier haben wir den Integralen einfach verschiedene Bezeichnungen gegeben. Die H_{ii} werden anschaulich als Coulombintegrale, die H_{ij} weniger anschaulich, desto bedeutender, als Austauschintegrale bezeichnet. Sie sind definierte Integrale, die numerisch berechenbar sind. Eine weitere Vereinfachung des Problems bewirkt die Eigenschaft, daß alle Hamiltonoperatoren hermitesch sind. Dieses bedeutet nichts weiter, als daß ihre Eigenwerte reell sind. Da

$$E = \int \phi_i H \phi_j \, d\tau = \left(\int \phi_j H \phi_i \, d\tau \right)^* = \int \phi_j H \phi_i \, d\tau = E$$

ist, erhalten wir zudem $H_{ij} = H_{ji}$. Damit wird unser Energieausdruck

$$E = \frac{c_1^2 H_{AA} + c_2^2 H_{BB} + 2c_1c_2 H_{AB}}{c_1^2 + c_2^2 + 2c_1c_2 S}, \tag{4.5}$$

worin wir $S_{1s_A 1s_B}$ einfach durch S abgekürzt haben. Wir wollen nun diesen Ausdruck für E als Minimumproblem betrachten, d. h. wir differenzieren E bezüglich c_1 und c_2. Wir erhalten zwei Gleichungen für zwei unbekannte Koeffizienten c_1 und c_2. Ihre Lösung liefert die Koeffizienten für das stabilste Molekülorbital, damit das Molekülorbital selbst:

$$E(c_1^2 + c_2^2 + 2c_1c_2 S) = c_1^2 H_{AA} + c_2^2 H_{BB} + 2c_1c_2 H_{AB},$$

$$\frac{\partial E}{\partial c_1} (c_1^2 + c_2^2 + 2c_1c_2 S) + E(2c_1 + 2c_2 S) = 2c_1 H_{AA} + 2c_2 H_{AB}, \tag{4.6}$$

$$\frac{\partial E}{\partial c_2} (c_1^2 + c_2^2 + 2c_1c_2 S) + E(2c_2 + 2c_1 S) = 2c_2 H_{BB} + 2c_1 H_{AB}. \tag{4.7}$$

Im Minimum für E muß jede Ableitung gleich Null sein. Wir erhalten:

$$c_1(H_{AA} - E) + c_2(H_{AB} - ES) = 0, \qquad (4.8)$$

$$c_1(H_{AB} - ES) + c_2(H_{BB} - E) = 0. \qquad (4.9)$$

In Matrizenform lauten die Gleichungen:

$$S \cdot \begin{pmatrix} c_1 \\ c_2 \end{pmatrix} = 0;$$

diese Gleichung (s. Abschn. 2.6) ist genau dann erfüllt, wenn

$$|S| = \begin{vmatrix} H_{AA} - E & H_{AB} - ES \\ H_{AB} - ES & H_{BB} - E \end{vmatrix} = 0. \qquad (4.10)$$

Die Determinante (4.10) führt die erschlagende Bezeichnung „Säkulardeterminante". Sie erscheint häufig in quantenmechanischen Rechnungen. Ist Bedingung (4.10) erfüllt, so haben wir die niedrigst mögliche Energie für eine Linearkombination von 1s-Orbitalen, d. h. diese Linearkombination ergibt ein Minimum für den Hamiltonoperator H des Problems.

Laßt uns nun den Fall eines homonuklearen zweiatomigen Moleküls betrachten, d. h. A und B sind identisch und $H_{AA} = H_{BB}$.

Dann vereinfacht sich Gl. (4.10) zu:

$$(H_{AA} - E)^2 - (H_{AB} - ES)^2 = 0, \qquad (4.11)$$

$$\Rightarrow H_{AA} - E = \pm(H_{AB} - ES),$$

$$\Rightarrow E = \frac{H_{AA} + H_{AB}}{1 \pm S}. \qquad (4.12)$$

Wenn wir diese Integrale für H_2^+ numerisch für verschiedene Atomabstände auswerten, so erhalten wir zwei Potentialkurven, siehe Fig. 4.3 und 4.4. Die Potentialkurve mit einem ausgeprägten Minimum entspricht einem bindenden Zustand, die andere einem antibindenden, d. h. monoton abstoßenden.

Der antibindende Zustand ist etwas mehr destabilisierend, als der bindende Zustand stabilisierend ist, jeweils relativ zur Energie des 1s-Orbitals. Fig. 4.4 gibt die Aufzeichnung der Energie $E(R) - E_{(H)}$ gegen den Kernabstand R für beide Zustände ψ_b und ψ_a.

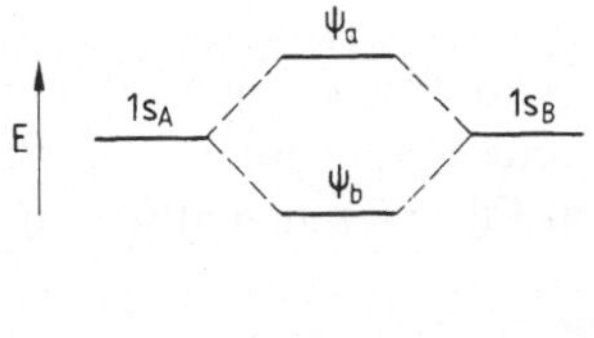

Fig. 4.3 Erzeugung des bindenden (ψ_b)- und antibindenden (ψ_a)-Zustandes aus (homonuklearen) 1s-Atomorbitalen

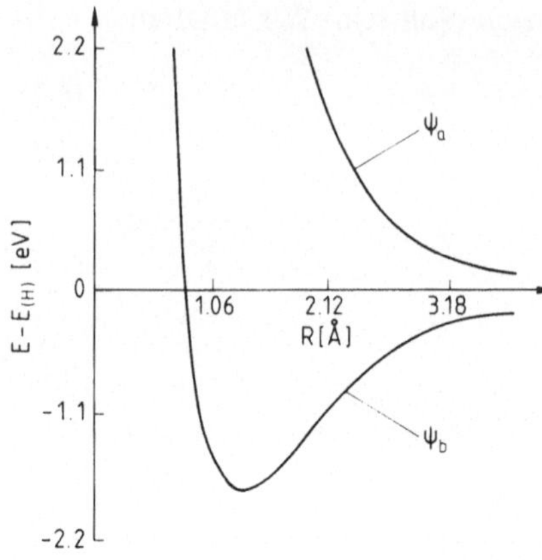

Fig. 4.4 Die niedrigsten Energieniveaus, berechnet für H_2^+, als Funktion des Kernabstandes R. Das Energieminimum für ψ_b liegt bei R = 1.3 Å und D_e = 1.76 eV

Dabei ist $E(R) - E_{(H)}$ die Energie des Elektrons im jeweiligen Orbital abzüglich der Energie des Elektrons in einem Wasserstoffatom, $E_{(H)}$. Wir finden, daß das Energieminimum um 1,76 eV tiefer liegt als die Gesamtenergie eines einzelnen Wasserstoffatoms und daß der Kernabstand bei dieser Energie, R_{AB}, 1,3 Å beträgt. Diese Werte sind zu vergleichen mit den experimentellen: 2,79 eV bei 1,06 Å.

Leider müssen wir feststellen, daß unser erstes, einfaches Raten, nämlich $\psi = c_1\phi_{1s_A} + c_2\phi_{1s_B}$, uns nicht allzusehr an die tatsächlichen Werte herangebracht hat. Nichtsdestoweniger bringt es uns bereits in die richtige Richtung und zu qualitativ korrekten Ergebnissen.

Um die Wellenfunktionen ψ_b und ψ_a zu erhalten, müssen wir schließlich noch den Wert für E für ein bindendes bzw. antibindendes Niveau in Gl. (4.8) und (4.9) einsetzen und erhalten c_1 und c_2.

Wir finden dann, daß $c_2 = c_1$ für ψ_b und $c_2 = -c_1$ für ψ_a. Mithin ist:

$$\psi_b = \frac{1}{\sqrt{2 + 2S}} (\phi_{1s_A} + \phi_{1s_B}) \qquad (4.13)$$

und

$$\psi_a = \frac{1}{\sqrt{2 - 2S}} (\phi_{1s_A} - \phi_{1s_B}). \qquad (4.14)$$

Bearbeiten wir den allgemeinen Fall, in dem A ≠ B, so finden wir, daß dieselben „plus"- und „minus"-Kombinationen der Orbitale Energieniveaus erzeugen, die in Fig. 4.5 schematisch dargestellt sind:

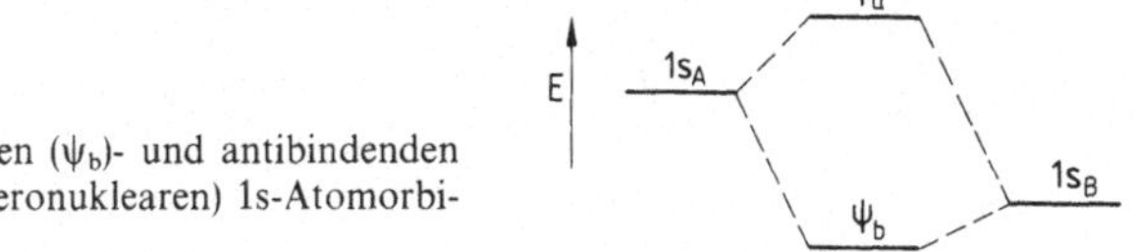

Fig. 4.5 Erzeugung des bindenden (ψ_b)- und antibindenden (ψ_a)-Zustandes aus (heteronuklearen) 1s-Atomorbitalen

Wiederum wird eine bindende und eine antibindende Kombination erhalten, aber die Stabilisierung von ψ_b relativ zur Energie von $1s_B$ ist nicht so groß wie im Fall gleicher Atomkerne. Die Koeffizienten c_1 und c_2 sind ebenfalls nicht mehr gleich. In dem bindenden Molekülorbital wird der Koeffizient des elektronegativeren[1]) Atoms größer sein. In dem antibindenden Niveau ψ_a ist es genau umgekehrt.

4.3   Anwendung: Zweiatomige Moleküle

Ziel dieses Abschnitts ist die Anwendung der Gruppentheorie auf die Konstruktion von Molekülorbitalen zunächst zweiatomiger Moleküle.

Das Anliegen der langatmigen vorherigen Ausführung war es, auch dem quantenmechanisch weniger vorgebildeten Leser den recht einfachen Weg aufzuzeigen, mit dem wir aus Atomorbitalen Molekülorbitale konstruieren können. Mit dieser LCAO-Methode werden wir nun, wenn auch nur rein qualitativ, Sätze von Molekülorbitalen für unterschiedliche Moleküle aufbauen. Dann werden wir diese Moleküle mit Elektronen besetzen, eines nach dem anderen, nur jeweils zwei, mit entgegengesetztem Spin, in jedes Orbital, bis wir die zur Verfügung stehenden Elektronen untergebracht haben.

Es gibt einige Prinzipien, die bei der Konstruktion von Molekülorbitalen zum Ziel führen: Eines ist, daß zwei Atomorbitale dieselbe Symmetrie bezüglich der Kernverbindungsachse haben müssen, um ein Molekülorbital aufzubauen, denn nur dann ist das Überlappungsintegral $\neq 0$. In Fig. 4.6 sind einige mögliche Kombinationen bildlich dargestellt. Diejenigen, die ein von Null verschiedenes Überlappungsintegral S_{ij} aufweisen, sind erlaubte Kombinationen.

Wenn das Überlappungsintegral $S_{ij} = \int \phi_A \phi_B \, d\tau$ Null ist, ist das Austauschintegral $H_{ij} = \int \phi_A H \phi_B \, d\tau$ anschaulich ebenfalls Null, eine Wechselwirkung zwischen den beiden Orbitalen findet nicht statt. Die zweite große Hilfe, um solche Linearkombinationen zu konstruieren, ist die, daß zwei Orbitale von sehr verschiedener Energie nur eine sehr kleine Wechselwirkung aufweisen. Fig. 4.5

---

[1]) Elektronegativität: Maß für die Fähigkeit eines Atoms, ein bindendes Elektronenpaar an sich zu ziehen; ausführliche Tabellen nach Pauling in der Literatur.

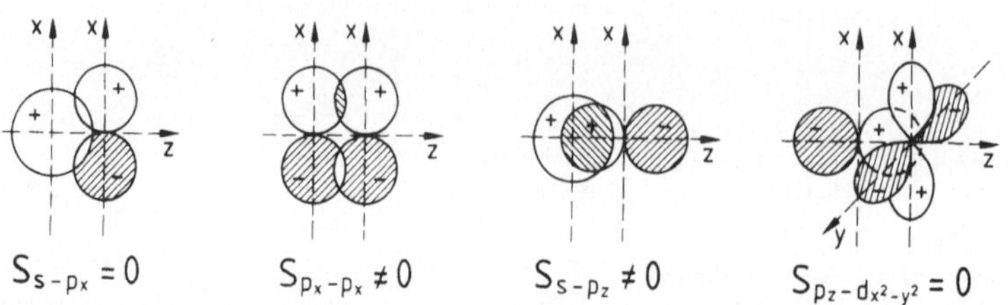

Fig. 4.6 Einige mögliche Kombinationen von Atomorbitalen und die resultierenden Überlappungs-
integrale S_{ij}

gab uns ein Beispiel. Setzen wir zum Beispiel die Molekülorbitale für N_2 zusammen, so finden wir, daß Kombinationen von 1s Atomorbitalen mit irgendwelchen der Valenzorbitale (2s oder 2p) uns wenig nützen. Sie haben nur eine äußerst kleine Wechselwirkung.

Entsprechend gilt für verschiedene Atome A und B: Je größer der Unterschied (kombinierbarer) Atomorbitale ϕ_A und ϕ_B, desto näher sind ψ_a und ψ_b den jeweiligen Atomorbitalen, s. Fig. 4.5.

Die dritte, größte Hilfestellung leistet jedoch ein wertvolles, wenn auch kleines, Theorem aus der Gruppentheorie, das vorschreibt: *Alle möglichen Molekülorbitale müssen Basen für irreduzible Darstellungen der Punktgruppe des betreffenden Moleküls bilden*[1]). Dieses verstehen wir am besten, wenn wir es tatsächlich angewandt sehen.

Wir setzen uns als Ziel, Molekülorbitale für zweiatomige Moleküle der zweiten Reihe des Periodensystems aufzubauen. Die Atomorbitale, mit denen wir logischerweise beginnen, sind die 1s-, 2s- und 2p-Orbitale. Wie oben bereits angeführt, ist es wenig nützlich, zu versuchen, die 1s- und die Valenzorbitale miteinander zu kombinieren. Deshalb wollen wir diese als zwei separate Sätze betrachten und so behandeln. Wir haben bereits gefunden, daß die einfachen $1s_A + 1s_B$- und $1s_A - 1s_B$-Kombinationen diejenigen sind, die wir suchen. Es gibt ferner einen systematischen Weg, um die Symmetrie von Molekülorbitalen zu finden, und es wird nützlich sein, sie hier einzuführen. Beginnen wir mit n Atomorbitalen, dann können wir damit n Molekülorbitale erzeugen. Diese Molekülorbitale müssen dieselbe Symmetrie wie die Atomorbitale an jedem Atom eines zweiatomigen homonuklearen Moleküls haben, aus denen sie zusammengesetzt sind. Die Punktgruppe des Moleküls ist $D_{\infty h}$.

---

[1]) Dieses Theorem folgt daraus, daß der Hamiltonoperator mit den Symmetrieoperatoren der Punktgruppe vertauscht; daher müssen Molekülorbitale (MO's) ·Elemente der Symmetrieoperation sein. Das führt auf die Suche nach „symmetrieangepaßten" MO's.

Wie werden nun die beiden Orbitale unter den Operationen dieser Punktgruppe transformiert? In unserer Charaktertafel für $D_{\infty h}$ finden wir die Symmetrieelemente, die in Fig. 4.7 eingetragen sind.

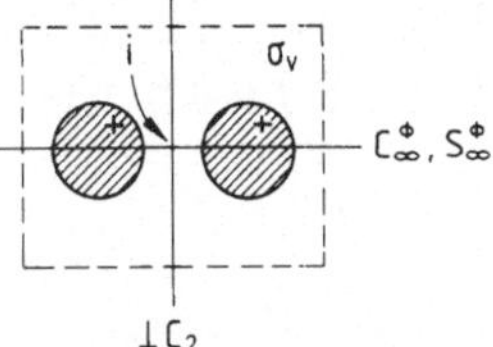

Fig. 4.7
Symmetrieelemente der Punktgruppe $D_{\infty h}$, angewandt
auf Molekülorbitale

Unter der Identitätsoperation geht jedes Orbital in sich selbst über. Das heißt, der Charakter unter E ist 2. C_∞^ϕ führt ebenfalls jedes Orbital in sich selbst über, so ist der Charakter für diese Operation ebenfalls 2. σ_v läßt jedes Orbital dort, wo es vorher war, damit ist der Charakter ebenso 2. Die Operationen i, S_∞ und C_2 veranlassen jedes Orbital auf der gegenüberliegenden Seite zu erscheinen; der Charakter dieser Transformation ist somit Null. Daher ist die reduzible Gesamtdarstellung auf der Grundlage dieser beiden Atom-Orbitale durch folgende Tabelle gegeben

$D_{\infty h}$	E	$2C_\infty^\phi$	$\infty\sigma_v$	i	$2S_\infty^\phi$	∞C_2	
Γ_{1s}	2	2	2	0	0	0	$= \sigma_g^+ + \sigma_u^+.$

Dieses reduziert sich auf die zwei irreduziblen Darstellungen σ_g^+ und σ_u^+. Nach unserem kleinen Theorem können wir *Molekülorbitale aufbauen, die dieselbe Symmetrie wie diese irreduziblen Darstellungen haben.* (Wir bezeichnen Orbitale weiterhin mit kleinen Buchstaben; große Buchstaben sind reserviert zur Bezeichnung von Zuständen, wie wir im Abschn. 5 ausführen).

Genügen unsere „Plus"- und „Minus"-Kombinationen den Symmetriebeschränkungen? Ich denke schon. Um die Charaktere herauszufinden, betrachten wir nur *jedes Molekülorbital für sich* in einer kleinen Zeichnung:

$D_{\infty h}$	E	$2C_\infty^\phi$	$\infty\sigma_v$	i	$2S_\infty^\phi$	∞C_2	
Γ_+	1	1	1	1	1	1	$= \sigma_g^+,$
Γ_-	1	1	1	−1	−1	−1	$= \sigma_u^+.$

Diese irreduziblen Darstellungen sind eindimensional: Die Inversion i überführt das Molekülorbital ψ_- in sein Negatives. Der Charakter unter i für diese „Minus"-Kombination ist gleich -1.

Laßt uns nun dieses Vorgehen auf die s-, p_x-, p_y-, p_z-Valenzorbitale[1]) anwenden. Diese 8 Funktionen sind in Fig. 4.8 aufgezeigt. Der Charakter unter E ist

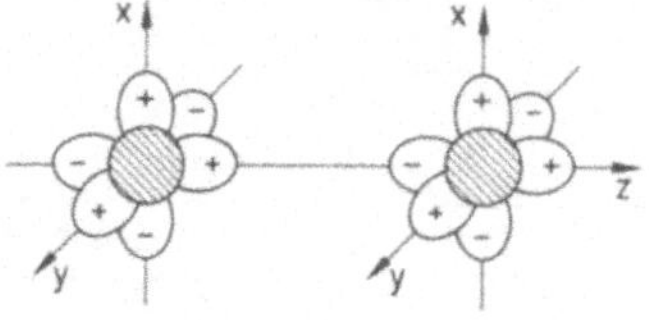

Fig. 4.8 Valenzorbitale (s-, p_x-, p_y- und p_z-AO)

natürlich 8. Als nächstes schauen wir uns die Drehung um ϕ um die C_∞^ϕ-Achse an. Die s-Orbitale und die p_z-Orbitale bleiben unverändert und tragen 4 zur Spur der Transformationsmatrix bei. Fig. 4.9 zeigt die Auswirkungen der Drehung C_∞^ϕ auf die p_x- und die p_y-Orbitale. Wir sollten uns dabei an die kleine Drehmatrix in Abschn. 2.6 der Gruppentheorie erinnern.

Dort wurde gezeigt, daß eine Drehung um den Winkel ϕ durch folgende Matrix dargestellt wird:

$$R_\phi \begin{pmatrix} x \\ y \end{pmatrix} = \begin{bmatrix} \cos\phi & -\sin\phi \\ \sin\phi & \cos\phi \end{bmatrix} \cdot \begin{pmatrix} x \\ y \end{pmatrix}.$$

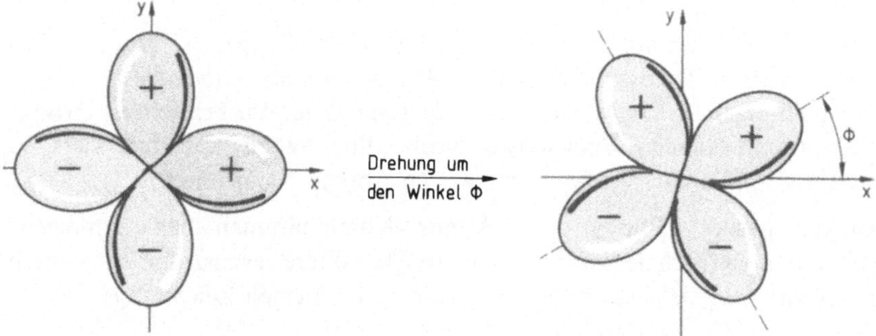

Fig. 4.9 Drehung der p_x- und p_y-Atomorbitale um den Winkel Θ

Der Charakter dieser Drehung ist $2\cos\phi$ für jeden Satz von p_x- und p_y-Orbitalen. Das ist einzusehen, da eine $90°$-Drehung p_x und p_y in p_y und

---

[1]) Valenzorbitale sind die Orbitale der nicht abgeschlossenen Schalen, hier der zweiten Reihe des Periodensystems.

p_x überführt. Für $\phi = 90°$ sollte der Charakter gleich Null sein, und er ist es auch. Für $\phi = 180°$ ist er gleich -2, da jedes Orbital in sein Negatives übergeht. Da es zwei Sätze von Orbitalen sind, die wir zu berücksichtigen haben, ist der Gesamtcharakter unter der C_z^ϕ-Drehung gleich $4\cos\phi$. Damit ist der Gesamtcharakter für alle acht Funktionen in unserer Basis gleich $4 + 4\cos\phi$.

Nun wenden wir uns σ_v zu: Wir haben nur eine der unendlich vielen σ_v-Ebenen herauszugreifen. Können wir das wirklich beliebig? Die Antwort ist Ja, da wir in der Gruppentheorie bereits ein Theorem kennenlernten, wonach alle Operationen in derselben Klasse denselben Charakter haben. Geschickt wählen wir die xz-Ebene als Spiegelebene. Anwendung von σ_{xz} auf die Atomorbitale läßt s, p_x und p_z unverändert. Jedes trägt mit dem Charakter $+1$ bei. p_y wird zu seinem Negativen, somit trägt es -1 zum Gesamtcharakter bei. Die Summe von sechs „$+1$"-Beiträgen und zwei „-1"-Beiträgen ergibt einen Gesamtcharakter von „$+4$" unter dieser Operation. Die Operationen i, S_∞^ϕ und C_2 verschieben die Atomorbitale von ihrem ursprünglichen Ort und haben daher den Charakter Null:

$D_{\infty h}$	E	$2C_z^\phi$	$\infty\sigma_v$	i	$2S_\infty^\phi$	∞C_2
$\Gamma_{2s,2p}$	8	$4 + 4\cos\phi$	4	0	0	0

Der erste Schritt ist getan. Wir haben die reduzible Darstellung $\Gamma_{2s,2p}$ der Symmetrie der Atomorbitale. Der nächste Schritt wird sein, die irreduziblen Darstellungen zu finden, die in $\Gamma_{2s,2p}$ versteckt sind. Wir erraten schon jetzt, daß wir dann acht Molekülorbitale der erforderlichen Symmetrie erhalten werden. Es liegt nahe, die Formeln unseres Abschn. 2 über Gruppentheorie zu benutzen, um die reduzible Darstellung zu zerlegen. Unglücklicherweise haben wir es aber mit einer unendlichen Punktgruppe zu tun, die Formeln können nicht benutzt werden. So müssen wir eine andere Technik benutzen. Zunächst zerlegen wir $\Gamma_{2s,2p}$ in zwei reduzible Darstellungen: $\Gamma_{2s,2p_z}$ mit Rotationssymmetrie um die z-Achse und $\Gamma_{2p_x,2p_y}$, die eine Knotenebene in der Molekülebene besitzen. Wir können leicht die Charaktere dieser Darstellung ausarbeiten:

$D_{\infty h}$	E	$2C_\infty^\phi$	$\infty\sigma_v$	i	$2S_\infty^\phi$	∞C_2	
$\Gamma_{2s,2p_z}$	4	4	4	0	0	0	$= 2\sigma_g^+ + 2\sigma_u^+$
$\Gamma_{2p_x,2p_y}$	4	$4\cos\psi$	0	0	0	0	$= \pi_g + \pi_u$

$$\Gamma_{2s,2p} = \Gamma_{2s,2p_z} + \Gamma_{2p_x,2p_y} = 2\sigma_g^+ + 2\sigma_u^+ + \pi_g + \pi_u.$$

Erinnern wir uns an Γ_{1s} ein paar Seiten zurück (S. 139), so läßt sich die Darstellung $\Gamma_{2s,2p_z}$ in $2\sigma_g^+ + 2\sigma_u^+$ zerlegen. Schauen wir uns die $D_{\infty h}$-Charaktertafel an, so entdecken wir nach einigem „Hin und Her", daß π_g und π_u zusammen gerade $\Gamma_{2p_x, 2p_y}$ ergeben. Wir haben jetzt sechs irreduzible Darstellungen gefunden, von denen zwei einfach entartet sind. Damit ist aber bereits die Symmetrie der acht Molekülorbitale bestimmt.

Die Konstruktion der acht Molekülorbitale ist das Nächste; genauer: Unsere Aufgabe ist es, diese Molekülorbitale mit einer geometrischen Anschauung zu verknüpfen. Wir verlassen uns dabei auf unsere Geschicklichkeit. Offenbar lassen sich die 2s-Orbitale genauso aufbauen wie die 1s-Orbitale, die eine σ_g^+- und eine σ_u^+-Kombination ergaben. Die p_z-Orbitale führen zu ähnlichen Kombinationen (Fig. 4.10):

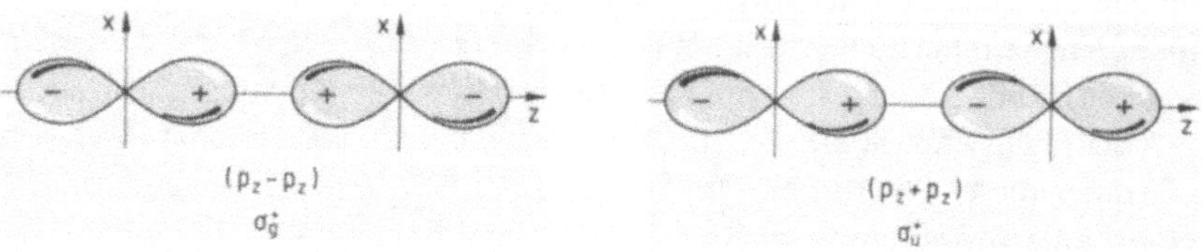

Fig. 4.10 Linearkombination der p_z-Atomorbitale

Was uns nun noch bleibt, sind die p_x- und p_y-Kombinationen. Schauen wir uns diese Orbitale in Fig. 4.11 an.

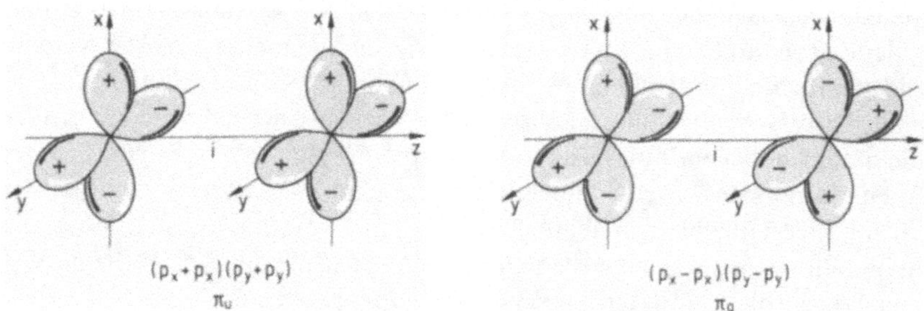

Fig. 4.11 Linearkombination der p_x- und p_y-Atomorbitale

Die beiden Kombinationen $(p_x + p_x)$ und $(p_y + p_y)$ zusammen stellen eine Grundlage für die zweifach entarteten Molekülorbitale der Symmetrie π_u dar. Ähnlich bilden die negativen Kombinationen eine Basis für die zweifach entarteten π_g-Molekülorbitale. Damit haben wir die grundlegenden Symmetriedarstellungen für alle irreduziblen Darstellungen gefunden. Unsere Aufgabe, Linearkombinationen der richtigen Symmetrie zu finden, ist damit gelöst.

Wie verhalten sich nun die Energien der Molekülorbitale zueinander, die wir konstruiert haben? Einige Aussagen können wir unmittelbar machen: Die σ_g^+-(2s)-bindende Kombination der 2s-Orbitale wird eine geringere Energie aufweisen als alle anderen. Wir sind uns nicht mehr sicher über die absolute Lage der σ_u^+-(2s)-Kombination, in jedem Fall liegt sie erheblich über der σ_g^+-(2s)-Kombination, und $\sigma_g^+(2p_z)$ liegt unterhalb $\sigma_u^+(2p_z)$. $\pi_u(2p_x, 2p_y)$ hat weniger Energie als $\pi_g(2p_x, 2p_y)$.

Um genaueren Einblick in die Lage der einzelnen Energieniveaus zueinander und damit in die Bindungsverhältnisse wirklicher Moleküle zu bekommen, nehmen wir ein Gedankenexperiment vor: Wir gehen von zwei Extremfällen aus und versuchen dann, sie miteinander zu verknüpfen („korrelieren"). Im ersten Fall betrachten wir die Atome in unendlich großem Abstand. Die 1s-, 2s- und 2p-Orbitale haben gerade drei (atomare) Energieniveaus. Bringen wir nun die Atome näher zusammen, so werden sie aus überlappenden Atomorbitalen Molekülorbitale bilden. Schließlich, wenn wir den Abstand auf Null verringern, erreichen wir den zweiten Extremfall, das „vereinigte Atom" mit einer Kernladung, die gerade der Summe der beiden Atome in der Ausgangslage entspricht. Es ist nun anhand der Fig. 4.12 und 4.13 möglich, dabei der schrittweisen Transformation jedes Orbitals (Atomorbital → Molekülorbital → Atomorbital) als Funktion des Kernabstandes zu folgen; das Korrelationsdiagramm in Fig. 4.13 zeigt qualitativ den Verlauf der Energie der Orbitale. Zu seiner Konstruktion werden, ausgehend von den niedrigsten Orbitalen der getrennten Atome (rechts in Fig. 4.13) sowie dem vereinigten Atom (links in Fig. 4.13), Orbitale *gleicher Symmetrie* durch Linien verbunden. Dabei dürfen sich Linien gleicher Symmetrie nicht schneiden. Aus Fig. 4.13 entnehmen wir zum Beispiel, daß die σ_u^+-Kombination der s-Orbitale in ein p_z-Orbital mit σ_u^+-Symmetrie im vereinigten Atom übergeht. Das Korrelationsdiagramm zeigt qualitativ die möglichen Anordnungen der Molekülorbitale als Funktion des Kernabstands. Zusätzlich aufgenommen und durch senkrechte Linien angedeutet sind die Positionen einiger wichtiger, zweiatomiger Moleküle ($F_2, O_2, ...$).

Wir wollen versuchen, die Eigenschaften einiger Moleküle aus Fig. 4.13 abzuleiten. Die niedrigsten Orbitale für H_2 und He_2 sind in Fig. 4.14 aufgezeigt. Das $1\sigma_g^+$-Orbital ist bindend, und das $1\sigma_u^+$-Orbital ist antibindend. Wir wollen diesen antibindenden Charakter des Orbitals im folgenden durch einen hochgesetzten Stern andeuten. Die Elektronen des jeweiligen Moleküls füllen wir unter Beachtung des Pauli-Prinzips in die Orbitale des Moleküls (!) um. H_2^+, H_2 und He_2^+ werden als stabile Moleküle vorausgesagt, da sie mehr bindende als antibindende Elektronen im Grundzustand besitzen. Darüber hinaus hat H_2 ausschließlich bindende Elektronen und sollte folglich den kleinsten Kernabstand und die stärkste chemische Bindung unter diesen Molekülen haben.

Nehmen wir für eine Bindung zwei Elektronen an (d. h. wir bezeichnen ein Elektronenpaar als Bindung), so können wir damit *die Bindungsordnung definieren als die Differenz der bindenden und antibindenden Elektronen, dividiert durch zwei.* H_2^+ und He_2^+ haben die Bindungsordnung 1/2. H_2 hat die Bindungsordnung 1 und He_2 schließlich 0; letzteres ist instabil. Einige Voraussagen sowie Beobachtungen sind in Tab. 4.1 zusammengetragen.

Besetzen wir nun weitere Orbitale in unserem Korrelationsdiagramm, so bauen wir die zweiatomigen Moleküle der ersten Reihe des Periodensystems auf. Wir müssen uns dabei nur daran erinnern, daß die $1\pi_u$- und $3\sigma_g^+$-Orbitale sich zwischen Stickstoff (N_2) und Sauerstoff (O_2) k r e u z e n. Daher benutzen wir bis zum N_2 das nachfolgende Schema I, und ab O_2^+ gehen wir über zum Schema II, siehe Fig. 4.15.

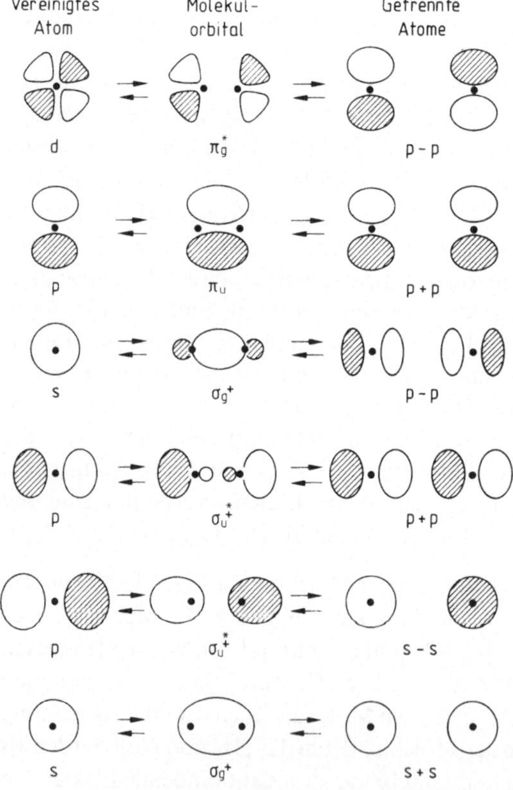

Fig. 4.12 Einelektronen-Molekülorbitale, aufgebaut aus dem Atomorbital des „vereinigten Atoms" bzw. aus den Atomorbitalen der getrennten Atome. Schattierte Flächen geben den Bereich wieder, in dem die Wellenfunktion ψ negativ ist

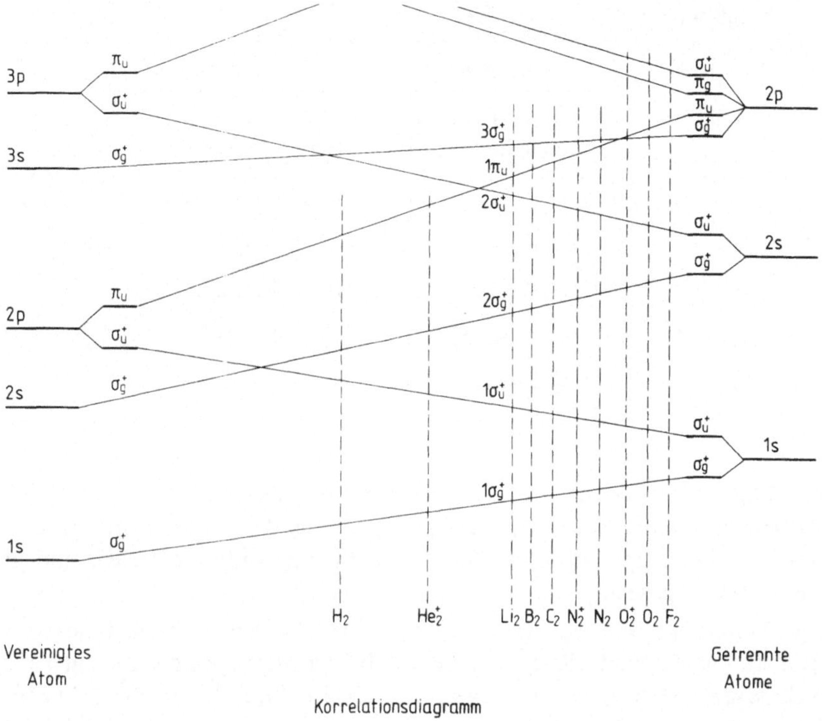

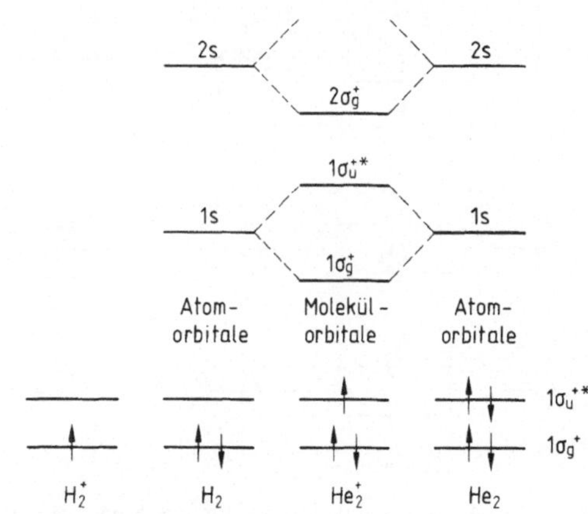

Fig. 4.13 Korrelationsdiagramm ausgehend von den niedrigsten Atomorbitalen der getrennten Atome zu den Atomorbitalen des „vereinigten Atoms". Senkrechte, gestrichelte Linien geben die Positionen einiger, wichtiger homonuklearer A_2-Moleküle an

Fig. 4.14 Niedrigste Molekülorbitale für H_2 bzw. He_2 und ihre Kationen

Tab. 4.1

Molekül	Voraussagen		Beobachtungen	
	elektronische Konfiguration	Bindungsordnung	Bindungslänge [Å]	Bindungsenergie [kcal/Mol]
H_2^+	$(1\sigma_g^+)^1$	$\dfrac{1}{2}$	1.06	61
H_2	$(1\sigma_g^+)^2$	1	0.74	103
He_2^+	$(1\sigma_g^+)^2\,(1\sigma_u^+{}^*)^1$	$\dfrac{1}{2}$	1.08	60
He_2	$(1\sigma_g^+)^2\,(1\sigma_u^+{}^*)^2$	0	–	–

Tab. 4.2 faßt Informationen über die zweiatomigen Moleküle der ersten Reihe des Periodensystems zusammen. Zwei Diagramme, die die Bezeichnung zwischen Bindungsenergie, Bindungslänge und Bindungsordnung zeigen, sind in der Fig. 4.16 aufgezeigt.

Einige Punkte der Tab. 4.2 sind bemerkenswert. Die beobachteten Bindungslängen in Tab. 4.2 sind alle größer als die beobachteten Bindungslängen für Moleküle aus Atomen der 1. Periode in Tab. 4.1. Grund sind die größeren Valenzorbitale (n = 2) in Tab. 4.2 im Gegensatz zu n = 1 in Tab. 4.1. Die (n = 2)-Orbitale sind sehr viel größer als die (n = 1)-Orbitale.

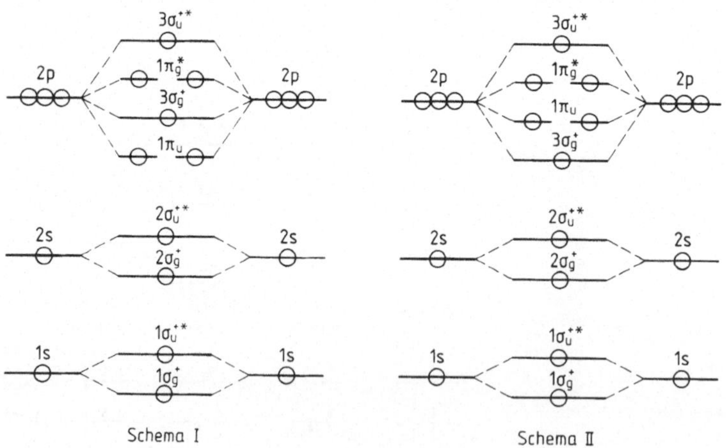

Fig. 4.15 Molekülorbitale für zweiatomige homonukleare Moleküle der ersten Reihe des Periodensystems. Schema I gilt bis zum N_2 einschließlich, Schema II ab O_2^+

Tab. 4.2 Voraussagen und Beobachtungen für homonukleare zweiatomige Moleküle der ersten Reihe des Periodensystems

Molekül		Voraussagen		Beobachtungen	
		elektronische Konfiguration	Bindungs-ordnung	Bindungs-länge [Å]	Bindungs-energie [kcal/Mol]
Li_2	Li$-$Li	$(1\sigma_g^+)^2\,(1\sigma_u^+)^2\,(2\sigma_g^+)^2$	1	2.672	25
Be_2	·Be·	$(1\sigma_g^+)^2\,(1\sigma_u^+)^2\,(2\sigma_g^+)^2\,(2\sigma_u^+)^2$	0	nicht beobachtet	
B_2	·B=B·	$(1\sigma_g^+)^2\,(1\sigma_u^+)^2\,(2\sigma_g^+)^2\,(2\sigma_u^+)^1\,(1\pi_u)^2\,(3\sigma_g)^1$ (siehe Text)	2	1.589	69
C_2^+	·C$\dot{-}$C·	$(1\sigma_g^+)^2\,(1\sigma_u^+)^2\,(2\sigma_g^+)^2\,(2\sigma_u^+)^2\,(1\pi_u)^3$	$1\tfrac{1}{2}$	$---$	130
C_2	·C=C·	$(1\sigma_g^+)^2\,(1\sigma_u^+)^2\,(2\sigma_g^+)^2\,(2\sigma_u^+)^2\,(1\pi_u)^4$	2	1.3117	150
N_2^+	|N≡N·	$(1\sigma_g^+)^2\,(1\sigma_u^+)^2\,(2\sigma_g^+)^2\,(2\sigma_u^+)^3\,(1\pi_u)^4\,(3\sigma_g^+)^1$	$2\tfrac{1}{2}$	1.116	204
N_2	|N≡N|	$(1\sigma_g^+)^2\,(1\sigma_u^+)^2\,(2\sigma_g^+)^2\,(2\sigma_u^-)^2\,(1\pi_u)^4\,(3\sigma_g^+)^2$	3	1.0976	225.0
O_2^+	|O=O·	$(1\sigma_g^+)^2\,(1\sigma_u^+)^2\,(2\sigma_g^+)^2\,(2\sigma_u^-)^2\,(3\sigma_g^+)^2\,(1\pi_u)^4\,(1\pi_g)^1$	$2\tfrac{1}{2}$	1.1227	156
O_2	|O=O|	$(1\sigma_g^+)^2\,(1\sigma_u^+)^2\,(2\sigma_g^+)^2\,(2\sigma_u^+)^2\,(3\sigma_g^+)^2\,(1\pi_u)^4\,(1\pi_g)^2$	2	1.20741	117.96
O_2^-		$(1\sigma_g^+)^2\,(1\sigma_u^+)^2\,(2\sigma_g^+)^2\,(2\sigma_u^+)^2\,(3\sigma_g^+)^2\,(1\pi_u)^4\,(1\pi_g)^3$	$1\tfrac{1}{2}$	1.26	$---$
O_2^{2-}		$(1\sigma_g^+)^2\,(1\sigma_u^+)^2\,(2\sigma_g^+)^2\,(2\sigma_u^+)^2\,(3\sigma_g^+)^2\,(1\pi_u)^4\,(1\pi_g)^4$	1	1.49	$---$
F_2^+		$(1\sigma_g^+)^2\,(1\sigma_u^+)^2\,(2\sigma_g^+)^2\,(2\sigma_u^+)^2\,(3\sigma_g^+)^2\,(1\pi_u)^4\,(1\pi_g)^3$	$1\tfrac{1}{2}$	$---$	65
F_2	|F$-$F|	$(1\sigma_g^+)^2\,(1\sigma_u^+)^2\,(2\sigma_g^+)^2\,(2\sigma_u^+)^2\,(3\sigma_g^+)^2\,(1\pi_u)^4\,(1\pi_g)^4$	1	1.418	36
Ne_2	|Ne| |Ne|	$(1\sigma_g^+)^2\,(1\sigma_u^+)^2\,(2\sigma_g^+)^2\,(2\sigma_u^+)^2\,(3\sigma_g^+)^2\,(1\pi_u)^4\,(1\pi_g)^4\,(3\sigma_u^+)^2$	0	nicht beobachtet	

Ein weiterer wichtiger Punkt ist, daß O_2 zwei **ungepaarte** Elektronen aufweist. Die **Hundsche Regel** sagt, daß Elektronen zunächst in jedes der entarteten Orbitale eingebracht werden, bevor eines von diesen Orbitalen aufgefüllt d. h. doppelt besetzt wird. Zusätzlich zeigen die Elektronenspins der einfach besetzten Orbitale in die gleiche Richtung. Daher haben die verschiedenen Sauerstoffmoleküle folgende Konfiguration:

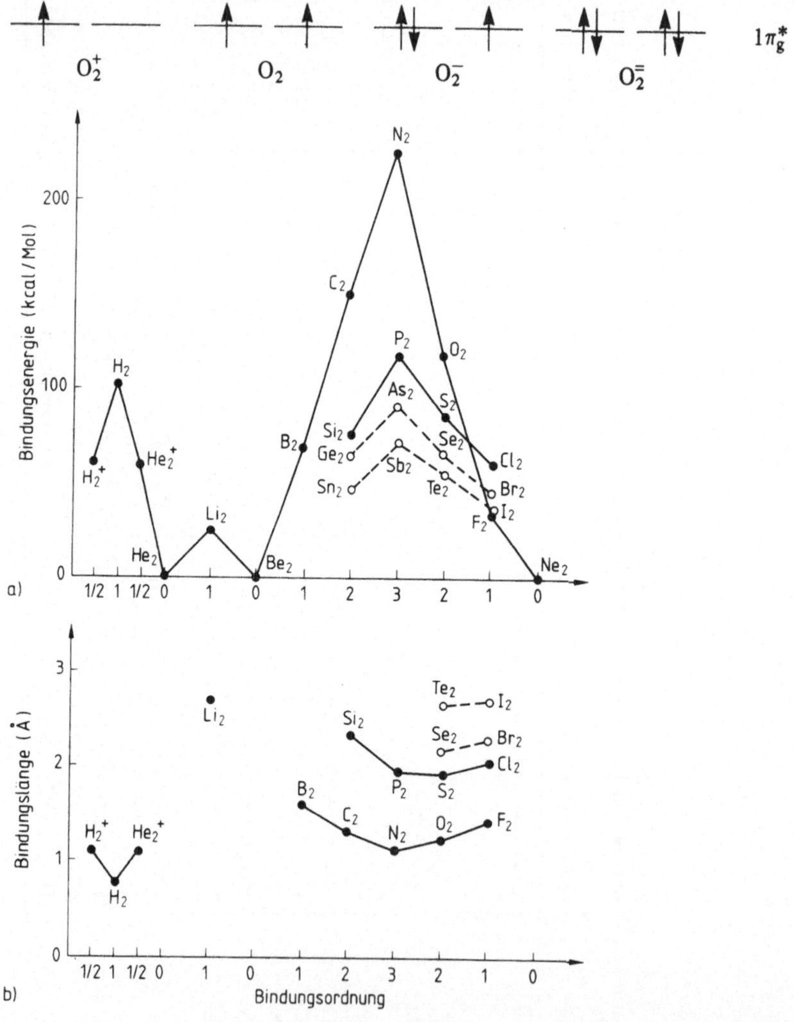

Fig. 4.16 Bindungsenergien (a) und Bindungslängen (b) als Funktion der vorausgesagten Bindungsordnung für homonukleare zweiatomige Moleküle. Bindungsenergien nehmen mit zunehmender Bindungsordnung zu, Bindungslängen (= Gleichgewichtsabstände) dagegen nehmen ab

Die *Elektronenkonfiguration von* B_2 *ist* $(1\sigma_g^+)^2\,(1\sigma_u^+)^2\,(2\sigma_g^+)^2\,(2\sigma_u^+)^1\,(1\pi_u)^2\,(3\sigma_g^+)^1$ statt der schematisch erwarteten Konfiguration $(1\sigma_g^+)^2\,(1\sigma_u^+)^2\,(2\sigma_g^+)^2\,(2\sigma_u^+)^2$ $\times(1\pi_u)^2$. Der Grund liegt darin, daß die *Energie für die Spinabsättigung größer ist als der Energiegewinn durch ein weiteres Elektron im* $(2\sigma_u^+)$- *oder* $(1\pi_u)$- *Orbital.*

Allgemein läßt sich bereits hier feststellen, daß die Lewis-Formeln (auch Strich-Formeln) auf eine deutliche Grenze stoßen.

Unser nächstes Ziel ist es, ein Molekülorbital für ein heteronukleares zweiatomiges Molekül AB zu konstruieren. Fig. 4.5 hat gezeigt, wie Orbitale von zwei verschiedenen Atomsorten kombinieren können. Allgemein wird das elektronegativere Atom die tiefer liegenden elektronischen Zustände haben. Daher können wir Diagramme ähnlich Fig. 4.15 — Schema I — numerisch berechnen oder qualitativ aufzeichnen. In der folgenden Fig. 4.17 ist das Atom B elektronegativer als Atom A.

Einige heteronuklearen zweiatomigen Moleküle werden jedoch eher die Orbitalanordnung entsprechend Fig. 4.15 — Schema II — haben. Wir sollten zusätzlich beachten, daß in Fig. 4.17 die Symmetriebezeichnungen die der Gruppe $C_{\infty v}$ sind.

Tab. 4.3 zeigt sowohl Voraussagen als auch die Beobachtungen für einige heteronukleare Moleküle AB. Die Einordnung der 1π- und $5\sigma^+$-Niveaus ist nicht voll geklärt. Der Fall des BN ist beachtenswert: Die 1π- und $5\sigma^+$-Niveaus sind energetisch so nahe beieinander, daß die zur $1\pi \to 5\sigma^+$ Anregung benötigte Energie geringer ist als die durch die ungepaarten Spins gewonnene. Daher ist die Elektronenkonfiguration des BN-Moleküls $(1\sigma^+)^2\,(2\sigma^+)^2\,(3\sigma^+)^2\,(4\sigma^+)^2$ $\times(1\pi)^3\,(5\sigma^+)^1$

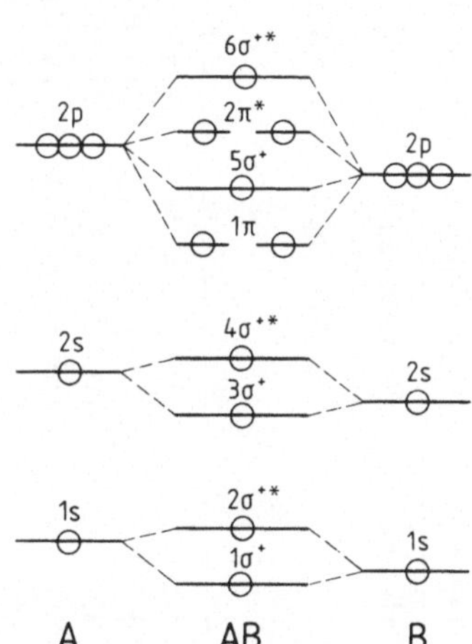

Fig. 4.17
Molekülorbitale für heteronukleare Moleküle AB
der ersten Reihe des Periodensystems

Tab. 4.3 Voraussagen und Beobachtungen für einige heteronukleare Moleküle der ersten Reihe des Periodensystems

Molekül	Voraussagen		Beobachtungen	
	elektronische Konfiguration	Bindungs-ordnung	Bindungs-länge [Å]	Bindungs-energie [kcal/Mol]
BeO	$(1\sigma^+)^2\,(2\sigma^+)^2\,(3\sigma^+)^2\,(4\sigma^+)^2\,(1\pi)^4$	2	1.3308	124
BeF	$(1\sigma^+)^2\,(2\sigma^+)^2\,(3\sigma^+)^2\,(4\sigma^+)^2\,(1\pi)^4\,(5\sigma^+)^1$	$2\tfrac{1}{2}$	1.3614	92
BN	$(1\sigma^+)^2\,(2\sigma^+)^2\,(3\sigma^+)^2\,(4\sigma^+)^2\,(1\pi)^3\,(5\sigma^+)^1$ (siehe Text)	2	1.281	92
BO	$(1\sigma^+)^2\,(2\sigma^+)^2\,(3\sigma^+)^2\,(4\sigma^+)^2\,(1\pi)^4\,(5\sigma^+)^1$	$2\tfrac{1}{2}$	1.2049	185
BF	$(1\sigma^+)^2\,(2\sigma^+)^2\,(3\sigma^+)^2\,(4\sigma^+)^2\,(1\pi)^4\,(5\sigma^+)^2$	3	1.262	195
CN$^+$	$(1\sigma^+)^2\,(2\sigma^+)^2\,(3\sigma^+)^2\,(4\sigma^+)^2\,(1\pi)^4$	2	1.1727	130
CN	$(1\sigma^+)^2\,(2\sigma^+)^2\,(3\sigma^+)^2\,(4\sigma^+)^2\,(1\pi)^4\,(5\sigma^+)^1$	$2\tfrac{1}{2}$	1.1718	188
CN$^-$	$(1\sigma^+)^2\,(2\sigma^+)^2\,(3\sigma^+)^2\,(4\sigma^+)^2\,(1\pi)^4\,(5\sigma^+)^2$	3	1.14	– – –
CO$^+$	$(1\sigma^+)^2\,(2\sigma^+)^2\,(3\sigma^+)^2\,(4\sigma^+)^2\,(1\pi)^4\,(5\sigma^+)^1$	$2\tfrac{1}{2}$	1.1151	195
CO	$(1\sigma^+)^2\,(2\sigma^+)^2\,(3\sigma^+)^2\,(4\sigma^+)^2\,(1\pi)^4\,(5\sigma^+)^2$	3	1.1282	255.8
CF	$(1\sigma^+)^2\,(2\sigma^+)^2\,(3\sigma^+)^2\,(4\sigma^+)^2\,(1\pi)^4\,(5\sigma^+)^2\,(2\pi)^1$	$2\tfrac{1}{2}$	1.270	106
NO$^+$	$(1\sigma^+)^2\,(2\sigma^+)^2\,(3\sigma^+)^2\,(4\sigma^+)^2\,(1\pi)^4\,(5\sigma^+)^2$	3	1.0619	254
NO	$(1\sigma^+)^2\,(2\sigma^+)^2\,(3\sigma^+)^2\,(4\sigma^+)^2\,(1\pi)^4\,(5\sigma^+)^2\,(2\pi)^1$	$2\tfrac{1}{2}$	1.150	162

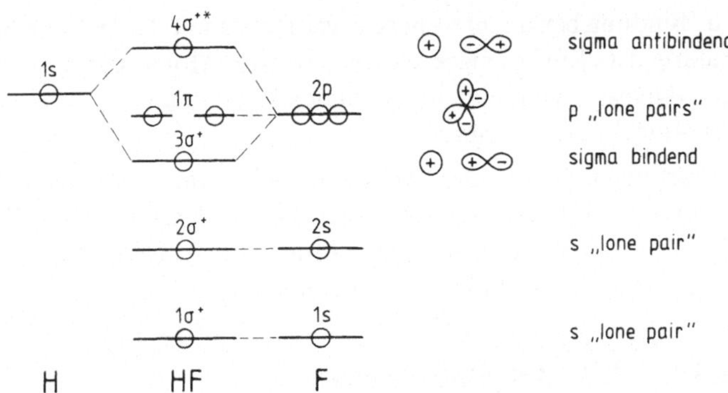

Fig. 4.18 Molekülorbitale des Fluorwasserstoffs, HF; „lone pair" = einsames Elektronenpaar

Schließlich wenden wir uns noch der speziellen Klasse der zweiatomigen Hydride, HA, zu, von denen Fluorwasserstoff, HF, ein Beispiel ist. Fig. 4.18 geht von den bekannten Atomenergien aus. Die energetische Lage des H-1s-Orbitals läßt dieses mit den 2p-Orbitalen des F-Atoms − und nur mit diesen − merklich wechselwirken. Von diesen hat nur das $2p_z$-Orbital die richtige Symmetrie.

Die F-$2p_x$- und F-$2p_y$-Orbitale sind streng nichtbindend. Sie bilden keine Linearkombination mit dem H-1s-Orbital, da rein geometrisch betrachtet das Überlappungsintegral Null sein muß. Die F-1s- und F-2s-Orbitale tragen nicht

Tab. 4.4 Einige Eigenschaften der zweiatomigen Hydride, HA, aus der ersten Reihe des Periodensystems

Molekül HA	Bindungs- länge [Å]	Bindungs- energie [kcal/Mol]
HLi	1.595 3	58
HBe	1.343 1	53
HB⁺	1.215	50
HB	1.232 5	70
HC⁺	1.131	98
HC	1.119 8	80
HN⁺	1.084	103
HN	1.038	85
HO⁺	1.028 9	111
HO	0.970 6	107
HF⁺	−	89
HF	0.917 5	134

zur Bindung bei, da ihre Energie, verglichen mit der H-1s-Orbitalenergie, viel zu niedrig ist. Für weniger elektronegative Atome der ersten Reihe wird das $2\sigma^+$-Niveau mehr und mehr bindend, was Pauling zur Konstruktion seiner Hybridorbitale bewegte.

Einige Eigenschaften der zweiatomigen Hydride der ersten Reihe des Periodensystems sind in Tab. 4.4 aufgelistet. Durch den unsicheren Bindungscharakter der $2\sigma^+$- bzw. $3\sigma^+$-Orbitale würde eine Angabe der Bindungsordnungen fragwürdig, sie ist daher nicht angegeben.

4.4   Ein „Orbital-Zirkus"

In diesem Abschnitt erfahren wir etwas über einfache gruppentheoretische Techniken und Vereinfachungen, die es gestatten, die Bindung in mehratomigen Molekülen zu beschreiben. Dazu wollen wir nun einige Beispiele untersuchen, bei denen wir Molekülorbitale für vielatomige Moleküle in einfache Beziehung zueinander setzen. Wir lernen zusätzlich einiges über Valenzstrichformeln und klären einige wichtige Begriffe der Valenz-Bindungs-(VB)Theorie.

4.4.1   Das CO_2-Molekül

Zunächst haben wir es mit drei Atomen zu tun, immer noch in der Punktgruppe $D_{\infty h}$, denn das CO_2-Molekül im Grundzustand ist linear. Das Vorgehen entspricht dem vorangegangenen. Wir müssen bestimmen, durch welche irreduziblen Darstellungen alle beteiligten Orbitale transformiert werden, und dann Linearkombinationen der passenden Symmetrie konstruieren.

Von nun an berücksichtigen wir nur die Valenzorbitale, d. h. die Orbitale der äußeren Schale(n). Die darunter liegenden, vollständig gefüllten Schalen sind von sehr niedriger Energie und sind an den Molekülorbitalen (von den Valenzorbitalen geformt) in guter Näherung nicht beteiligt. Anders: Die uns hier interessierende Elektronen-Spektroskopie findet nur in den Valenzorbitalen statt. Daher haben wir nur die 2s- und 2p-Orbitale der drei beteiligten Atome zu berücksichtigen. Diese zwölf Orbitale sind in Fig. 4.19 bildlich dargestellt.

Aus diesen zwölf Atomorbitalen müssen wir schließlich zwölf Molekülorbitale konstruieren. Es ist üblich, die Transformationseigenschaften der Orbitale unter den Symmetrieoperationen der Gruppe getrennt zu bestimmen: Die s-, p_z- und (p_x, p_y)-Orbitale des Kohlenstoffs behandeln wir für sich; dieselbe Einteilung für die Sauerstoffatome ist ebenfalls nützlich. Auf diese Weise erhalten wir die reduziblen Darstellungen, die in Tab. 4.5 aufgelistet sind.

Wir müssen natürlich die Orbitale nicht so aufbrechen wie oben getan. Aber es ist einfach. Wir entnehmen Tab. 4.5, daß wir drei Linearkombinationen von

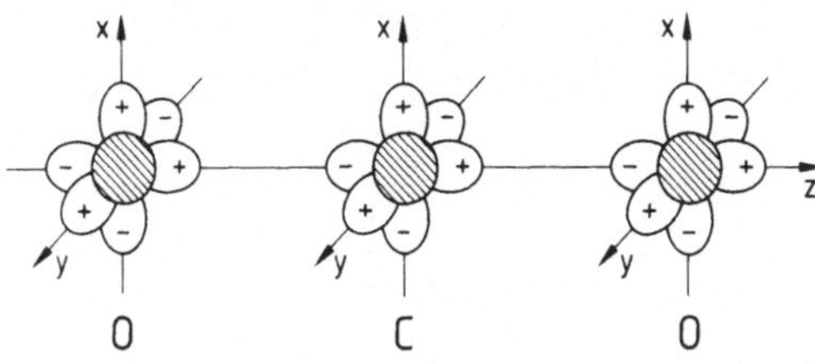

Fig. 4.19 2s- und 2p-Valenzatomorbitale am Beispiel des CO_2

Tab. 4.5 Transformationen der CO_2-Atomorbitale

$D_{\infty h}$	E	$2C^\phi_\infty$	$\infty\sigma_v$	i	$2S^\phi_\infty$	∞C_2	
C 2s	1	1	1	1	1	1	$= \sigma^+_g$
C $2p_z$	1	1	1	-1	-1	-1	$= \sigma^+_u$
C $(2p_x, 2p_y)$	2	$2\cos\phi$	0	-2	$2\cos\phi$	0	$= \pi_u + \pi_u$
2O 2s	2	2	2	0	0	0	$= \sigma^+_g + \sigma^+_u$
2O $2p_z$	2	2	2	0	0	0	$= \sigma^+_g + \sigma^+_u$
2O $(2p_x, 2p_y)$	4	$4\cos\phi$	0	0	0	0	$= \pi_u + \pi_g$

σ^+_g-Symmetrie, drei von σ^+_u-Symmetrie, zwei von π_u-Symmetrie und eines von π_g-Symmetrie aus der geometrischen Anschauung aufzustellen haben.

Wir betrachten zunächst die σ^+_g-Kombinationen. Die Kohlenstoff-2s- sowie die Sauerstoff-2s- und $2p_z$-Orbitale werden an diesen Molekülorbitalen beteiligt sein. Tab. 4.5 zeigt uns zudem, daß diese Atomorbitale die einzigen sind, die an Kombinationen von σ^+_g-Symmetrie beteiligt sein können. Der Grund liegt darin, daß sie die einzigen sind, deren Darstellungen die irreduzible σ^+_g-Darstellung enthält. Die entsprechenden Linearkombinationen (mit σ_g-Symmetrie) sind in Fig. 4.20 bildlich dargestellt.

Die entsprechende Linearkombination ist daher

$$\psi(\sigma^+_g) = c_1\phi_1 + c_2\phi_2 + c_3\phi_3. \tag{4.15}$$

Drei Linearkombinationen von s- und p_z-Orbitalen sind möglich, die σ^+_u-Symmetrie haben; im Augenblick unterschlagen wir sie.

Indem wir das Variationsverfahren unter Benutzung von Gl. (4.4) anwenden und nach allen drei Koeffizienten c_1, c_2 und c_3 differenzieren, erzeugen wie eine 3×3-Säkulardeterminante analog zu Gl. (4.10):

$$\begin{vmatrix} H_{\phi_1\phi_1} - E & H_{\phi_1\phi_2} - ES_{\phi_1\phi_2} & H_{\phi_1\phi_3} - ES_{\phi_1\phi_3} \\ H_{\phi_2\phi_1} - ES_{\phi_2\phi_1} & H_{\phi_2\phi_2} - E & H_{\phi_2\phi_3} - ES_{\phi_2\phi_3} \\ H_{\phi_3\phi_1} - ES_{\phi_3\phi_1} & H_{\phi_3\phi_2} - ES_{\phi_3\phi_2} & H_{\phi_3\phi_3} - E \end{vmatrix} = 0. \tag{4.16}$$

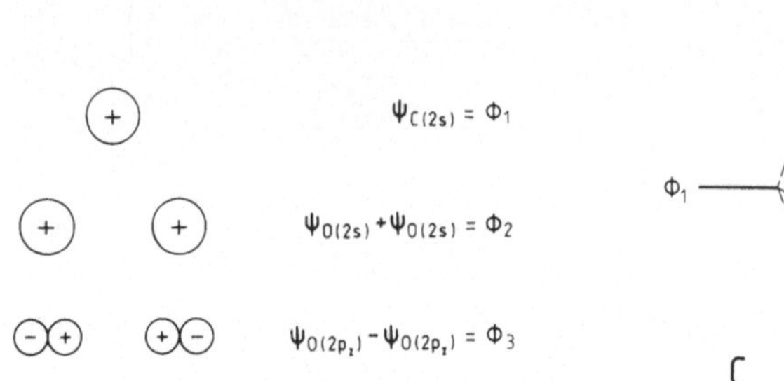

Fig. 4.20 Atomorbitale, deren Linearkombinationen σ_g^+-Symmetrie aufweisen

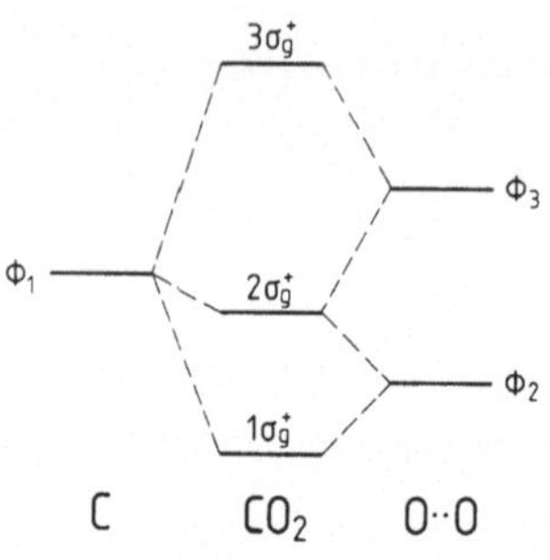

Fig. 4.21 Energieniveaus der drei $CO_2(\sigma_g^+)$-Molekülorbitale

Gl. (4.16) hat drei Lösungen für die Energie E. Damit können wir drei σ_g^+-Molekülorbitale erzeugen mit drei Sätzen von Koeffizienten (d. h. je einer pro MO); für jedes MO erhalten wir damit einen Energiewert. Das Ergebnis der Rechnung und die Zuordnungen sind schematisch in Fig. 4.21 aufgezeichnet.

Gewöhnlich werden die Molekülorbitale derselben Symmetrie fortlaufend numeriert mit 1, 2, 3 etc. entsprechend zunehmender Energie, vgl. Fig. 4.21.

Nun müssen wir mit den Linearkombinationen der anderen Symmetrien genauso verfahren. Das sei dem Leser in seinen Einzelheiten überlassen; wir kommen schließlich zu einem vollständigen Molekülorbital-Schema, wie es Fig. 4.22 zeigt; die genaue Lage der Energieniveaus setzt die Kenntnis der Energieniveaus der Atome und gemessene Bindungsabstände voraus. Wichtige R e g e l dabei: n Atomorbitale ergeben genau n Molekülorbitale (gewöhnlich mit verschiedenen Energieeigenwerten; Entartung ist jedoch möglich)!

Dies ist ja alles schön und gut, aber was ist damit gemeint? Laßt uns zu einigen „primitiven" Ideen zurückgehen und herausfinden, was es mit diesen Orbitalen auf sich hat. In der einfachen Darstellung chemischer Bindungen (Valenzstrichformel nach Lewis) steht für jedes bindende Elektronenpaar ein Strich „ – ", für jedes freie Valenzelektron ein Punkt „ · ". Unser Molekül Kohlendioxyd hat folgende Strukturformel, die das lineare CO_2 mit allen (Valenz-)Elektronenpaaren beschreibt:

$$\ddot{O} = C = \ddot{O}$$

Es ist geradezu überraschend, was wir damit anfangen können. Erwähnt sei auch noch die geometrische, anschauliche Beschreibung des CO_2 durch Valenzbindung in Fig. 4.23.

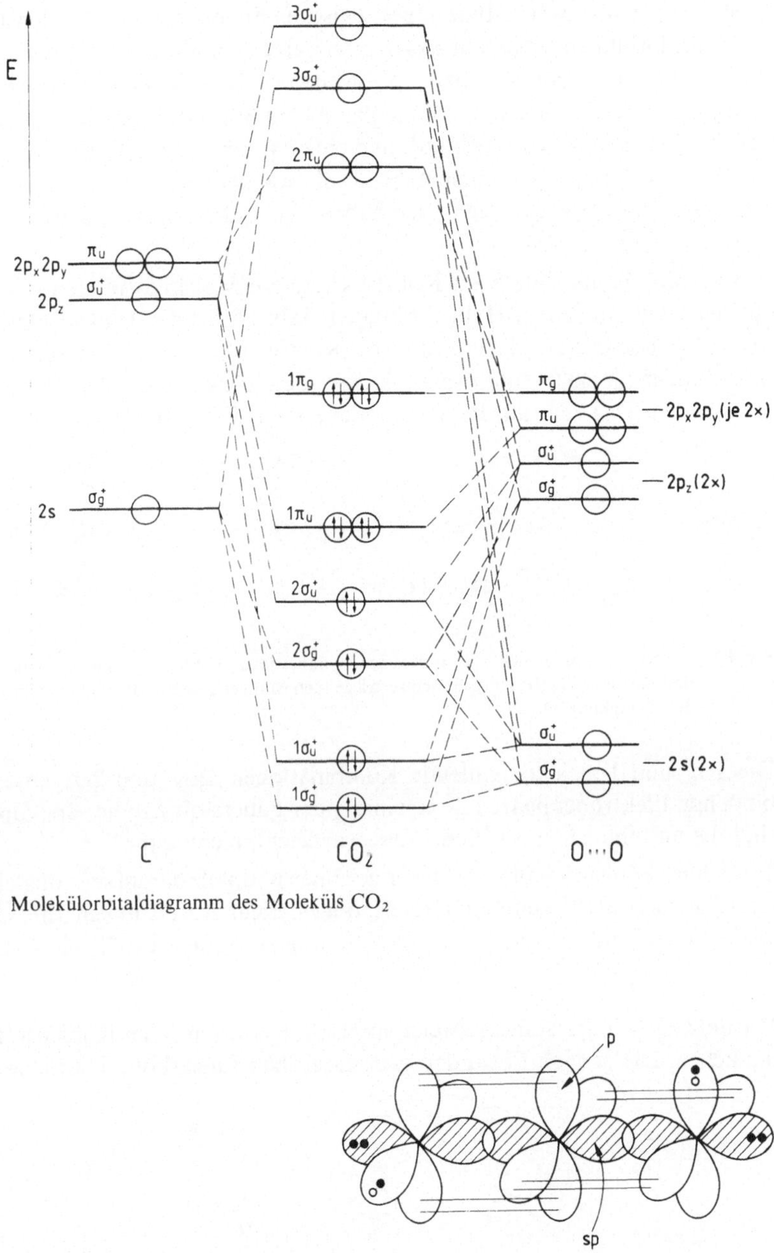

Fig. 4.22 Molekülorbitaldiagramm des Moleküls CO_2

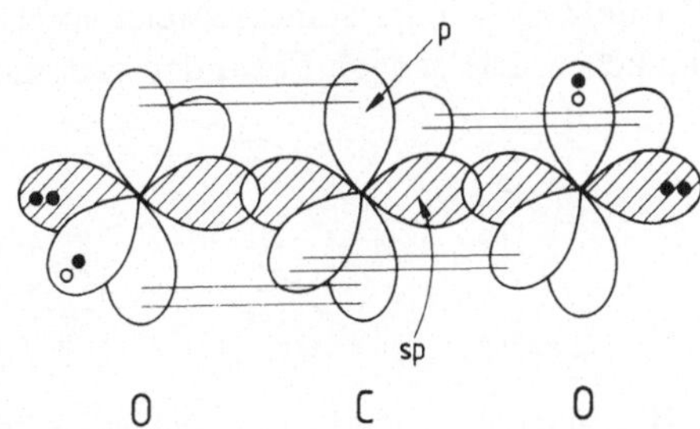

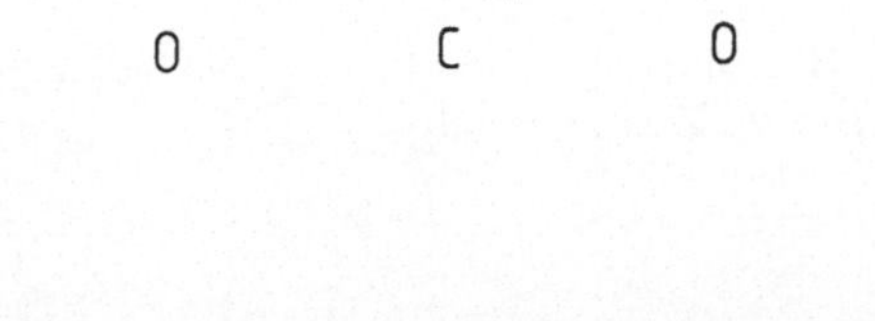

Fig. 4.23 Valenzbindungen des CO_2

Dabei haben wir zwei σ-Bindungen zwischen Sauerstoff und Kohlenstoff aus sp-Hybridorbitalen aufgebaut sowie jeweils eine π-Bindung zwischen Sauerstoff und Kohlenstoff mit p_x- bzw. p_y-Orbitalen. Nichtbindende („freie" oder „einsame") Elektronenpaare, („lone pairs") am Sauerstoff verbleiben anschaulich in je einem sp-Hybridorbital[1]) und einem p-Orbital des C-Atoms. Ist diese Beschreibung derjenigen entsprechend, die wir gerade durch unser Molekülorbital-Schema, Fig. 4.22, gefunden haben? Ja, und wir werden kurz aufzeigen, warum das so ist.

Anstelle der Atomorbitale zur Konstruktion von Molekülorbitalen starten wir zunächst mit einigen sp-Hybridorbitalen. Tab. 4.5 für die Transformation hat uns angewiesen, drei σ_g^+- und drei σ_u^+-Kombinationen aus den sechs s- und p_z-Orbitalen für ein C- und zwei O-Atome, die zugleich diese sp-Hybride bilden, aufzubauen. Das verläuft dann folgendermaßen; Fig. 4.24.

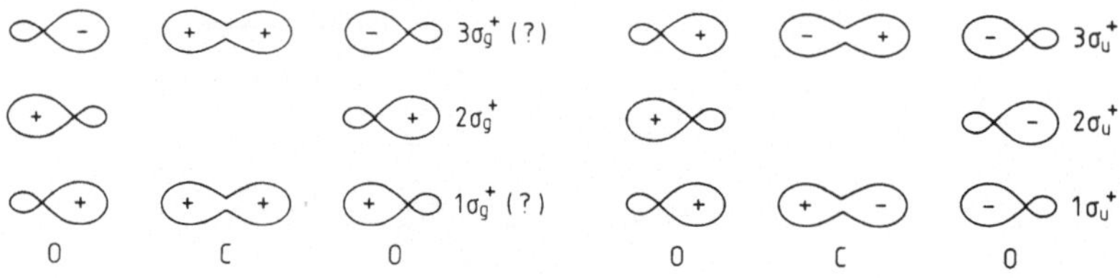

Fig. 4.24 „Konstruktionsversuch" der möglichen, symmetrieangepaßten σ_g^+- und σ_u^+-Linearkombinationen im CO_2. Beachte die schwerwiegenden Mängel, insbesondere inkorrekte $1\sigma_g^+$- und $3\sigma_g^+$-Molekülorbitale

Die $1\sigma_g^+$ und $1\sigma_u^+$ sind bindende Kombinationen; $2\sigma_g^+$ und $2\sigma_u^+$ sind nichtbindende Elektronenpaare („lone pairs") der Sauerstoff-Atome; $3\sigma_g^+$ und $3\sigma_u^+$ sind die antibindenden Orbitale. Das war leicht, nicht wahr?

Tatsächlich können wir diese Bildchen zeichnen und stolz darauf sein, obgleich uns schnell Fehler unterlaufen, so auch in der obigen Figur. Auf der linken Seite steht ein spaßig aussehendes Gebilde, das nicht richtig gezeichnet ist, für ein C-Orbital

Warum? Es soll die Summe zweier sp-Hybride am zentralen Kohlenstoffatom darstellen. Die genaue Form der zwei möglichen Linearkombinationen ist:

____

[1]) Hybridorbital: durch Linearkombination zweier Atomorbitale desselben Atoms hergestelltes Zwitterorbital

Addieren wir diese beiden Funktionen, so fällt der p-Charakter gerade heraus:

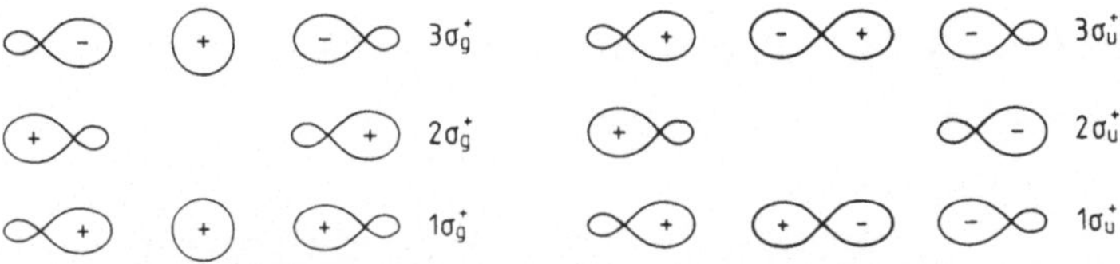

(Dabei ist es erlaubt, die Koeffizienten vor der Summe zu ignorieren, da jede Funktion, die wir durch Addition oder Subtraktion normierter Wellenfunktionen erhalten, dann erneut normiert werden muß.) Entsprechend ist das σ_u^+-Orbital wirklich nur ein p-Orbital:

Mit diesem Ergebnis zeichnen wir die σ-Orbitale des C im CO_2 noch einmal, nun „verbessert"; Fig. 4.25.

Fig. 4.25 Korrekte σ_g^+- und σ_u^+-Molekülorbitale des CO_2. Vergleiche mit Fig. 4.24

Ungeübte, die zum erstenmal solche Molekülorbitalbildchen aufzeichnen sollen, kommen nicht mit solch einer feinen Figur heraus, d. h. sie finden nicht auf Anhieb das richtige Orbitalbild. Zum Beispiel wissen wir aus der oben angegebenen Lewisstruktur von CO_2, daß wir zwei bindende σ-Orbitale erhalten müssen. „Das ist doch trivial" könnten wir sagen, gleichzeitig die unrichtigen Bildchen aufzeichnend:

Warum sind diese Bilder falsch, während die weiter oben stehenden, mit $1\sigma_g^+$ und $1\sigma_u^+$ bezeichnet, richtig sind? Der Grund liegt darin, daß diese unrichtigen Orbitale keine Basis für die irreduziblen Darstellungen der Punktgruppe $D_{\infty h}$ bilden. Wir wollen uns zunächst anschauen, wie die richtigen Orbitale transformieren:

$D_{\infty h}$	E	$2C_\infty^\phi$	$\infty\,\sigma_v$	i	$2S_\infty^\phi$	∞C_2
$1\sigma_g^+$	1	1	1	1	1	1
$1\sigma_u^+$	1	1	1	-1	-1	-1

Wie transformieren nun die inkorrekten Orbitale? Unter den Operationen E, C_∞^ϕ und σ_v klappt noch alles. Aber wenn wir uns i anschauen:

Orbital I geht unter der Inversion in Orbital II über. Die σ_g^+- und σ_u^+-Orbitale müssen unter der Inversionsoperation I in ihr Positives bzw. Negatives übergehen. Ähnlich falsch verhalten sich Orbital I und II unter den Operationen $S_\infty^{B\phi}$ und C_2. Wir sollten daher immer überprüfen, daß unsere Molekülorbital-bildchen tatsächlich die Grundlage für irreduzible Darstellungen der Punktgruppe des jeweiligen Moleküls bilden. Mit ein wenig Praxis wird uns das nicht schwerfallen.

Wie sieht es nun mit den π_u- und π_g-Kombinationen aus? (Fig. 4.26).

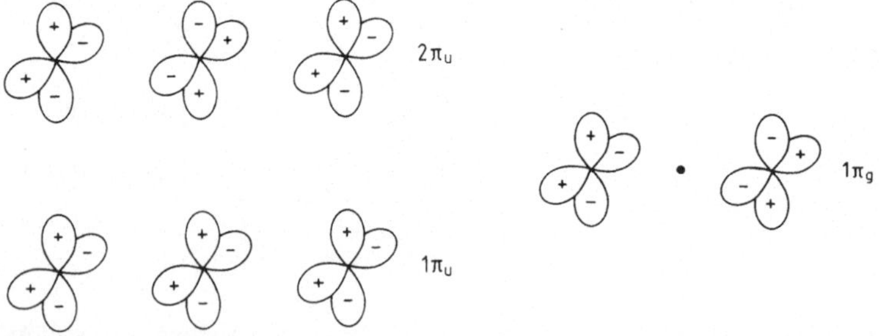

Fig. 4.26 π_u- und π_g-Molekülorbitale des CO_2

$1\pi_u$ ist ein bindendes π-Orbital. $1\pi_g$ ist ein Satz von nichtbindenden Elektronenpaaren, „lone pairs“, in p-Orbitalen. $2\pi_u$ ist die antibindende π-Kombination. Nun wollen wir diese Bildchen noch den Energieniveaus in unserem Molekülorbital-Schema, Fig. 4.22, nahebringen, und wir sind da, wo wir hinwollen; Fig. 4.27 zeigt das Ergebnis für CO_2.

Tatsächlich sind alle MO-Bilder unseren einfachen Valenzbindungen sehr ähnlich. Der Unterschied besteht darin, daß in den Molekülorbitalen die Elektronen gewöhnlich delokalisiert, d. h. über das ganze Molekül verteilt sind, während Valenzbindungen die Elektronen jeweils zwischen Paaren von Atomen lokalisieren (vgl. Fig. 4.23).

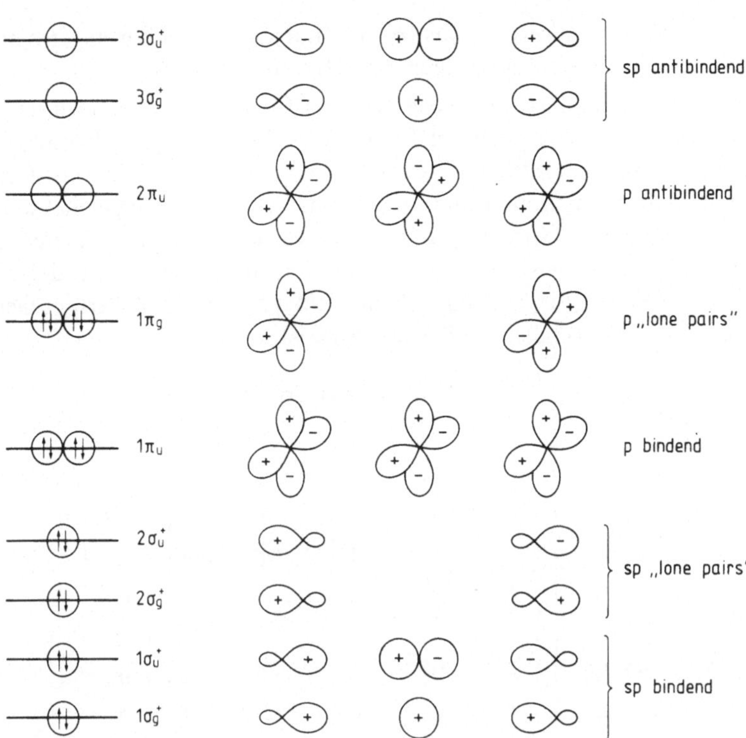

Fig. 4.27 Energieniveaus, Besetzung und zugehörige Molekülorbitale sowie deren Bezeichnungen für CO_2

Es scheint hier angebracht, noch ein paar Worte zur Einordnung der Orbitale in ein MO-Diagramm zu sagen. Da wir allgemein keine Energien ausrechnen werden, soll uns die folgende Faustregel leiten: Wenn zwei Orbitale vom selben Typ sind, wird das mit weniger Knotenflächen gewöhnlich bei niedriger Energie liegen, d. h. fester gebunden sein. Orbitale vom selben Typ sind zum Beispiel das $1\sigma_g^+$- und das $1\sigma_u^+$-Orbital, denn beide sind σ-bindende Orbitale, Fig. 4.28. Ein Knoten ist der Punkt, an dem die Wellenfunktion ihr Vorzeichen umkehrt. Das $1\sigma_g^+$-Orbital hat keine Knotenfläche und das $1\sigma_u^+$-Orbital hat einen Knoten. (Ganz „Genaue" würden natürlich den Vorzeichenwechsel der sp-Sauerstoffhybride am Sauerstoffatom mitzählen und sagen, daß die Orbitale zwei bzw. drei

Fig. 4.28 $1\sigma_g^+$- und $1\sigma_u^+$-Molekülorbital des CO_2. Beachte den zusätzlichen Knoten des σ_u-Molekülorbitals am Kohlenstoffatom

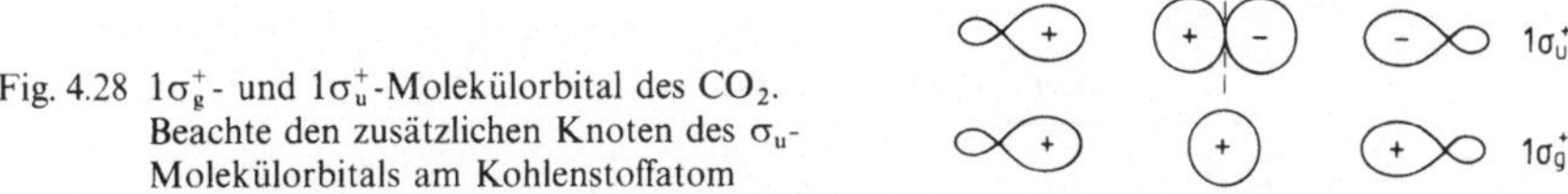

Knotenflächen aufweisen). Das $1\sigma_g^+$-Orbital jedenfalls mit weniger Knoten liegt im Energiediagramm unter dem $1\sigma_u^+$-Orbital.

Wie würden nun die Molekülorbitale des CO_2 aussehen, wenn wir das Molekül „winkeln“, d. h. bezüglich der $O-C-O$-Achse verbiegen? Benutzen wir das untenstehende Koordinatensystem Fig. 4.29, so können die Transformationseigenschaften der Atomorbitale in der Punktgruppe C_{2v} hergeleitet werden. Die C_{2v}-Charaktertafel (Anhang A.4) müssen wir ein wenig modifizieren, da sie zu einem Koordinatensystem gehört, in der die z-Achse mit der C_2-Achse zusammenfällt. Wir müssen lediglich ein paar Zeichen vertauschen, da in Fig. 4.29 die Molekülebene die xz-Ebene ist.

C_{2v}	E	$C_2(x)$	$\sigma_v(xy)$	$\sigma_v(xz)$	
C 2s	1	1	1	1	$= a_1$
C $2p_x$	1	1	1	1	$= a_1$
C $2p_y$	1	-1	1	-1	$= b_1$
C $2p_z$	1	-1	-1	1	$= b_2$
2O 2s	2	0	0	2	$= a_1 + b_2$
2O $2p_x$	2	0	0	2	$= a_1 + b_2$
2O $2p_y$	2	0	0	-2	$= a_2 + b_1$
2O $2p_z$	2	0	0	2	$= a_1 + b_2$

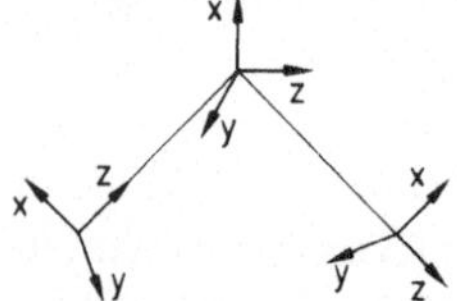

Fig. 4.29 Koordinatensystem für gewinkelte AB_2 (hier CO_2) Moleküle

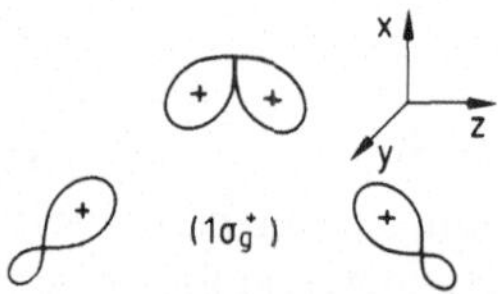

Fig. 4.30 Transformation des $1\sigma_g^+$-Molekülorbitals im gewinkelten Molekül AB_2

Der gesamte Molekülorbitalsatz muß wie $5a_1 + a_2 + 2b_1 + 4b_2$ transformieren. Beachte, daß die Entartung der π-Molekülorbitale durch die Biegung aufgehoben wird, da die Punktgruppe C_{2v} keine entarteten irreduziblen Darstellungen hat. Laßt uns genauer untersuchen, wie die verschiedenen Molekülorbitale im gewinkelten Molekül transformieren. Zuerst probieren wir das am $1\sigma_g^+$-Orbital (Fig. 4.30).

C_{2v}	E	$C_2(x)$	$\sigma_v(xy)$	$\sigma_v(xz)$	
$\Gamma_{1\sigma_g^+}$	1	1	1	1	$= a_1$

Klar, daß alle σ_g^+-Orbitale des linearen Moleküls im gewinkelten wie a_1 transformieren. Entsprechend transformieren alle σ_u^+-Orbitale wie b_2 im gewinkelten Molekül. Als nächstes wollen wir uns das $1\pi_u$-Orbital anschauen (Fig. 4.31). Wir nehmen die jeweiligen p_x- bzw. p_y-Komponenten für sich:

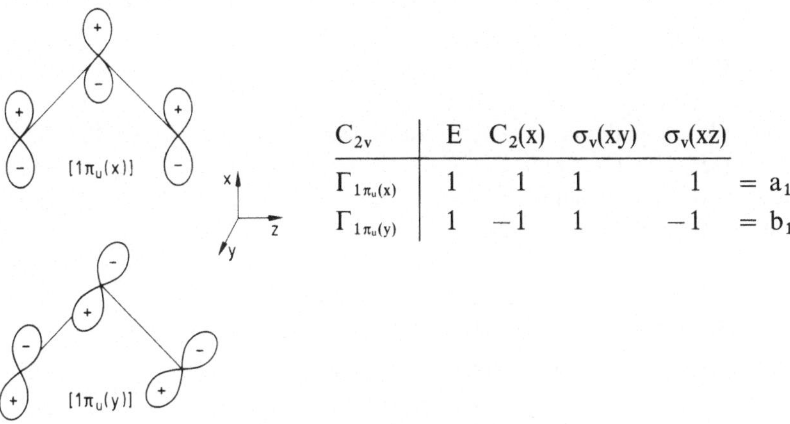

C_{2v}	E	$C_2(x)$	$\sigma_v(xy)$	$\sigma_v(xz)$	
$\Gamma_{1\pi_u(x)}$	1	1	1	1	$= a_1$
$\Gamma_{1\pi_u(y)}$	1	-1	1	-1	$= b_1$

Fig. 4.31 Transformation des $1\pi_u(x)$- bzw. $1\pi_u(y)$-Molekül-orbitals im gewinkelten Molekül AB_2

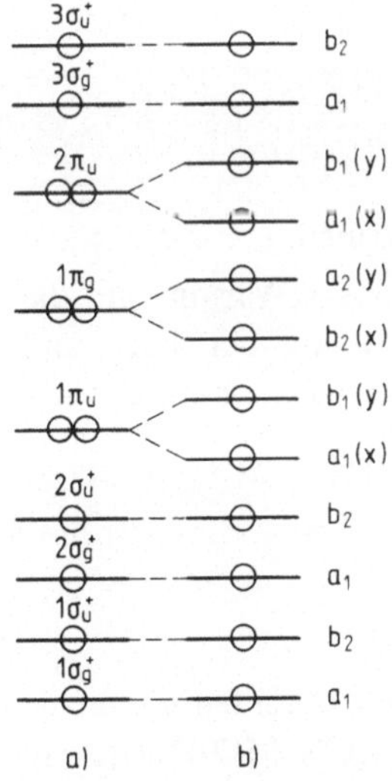

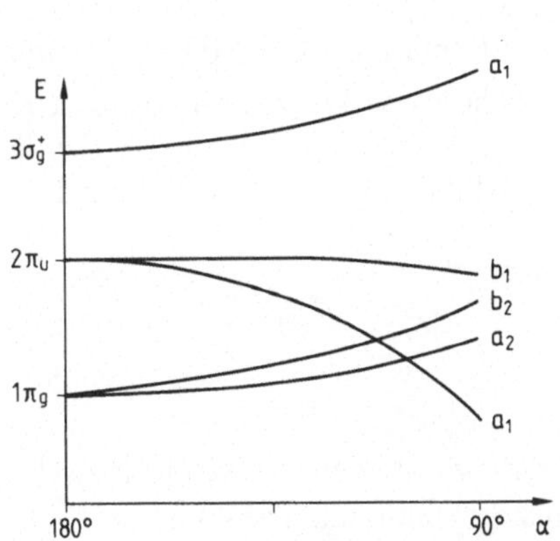

Fig. 4.32 Energieniveaus der Molekülorbitale des CO_2 in linearer (a) und gewinkelter Form (b), schematisch

Fig. 4.33 Variation der Energieniveaus der Molekülorbitale in CO_2 als Funktion des Biegewinkels θ, schematisch

Ähnlich können wir finden, daß das $1\pi_g$-Niveau a_2- und b_2-Komponenten hat, und das $2\pi_u$-Niveau gibt a_1- und b_1-Komponenten. Dieses wird in Fig. 4.32 zusammengetragen. Zusätzlich geben wir noch in Fig. 4.33 das Resultat einer ausführlichen Rechnung der Energien der höherliegenden Molekülorbitale als Funktion des Biegewinkels $O-C-O$.

4.4.2   HCN

Als Basisfunktion wollen wir sp-Hybridorbitale am Kohlenstoff- und Stickstoffatom benutzen. Das ist gerade so gut wie die separaten Atomorbitale. Wählen wir die Kernverbindungslinie dieses (im Grundzustand linearen) Moleküls als z-Achse, so gelangen wir zur folgenden Tabelle:

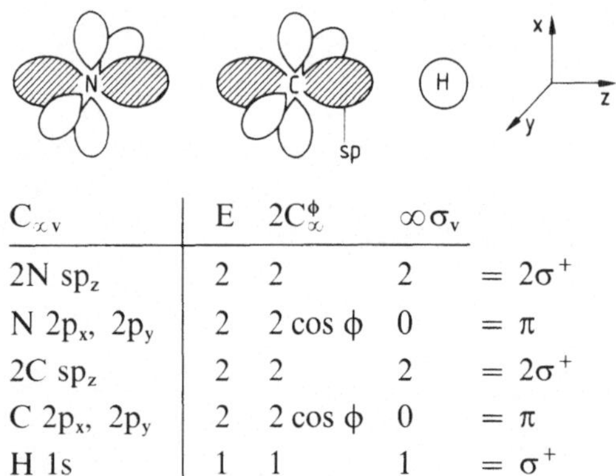

$C_{\infty v}$	E	$2C_\infty^\phi$	$\infty\,\sigma_v$	
$2N\ sp_z$	2	2	2	$= 2\sigma^+$
$N\ 2p_x,\ 2p_y$	2	$2\cos\phi$	0	$= \pi$
$2C\ sp_z$	2	2	2	$= 2\sigma^+$
$C\ 2p_x,\ 2p_y$	2	$2\cos\phi$	0	$= \pi$
$H\ 1s$	1	1	1	$= \sigma^+$

Damit können wir das MO-Diagramm, Fig. 4.34, konstruieren.

Möglicherweise kratzen wir uns am Kopf und fragen uns: „Warum sind die $1\sigma^+$- und $2\sigma^+$-Orbitalbildchen richtig nach der Diskussion der $1\sigma_g^+$- und $1\sigma_u^+$-Orbitale für CO_2? (siehe Seite 158). Warum zeichnen wir nicht folgendermaßen?":

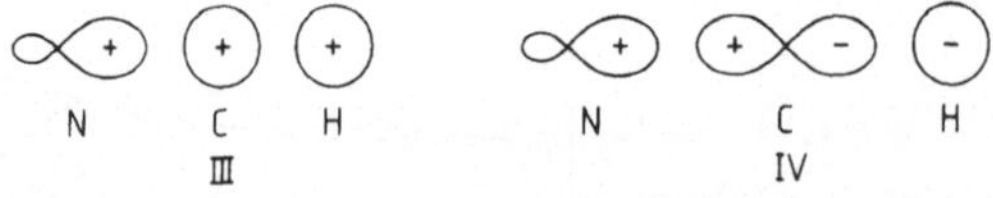

Die Antwort finden wir, wenn wir zwei verschiedene Punkte beachten: Zunächst transformieren die $1\sigma^+$- und $2\sigma^+$-Orbitale aus dem HCN-MO-Diagramm korrekt unter den Operationen der $C_{\infty v}$-Gruppe. Aber das tun III und IV ebenfalls. Der einzige Weg, zwischen den weiter oben gezeichneten (korrekten) $1\sigma^+$- und $2\sigma^+$-Orbitalen und den Orbitalen III und IV zu unterscheiden, ist eine

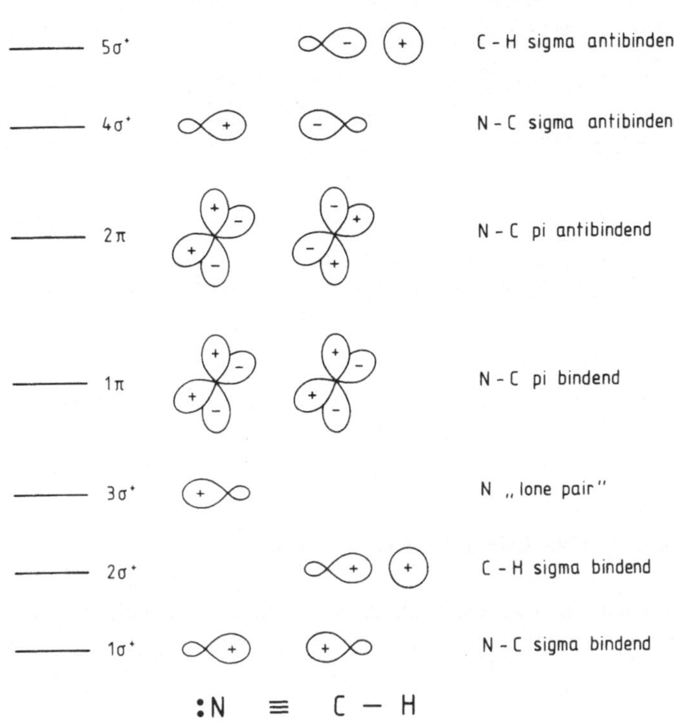

Fig. 4.34 Molekülorbital-Diagramm des HCN

ausführliche Rechnung. Diese zeigt, daß für dieses Beispiel $1\sigma^+$- und $2\sigma^+$-Orbitale besser repräsentiert werden, wenn die Elektronendichte zwischen den jeweiligen Atomen lokalisiert ist, als über das gesamte Molekül delokalisiert („verschmiert") zu sein. Beachte: Nur eine Rechnung, deren Ausmaß den Rahmen dieses Büchleins sprengen würde, gibt uns diese Auskunft genauer. Ähnlich ist das Ergebnis einer Rechnung für die Ordnung von $1\sigma^+$ und $2\sigma^+$ bezüglich der Energie: $1\sigma^+$ liegt unter $2\sigma^+$.

Die Resultate einer solchen Berechnung sollen nicht vorenthalten werden. Fig. 4.35 zeigt sie in einer eleganten Form: Hier ist die Elektronendichte punktweise für eine Schnittebene durch das Molekül (mit fixierten Kernen) aufgetragen. Die Bilder zeigen die Dichten in den jeweiligen (besetzten) σ- und π-Orbitalen als auch die Zusammensetzung aller Valenzorbitale: Fig. 4.35 b zeigt die totale Elektronendichte in der Molekülebene des HCN. Diese ausgezeichneten Darstellungen zeigen uns sofort, daß die Elektronen in der CN-Bindung mehr zu dem elektronegativen N „gezogen" werden, d. h. verschoben sind. Ähnlich sind die Elektronen der CH-Bindung zum C verschoben. Schließlich

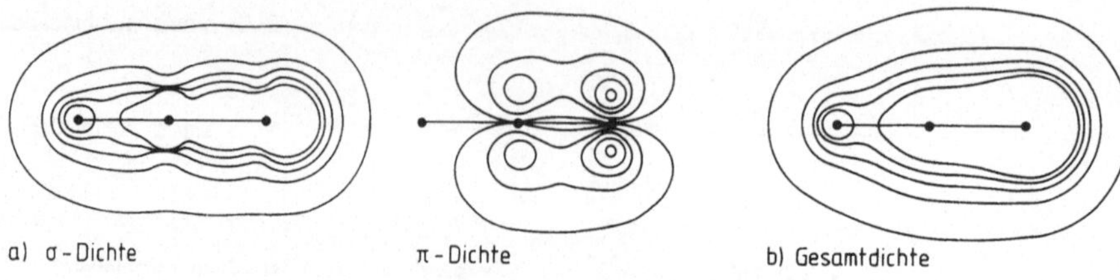

a) σ-Dichte   π-Dichte   b) Gesamtdichte

Fig. 4.35 (a) σ- bzw. π-Elektronendichte des HCN in der Molekülebene
(b) Gesamte Elektronendichte des HCN in der Molekülebene

bemerken wir noch, daß (einiger) CN-sigma-Bindungscharakter im $3\sigma^+$-Orbital auftritt, das im einfachen MO-Diagramm lediglich „lone pair"-Charakter am N aufweist.

4.4.3 Das Ethen-Molekül, C_2H_4

Nun wollen wir unser schnell zunehmendes, jedoch intuitives „Gefühl" für Molekülorbitale benutzen und auf D_{2h} losgehen. Das Vorgehen ist dasselbe.

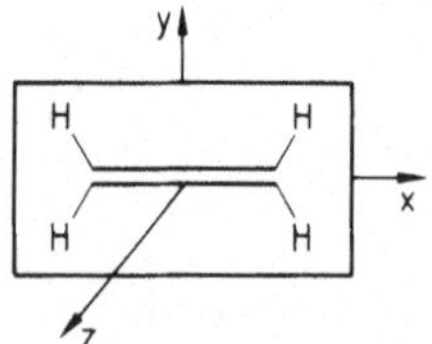

Fig. 4.36 Das Molekül Ethen, C_2H_4, und sein Koordinatensystem

Unser Basissatz für Atomorbitale beinhaltet vier Wasserstoff-1s-Orbitale und zwei Sätze von Kohlenstoff-2s- und 2p-Orbitalen.

D_{2h}	E	$C_2(z)$	$C_2(y)$	$C_2(x)$	i	σ_{xy}	σ_{xz}	σ_{yz}	
4H 1s	4	0	0	0	0	4	0	0	$= a_g + b_{1g} + b_{2u} + b_{3u}$
2C 2s	2	0	0	2	0	2	2	0	$= a_g + b_{3u}$
2C $2p_x$	2	0	0	2	0	2	2	0	$= a_g + b_{3u}$
2C $2p_y$	2	0	0	-2	0	2	-2	0	$= b_{1g} + b_{2u}$
2C $2p_z$	2	0	0	-2	0	-2	2	0	$= b_{2g} + b_{1u}$

Zunächst betrachten wir die Valenzbindungsstruktur von Äthylen. Wir wollen hier sp^2-Hybridorbitale gebrauchen, um damit die σ-Bindungen zu beschreiben,

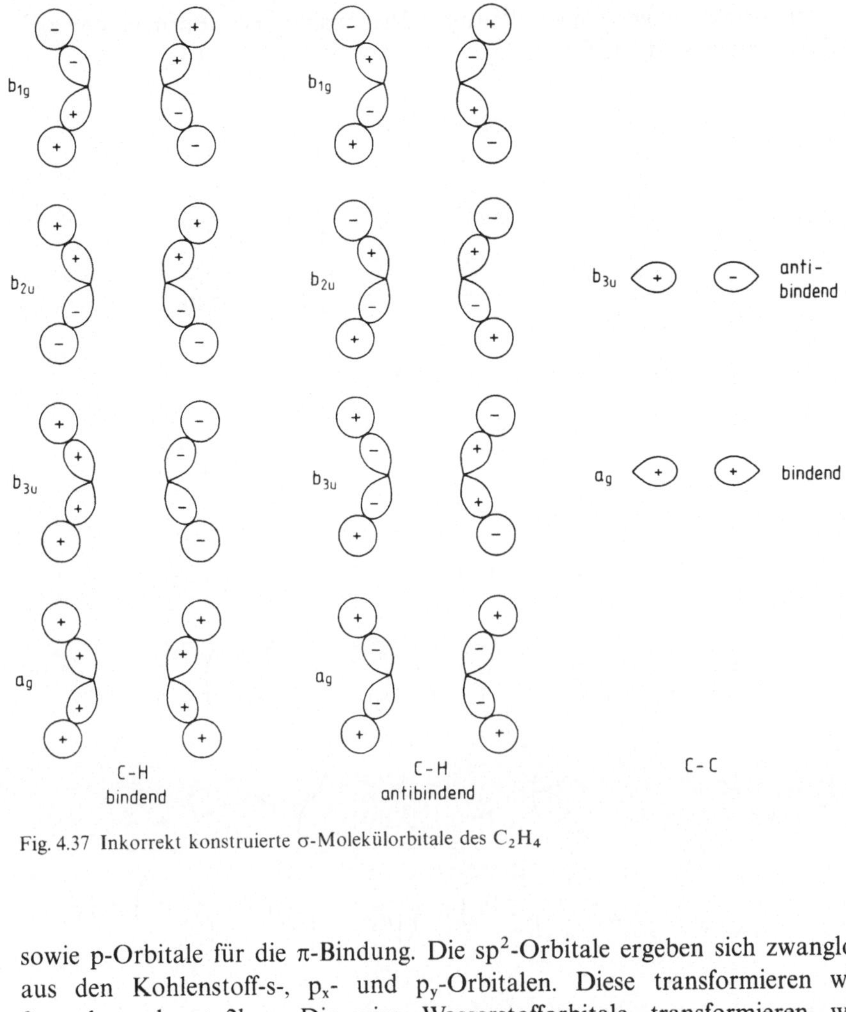

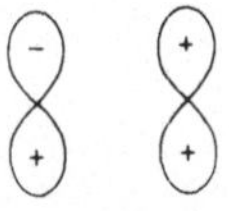

Fig. 4.37 Inkorrekt konstruierte σ-Molekülorbitale des C_2H_4

sowie p-Orbitale für die π-Bindung. Die sp^2-Orbitale ergeben sich zwanglos aus den Kohlenstoff-s-, p_x- und p_y-Orbitalen. Diese transformieren wie $2a_g + b_{1g} + b_{2u} + 2b_{3u}$. Die vier Wasserstofforbitale transformieren wie $a_g + b_{1g} + b_{2u} + b_{3u}$. Von diesen zehn Orbitalen müssen wir vier C−H-bindende Orbitale, vier C−H-antibindende Orbitale, ein C−C-sigma-bindendes und ein C−C-sigma-antibindendes Orbital formen. Paßt auf, wie wir anfangen (Fig. 4.37).

Alles falsch! Die lustig aussehenden gebogenen Orbitale

sind inkorrekt aufgezeichnet. Warum? Die analytischen Formen der sp^2-Hybridorbitale sind wie folgend:

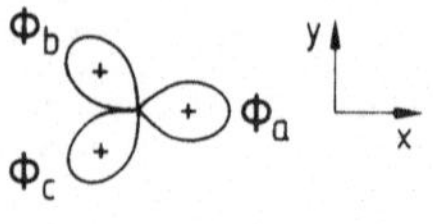

$$\begin{aligned}\phi_a &= \frac{1}{\sqrt{3}}s + \frac{2}{\sqrt{6}}p_x,\\ \phi_b &= \frac{1}{\sqrt{3}}s - \frac{1}{\sqrt{6}}p_x + \frac{1}{\sqrt{2}}p_y,\\ \phi_c &= \frac{1}{\sqrt{3}}s - \frac{1}{\sqrt{6}}p_x - \frac{1}{\sqrt{2}}p_y.\end{aligned} \tag{4.17}$$

Die gebogenen Orbitale weiter oben sind damit

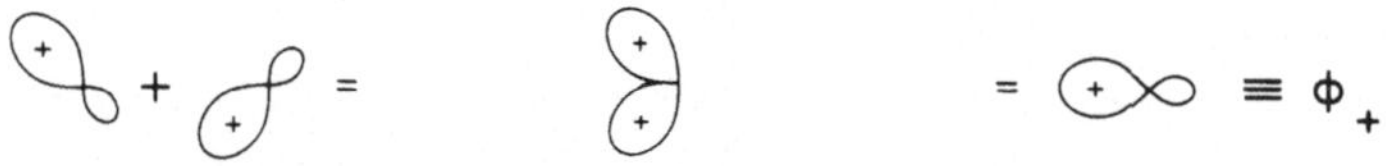

$$\phi_b + \phi_c = \left(\frac{1}{\sqrt{3}}s - \frac{1}{\sqrt{6}}p_x + \frac{1}{\sqrt{2}}p_y\right) + \left(\frac{1}{\sqrt{3}}s - \frac{1}{\sqrt{6}}p_x - \frac{1}{\sqrt{2}}p_y\right) \propto \left(\frac{2}{\sqrt{3}}s - \frac{2}{\sqrt{6}}p_x\right); \tag{4.18}$$

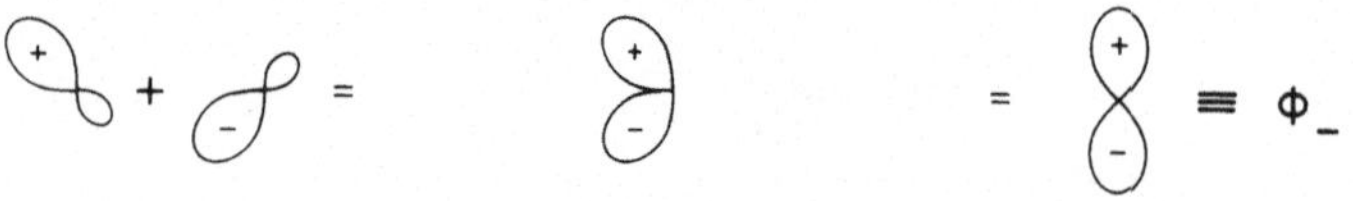

$$\phi_b - \phi_c = \left(\frac{1}{\sqrt{3}}s - \frac{1}{\sqrt{6}}p_x + \frac{1}{\sqrt{2}}p_y\right) - \left(\frac{1}{\sqrt{3}}s - \frac{1}{\sqrt{6}}p_x - \frac{1}{\sqrt{2}}p_y\right) \propto p_y. \tag{4.19}$$

ϕ_- ist gerade ein reines p_y-Orbital! ϕ_+ ist ein s^2p-Hybridorbital, es hat zweimal mehr s-Charakter als p-Charakter. Dabei ist der „Charakter“ jeder Komponente proportional zum Quadrat des Koeffizienten, der vor dem betreffenden (Atom-)Orbital steht, d. h.

$$\begin{aligned}&\phi_+ \propto \frac{2}{\sqrt{3}}s - \frac{2}{\sqrt{6}}p_x\\ &\quad\searrow \qquad\qquad \searrow\\ &\left(\frac{2}{\sqrt{3}}\right)^2 = \frac{4}{3};\ \left(\frac{2}{\sqrt{6}}\right)^2 = \frac{4}{6} \nearrow s^2p.\end{aligned} \tag{4.20}$$

So wollen wir diese σ-Orbitale korrigieren:

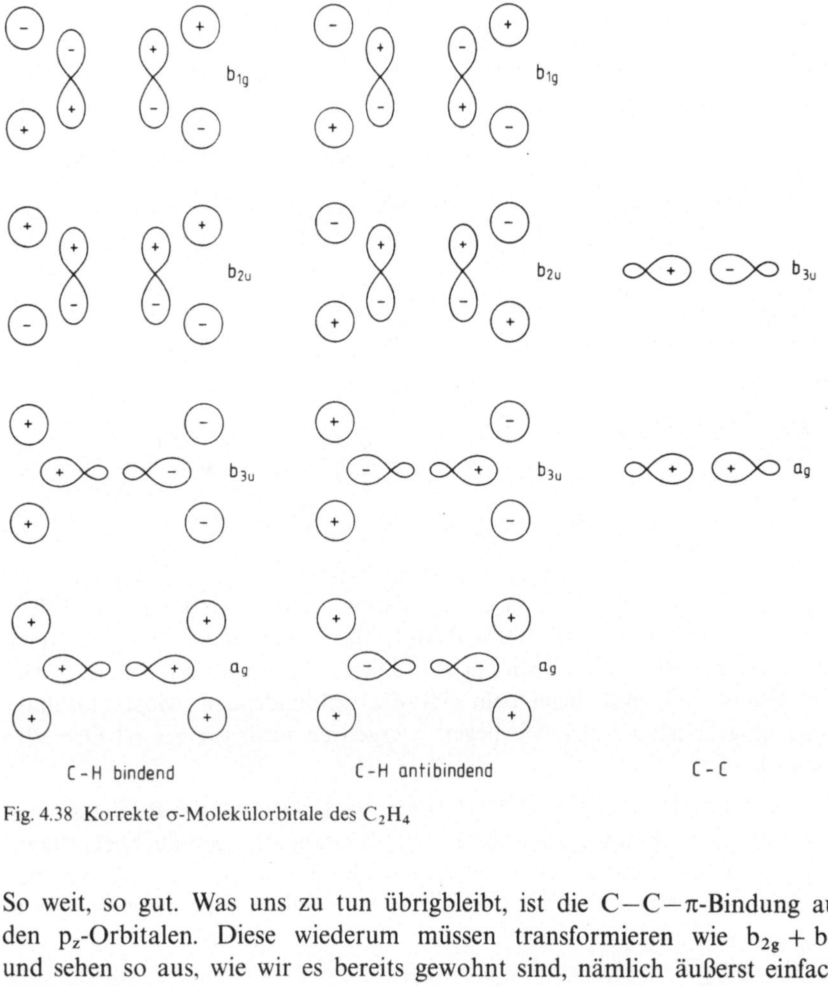

b1g
b1g
b2u
b2u
b3u
b3u
b3u
ag
ag
ag
C-H bindend
C-H antibindend
C-C

Fig. 4.38 Korrekte σ-Molekülorbitale des C_2H_4

So weit, so gut. Was uns zu tun übrigbleibt, ist die C–C–π-Bindung aus den p_z-Orbitalen. Diese wiederum müssen transformieren wie $b_{2g} + b_{1u}$ und sehen so aus, wie wir es bereits gewohnt sind, nämlich äußerst einfach, Fig. 4.39.

Nun wollen wir die Orbitale noch bezüglich ihrer Energie einordnen, und wir haben unser Ziel erreicht: das gesamte MO-Diagramm. Dazu noch etwas

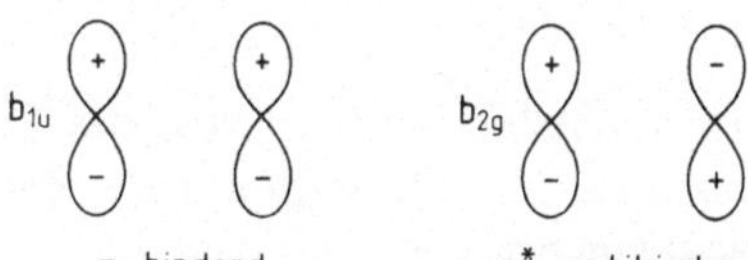

b1u
b2g
π-bindend
π*-antibindend

Fig. 4.39 π-Molekülorbitale des C_2H_4

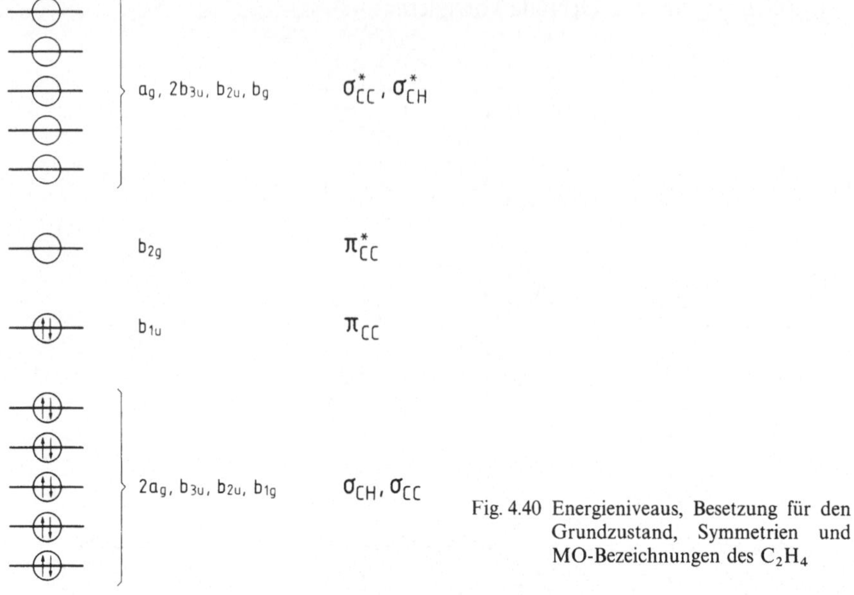

a_g, $2b_{3u}$, b_{2u}, b_g σ_{CC}^*, σ_{CH}^*

b_{2g} π_{CC}^*

b_{1u} π_{CC}

$2a_g$, b_{3u}, b_{2u}, b_{1g} σ_{CH}, σ_{CC}

Fig. 4.40 Energieniveaus, Besetzung für den Grundzustand, Symmetrien und MO-Bezeichnungen des C_2H_4

Intuition bzw. Kenntnis der Bindungsenergien. Die σ-Bindungen in Ethen betragen ungefähr 80 bis 100 kcal/Mol; die π-Bindungen demgegenüber nur ungefähr 60 kcal/Mol, sie liegen daher über den σ-Orbitalen. Aus dem gleichen Grunde behandeln wir die antibindenden Molekülorbitale genau umgekehrt: π^*-Orbitale liegen energetisch niedriger als σ^*-Orbitale; Fig. 4.40.

Wir beachten abschließend zu C_2H_4 noch, daß die $C-C-\pi$-Bindung nicht mehr eine reine π-Bindung ist. Es ist eine b_{1u}-Bindung. Der gebräuchliche Name „π-Bindung" rührt von der Symmetrie dieses Bindungstyps in $D_{\infty h}$-Symmetrie her. Allgemein besitzt eine π-Bindung eine Knotenfläche, die die Kernverbindungslinie enthält.

4.4.4   Das Formaldehyd-Molekül, H_2CO

Eine weitere Variation desselben Spiels: Diesmal findet es in der Punktgruppe C_{2v} statt.

Die Valenzbindungsstruktur des Formaldehyds zeigt zwei $C-H-\sigma$-Bindungen, eine $C-O-\sigma$-Bindung, eine $C-O-\pi$-Bindung und zwei „einsame Elektronenpaare".

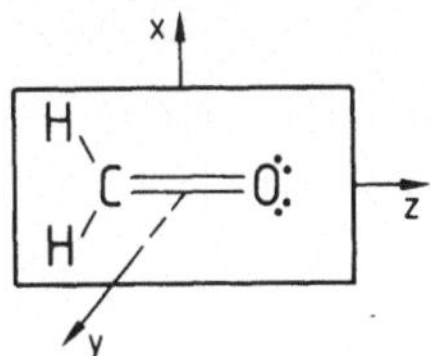

Fig. 4.41 Das Molekül Formaldehyd, H$_2$CO, und sein Koordinatensystem

C$_{2v}$	E	C$_2$	σ_{xz}	σ_{yz}	
2H 1s	2	0	2	0	$= a_1 + b_1$
C 2s	1	1	1	1	$= a_1$
C 2p$_x$	1	-1	1	-1	$= b_1$
C 2p$_y$	1	-1	-1	1	$= b_2$
C 2p$_z$	1	1	1	1	$= a_1$
O 2s	1	1	1	1	$= a_1$
O 2p$_x$	1	-1	1	-1	$= b_1$
O 2p$_y$	1	-1	-1	1	$= b_2$
O 2p$_z$	1	1	1	1	$= a_1$

Laßt uns die (bekannten) sp^2-Hybride am Kohlenstoff und ein sp-Hybrid am
Sauerstoff benutzen. Im Rahmen der σ-Orbitale ergeben diese Orbitale:

$$
\begin{aligned}
2H\,(1s) &= a_1 + b_1 \\
C\,(2s) &= a_1 \\
C\,(2p_z) &= a_1 \\
C\,(2p_x) &= b_1 \\
O\,(2s) &= a_1 \\
O\,(2p_z) &= a_1
\end{aligned}
\tag{4.21}
$$

Die oben angesprochenen Kombinationen müssen daher folgende Symmetrien
haben; Fig. 4.42.

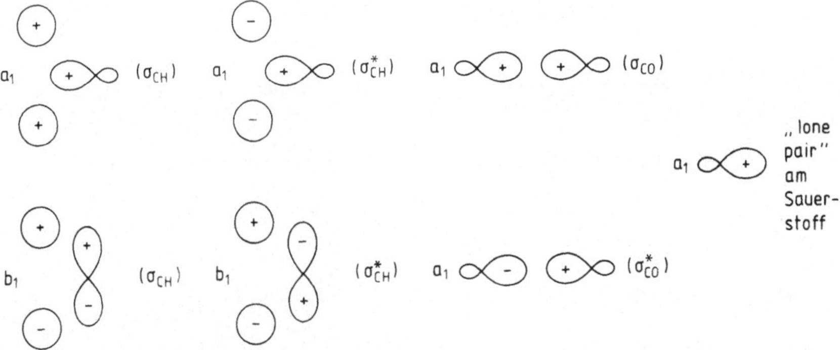

Fig. 4.42 σ-Molekülorbitale des H$_2$CO

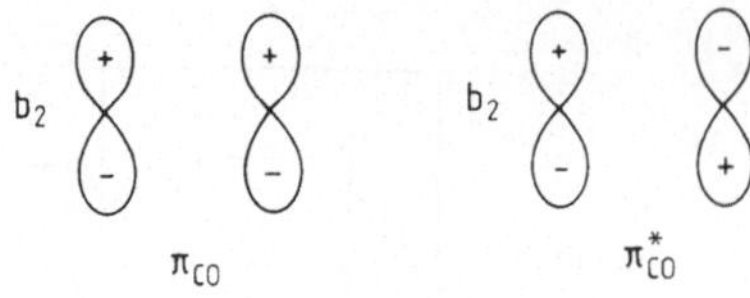

Fig. 4.43 π-Molekülorbitale des H₂CO

Das π-System weist ein b_2-bindendes und ein b_2-antibindendes Orbital auf, die aus den $C(2p_y)$- und $O(2p_y)$-Orbitalen erzeugt werden; Fig. 4.43.

Nun wollen wir noch versuchen, diese Orbitale energetisch einzuordnen. Es gibt drei σ-Bindungen (niedrigste Energie) und drei σ^*-antibindende Orbitale (höchste Energie). Es bleibt uns die Einordnung der „einsamen Elektronenpaare" und der π-Orbitale. Dabei ist zu beachten, daß das Sauerstoff-sp-Hybrid niedrigere Energie als die Sauerstoff-p_x- und p_y-Orbitale aufweist. Dieses erlaubt uns, das Schema — siehe Fig. 4.44 — zu vervollständigen. Die einsamen Elektronenpaare müssen die Energie des Sauerstoff-sp-Hybrid bzw. der p-Orbitale aufweisen. Die π-bindenden Kombinationen werden aus den jeweiligen p_y-Orbitalen des Sauerstoffs bzw. Kohlenstoffs aufgebaut.

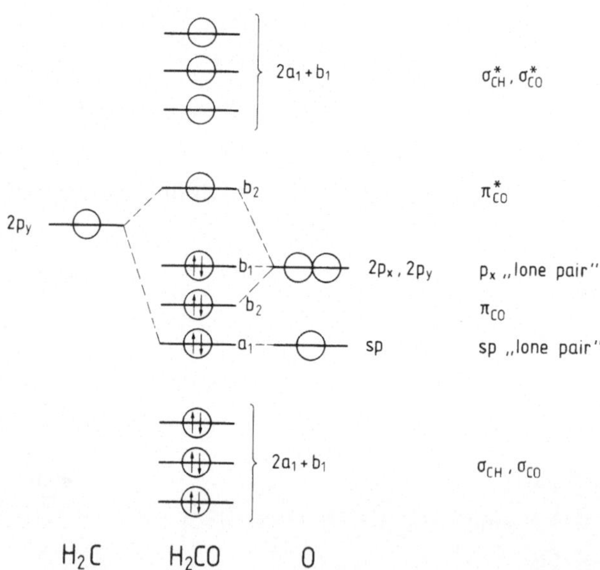

Fig. 4.44 Molekülorbital-Diagramm, Energieniveaus, Besetzung des Grundzustandes und Bezeichnung der Orbitale für das Molekül H₂CO

Die beiden π-Kombinationen befinden sich energetisch notwendigerweise unter und über dem b_1-„lone pair"-Orbital. Wohin das bindende π-Orbital bezüglich des a_1-„lone pair"-Orbitals einzuordnen ist, kann uns nur eine ausführliche Rechnung angeben; deren Resultat ist in die Fig. 4.44 qualitativ mit aufgenommen.

4.4.5   Das Methyl-Kation, CH_3^+

Dieses ebene Methyl-Kation wollen wir hier ebenfalls behandeln, da es ein einfaches Beispiel zur Illustration der Konstruktion von entarteten Orbitalen ist.

Wir wählen zunächst sp^2-Hybride am Kohlenstoff sowie die übrigbleibenden Atomorbitale als Basisfunktionen; Fig. 4.45.

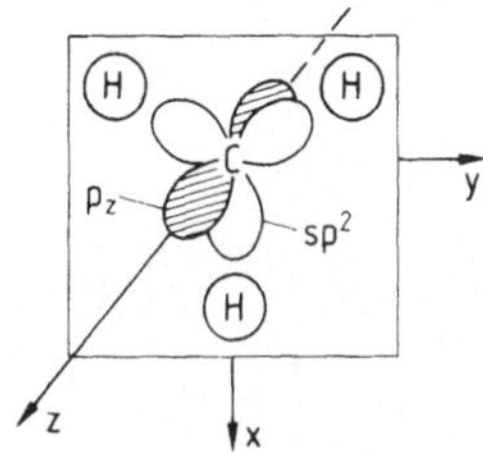

Fig. 4.45 Das Molekülion CH_3^+ und sein Koordinatensystem. Zusätzlich aufgenommen sind die sp^2- und p_z-Orbitale

Fig. 4.46 C_3-Drehung der sp^2-Hybride

D_{3h}	E	$2C_3$	$3C_2$	σ_h	$2S_3$	$3\sigma_v$	
3C sp^2	3	0	1	3	0	1	$= a_1' + e'$
C p_z	1	1	1	-1	-1	1	$= a_2''$
3H 1s	3	0	1	3	0	1	$= a_1' + e'$

Zum besseren Verständnis wollen wir kurz ausführen, wie die Charaktere für die sp^2-Orbitale bestimmt wurden. Zunächst schauen wir uns die C_3-Drehung der drei sp^2-Hybride an, die wir mit ϕ_1, ϕ_2 und ϕ_3 bezeichnen. Was ist der Charakter dieser Operation? Fig. 4.46 gibt uns die Antwort.

Sie zeigt uns, daß ϕ_1, ϕ_2 und ϕ_3 zueinander orthogonal sind. Wir erinnern uns, daß alle Atomorbitale am jeweiligen Atom notwendigerweise zueinander orthogonal sind. In der uns jetzt gewohnten Matrixschreibweise sieht unsere C_3-Operation so aus:

$$C_3 \begin{bmatrix} \phi_1 \\ \phi_2 \\ \phi_3 \end{bmatrix} = \begin{bmatrix} 0 & 1 & 0 \\ 0 & 0 & 1 \\ 1 & 0 & 0 \end{bmatrix} \begin{bmatrix} \phi_1 \\ \phi_2 \\ \phi_3 \end{bmatrix} \qquad \text{Spur} = 0 \qquad (4.22)$$

Damit wäre auch jeder (beliebige) Satz von Hybridorbitalen orthogonal. Das wollen wir an den sp^2-Hybriden überprüfen, i. e. zeigen, daß die sp^2-Hybride zueinander orthogonal sind, indem wir die unterschiedlichen Überlappungsintegrale untersuchen, die die Orthogonalität definieren. Die Wellenfunktionen, die unsere drei Hybride beschreiben, sehen so aus:

$$\phi_1 = \frac{1}{\sqrt{3}}\, s + \frac{2}{\sqrt{6}}\, p_x$$

$$\phi_2 = \frac{1}{\sqrt{3}}\, s - \frac{1}{\sqrt{6}}\, p_x + \frac{1}{\sqrt{2}}\, p_y$$

$$\phi_3 = \frac{1}{\sqrt{3}}\, s - \frac{1}{\sqrt{6}}\, p_x - \frac{1}{\sqrt{2}}\, p_y \tag{4.23}$$

$$\int_{-\infty}^{+\infty} (\phi_1\phi_2)\, d\tau = \int \left(\frac{1}{\sqrt{3}}\, s + \frac{2}{\sqrt{6}}\, p_x \right)\left(\frac{1}{\sqrt{3}}\, s - \frac{1}{\sqrt{6}}\, p_x + \frac{1}{\sqrt{2}}\, p_y \right) d\tau$$

$$= \frac{1}{3} \int s^2\, d\tau - \frac{1}{3\sqrt{2}} \int sp_x\, d\tau + \frac{1}{2\sqrt{3}} \int sp_y\, d\tau$$

$$+ \frac{2}{3\sqrt{2}} \int p_x s\, d\tau - \frac{1}{3} \int p_x^2\, d\tau + \frac{1}{\sqrt{6}} \int p_x p_y\, d\tau$$

$$= \frac{1}{3} - 0 + 0 + 0 - \frac{1}{3} + 0 = 0.$$

Entsprechend zeigen $\int \phi_1\phi_3\, d\tau$ und $\int \phi_2\phi_3\, d\tau$ einen verschwindenden Überlapp zwischen den jeweiligen Hybridorbitalen. Somit ist ϕ_1, gedreht durch eine C_3-Rotation, auf dem Platz, auf dem ϕ_2 war; damit ist ϕ_1 orthogonal zur vorherigen Position und folglich der Charakter der Operation Null. Wir können die drei Vektoren benutzen, um die anderen Operationen der Punktgruppe auszuführen bzw. zu überprüfen; Fig. 4.47.

Die Transformationstabelle sagt uns, wie wir drei σ-bindende Orbitale der Symmetrie a_1' und e' sowie drei σ-antibindende Orbitale derselben Symmetrie zu konstruieren haben. Das p_z-Orbital des Kohlenstoffatoms hat nicht die entsprechende Symmetrie, um mit irgendeinem anderen Orbital zu kombinieren.

a_1'-Orbitale scheinen sich zunächst einfach konstruieren zu lassen; Fig. 4.48.

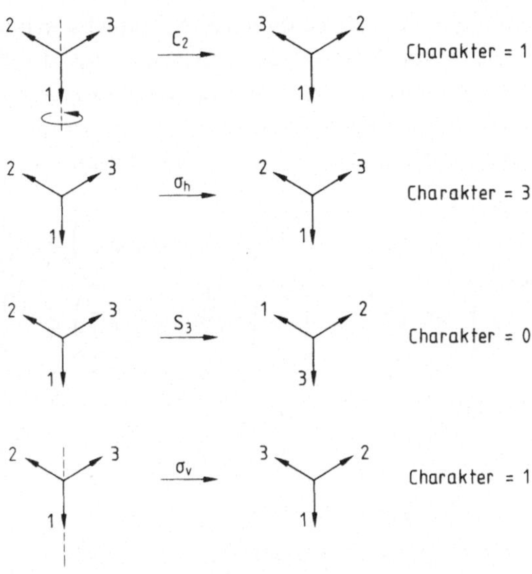

Fig. 4.47 Weitere Symmetrieoperationen der Punktgruppe D_{3h} angewandt auf sp^2-Hybride

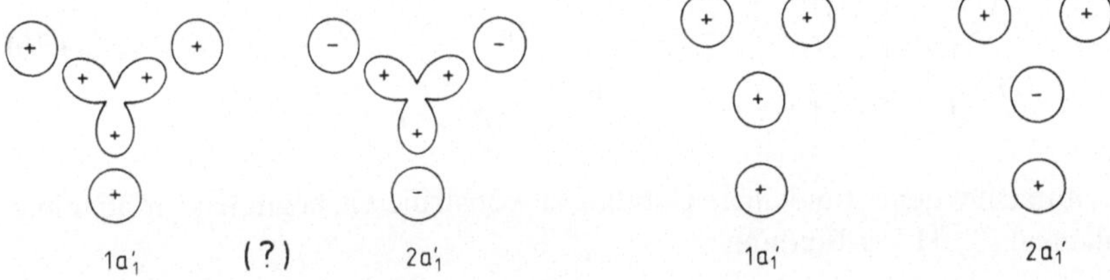

Fig. 4.48 Inkorrekte Konstruktion der a_1' Orbitale   Fig. 4.49 Korrekte $1a_1'$- und $2a_1'$-Orbitale

Falsch — wieder einmal! Warum? Nun:

$$\bigcirc = \left(\frac{1}{\sqrt{3}} \cdot s + \frac{2}{\sqrt{6}} p_x\right) + \left(\frac{1}{\sqrt{3}} s - \frac{1}{\sqrt{6}} p_x + \frac{1}{\sqrt{2}} p_y\right)$$

$$+ \left(\frac{1}{\sqrt{3}} s - \frac{1}{\sqrt{6}} p_x - \frac{1}{\sqrt{2}} p_y\right) \propto s! \tag{4.24}$$

Daher sollte unser Bild eher so aussehen wie Fig. 4.49 zeigt.

Was machen wir nun mit den e'-Orbitalen? Das nachfolgend beschriebene Verfahren für dieses Anliegen ist ein allgemein gültiges Verfahren, das wir immer benützen können, wenn wir entartete Orbitale bezüglich einer n-fachen Rotationsachse konstruieren müssen. Zunächst schauen wir uns unsere C_n-Charaktertafel (im Anhang) an und sehen auf die Charaktere der E-irreduziblen Darstellung. Dabei transformieren wir die imaginären Charaktere in nützliche reale. Dazu addieren und subtrahieren wir den Satz von imaginären Charakteren und reduzieren dann das Resultat auf die einfachste Form. Paßt auf:

$$E\begin{Bmatrix} 1 & \varepsilon & \varepsilon^* \\[2mm] 1 & \varepsilon^* & \varepsilon \end{Bmatrix} = \begin{Bmatrix} 1 & \left(-\dfrac{1}{2} + i\sqrt{3}/2\right) & \left(-\dfrac{1}{2} - i\sqrt{3}/2\right) \\[4mm] 1 & \left(-\dfrac{1}{2} - i\sqrt{3}/2\right) & \left(-\dfrac{1}{2} + i\sqrt{3}/2\right) \end{Bmatrix} \tag{4.25}$$

addiere: $2 \qquad -1 \qquad\qquad -1$

subtrahiere: $0 \qquad i\sqrt{3} \qquad\quad -i\sqrt{3}$

$$\Rightarrow \quad \begin{matrix} 2 & -1 & -1 \\ 0 & 1 & -1 \end{matrix}$$

einfachste
Koeffizienten

$$\begin{array}{c|ccc} C_3 & E & C_3 & C_3^2 \\ \hline A & 1 & 1 & 1 \\ E\left\{\begin{matrix} \\ \\ \end{matrix}\right. & \begin{matrix} 1 \\ 1 \end{matrix} & \begin{matrix} \varepsilon \\ \varepsilon^* \end{matrix} & \begin{matrix} \varepsilon^* \\ \varepsilon \end{matrix} \end{array} \quad \Rightarrow \quad \begin{array}{c|ccc} C_3 & E & C_3 & C_3^2 \\ \hline A & 1 & 1 & 1 \\ E\left\{\begin{matrix} \\ \\ \end{matrix}\right. & \begin{matrix} 2 \\ 0 \end{matrix} & \begin{matrix} -1 \\ 1 \end{matrix} & \begin{matrix} -1 \\ -1 \end{matrix} \end{array} \tag{4.26}$$

Um nun eines der e'-bindenden Orbitale zu konstruieren, beginnen wir mit einer einfachen $C-H-\sigma$-Bindung:

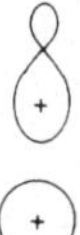

Dann multiplizieren wir diese mit dem ersten Charakter unter der Einheitsoperation, d. h. mit 2:

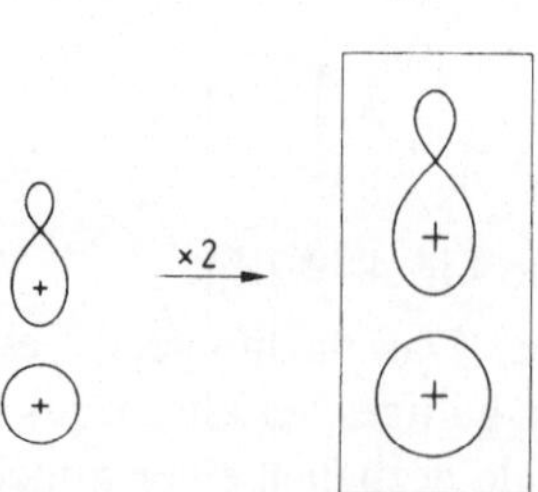

Jetzt rotieren wir das „Original" mit einer C_3-Drehung und multiplizieren mit dem Charakter unter C_3, d. h. mit -1:

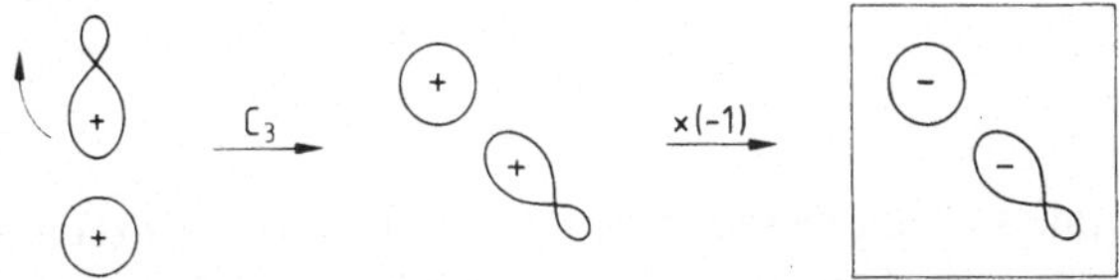

Damit sind bereits zwei Drittel an unserem Orbitalbildchen getan. Zurück zum „Original". Wir führen die Drehung C_3^2 aus und multiplizieren das Resultat mit dem entsprechenden Charakter unter C_3^2, d. h. mit -1:

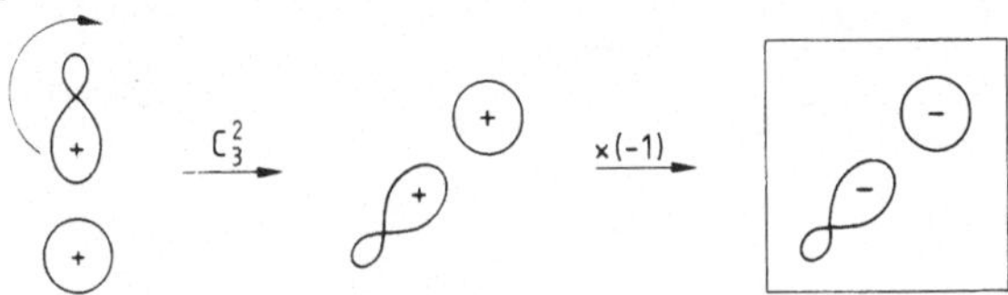

Schließlich setzen wir die drei Orbitalbildchen, die eingerahmt sind, zusammen und haben eines der beiden bindenden e'-Orbitale:

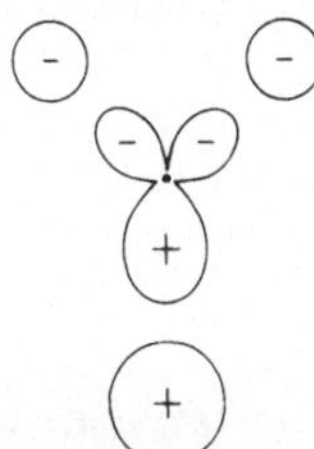

Das sieht eigenartig aus. Nun — tatsächlich ergänzen sich die Hybridorbitale am Kohlenstoff gerade zu einem reinen p-Orbital:

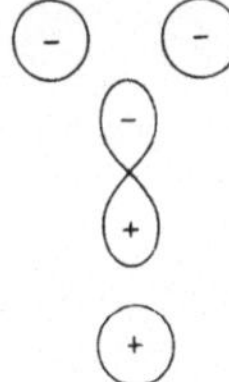

Das zweite gesuchte Orbital bekommen wir vom zweiten Satz von Charakteren in der E-Darstellung: $0 + 1 - 1$. Es würde bei gleichem Vorgehen wie oben etwa so aussehen:

Tatsächlich ist es wiederum ein reines p-Orbital am Kohlenstoff:

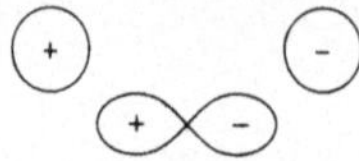

Diese beiden Orbitale sind die bindenden e'-Orbitale. Um die drei antibindenden Orbitale zu erhalten, beginnen wir mit einer einfachen antibindenden
C−H-Kombination und verfahren wie vorher. Mit einiger Übung gelingt es uns

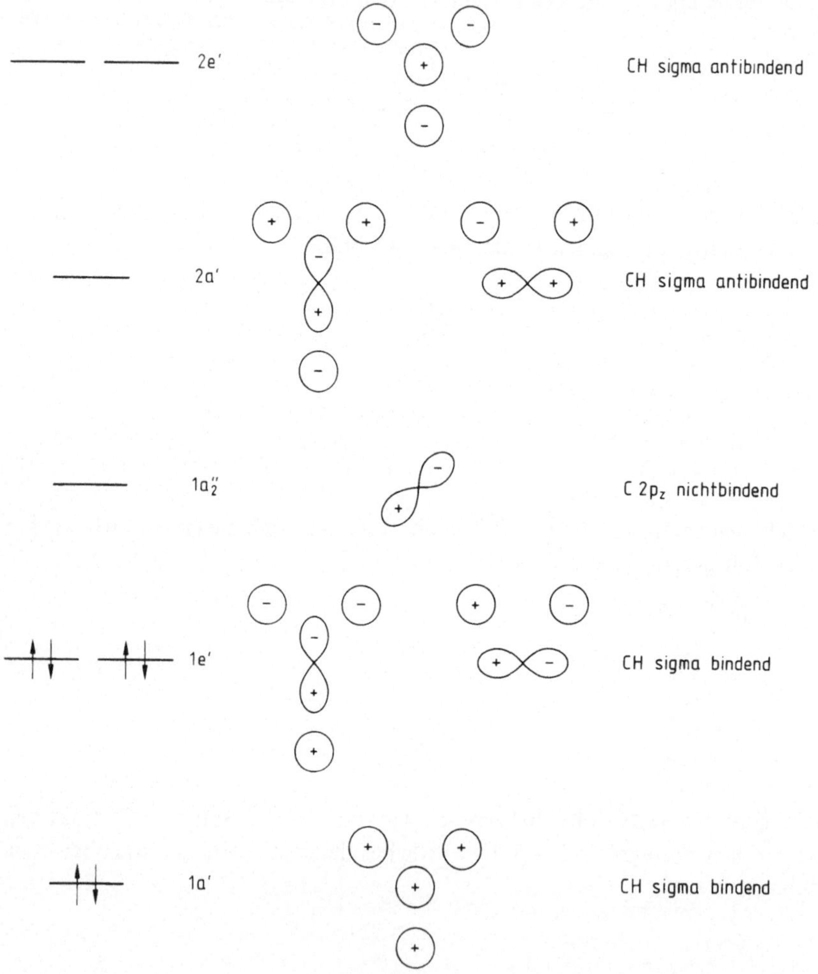

Fig. 4.50 Energieniveaus, Besetzung, Molekülorbitale, ihre Bezeichnungen und Symmetrien für das
     Methyl-Kation CH_3^+

ziemlich einfach, entartete Orbitale um irgendeine n-fache Achse zu konstruieren.

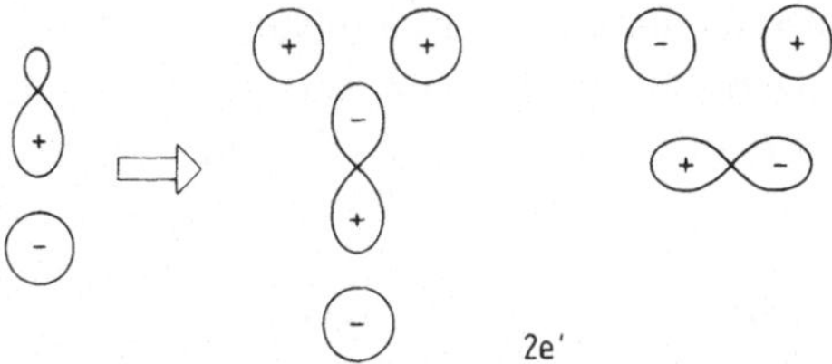

Es ist möglich, daß wir unglücklich über die unsymmetrische Natur der eben gerade konstruierten entarteten Orbitale sind; scheinen sie doch anzuzeigen, daß eine der C−H-Bindungen sich von den beiden anderen unterscheidet. Das ist jedoch nicht der Fall. Jede Bindung hat denselben Nettoanteil von H(1s)- und C(2p)-Überlapp.

Weiter zum MO-Diagramm für CH_3^+, Fig. 4.50. Die sechs Valenzelektronen passen genau in die bindenden Orbitale. (Das nächste Valenzelektron im neutralen CH_3-Radikal würde in ein nichtbindendes $C\text{-}2p_z$-Orbital gehen, wenn dieses Radikal eben wäre.)

4.4.6 Das Diboran-Molekül, B_2H_6

Zum Abschluß unseres „MO-Zirkus" wollen wir uns Diboran anschauen (Fig. 4.51), da wir es in diesem Molekül mit Zweielektronen-Dreizentrenbindungen zu tun bekommen. Zunächst das Molekül und das gewählte Koordinatensystem:

D_{2h}		E	$C_2(z)$	$C_2(y)$	$C_2(x)$	I	σ_{xy}	σ_{xz}	σ_{yz}	
i. d. Ebene	4H 1s	4	0	0	0	0	4	0	0	$= a_g + b_{1g} + b_{2u} + b_{3u}$
Brückenb.	2H 1s	2	2	0	0	0	0	2	2	$= a_g + b_{1u}$
	2B 2s	2	0	0	2	0	2	2	0	$= a_g + b_{3u}$
	2B $2p_x$	2	0	0	2	0	2	2	0	$= a_g + b_{3u}$
	2B $2p_y$	2	0	0	−2	0	−2	−2	0	$= b_{1g} + b_{2u}$
	2B $2p_z$	2	0	0	−2	0	2	2	0	$= b_{2g} + b_{1u}$

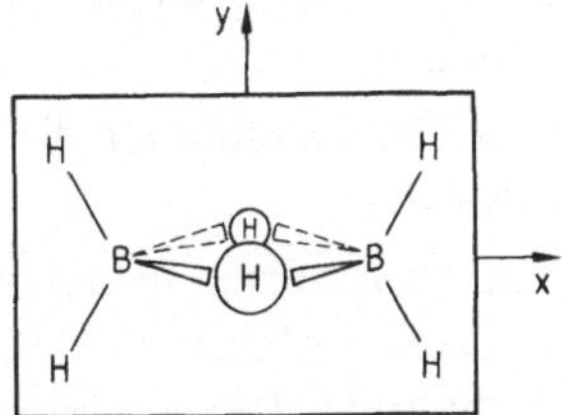

Fig. 4.51 Das Molekül Diboran, B_2H_6, und sein Koordinatensystem

Wir werden, dem Problem angepaßt, eine Art von Borhybridorbitalen benötigen, die in die Richtung der vier Wasserstoffatome weisen, die jedes Boratom
umgeben. Da jedoch die Wasserstoffatome nicht äquivalent sind (die beiden in
den Brücken befindlichen H-Atome sind völlig anders an den Bindungen
beteiligt als die vier Wasserstoffatome an den Enden), sollten auch die
Borhybridorbitale in Richtung der jeweiligen „Wasserstoffatom-Sorten" nicht
zwingend vom selben Typ sein. Tatsächlich sind die Endwasserstoffbindungen
vom sp^2- und die Brückenbindungen vom sp^5-Typ bezüglich des Boratoms.
Aber diese exakte Hybridisierung ist irrelevant. Laßt uns einfach die Hybride wie
folgt bezeichnen, Fig. 4.52.

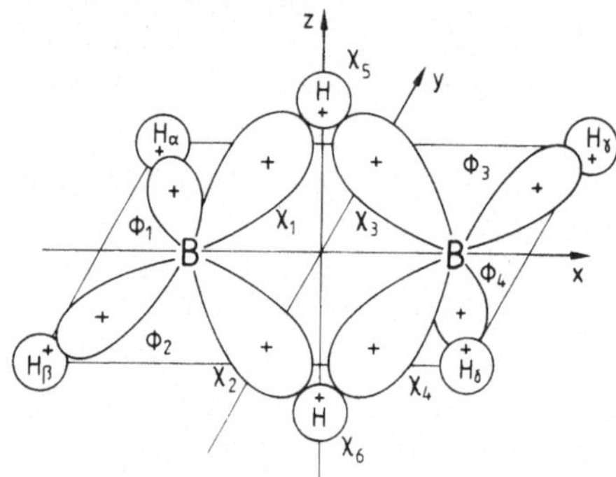

Fig. 4.52 Hybridisierung im Molekül B_2H_6.
Die Wasserstoffatome H_α, H_β, H_γ
und H_δ liegen in einer Ebene mit
den beiden Boratomen

Die ϕ-(sp_2) und χ-(sp_5)Hybride bestehen aus Bor-s- und p-Orbitalen, daher
müssen die erlaubten Kombinationen von den Symmetrien $2a_g + 2b_{3u}$
$+ b_{1g} + b_{2u} + b_{2g} + b_{1u}$ sein. Die vier Wasserstoffendatome tragen zu Molekülorbitalen der Symmetrie $a_g + b_{1g} + b_{2u} + b_{3u}$ bei. Die beiden Brücken-
wasserstoffatome müssen in Orbitalen der Symmetrie $a_g + b_{1u}$ sein.

Los — laßt uns konstruieren! Die σ-Bindungen der Endatome werden genauso
wie beim Ethen sein, Fig. 4.53.

Damit haben wir bereits jeweils zwei der a_g-, b_{3u}-, b_{2u}- und b_{1g}-Kombina-
tionen benutzt. Es bleiben noch $2a_g + 2b_{1u} + b_{2g} + b_{3u}$. Die Wasserstoff-
brückenatome können nur an Bindungen der a_g- und b_{1u}-Symmetrie
teilhaben, d. h. einige „Brückenorbitale" müssen etwa so wie in Fig. 4.54
aussehen.

Nun bleiben nur noch die b_{2g}- und b_{3u}-nichtbindenden Bororbitale, etwa wie in
Fig. 4.55.

Natürlich würde ein einfaches Addieren dieser Orbitalbilder uns wiederum zum
inkorrekten Ergebnis führen. Zuerst benötigen wir eine analytische Form der
Borhybride. Der experimentell bestimmte Bindungswinkel der endständigen

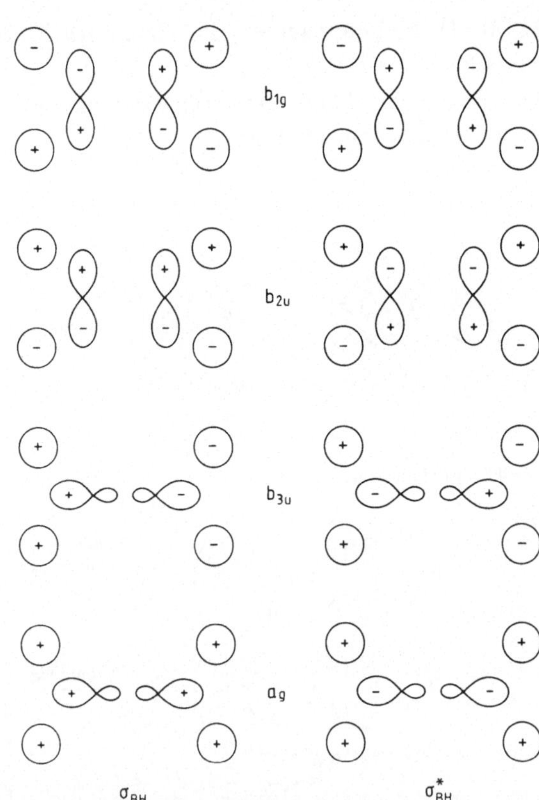

Fig. 4.53 σ-Molekülorbitale der Endatome $H_\alpha - H_\delta$ in B_2H_6

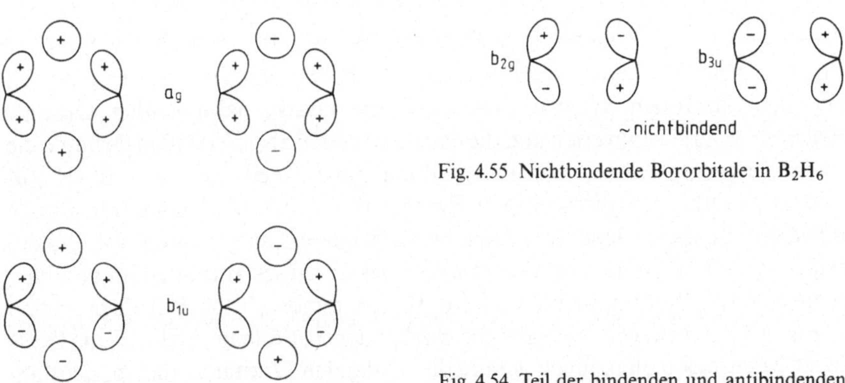

Fig. 4.55 Nichtbindende Bororbitale in B_2H_6

Fig. 4.54 Teil der bindenden und antibindenden Brückenorbitale B–H–B in B_2H_6

$H-B-H$-Bindung zeigt uns, daß diese Borhybride Orbitale vom sp^2-Typ sind, Fig. 4.56.

Durch einfaches Eliminieren ergibt sich, daß die Brückenborhybride von der Form sp^5 sein müssen, Fig. 4.57.

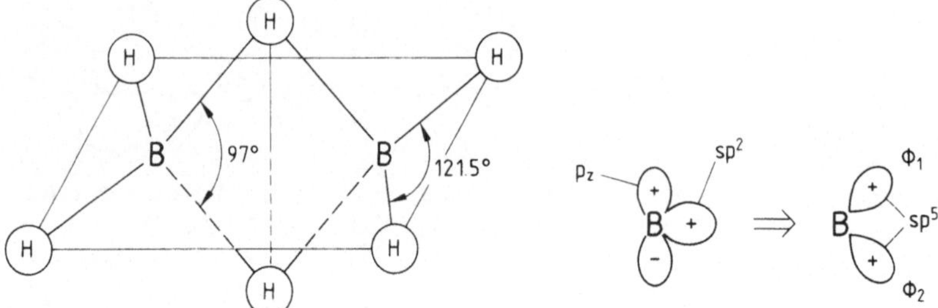

Fig. 4.56 Bindungswinkel im B_2H_6 Fig. 4.57 Hybride der Form sp^5

$$\phi_1 = \left(\frac{1}{\sqrt{3}}\,s + \frac{2}{\sqrt{6}}\,p_x\right) + p_z \xrightarrow{\text{Normierung}} \frac{1}{\sqrt{6}}\,s + \frac{1}{\sqrt{3}}\,p_x + \frac{1}{\sqrt{2}}\,p_z\,(sp^5)$$

$$(4.27)$$

$$\phi_2 = \left(\frac{1}{\sqrt{3}}\,s + \frac{2}{\sqrt{6}}\,p_x\right) - p_z \xrightarrow{\text{Normierung}} \frac{1}{\sqrt{6}}\,s + \frac{1}{\sqrt{3}}\,p_x - \frac{1}{\sqrt{2}}\,p_z\,(sp^5)$$

Nun kombinieren wir sie:

$$(\phi_1 + \phi_2) = \frac{2}{\sqrt{6}}\,s + \frac{2}{\sqrt{3}}\,p_x \xrightarrow{\text{Normierung}} \frac{1}{\sqrt{3}}\,s + \frac{2}{\sqrt{6}}\,p_x\,(sp^2)$$

$$(4.28)$$

$$(\phi_1 - \phi_2) = \frac{2}{\sqrt{2}}\,p_z \xrightarrow{\text{Normierung}} p_z$$

Damit sehen schließlich die korrekten Brückenorbitale wie in Fig. 4.58 aus.

Unsere Arbeit ist getan, wenn wir jetzt noch die einzelnen Orbitale nach Energien einordnen können. Klar, daß die end-sigmabindenden Orbitale niedrigste Energie aufweisen und die entsprechenden antibindenden Orbitale die höchste Energie haben. Wir haben dann noch einen Satz von $B-H-B$-bindenden Orbitalen, die niedrigere Energie als die nichtbindenden Bororbitale aufweisen. Letztere wiederum sollten bei niedrigerer Energie als die antibindenden $B-H-B$-Orbitale zu finden sein. Wir fassen dieses Verhalten im abschließenden Molekülorbitaldiagramm für B_2H_6 zusammen, Fig. 4.59. Aufgenommen in Fig. 4.59 haben wir ebenfalls die vorhandenen (Valenz-)Elektronen. Diese zwölf Valenzelektronen füllen gerade die bindenden Orbitale, ohne in nichtbindende Orbitale „überzufließen".

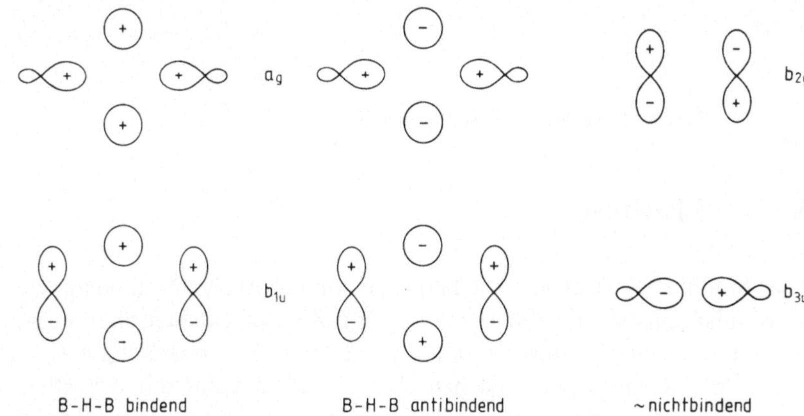

Fig. 4.58 Brückenorbitale $B-H-B$ in B_2H_6

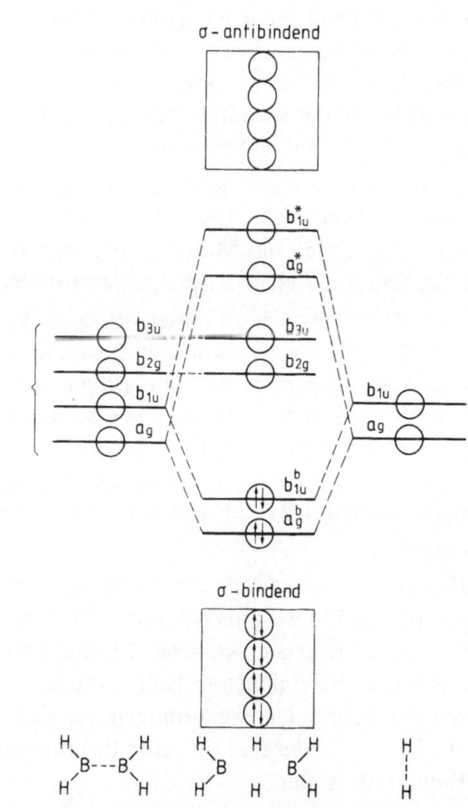

Fig. 4.59
Molekülorbitaldiagramm und Grund-
zustandsbesetzung durch Valenzelektronen
des Moleküls B_2H_6

5 Elektronische Übergänge

5.1 Einleitung

Das Studium elektronischer Übergänge mit optischen Methoden erfordert gewöhnlich ein weit höheres Verständnis der Zusammenhänge als es notwendig war, um die einfache, durch Strahlung induzierte Kernbewegung der Schwingung bzw. Rotation zu verstehen. Die Situation kann mit der Hierarchie menschlicher Motivationen verglichen werden, etwa darin, daß die theoretische Grundlage für elektronische Spektroskopie in einer Vielzahl von (spezifischen) Grundlagentheorien besteht. Möglicherweise kann man entsprechend die Vorzüge eines ästhetischen Menschenlebens nicht eher genießen, als bis man die niedrigen Bedürfnisse wie Hunger, Durst, Sex, ... befriedigt hat. Genauso ist es mit den zahllosen Theorien, die notwendig sind, um die elektronische Anregung und ihren Zerfall zu beschreiben. Erst muß man, anders ausgedrückt, die Grundlagen der Gruppentheorie, der Molekül-Orbitaltheorie und der fundamentalen Rotations-Schwingungsspektroskopie verstehen.

Es ist Anliegen dieses Kapitels, die prinzipiellen Theorien aufzuführen, die uns erlauben, eine erste Analyse elektronischer Spektren auszuführen. Dabei ist versucht worden, das Material mit möglichst geringer mathematischer Anforderung und mit vielen Beispielen darzustellen.

Zunächst ist jedoch an dieser Stelle ein kurzer Rückblick angebracht, um die elektronische Spektroskopie in Zusammenhang mit der bereits behandelten IR- und Raman-Spektroskopie zu bringen. Mit Hilfe von Tab. 5.1 vergegenwärtigen wir uns noch einmal Art und Ursache der in den verschiedenen Energiebereichen betriebenen Spektroskopie und vergleichen die aus den Spektren erhaltene Information über die untersuchten Moleküle. Insbesondere machen wir uns noch einmal klar, in welcher Weise sich IR- und Raman-Spektroskopie ergänzen.

IR-aktive Linien treten nur dann in Erscheinung, wenn sich das permanente elektrische Moment ändert, während Raman-Linien auch dann auftreten, wenn kein permanentes elektrisches Moment vorhanden ist, sondern wenn sich nur das durch die einfallende Welle induzierte Moment (Polarisierbarkeit) ändert, wie es z. B. bei allen zweiatomigen, aus gleichen Kernen gebauten Molekülen wie H_2, N_2, O_2, ... der Fall ist, deren Rotationsschwingungsbanden IR-inaktiv, aber Raman-aktiv sind.

Tab. 5.1 Molekülspektroskopie — Eine Übersicht[1])

Spektroskopie-Art	Energiebereich Frequenz [Hz]	Wellenzahl $[cm^{-1}]$	Energie [kcal/mol]	Beteiligte Molekülzustände	Informationsgehalt
Mikrowellen	10^9 bis 10^{11}	3×10^{-2} bis 3	10^{-4} bis 10^{-2}	Rotation von schweren Molekülen	Kernabstände, Dipolmomente, Kernspin-Kernspin-Wechselwirkung
Fernes Infrarot	10^{11} bis 10^{13}	3 bis 300	10^{-2} bis 1	Rotation von leichten Molekülen, Schwingungen von schweren Molekülen	Kernabstände, Bindungskonstanten
Infrarot (IR)	10^{11} bis 10^{14}	300 bis 3000	1 bis 10	Schwingungen von leichten Molekülen, Schwing.-Rot.-Struktur	Kernabstände, Bindungskonstanten, Ladungsverteilungen in Molekülen
Raman	10^{11} bis 10^{14}	3 bis 3000	10^{-2} bis 10	Rotation und Schwingungen	Wie unter IR, jedoch für Übergänge, die mit IR-Methoden nicht untersucht werden können
Sichtbarer und ultravioletter (UV-)Bereich	10^{14} bis 10^{16}	3×10^3 bis 3×10^5	10 bis 10^3	Elektronische Übergänge	Alle oben angeführten Eigenschaften sowie Dissoziationsenergien und langreichweitige Wechselwirkung

[1]) Nach Hollenberg, J. L.: Energy States of Molecules. J. Chem. Educ. **47** (1970) 2—13

Im Sichtbaren und Ultraviolett schließt sich die elektronische Spektroskopie an, die (das sei schon an dieser Stelle bemerkt) uns nahezu jede Information über das untersuchte Molekül liefern kann und deren enormer Nutzen daher die Mühsal des beschwerlichen Weges rechtfertigt.

In den vorangegangenen Analysen von Schwingungsspektren benutzten wir den harmonischen Oszillator mit zugefügter Anharmonizität als ein Modell, das die durch Strahlung induzierte Kernbewegung beschreiben sollte. Als Resultat dieser Näherung war es möglich, eine graphische Darstellung eines schwingenden zweiatomigen Systems zu erhalten, indem wir die potentielle Energie des anharmonischen Oszillators als Funktion des Kernabstandes aufzeichneten. Schwingt das zweiatomige Molekül lediglich mit seiner Nullpunktsenergie ($\bar{v}_0$), so bezeichnen wir das System als im Schwingungsgrundzustand befindlich. Wenn gleichzeitig J = 0 (Rotationszustand Null) ist, beschreiben wir das System mit Rotations-Schwingungsgrundzustand (v = 0, J = 0). „Störende" Einflußnahme auf das Molekül mit Strahlung der Energie $\bar{v}_1 - \bar{v}_0$ kann einen Übergang zwischen $\bar{v}_0$ und $\bar{v}_1$ bewirken, wenn alle Auswahlregeln erfüllt sind. Nach einem solchen Ereignis schwingt das Molekül in seiner fundamentalen Bewegung, und wir sagen, es befindet sich im ersten angeregten Schwingungszustand. Diese fundamentale Dehnungsschwingung ($\bar{v}_1$) und die ersten beiden Obertöne ($\bar{v}_1^2$, $\bar{v}_1^3$) eines zweiatomigen Moleküls sind in Fig. 5.1 angegeben.

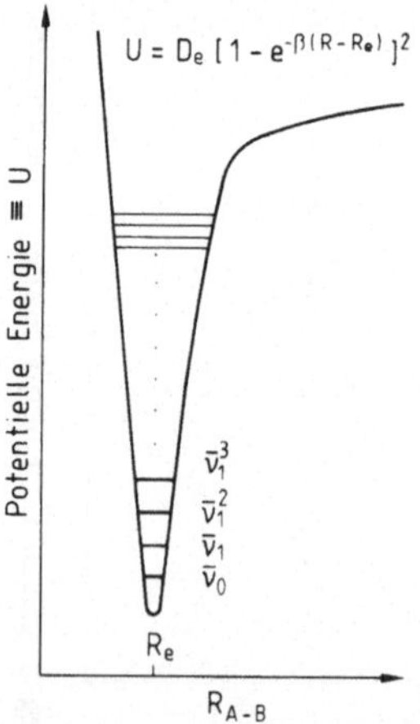

Fig. 5.1 Schwingungszustände eines zweiatomigen Moleküls in einem anharmonischen Potential (hier: Morse-Potential)

Für mehratomige Moleküle können wir dasselbe Modell benutzen, aber natürlich wächst die Anzahl von Potentialenergiemulden, die die verschiedenen

Schwingungsbewegungen beschreiben. Diese Vielfalt hat ihren Ursprung darin, daß im Gegensatz zum zweiatomigen Molekül, das nur einen Schwingungsfreiheitsgrad hat, nun $3n - 5$ (linearer Fall!) oder $3n - 6$ Schwingungsfreiheitsgrade bestehen. Daher muß die vollständige Beschreibung des Grundzustandes auch $3n - 5$ (oder $3n - 6$) Potentialmulden enthalten, in denen jeweils eine Folge von Obertönen zu $v = 1 \rightarrow \infty$ existiert.

Fig. 5.2 und 5.3 illustrieren für ein lineares bzw. nichtlineares mehratomiges System die verschiedenen Normalschwingungen und die zugehörigen Serien von Potentialmulden.

Beispiele. 1. lineares CO_2 ($3n - 5$ Freiheitsgrade),

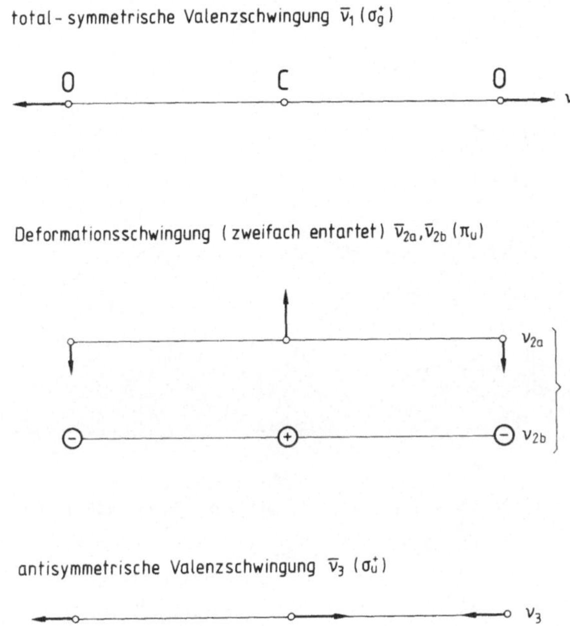

Fig. 5.2 Normalschwingungen des linearen Moleküls CO_2

2. nichtlineares SO_2 ($3n - 6$ Freiheitsgrade).

Wir bemerken zudem aus Fig. 5.3a, daß die Absorption von n Quanten der Energie $\bar{v}_2$ zu einer Biegeschwingung des SO_2 um eine lineare Konfiguration führt. Die Potentialkurven der Figuren 5.3b und 5.3c repräsentieren die symmetrische $\bar{v}_1$- und antisymmetrische $\bar{v}_3$-Streckschwingung und sind durch Morse-Funktionen $V = D_e\{1 - \exp[-\beta(r - r_e)]\}^2$ angenähert.

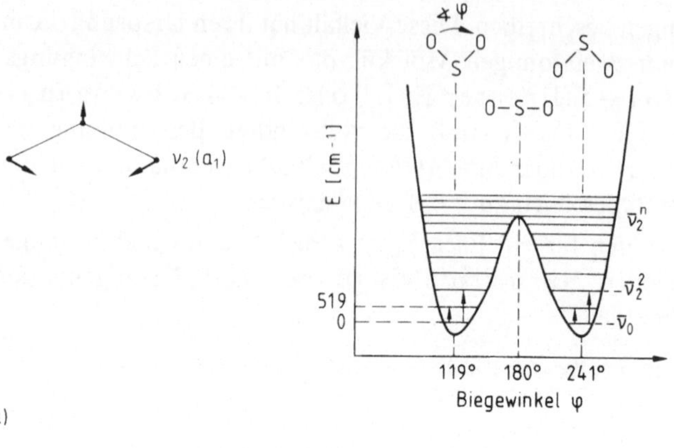

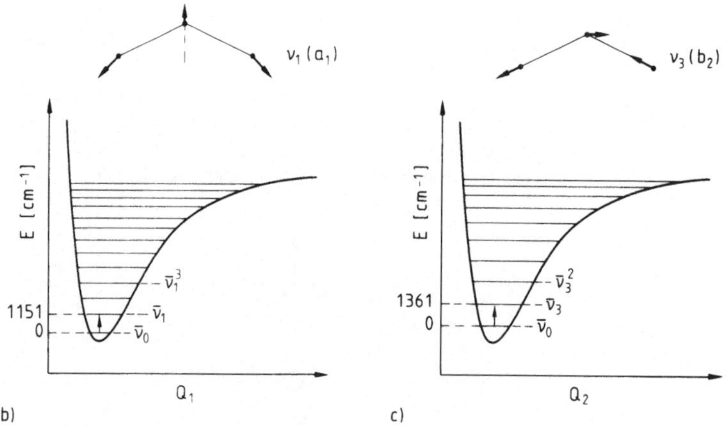

a)

b)   c)

Fig. 5.3 Normalschwingungen und zugehörige angenäherte Potentialformen des gewinkelten Moleküls SO_2
   a) Deformationsschwingung $\bar{v}_2(a_1)$,
   b) symmetrische Valenzschwingung $\bar{v}_1(a_1)$ und
   c) antisymmetrische Valenzschwingung $\bar{v}_3(b_2)$

Als Übung können wir uns davon überzeugen, daß die Inversionsschwingung des Ammoniakmoleküls NH_3 ebenfalls in einem Diagramm ähnlich Fig. 5.3a beschrieben werden kann, siehe Fig. 5.4.

Anders als bei Schwingungs- und Rotationsübergängen finden elektronische Übergänge zwischen verschiedenen Potentialen[1] statt. Um der Zweck-

---

[1] Es sei noch einmal daran erinnert, daß die Potentialkurven für die Kernbewegung durch die jeweilige elektronische Energie in Abhängigkeit vom Kernabstand gegeben sind (vgl. Born-Oppenheimer-Näherung (Abschn. 4.2 und 5.3.2).

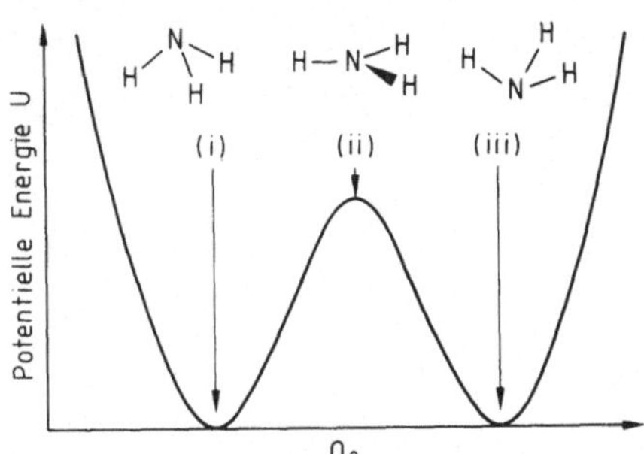

Fig. 5.4 Doppelminimum-Potential für die Inversionsschwingung des NH_3

mäßigkeit willen (und unabhängig von der Richtigkeit) wollen wir unterschiedliche Schwingungsenergieniveaus in dasselbe Potential einzeichnen, das jeweils den elektronischen Zustand des Moleküls beschreibt. Dieses wird gewöhnlich zur Vereinfachung getan, um sowohl Bandenursprünge als auch Bandenformen eines elektronischen Überganges zu demonstrieren.

5.2 Grundlagen und Bezeichnungen

5.2.1 Bandenursprung ($\bar{\nu}_{00}$)

IR- und Raman-Übergänge finden zwischen verschiedenen Schwingungszuständen eines Moleküls statt. Vier solcher erlaubten Übergänge sind in Fig. 5.3 für SO_2 eingezeichnet. Sie werden bei Frequenzen von 519, 1038, 1151 und 1361 cm^{-1} beobachtet. Der elektronische Zustand, in dem diese Übergänge stattfinden, ist der elektronische Grundzustand. Die Energie des Grundzustandes (das Minimum der Potentialkurve) ist durch die niedrigste Energie der Elektronen in den zur Verfügung stehenden Molekülorbitalen des Moleküls gegeben. Die wichtigsten Regeln dabei sind die Hundschen Regeln und das Pauli-Prinzip, die uns anzeigen, wie die Elektronen unterzubringen sind. Es ist genau die Balance der (anziehenden und abstoßenden) Coulombkräfte zwischen den Elektronen in diesen Molekülorbitalen und den Kernen, die die Gleichgewichtslagen in einem Molekül und die jeweiligen Nullpunktsenergien ($\bar{\nu}_0$) in den Potentialen bestimmt. Sobald ein Elektron, durch Absorption von Energie, von seinem „Grundzustands"-Orbital in ein höheres Energieniveau (gewöhnlich ein leeres oder teilweise gefülltes Molekülorbital) angeregt wird, werden alle Kräftegleichgewichte gestört: Gewöhnlich resultiert daraus eine Vergrößerung aller Gleichgewichtslagen und eine Verkleinerung der Schwingungsenergieniveaus in dem elektronisch angeregten

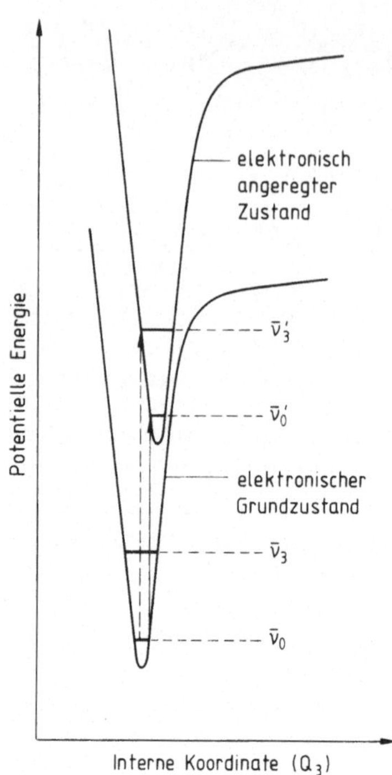

Fig. 5.5 Potentialkurven für Grundzustand und einen elektronisch angeregten Zustand. Eingetragen sind einige Schwingungsniveaus und elektronische Übergänge (vertikale Pfeile)

Zustand[1]). Diese Änderung der Kernabstände zusammen mit der großen, zusätzlichen Anregungsenergie definiert einen völlig neuen, anharmonischen Oszillator mit einer entsprechenden neuen Nullpunktsenergie. Die durchgezogene vertikale Linie in Fig. 5.5 gibt den reinen elektronischen Übergang, besser bekannt als „0-0"-(„Null-Null"-)Übergang, an. Er findet bei der Frequenz $\bar{v}_{00}$ statt, die der Differenz der Nullpunktsenergien $\bar{v}_0$ und $\bar{v}_0'$ der beiden Zustände entspricht. Die gestrichelte Linie in Fig. 5.5 entspricht einem Übergang zwischen der Nullpunktsenergie des Grundzustandes und einem Schwingungszustand, hier $\bar{v}_3'$, im angeregten Zustand. Übergänge dieser Art sind als elektronische „Schwingungsübergänge" (vibronic transitions) bekannt. Eine neue Bezeichnung muß entwickelt werden, um solche Übergänge zu beschreiben (i. e. 3_0^1). Das Auftreten dieser elektronischen Schwingungsübergänge, zusammen mit anderen, ergibt die Grobstruktur und den Verlauf von elektronischen Absorptionsbanden.

---

[1]) Genauer kommt es zu einer anderen Elektronenkonfiguration, aus der eine neue Potentialkurve resultiert. Diese liegt für einen angeregten Zustand energetisch höher als die des elektronischen Grundzustands.

5.2.2   Elektronenkonfiguration

Bei der Entwicklung der Molekülorbitaltheorie haben wir gezeigt, daß die Bindungsverhältnisse in Molekülen in Termen von Moleküldiagrammen beschrieben werden können. Die (nichtgraphische) Repräsentation dieser Orbitale, geordnet nach zunehmender Energie unter Angabe der jeweiligen Elektronenbesetzung, wird Elektronenkonfiguration des Moleküls genannt. Die niedrigster Energie entsprechenden Elektronenkonfigurationen von H_2^+, H_2, N_2 und H_2CO sind so:

$$H_2^+ \qquad (1\sigma_g^+)^1 \; (1\sigma_u^+)^0$$

$$H_2 \qquad (1\sigma_g^+)^2 \; (1\sigma_u^+)^0$$

$$N_2 \qquad (1\sigma_g^+)^2 \; (1\sigma_u^+)^2 \; (2\sigma_g^+)^2 \; (2\sigma_u^+)^2 \; (1\pi_u)^4 \; (3\sigma_g^+)^2 \; (1\pi_g)^0$$

$$H_2CO \qquad (a_1)^2 \; (b_1)^2 \; (a_1)^2 \; (a_1)^2 \; (b_2)^2 \; (b_1)^2 \; (b_2)^0$$

und sind entsprechend als Grundzustandskonfigurationen bekannt. Es ist wichtig festzuhalten, daß eine solche Beschreibung nur Elektronenverteilungen und Orbitalsymmetrien enthält, nicht jedoch Informationen über Kernbewegung (Schwingung und Rotation) oder Spinzustände des Moleküls. Der tiefere Grund liegt darin, daß solche Konfigurationen aus der vollständigen Beschreibung des Systems lediglich die Haupt- und Bahnquantenzahlen wiedergeben.

Bei der Konstruktion von Molekülorbitalen sind wir von einer Basis von Atomorbitalen ausgegangen; letztere sind durch ihre n-, l- und m-Quantenzahlen spezifiziert. So erhalten wir z. B. 2s-Orbitale ($n = 2$; $l = 0$; $m = 0$), 2p-Orbitale ($n = 2$; $l = 1$; $m = 0, \pm 1$), 3d-Orbitale ($n = 3$; $l = 2$; $m = 0, \pm 1, \pm 2$) etc. als Basisfunktionen. Die Hinzunahme weiterer Basisfunktionen, die z. B. von Schwingungs-, Rotations- oder Spinquantenzahlen abhängen, war bisher zur Beschreibung der Bindungsverhältnisse nicht notwendig. Wir können jedoch erwarten, daß eine solche Basiserweiterung bei höherem Rechenaufwand zu genaueren Resultaten führen wird.

Das Hauptanliegen elektronischer Spektroskopie liegt in der Beschreibung, wie die Elektronen in ihren jeweiligen Orbitalen verteilt sind, und welche stationären Zustände des Moleküls daraus resultieren. Genauer: Die Beschreibung beschränkt sich nicht darauf, wieviele Elektronen ein gegebenes Molekülorbital besetzen (was wir aus der Elektronenkonfiguration entnehmen können), sondern auch, wie sie in diesem Orbital orientiert sind. Orientierung bedeutet z. B. Spin nach „oben" (α) oder nach „unten" (β) in bezug auf eine ausgewählte Richtung (Quantisierungsachse). Von einer solchen vollständigen elektronischen Beschreibung ausgehend, gelingt es uns nicht nur die Symmetrie der resultierenden stationären Zustände sondern auch ihre Multiplizität (Entartung) festzulegen.

5.2.3 Stationäre Zustände

Die stationären Zustände eines Moleküls sind diskrete Energieniveaus, die Eigenwerte des ungestörten Hamilton-Operators H_0 sind,

$$H_0 \equiv -\frac{\hbar}{2m}\,\Delta + V, \tag{5.1}$$

hierbei bezeichnet $\Delta \equiv (\partial^2/\partial x^2) + (\partial^2/\partial y^2) + (\partial^2/\partial z^2)$ den Laplace-Operator. Die Funktion V ist die potentielle Energie des Moleküls und wird mit V_0 im ungestörten (isolierten) Fall bezeichnet. Diese Zustände oder Niveaus (bei Entartung) sind durch Quantenzahlen wie n, l, m, s, v und J charakterisiert und natürlich durch die Eigenfunktionen, in denen sie auftreten. Die Eigenfunktionen zu H_0 sind die ungestörten („zero-order") Wellenfunktionen (ψ_n^0) des Systems. Die Zustände mit Energien E_n aus der Lösung der Schrödingergleichung $H_0\psi_n^0 = E\psi_n^0$ werden „stationär" genannt, da bei Abwesenheit von irgendeiner äußeren Störung (eine Änderung in V) das System weder Energie gewinnen noch verlieren kann. Diese Stabilität resultiert aus der Tatsache, daß bei Lösung der zeitabhängigen Schrödingergleichung

$$\left[-\frac{\hbar^2}{2m}\,\Delta + V(\vec{r}) + \frac{\hbar}{i}\,\frac{\partial}{\partial t} \right] \psi(\vec{r},\,t) = 0 \tag{5.2}$$

die Lösungen (ψ_n^0) zeitunabhängig gefunden werden. Daher enthält unsere oben angegebene Schrödingergleichung nicht explizit die Zeit.

Das Resultat, obgleich nützlich, ist nicht das, welches der Spektroskopiker benötigt. Was wir hier wollen, sind Funktionen, die die zeitliche Entwicklung von sich ändernden Zuständen beschreiben, so daß Übergangs-Raten und Wahrscheinlichkeiten berechnet werden können. Ohne diese wären Übergänge theoretisch gar nicht möglich. Dieses (zeitabhängige) Problem soll etwas später in einer kurzen Diskussion der Störungstheorie angegangen werden. Zunächst verweilen wir noch etwas bei den stationären Zuständen. Die Haupt-(n), Bahn-(l, m) und Spin-(s) Quantenzahlen treten in den ψ_n^0 auf und bestimmen die Energie der elektronischen stationären Zustände (i. e., die minimale Energie der Potentialfläche bzw. -kurve). Die Quantenzahlen v und J beziehen sich auf die Kernabstände des Moleküls, und ihre Werte in der entsprechenden Wellenfunktion ψ_{vib} bzw. ψ_{rot} geben die jeweilige Energie des Schwingungs- bzw. Rotationszustandes in dem Potential. Die Summe aller Nullpunktsenergien der Normalschwingung (i. e., $v = J = 0$) definiert das

Nullpunktsniveau in einem gegebenen elektronischen Zustand.

$$E_{\text{Nullpunkt}} = \sum_{i=1}^{n} \left(\frac{1}{2} h\bar{v}_i \right) \tag{5.3}$$

mit $\quad$ n $\;=$ Anzahl der Normalschwingungen,
$h\bar{v}_i =$ Energie der Schwingung mit Frequenz $\bar{v}_i$.

Wie bei der IR- und Ramanspektroskopie interessiert zunächst lediglich die Symmetrie der Wellenfunktion und entsprechend nur die Symmetrie der Zustände, die sie beschreiben. Im Gegensatz zu den reinen Schwingungszuständen, deren Symmetrie nur von der Symmetrie der Normalkoordinaten abhängt, wird die *Symmetrie elektronischer Zustände* (1.) *von der Symmetrie der Molekülorbitale, die Elektronen enthalten und* (2.) *der Anzahl von Elektronen in jedem Orbital bestimmt.* Das Verfahren, die Symmetrie solcher Zustände zu bestimmen, lernen wir bestens an einigen ausgewählten Beispielen.

Beispiele. 1. H_2^+ hat die Elektronenkonfiguration $(\sigma_g^+)^1$. Die Symmetrie des elektronischen Zustandes aus dieser Konfiguration wird durch die Symmetrie der Wellenfunktion gegeben, die die Elektronenbevölkerung beschreibt. Diese Funktion, die den Bahnanteil der elektronischen Wellenfunktion darstellt, bezeichnen wir mit ψ_e. Sie enthält die Symmetrie jedes besetzten Orbitals. In diesem „Einelektronenfall" ist die Symmetrie des Bahnanteils der elektronischen Wellenfunktion durch $\psi_e = \sigma_g^+$ (1) gegeben. Diese Bezeichnung bedeutet, daß Elektron (1) sich in einer (σ_g^+)-Bahn befindet. Die Orbitalsymmetrie des Zustandes wird von ψ_e bestimmt und durch einen großen griechischen Buchstaben bezeichnet. In unserem ersten trivialen Beispiel ist der elektronische Zustand durch Σ_g^+-Symmetrie definiert. Die Symmetrie einer Vielelektronen-Bahnwellenfunktion ergibt sich aus dem direkten Produkt ($\otimes$) der Bahnsymmetrie der einzelnen Elektronen. Die Regeln für dieses Produkt bestimmen sich aus der jeweiligen molekularen Punktgruppe (i. e., für H_2^+ benutzen wir die $D_{\infty h}$-Charaktertafel, vgl. Anhang A.4, oder besser, die direkten Produkttafeln aus Anhang A.3)

2. H_2 kann unter anderem die folgenden Elektronenkonfigurationen aufweisen:

$$\text{(a)} \quad (\sigma_g^+)^2$$
$$\text{(b)} \quad (\sigma_g^+)^1 (\sigma_u^+)^1. \tag{5.4}$$

Der Bahnanteil der elektronischen Wellenfunktion für diese beiden Fälle ist

$$\text{(a)} \quad \psi_e = \sigma_g^+(1) \otimes \sigma_g^+(2),$$
$$\text{(b)} \quad \psi_e = \sigma_g^+(1) \otimes \sigma_u^+(2). \tag{5.5}$$

Benutzen wir nun die $D_{\infty h}$ direkten Produkttafeln (Anhang A.3), so finden wir, daß im Fall (a) ψ_e einen Σ_g^+-Zustand definiert und im Fall (b) ψ_e einen Σ_u^+-Zustand bezeichnet. Aus allgemeiner Kenntnis der direkten Produkte kann leicht verstanden werden, daß *zwei Elektronen in beliebigen* nicht entarteten *Einzelbahnen notwendigerweise einen totalsymmetrischen Zustand* wie in diesem Beispiel, Fall (a), d. h. Σ_g^+ ergeben, siehe Fig. 5.6.

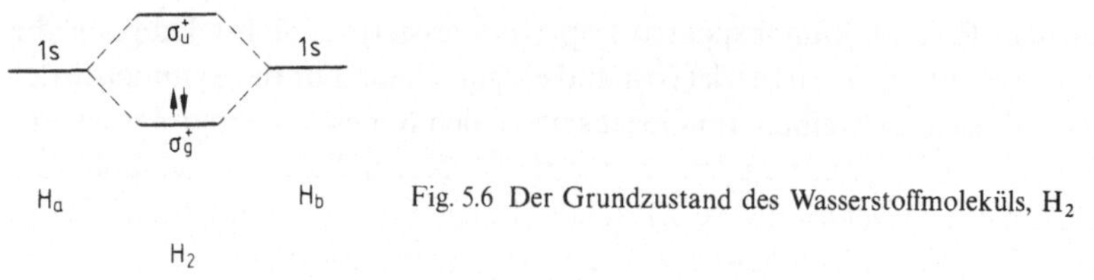

Fig. 5.6 Der Grundzustand des Wasserstoffmoleküls, H_2

3. Die Grundzustandskonfiguration von Formaldehyd, H_2CO, Punktgruppe C_{2v}, ist $(a_1)^2 (b_1)^2 (a_1)^2 (a_1)^2 (b_2)^2 (b_1)^2$. Entsprechend können wir die Bahnwellenfunktion für den Grundzustand aufschreiben

$$\psi_e = [a_1(1)\,a_1(2)]\,[b_1(3)\,b_1(4)]\,[a_1(5)\,a_1(6)]\,[a_1(7)\,a_1(8)]\,[b_2(9)\,b_2(10)]\,[b_1(11)\,b_1(12)]$$
$$(\quad A_1 \quad)(\quad A_1 \quad)(\quad A_1 \quad)(\quad A_1 \quad)(\quad \cdot A_1 \quad)(\quad A_1 \quad)$$
$$= A_1 \tag{5.6}$$

wobei wir die Symmetrie des direkten Produkts jedes Elektronenbeitrages zur gesamten Symmetrie des Zustandes unterhalb der Wellenfunktion angegeben haben. *Die Gesamtsymmetrie des Zustandes ergibt sich aus dem direkten Produkt seiner Komponenten.* Wir sehen, daß, unabhängig davon, wieviele vollbesetzte nicht entartete Orbitale in der Elektronenkonfiguration vorhanden sind, die resultierende Symmetrie immer durch die *totalsymmetrische irreduzible Darstellung der Punktgruppe* gegeben ist. *Aus diesem Grunde berücksichtigen wir nur die äußeren Orbitalelektronen sowie die Symmetrie der Bahnen, die sie besetzen.* Zum Beispiel das leichteste Alkalimolekülkation

$$Li_2^+ \quad (1\sigma_g^+)^2 \otimes (1\sigma_u^+)^2 \otimes (2\sigma_u^+)^1$$
$$(\quad \Sigma_g^+ \quad) \otimes (\Sigma_u^+) = \Sigma_u^+ \tag{5.7}$$
$$\psi_e \sim \sigma_u^+(1) \Rightarrow \Sigma_u^+$$

Nach diesem Verfahren können wir nun die Symmetrie ungestörter, stationärer Zustände bestimmen, die durch eine solche Sorte von Bahnwellenfunktionen beschrieben werden. Unsere nächste Frage wird sein, was eine geeignete Bahnwellenfunktion enthält und an welcher Stelle der Spin in unsere Problemstellung eintritt.

5.3   Wellenfunktionen; Spin und Bahn

Zur Beschreibung eines Vielelektronensystems suchen wir nun geeignete Gesamtwellenfunktionen. Diese Gesamtwellenfunktionen müssen aber noch einigen Einschränkungen gehorchen, die wir weiter vorne schon kennengelernt hatten. Sie seien hier kurz wiederholt:

$$(1) \quad \int_{-\infty}^{+\infty} \psi^* \psi \, d\tau = 1 \qquad \text{„Normierung“} \tag{5.8}$$

(2) ψ muß (a) eindeutig
  (b) stetig, überall endlich und
  (c) stetig differenzierbar sein.

$$(3) \quad \int_{-\infty}^{+\infty} \psi_i^* \psi_j \, d\tau = 0 \quad \text{für alle } i \neq j \qquad \text{„Orthogonalität“} \tag{5.9}$$

Die Einschränkungen[1] (1) und (3) lassen sich auch zusammenfassen unter der Forderung der Orthonormierbarkeit

$$\int_{-\infty}^{+\infty} \psi_i^* \psi_j \, d\tau = \delta_{ij} = \left\{ \begin{matrix} 1 & i = j \\ 0 & i \neq j \end{matrix} \right\} \tag{5.10}$$

5.3.1   Das Pauli-Prinzip

Insbesondere aber müssen wir für unsere Gesamtwellenfunktion

Verträglichkeit mit dem Pauli-Prinzip

fordern.

Das Pauli-Prinzip (keine zwei Elektronen mit gleichem Quantenzahlsatz in einem System) gilt beim Aufbau von Atom- und Molekülhüllen, selbst beim Bau der Atomkerne. Es führt zu einer charakteristischen Bedingung von Zustandswellenfunktionen atomarer Systeme. Betrachten wir z. B. zwei Elektronen i und k in einem System in erster Näherung (ohne Berücksichtigung ihrer gegenseitigen Wechselwirkung[2]) als unabhängig, müssen sich ihre Aufenthaltswahrscheinlichkeiten multiplizieren, bzw. die Gesamtwellenfunktion das Produkt der Einelektronenwellenfunktion sein.

$$\psi_{1,2} = \psi_i(1) \, \psi_k(2). \tag{5.11}$$

---

[1] Einschränkung (1) legt neben den Eigenschaften unter (2) noch fest, daß ψ quadratisch integrabel sein muß; d. h. mit einem Wellenpaket eines freien Teilchens läßt sich (1) erfüllen, mit einer ebenen Welle dagegen nicht.

[2] Genauer geht hier die gegenseitige Wechselwirkung allenfalls als ein effektives, über die anderen Elektronen gemitteltes Potential ein.

Die Gesamtenergie des Systems ergibt sich hingegen als Summe der Einzel-
energien:

$$E(1, 2) = E(1) + E(2). \tag{5.12}$$

Für den Austausch der Teilchen 1 und 2 erhalten wir den gleichen Energiebetrag
E(1, 2). Der Energiezustand des Systems ist also entartet. Für die Zustandsfunk-
tion ψ gilt diese Entartung nicht. Es sei in einer kurzen Betrachtung angenommen, daß ψ_i eine Sinus-Funktion und ψ_k eine Cosinus-Funktion repräsentiert.
Elektron 1 habe nun die Koordinate 0, und Elektron 2 die ebenso willkürlich
gewählte Koordinate $\pi/2$.

Dann ist

$$\psi_{1,2} = \sin 0 \cdot \cos \pi/2 = 0 \cdot 0 = 0,$$
$$\psi_{2,1} = \sin \pi/2 \cdot \cos 0 = 1 \cdot 1 = 1. \tag{5.13}$$

Es gibt also zwei verschiedene Lösungen für die Gesamtelektronenwellenfunk-
tion! Diese beiden Lösungen aber beschreiben unser Problem noch nicht
vollständig richtig. Da es sich um zwei ununterscheidbare, identische Teilchen
handelt, muß das Gesamtwahrscheinlichkeitsverhalten unabhängig von der
Elektronenvertauschung sein. Für die beiden bisher gefundenen Lösungen gilt
jedoch

$$P(1, 2) \neq P(2, 1).$$

Wir versuchen daher mit den Linearkombinationen dieser beiden Lösungen
einen allgemeineren Ansatz unter der Forderung $P(1, 2) = P(2, 1)$.

$$\psi = \alpha\psi(1, 2) + \beta\psi(2, 1)$$

Das gibt:

$$(\alpha\psi(1, 2) + \beta\psi(2, 1))^2 = (\alpha\psi(2, 1) + \beta\psi(1, 2))^2$$

Die Koeffizienten α und β werden nun ausgerechnet:

$$1. \quad \alpha\psi(1, 2) + \beta\psi(2, 1) = \alpha\psi(2, 1) + \beta\psi(1, 2)$$

$$\ldots\ldots\ldots$$

$$\alpha = \beta,$$

$$2. \quad \alpha\psi(1, 2) + \beta\psi(2, 1) = -\alpha\psi(2, 1) - \beta\psi(1, 2)$$

$$\ldots\ldots\ldots$$

$$\alpha = -\beta.$$

Damit gibt es aus der Vielzahl aller möglichen Linearkombinationen nur zwei physikalisch sinnvolle Zustände:

$$\psi_s = \psi(1, 2) + \psi(2, 1),$$

$$\psi_a = \psi(1, 2) - \psi(2, 1),$$

(5.14)

wobei die obere Gleichung die symmetrische, die untere die antisymmetrische Lösung beschreibt. Es hat sich gezeigt: *„Alle in der Natur realisierten Zustände von Systemen aus mehreren Elektronen werden durch Wellenfunktionen beschrieben, die gegenüber Elektronenvertauschung antisymmetrisch sind"*.[1]

Das Antisymmetrieprinzip ist die fundamentale quantenmechanische Formulierung des Pauliprinzips und hat, wie wir noch sehen werden, große Bedeutung für die Formulierung von Gesamtwellenfunktionen. Die Wellenfunktionen, die wir in Abschn. 4 zur Beschreibung von Schwingungs- und Rotationszuständen hergeleitet und benutzt haben, haben alle der oben angeführten Eigenschaften. Sie beschreiben natürlich nur den Schwingungs-Rotationsanteil der totalen Wellenfunktion und werden hier kurz mit ψ_v bezeichnet. ψ ist nun notwendigerweise das Produkt von all den speziellen Wellenfunktionen, die folgendes beschreiben:

(a)   den Bewegungszustand der Kerne $\Rightarrow \psi_v$
(b)   die Bahnbeschreibung des elektronischen Zustandes $\Rightarrow \psi_e$
(c)   den Spinzustand $\Rightarrow \psi_s$.

ψ_s beschreibt explizit, wie die Elektronen bezüglich ihres Eigendrehimpulses auf das Molekülorbital ausgerichtet sind. Das wollen wir etwas genauer anschauen.

Die Darstellung von ψ in einer solchen, faktorisierten Form, nämlich

$$\psi_{esv}(q, Q, \alpha, \beta) = \psi_e(q)\ \psi_v(Q)\ \psi_s(\alpha, \beta)$$

(5.15)

mit   q: Elektronenkoordinaten
        Q: Kernkoordinaten (oder Normalkoordinaten)
        α, β: Spinkoordinaten

ist nur bei zwei einschneidenden, äußerst wichtigen Näherungen möglich und richtig.

---

[1] Auch der Einfluß eines äußeren Feldes ändert nichts an diesem Sachverhalt, da es auf gleichartige Teilchen in gleicher Weise wirkt und daher zu einem ebenfalls symmetrischen Störoperator führt. Beachte jedoch, daß die gesamte elektronische Wellenfunktion, d. h. Orts- und Spinanteil antisymmetrisch sein muß. Der Ortsanteil allein kann also durchaus symmetrisch sein, fordert dann zwingend eine antisymmetrische Spinfunktion.

5.3.2   Die Born-Oppenheimer-Näherung

Sie erlaubt die Separation von elektronischem (Bahn- und Spin-)Anteil der Wellenfunktionen, bezeichnet mit ψ_{es}, und dem Anteil der Kernbewegung ψ_v an der Gesamtwellenfunktion ψ_{esv}. Diese Faktorisierung ist eine Näherung, da der Bahnanteil der elektronischen Wellenfunktion ψ_e rigoros eine Funktion von beiden, Kernkoordinaten (Q_i) und Elektronenkoordinaten (q_i) ist. In der Näherung wird ψ_e für festgehaltene Kerne (genauer in der Gleichgewichtslage R_e) entwickelt und dann als unabhängig von der Kernbewegung betrachtet. ψ_v ist entsprechend nur eine Funktion der Kernbewegung, damit von Q_i.

Die Separation der elektronischen Wellenfunktion ψ_{es}, die sowohl die Bahnsymmetrie als auch die Spinmultiplizität des elektronischen Zustands beschreibt, in einen Bahnanteil ψ_e und einen Spinanteil ψ_s ist so nur möglich mit der Näherung, daß die S p i n - B a h n - K o p p l u n g vernachlässigbar klein ist. Die Einzelheiten dieser Kopplung werden wir im Rahmen dieser Einführung nicht diskutieren.

Auch unter der obigen Näherung bleiben die beiden Funktionen als Folge des Pauli-Prinzips voneinander abhängig. Dieses Prinzip fordert, wie oben bereits ausgeführt, daß ψ_{esv} antisymmetrisch ($-$) in bezug auf den Austausch je zweier Elektronen sein muß. Wichtig ist dabei, daß die Schwingungswellenfunktion ψ_v immer symmetrisch ist. Daher können ψ_e und ψ_s nicht beide gleichzeitig symmetrische oder antisymmetrische Funktionen sein, z. B.:

$$
\begin{array}{ccccc}
\psi_e & (-) & (-) & (+) & (+) \\
\psi_s & (-) & (+) & (-) & (+) \\
& \text{nein} & \text{ja} & \text{ja} & \text{nein}
\end{array}
\qquad (\psi_v \text{ immer } (+))
$$

i. e. eine Gesamtwellenfunktion vom Typ

$$
\psi_e \psi_s \psi_v \sim (+)(+)(+) = (+) \quad \text{oder} \quad (-)(-)(+) = (+) \tag{5.16}
$$

existiert nicht.

Grundlagen für die Spinwellenfunktionen sind zwei einfache Richtungsgrößen, α und β. Sie bezeichnen die Spinausrichtung nach „oben" und nach „unten" in bezug auf eine willkürliche Referenzrichtung. Auf diese Weise geben sie die Spinquantenzahlen $s = +1/2$ bzw. $s = -1/2$ wieder. Die willkürliche Referenzrichtung wird allgemein durch das erste Elektron in einem Orbital gegeben: Durch Vereinbarung nimmt man seinen Spin als den α-Spinzustand.

Die Einelektronenspinwellenfunktion muß denselben Einschränkungen gehorchen wie die gesamte Wellenfunktion, nämlich: Orthonormierbarkeit $\int \alpha(1)\, \alpha(1)\, d\tau = 1$, $\int \beta(1)\, \beta(1)\, d\tau = 1$ und $\int \alpha(1)\, \beta(1)\, d\tau = 0$, $\int \beta(1)\, \alpha(1)\, d\tau = 0$ sowie $\pm$-Symmetrie bezüglich Elektronenaustausch. Ähnlich muß eine Zweielektronenspinwellenfunktion wie $\psi_s = \alpha(1)\, \alpha(2)$ (d. h. Elektron 1 und 2 haben jweils den Spin $+1/2$) den oben angegebenen Einschränkungen gehorchen.

Die durch das Pauli-Prinzip eingeschränkte Kombination von geeigneten Spin- und Bahnwellenfunktionen, die die elektronische Wellenfunktion ψ_{es} des Grundzustands ausmachen, kann vereinfacht werden, wenn wir die Austauschsymmetrien der Orbital- und Spinfunktionen unabhängig voneinander untersuchen. Für $\psi_s = \alpha(1)\, \alpha(2)$ gibt Austausch der Elektronen $\psi'_s = \alpha(2)\, \alpha(1)$. Elektronenaustausch bedeutet für uns einfach, die Zahlen und damit die Koordinaten (Orts- und Spinkoord.) von irgendwelchen zwei Elektronen in der Wellenfunktion zu vertauschen. Da $\psi'_s = +\psi_s$, ist die Spinfunktion symmetrisch bezüglich Vertauschung und genügt der Forderung $\psi = \pm\psi'$ nach einem solchen Austausch. Entsprechend symmetrisch ist die Spinfunktion $\beta(1)\, \beta(2)$. Die Spinfunktion $\psi_s = \alpha(1)\, \beta(2)$ ist aber keine gültige Funktion, da bei Elektronenaustausch $\psi'_s = \beta(1)\, \alpha(2)$ das Ergebnis ist. Da $\alpha(1)\, \beta(2)$ nicht gleich $\pm\alpha(2)\, \beta(1)$ ist, wird das Pauli-Prinzip verletzt.

Die linearen Kombinationen $1/\sqrt{2}[\alpha(1)\, \beta(2) - \beta(1)\, \alpha(2)]$ und $1/\sqrt{2}[\alpha(1)\, \beta(2) + \beta(1)\, \alpha(2)]$ genügen ebenfalls allen Bedingungen, wie wir zumindest teilweise nachvollziehen wollen:

$$\psi_s - 1/\sqrt{2}[\alpha(1)\, \beta(2) - \beta(1)\, \alpha(2)]$$

nach Vertauschung der Elektronen führt zu

$$\psi'_s = 1/\sqrt{2}[\alpha(2)\, \beta(1) - \beta(2)\, \alpha(1)], \tag{5.17}$$

letzteres kann schrittweise rearrangiert werden zu

$$1/\sqrt{2}[\beta(1)\, \alpha(2) - \alpha(1)\, \beta(2)] \quad \text{und zu} \quad -1/\sqrt{2}[\alpha(1)\, \beta(2) - \beta(1)\, \alpha(2)]. \tag{5.18}$$

Damit ist für die Linearkombination gezeigt, daß $\psi'_s = -\psi_s$ und das Pauli-Prinzip eingehalten wird.

Wir haben nun vier unterschiedliche Zweielektronen-Spinwellenfunktionen hergeleitet. Sie sind hier noch einmal aufgeführt, wobei wir zur Vereinfachung

$\alpha(1)\,\alpha(2)$ durch $\alpha\alpha$ abgekürzt haben:

$$\left.\begin{aligned}\psi_1 &= \alpha\alpha \\ \psi_2 &= \beta\beta \\ \psi_3 &= 1/\sqrt{2}(\alpha\beta + \beta\alpha)\end{aligned}\right\} \quad \text{symmetrisch bzgl. Elektronen-}\atop\text{vertauschung} \tag{5.19}$$

$$\psi_4 = 1/\sqrt{2}(\alpha\beta - \beta\alpha) \qquad \text{antisymmetrisch} \tag{5.20}$$

Als Demonstration wollen wir uns noch einmal H_2 anschauen. Das Molekül-orbital-Schema für H_2 erschien bereits in Fig. 5.6. Die beiden Elektronen sind in der niedrigst möglichen Energiekonfiguration untergebracht (i. e. $\Delta E(\sigma_u^+ - \sigma_g^+)$ $\triangleq$ „Elektronenspinpaarungsenergie").

Die Basisfunktion für die Bahnwellenfunktionen, die den angegebenen Zustand definieren, kommen direkt aus dem Molekülorbitaldiagramm, wie wir bereits in vorausgegangenen Beispielen gesehen haben.

$$(H_2) \quad \psi_e = (\sigma_g^+)\,(1)\,(\sigma_g^+)\,(2) \Rightarrow \Sigma_g^+. \tag{5.21}$$

Da dieses die Grundzustandskonfiguration ist, ist die Symmetrie des stationären Grundzustandes Σ_g^+.

Es gibt für H_2 mit einem besetzten Orbital nur diese eine Orbitalwellenfunktion, um es in seinem Grundzustand zu beschreiben. Diese ist eine symmetrische Konfiguration bezüglich der Elektronen (1) und (2)

$$[(\sigma_g^+(1)\,\sigma_g^+(2)] = +[\sigma_g^+(2)\,\sigma_g^+(1)], \tag{5.22}$$

und es kann daher n u r ψ_4, die antisymmetrische Spinfunktion, benutzt werden, nun damit die Gesamtwellenfunktion ψ_{es} zu formen.

Damit ist

$$\psi_{es} = 1/\sqrt{2}[\sigma_g^+(1)\,\sigma_g^+(2)]\,[\alpha\beta - \beta\alpha] \tag{5.23}$$

die e i n z i g gültige Wellenfunktion, die den G r u n d z u s t a n d v o n H_2 beschreiben kann. Sie hat die Orbitalsymmetrie $(\sigma_g^+)\,(\sigma_g^+) = \Sigma_g^+$.

Der e r s t e e l e k t r o n i s c h a n g e r e g t e Z u s t a n d des H_2 wirft einige interessante Fragestellungen auf. Seine Elektronenkonfiguration $(\sigma_g^+)^1\,(\sigma_u^+)^1$ kann auf zwei verschiedene Arten aufgezeichnet werden, wie Fig. 5.7 verdeut-licht.

Wie bereits weiter oben vorgeschlagen, ist eine mögliche Orbitalwellenfunktion, die diesen Zustand beschreibt, $\psi_e = \sigma_g^+(1)\,\sigma_u^+(2) = \Sigma_u^+$. Genauere Inspektion dieser Funktion zeigt uns jedoch, daß sie nicht $(+)$ oder $(-)$ bezüglich Elektronenvertauschung ist, und sie verletzt daher das Pauli-Prinzip. Indem wir genau wie oben bei den Spinfunktionen (Gl. 5.17)f.) Linearkombinationen der Orbitalwellenfunktionen $\sigma_g^+(1)\,\sigma_u^+(2)$ gebrauchen, erhalten wir zwei neue Orbi-

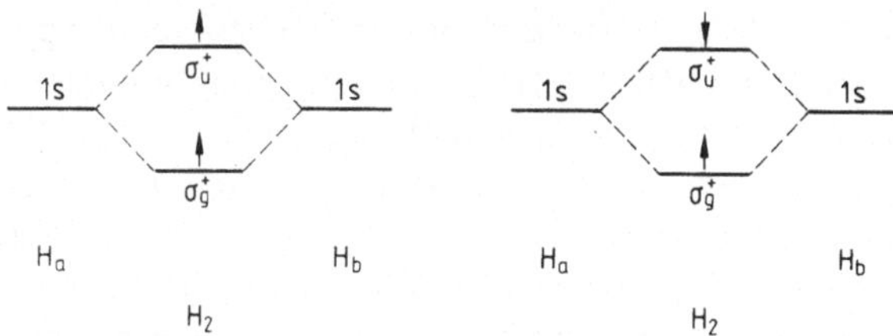

Fig. 5.7 Elektronisch angeregte Zustände des H_2

talwellenfunktionen, die allen Einschränkungen gehorchen und einen Zustand beschreiben, der die Orbital-Symmetrie $(\sigma_g^+)\,(\sigma_u^+) = \Sigma_u^+$ aufweist.

Es sind dieses:

$$\psi_e = 1/\sqrt{2}\,[\sigma_g^+(1)\,\sigma_u^+(2) \pm \sigma_u^+(1)\,\sigma_g^+(2)]. \tag{5.24}$$

Dabei ist die $(+)$-Kombination symmetrisch und die $(-)$-Kombination antisymmetrisch. Unter Einschränkungen durch das Pauli-Prinzip können vier gültige Elektronenwellenfunktionen für die Konfiguration $(1\sigma_g^+)^1\,(1\sigma_u^+)^1$ konstruiert werden:

$$\psi_{es} = \psi_A = \frac{1}{\sqrt{2}}\,[\sigma_u^+(1)\,\sigma_u^+(2) + \sigma_u^+(1)\,\sigma_g^+(2)]\,\frac{1}{\sqrt{2}}\,[\alpha(1)\,\beta(2) - \beta(1)\,\alpha(2)] \tag{5.25}$$

$$\psi_B \qquad\qquad\qquad\qquad \alpha(1)\,\alpha(2) \tag{5.26}$$

$$\psi_{es} = \psi_C = \frac{1}{\sqrt{2}}\,[\sigma_g^+(1)\,\sigma_u^+(2) - \sigma_u^+(1)\,\sigma_g^+(2)] \quad \beta(1)\,\beta(2) \tag{5.27}$$

$$\psi_D \qquad\qquad\qquad\qquad \frac{1}{\sqrt{2}}\,[\alpha(1)\,\beta(2) + \beta(1)\,\alpha(2)] \tag{5.28}$$

Ein Dilemma! Vier Funktionen, aber nur zwei Zustände, denn Fig. 5.7 hat uns die einzig möglichen Wege aufgezeigt, in denen zwei ununterscheidbare Elektronen jeweils einzeln zwei nicht entartete Orbitale besetzen können. Daher repräsentieren die vier obigen Funktionen lediglich zwei unabhängige Zustände. Eine Erklärung hierfür liegt in der Spinentartung stationärer Zustände.

5.3.3 Spinentartung

Die Energie eines elektronischen Zustandes, der durch eine geeignete orthonormierte, elektronische Wellenfunktion ψ_{es} beschrieben wird, erhalten wir aus der Lösung der Schrödingergleichung

$$E = \int_{-\infty}^{+\infty} \psi_{es}^* H_e \psi_{es}\, d\tau, \tag{5.29}$$

wobei $d\tau$ hier Integration über Orts- und Spinkoordinaten angibt. Der Hamilton-Operator H_e ist nur eine Funktion der Elektronenkoordinaten und operiert daher nur an dem Orbitalanteil von ψ_{es}. Daher ist ψ_s, die Spinfunktion, unbeeinflußt durch den Operator H_e, und die Integration über die Spinwellenfunktion kann separat ausgeführt werden. Die Situation ist analog zu unserem eingangs besprochenen Operator $(\partial/\partial x)$, der nur bezüglich der x-Achse operiert, und eine zusammengesetzte Funktion, die neben x, sagen wir einmal, noch y enthält, faktorisierbar läßt:

$$[\partial/\partial x(x^2 y + xy) = 2xy + y] \tag{5.30}$$

oder in faktorisierter Form:

$$[\partial/\partial x(x^2 y + xy) = y(\partial/\partial x)\,(x^2 + x) = y(2x + 1) = 2xy + y]. \tag{5.31}$$

Das Schlußresultat dieser Ausführung ist, daß *die Energie irgendeines elektronischen Zustandes nur von der Form von* ψ_e *abhängt.*

Wir haben gezeigt, daß der Grundzustand von H_2 lediglich durch eine symmetrische Orbitalwellenfunktion entsprechend einem Σ_g^+-Zustand beschrieben werden kann (siehe Gl. (5.23)). Damit gab es auch nur eine ausgezeichnete Spinwellenfunktion, verträglich mit diesem Zustand, nämlich die antisymmetrische Funktion ψ_4. Die Spinentartung ist 1, der Grundzustand des H_2 wird deshalb auch Singulett-Zustand genannt. Die Spinmultiplizität wird als Index links oben vor das Symbol gesetzt, das die Orbitalsymmetrie beschreibt. Die vollständige Beschreibung des Grundzustandes von H_2 lautet also $^1\Sigma_g^+$ (Lies: „Singulett-Sigma-gerade-plus-Zustand"). Die Wellenfunktion lautet:

$$\psi_{es} = 1/\sqrt{2}[\sigma_g^+(1)\,\sigma_g^+(2)]\,(\alpha\beta - \beta\alpha) \Rightarrow {}^1\Sigma_g^+\text{-Zustand}. \tag{5.32}$$

Entsprechend ist die elektronische Wellenfunktion, die den ersten angeregten Zustand von H_2 beschreibt und die symmetrische Funktion ψ_e (s. Gl. (5.25)) enthält, ebenfalls ein Singulett-Zustand, geschrieben: $^1\Sigma_u^+$. Die Wellenfunktion lautet hier:

$$\psi_{cs} = 1/\sqrt{2}[\sigma_g^+(1)\,\sigma_u^+(2) + \sigma_u^+(1)\,\sigma_g^+(2)]\,1/\sqrt{2}[\alpha(1)\,\beta(2) - \beta(1)\,\alpha(2)] \Rightarrow {}^1\Sigma_u^+.$$
$$\tag{5.33}$$

Die Energie dieses Zustandes ist gegeben durch

$$E_2 = \int_{-\infty}^{+\infty} \psi_A^* H_e \psi_A \, d\tau. \tag{5.34}$$

Bedingt durch die Orthonormiertheit der Spinwellenfunktionen gibt jede der drei symmetrischen ψ_s-Funktionen dieselbe Energie mit einer gegebenen antisymmetrischen Elektronenwellenfunktion ψ_e. Daher sind die drei anderen Wellenfunktionen (s. Gl. (5.26) bis (5.28)) für den ersten angeregten Zustand des H_2 entartet:

$$E_3 = \int\limits_{-\infty}^{+\infty} \psi_B^* H_e \psi_B \, d\tau = \int\limits_{-\infty}^{+\infty} \psi_C^* H_e \psi_C \, d\tau = \int\limits_{-\infty}^{+\infty} \psi_D^* H_e \psi_D \, d\tau. \qquad (5.35)$$

Sie ergeben einen dreifach entarteten oder auch Triplett-Zustand, bezeichnet durch $^3\Sigma_u^+$. Unser Dilemma am Ende des letzten Unterabschnittes ist jetzt bis auf eine Kleinigkeit gelöst. Welches ψ_{es}, die Gl. (5.25) oder Gl. (5.26) bis (5.28) gehört zur Fig. 5.7b? Aus dem antisymmetrischen Resultat nach Vertauschung der Elektronen in den beiden Orbitalen können wir sofort sehen, daß zur Fig. 5.7b die Gl. (5.25) mit der antisymmetrischen Spinfunktion gehört, d. h. ψ_A.

Unter Berücksichtigung der wichtigen, zuerst von Hund formulierten Regel, daß die Energie eines Triplett-Zustandes allgemein niedriger liegt als die des entsprechenden Singulett-Zustandes bei gleicher Elektronenkonfiguration[1], können wir nun das Termschema für das H_2 wie folgt aufzeichnen; Fig. 5.8.

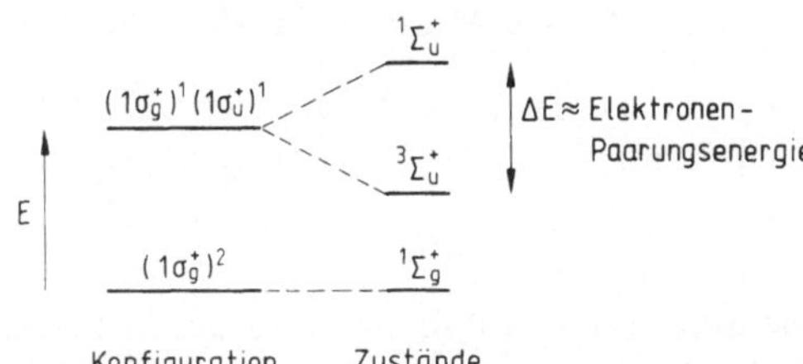

Fig. 5.8 Energietermschema des H_2

Wir haben damit die explizite Formulierung der gültigen Spin- und Bahnwellenfunktionen entsprechend den unterschiedlichen Elektronenkonfigurationen aufgezeigt. Was bisher nicht gezeigt wurde, ist die Art und Weise, in der „in praxi" die Symmetrie und die Anzahl der stationären Zustände zu einer gegebenen Elektronenkonfiguration bestimmt werden.

Zu Beginn definieren wir die Größe S, die den Gesamtspin angibt: sie ist gleich der Hälfte der Anzahl ungepaarter Elektronen in der jeweiligen Elektronenkonfiguration. Der Wert von S ist zunächst für unsere Interpretation offen, allerdings nur soweit es das Pauli-Prinzip zuläßt. Zum Beispiel kann S in der Konfiguration $\ldots (\pi)^3$ nur den Wert $1/2$ annehmen, und die Spinbesetzung in den entarteten

---

[1] Das mag anschaulich so erklärt werden können: Für die Beschreibung der Triplett-Zustände benötigt man die symmetrische Spinwellenfunktion, damit aber die antisymmetrische Bahnwellenfunktion. Die antisymmetrische Bahnwellenfunktion entspricht einem Zustand geringstmöglicher Abstoßung der Elektronen untereinander.

Orbitalen ist ⃝↑ ⃝↓↑. Ein Wert von 3/2 für S entspräche drei ungepaarten Elektronen und würde durch ⃝↑ ⃝↑↑ repräsentiert. Eine solche Konfiguration würde zwei Elektronen mit identischem Spin in einem Orbital haben und ist daher verboten.

Die Anzahl von gültigen, verschiedenen Weisen, in denen wir die Spins arrangieren können, ohne die Elektronenkonfiguration zu verändern, entspricht der Anzahl von möglichen Spinzuständen. Die Gesamtzahl $(2S + 1)$ wird die Multiplizität des Spinzustandes genannt und durch M bezeichnet.

Einige ausgewählte Beispiele sollen zeigen, wie S und M benutzt werden, um die Anzahl und Multiplizität der Spinzustände wiederzugeben.

Erstes Beispiel ist der Grundzustand des Wasserstoffmoleküls:

$$H_2 \quad (\sigma_g^+)^2.$$

Da es nur einen einzigen Weg gibt, in dem die Spins gültig in ein gefülltes Orbital eingebracht werden können, nämlich gepaart bzw. „Spingesättigt", ist nur ein Spinzustand möglich. Da es keine weiteren, ungepaarten Elektronen gibt und $S = 0$ ist, ist seine Multiplizität $(M = 2S + 1)$ gleich 1.

Zweites Beispiel ist der angeregte Zustand des Wasserstoffmoleküls mit der Konfiguration

$$H_2 \quad (\sigma_g^+)^1 (\sigma_u^+)^1. \tag{5.36}$$

Die Spins können nun entweder gepaart oder ungepaart arrangiert werden:

Fall 1: $S = 0,$ $M = (2S + 1) = 1$ Singulett-Zustand (Fig. 5.7 b),

Fall 2: $S = \dfrac{1}{2} \cdot 2 = 1,$ $M = 2 \cdot 1 + 1 = 3$ Triplett-Zustand (Fig. 5.7 a).

Als letztes Beispiel kommen wir auf den einfachen Fall des Einelektronensystems zurück, auf das H_2-Wasserstoffion mit der Konfiguration

$$H_2^+ \quad (\sigma_g^+)^1. \tag{5.37}$$

Da ein Elektron notwendigerweise nur ungepaart auftreten kann, gibt es nur einen einzigen Spinzustand. α und β verlieren ihre Bedeutung. Es ist hier $S = 1/2$ und $M = 2$. Ein solcher doppelt entarteter Spinzustand wird mit „Dublett" bezeichnet. Dublett-Zustände erhält man auch für doppelt entartete Molekülorbitale mit drei Elektronen (s. die Diskussion der Konfiguration ... $(\pi)^3$ auf Seite 201). In Tab. 5.2 sind einige einfache Beispiele für den Zusammenhang von Konfiguration, Multiplizität und Zuständen aufgeführt. Dabei sollte besonders die Gleichartigkeit der Konfiguration $(\pi_g)^3$ und $(\pi_g)^1$ (s. vorletzte Zeile) beachtet werden.

Tab. 5.2

Molekül bzw. elektr. Konfiguration		Spin	Multi-plizität	Zustand
H_2 $\quad(\sigma_g^+)^2$	⊕	$S = 0$	$M = 1$	$^1\Sigma_g^+$
H_2^* $\quad(\sigma_g^+)^1\,(\sigma_u^+)^1$ $\left\{\begin{array}{c}↑\;↓\\↑\;↑\end{array}\right.$		(a) $S = 0$ (b) $S = 1$	$M = 1$ $M = 3$	$^1\Sigma_u^+$ $^3\Sigma_u^+$
$\ldots(\pi_g)^1$ oder $\ldots(\pi_g)^3$	⊕ ↑	$S = 1/2$	$M = 2$	$^2\Pi_g$
$\ldots(\sigma_g)^1$	↑	$S = 1/2$	$M = 2$	$^2\Sigma_g^+$

5.4 Symmetrie und Spin-Multiplizität

Bisher haben wir uns mit den Beispielen immer in der Punktgruppe $D_{\infty h}$ bewegt. Mit einigen Beispielen aus anderen, häufigen Punktgruppen soll jetzt der Zusammenhang von speziellen Elektronenkonfigurationen und den resultierenden Spinmultiplizitäten bzw. Zuständen beleuchtet werden.

Die Molekülwellenfunktionen, genauer auch die Elektronenwellenfunktionen, können grob durch das Produkt der Orbitalwellenfunktionen ϕ_i der Einzelelektronen angenährt werden:

$$\phi_1 \cdot \phi_2 \cdot \phi_3 \cdot \ldots = \psi_e. \tag{5.38}$$

Die Elektronenwellenfunktion erhält man entsprechend aus dem direkten Produkt der einzelnen Orbitalwellenfunktionen. Da das Pauli-Prinzip gilt, ist dann für Singulett-Zustände immer das symmetrische Produkt, für Triplett-Zustände immer das antisymmetrische Produkt von Bedeutung.

Gegeben sei eine Elektronenkonfiguration für ein Molekül, das zu einer bekannten Punktgruppe gehört:

(a) Sind alle Molekülorbitale, die Elektronen enthalten, unabhängig von der Orbitalentartung voll besetzt, dann ist der zugehörige elektronische Zustand ein Singulett mit der Orbitalsymmetrie der totalsymmetrischen irreduziblen Darstellung;

i. e. für ein D_{4h}-Molekül $\qquad \ldots (b_{1u})^2 \Rightarrow {}^1A_{1g}$

oder $\qquad\qquad\qquad\qquad \ldots (e_u)^4 \Rightarrow {}^1A_{1g}.$

(b) Enthält das letzte Molekülorbital, sei es entartet oder nicht, ein Elektron, dann ist der entsprechende Zustand ein Dublett mit derselben Symmetrie wie die des besetzten Orbitals;

i. e. für ein D_{6h}-Molekül $\ldots (b_{2g})^1 \Rightarrow {}^2B_{2g}$

oder $\ldots (e_{1u})^1 \Rightarrow {}^2E_{1u}$.

(c) Wenn zwei nichtentartete Molekülorbitale oder ein nichtentartetes und ein entartetes Molekülorbital je ein Elektron enthalten (dieses gilt gewöhnlich für die angeregten Konfigurationen), so resultieren daraus sowohl Singulett- wie Triplettzustände. Sie haben die Symmetrie des direkten Produkts der Molekülorbitale, die die beiden Elektronen enthalten;

i. e. für ein C_{4v}-Molekül $\ldots (b_1)^1 (b_2)^1 \Rightarrow {}^1A_2 + {}^3A_2$

oder $\ldots (b_1)^1 (e)^1 \Rightarrow {}^1E + {}^3E$.

(d) Ist das zuletzt besetzte Molekülorbital doppelt entartet und enthält drei Elektronen, dann hat der resultierende Zustand dessen Symmetrie und ist ein Dublett. Dieses werden wir weiter unten noch herleiten; hier sollte uns nicht stören, daß das formale „Direkte Produkt", das wir bereits kennen, mehr als eine Symmetrie für den resultierenden Zustand liefert;

i. e. für ein C_{4v}-Molekül $\ldots (e_u)^3 \Rightarrow {}^2E_u$

für ein $D_{\infty h}$-Molekül $\ldots (\pi_u)^3 \Rightarrow {}^2\pi_u$

oder $\ldots (\sigma_g)^3 \Rightarrow {}^2\Delta_g$.

(e) Wenn ein entartetes und ein nichtentartetes Molekülorbital drei bzw. ein Elektron enthalten, sind die entsprechenden Zustände ein Singulett bzw. ein Triplett;

i. e. für ein D_{6h}-Molekül $\ldots (e_{2u})^3 (b_{2g})^1 \Rightarrow {}^1E_{1u} + {}^3E_{1u}$

für ein $D_{\infty h}$-Molekül $\ldots (\pi_g)^3 (\sigma_g^+)^1 \Rightarrow {}^1\Pi_g + {}^3\Pi_g$.

(f) Schließlich ist die letzte Möglichkeit, die leicht vorkommen kann, diejenige, in der zwei entartete Orbitale jeweils einfach besetzt sind. Wir wissen bereits, daß Einzelelektronen in irgendwelchen zwei Orbitalen zu Singuletts bzw. Tripletts führen. Das direkte Produkt gibt die Anzahl der Orbitalzustände. Jeder Orbitalzustand existiert sowohl in einem Triplett- wie in einem Singulettzustand;

i. e. für ein $D_{\infty h}$-Molekül

$$\ldots (\pi_g)^1 (\pi_u)^1 \Rightarrow {}^1\Sigma_u^- + {}^1\Sigma_u^+ + {}^1\Delta_u + {}^3\Sigma_u^- + {}^3\Sigma_u^+ + {}^3\Delta_u.$$

Das Resultat für eine Konfiguration $\ldots (\pi_g)^3 (\pi_u)^1$ ist genau dasselbe, da wir $\ldots (\pi_g)^3$ wie $\ldots (\pi_g)^1$ behandeln können.

(g) Spezielle Fälle, in denen ein doppelt oder sogar dreifach entartetes Orbital zwei oder drei Elektronen enthält, können durch die oben angegebenen Methoden nicht behandelt werden. Warum das so ist, wollen wir im folgenden zeigen.

Symmetrie und Spinmultiplizität von stationären Zuständen, wie sie von direkten Produkten erhalten werden, sind sehr vereinfacht. Wie bei nahezu allen Vereinfachungen wurde zusätzliche Information einfach unterdrückt. Dieser Abschnitt soll uns nun einige dieser zusätzlichen Informationen in Erinnerung bringen.

Es ist äußerst einfach, die Orbitalsymmetrie elektronischer Zustände, die zu einer gegebenen Elektronenbesetzung in nichtentarteten Orbitalen gehört, zu berechnen. Ebenfalls ist es sehr einfach, die Spinmultiplizität zusätzlich zu berücksichtigen. Dieses ist wirklich so, und zwar aus folgenden Gründen:

(a) Für ein einzelnes Elektron brauchen wir uns nicht über Austauschsymmetrie des Orbitals und Spinfunktionen bezüglich des Pauli-Prinzips den Kopf zu zerbrechen. Das resultiert aus der Tatsache, daß der Austausch zweier Teilchen hier bedeutungslos wird.

(b) Für zwei Elektronen in einem einfachen, nichtentarteten Orbital ist nur eine symmetrische Orbitalfunktion möglich.

(c) Für zwei Elektronen in zwei nichtentarteten Orbitalen können immer eine symmetrische und eine antisymmetrische Kombination mit derselben Orbital-symmetrie gefunden werden, die zu den entsprechenden Singulett- und Triplett-Spinfunktionen passen. Die Symmetrie dieser beiden Orbitale ist einfach aus dem direkten Produkt gegeben, und wir benötigen nicht die explizite Form der Orbitalwellenfunktion.

Der spezielle Fall, in dem zwei Elektronen ein einfaches, doppelt entartetes Molekülorbital besetzen, benötigt spezielle Aufmerksamkeit. Es gibt zwei unterschiedliche Spinzustände, die in diesem Falle vorkommen: ein Singulett, das wie folgt aufgezeigt werden kann: ⊙○ oder ○⊙ oder ⊙⊙ und ein Triplett ⊙⊙. Die Orbitalsymmetrie der entsprechenden Zustände aus der gegebenen Elektronenkonfiguration hängt von der Molekül-Punktgruppe ab, und wir finden sie durch das direkte Produkt. Als Beispiel schauen wir uns das Molekül O_2 an, das die Grundzustandskonfiguration $\dots (\pi_u)^2$ hat und zur Punktgruppe $D_{\infty h}$ gehört. Die Symmetrie der Zustände, die wir aus dieser Konfiguration bekommen, ist $(\pi_u)(1)\,(\pi_u)(2) \Rightarrow \Sigma_g^+ + \Sigma_g^- + \Delta_g$. Im Gegensatz zum nichtentarteten Fall wissen wir jedoch nicht, welche dieser Zustände symmetrisch und welche nicht symmetrisch bezüglich Elektronenvertauschung sind. Diese Information ist jedoch zwingend notwendig, um die entsprechenden Spinfunktionen bezeichnen zu können. Wir lösen dieses Problem wie einige andere vorher, indem wir (a) die Lösung „zerlegen", dann jedoch (b) die Details vernachlässigen und lernen, wie wir die benötigte Information unseren Tabellen (im Anhang) entnehmen können.

Die Lösung des gerade angesprochenen Problems benötigt eine neue Methode, das direkte Produkt zu erstellen. Bisher hat die Form des direkten Produktes uns das totale direkte Produkt geliefert und enthielt keinerlei Information, die den Zweiteilchen-Austausch betraf. Die neue Form enthält diese Information, ihr Gebrauch ist daher auch etwas schwieriger. Sie beinhaltet, nicht das totale Produkt zu nehmen, sondern das „symmetrische" und „antisymmetrische" direkte Produkt. Das geht, ohne ausdrücklich zu sagen, daß die Summe der beiden gleich dem totalen Produkt sein muß.

Erinnern wir uns, daß die Charaktere des Quadrats irgendeiner beliebigen entarteten irreduziblen Darstellung durch das Quadrat der Charaktere (χ) unter jeder Operation R der Gruppe gegeben sind, i. e. die Charaktere des totalen direkten Produkts sind gleich $[\chi(R)]^2$. Tab. 5.3, 3. Zeile, zeigt die Charaktere des totalen direkten Produkts von (e')(e') in der Punktgruppe D_{3h}.

Die Charaktere des symmetrischen (χ^+) und antisymmetrischen (χ^-) direkten Produkts ergeben symmetrische bzw. antisymmetrische Wellenfunktionen. Sie sind

$$\text{Charakter } \chi^+ \quad = \frac{1}{2} \{[\chi(R)]^2 + \chi(R^2)\}, \tag{5.39}$$

$$\text{Charakter } \chi^- \quad = \frac{1}{2} \{[\chi(R)]^2 - \chi(R^2)\}; \tag{5.40}$$

das Symbol $\chi(R^2)$ gibt die Charaktere der Quadrate der Operation R wieder, siehe dazu Zeilen 1 und 2 der Tab. 5.3.

Sobald die Charaktere der (χ^+)- und (χ^-)-direkten Produkte gefunden sind, sollte deren Summe gerade die Charaktere des totalen direkten Produkts ergeben, d. h. (Σ (der Zeilen 4 und 5) = Zeile 3). Allgemein sind nur die Charaktere unter χ^+ reduzibel.

Wie wir Tab. 5.3 entnehmen können, sind die Zustände, die aus einer Elektronenkonfiguration ... (e')^2 in der Punktgruppe D_{3h} resultieren, die folgenden:

$$A_1' + A_2' + E' \quad (\text{erhalten aus } [\chi(R)]^2).$$

Die Charaktere unter dem symmetrischen Produkt (χ^+) reduzieren sich zu A_1'- und E'-Zuständen. Die Charaktere unter dem antisymmetrischen Produkt (χ^-) sind irreduzibel und definieren den A_2'-Zustand.

Tab. 5.3

D_{3h}	$(e')(e')$					
	E	$2C_3$	$3C_2$	σ_h	$2S_3$	$3\sigma_v$
a_1'	1	1	1	1	1	1
a_2'	1	1	-1	1	1	-1
$\rightarrow e'$	2	-1	0	2	-1	0
a_1''	1	1	1	-1	-1	-1
a_2''	1	1	-1	-1	-1	1
e''	2	-1	0	-2	1	0
1 R^2	E	C_3^2	E	E	C_3^2	E
2 $\chi(R^2)$	2	-1	2	2	-1	2
3 $[\chi(R)]^2$	4	1	0	4	1	0
4 χ^+	3	0	1	3	0	$1 = a_1 + e$
5 χ^-	1	1	-1	1	1	$-1 = a_2$

Nun ist es uns möglich, die geeigneten Spinfunktionen für die oben angeführten Zustände anzugeben. $(e)^2$ definiert Singulett-$(-)$ und Triplett-$(+)$ Spinzustände. Das Pauli-Prinzip weist uns an, daß der einzige Triplettzustand von A_2'-Symmetrie sein muß, d. h. die elektronischen Zustände aus der Konfiguration $\ldots (e')^2$ sind

$$^1A_1' \qquad ^3A_2' \qquad ^1E'$$

Dabei ist die Elektronenbesetzung und die Spinausrichtung in den entarteten Orbitalen unter den jeweiligen Zuständen gegeben. Die Spinkonfigurationen unter E' sind orbitalentartet per Definition des (e')-Orbitals. Nachdem wir nun den formalen Weg ausführlich kennengelernt haben, ist es angebracht, einen einfacheren Weg aufzuzeigen, um die notwendige Information ohne Konstruktion der Tab. 5.3 oder einer ähnlichen zu erhalten. Solch ein Weg existiert tatsächlich und ist im Anhang A3 aufgeführt.

Das antisymmetrische direkte Produkt, das nur dann Bedeutung hat, wenn eine entartete irreduzible Darstellung quadriert wird, erscheint im direkten Produkt in Klammern.

Benutzen wir den Anhang A3, so finden wir die Lösung zum ursprünglich vorgeschlagenen O_2-Problem darin, daß der Σ_g^--Zustand der antisymmetrische Zustand ist. Damit definiert die Grundzustandskonfiguration $\ldots (\pi_u)^2$ des O_2 die Zustände

$$^1\Sigma_g^+ + {}^3\Sigma_g^- + {}^1\Delta_g. \tag{5.41}$$

Der Triplett-Zustand liegt energetisch unter den beiden anderen: Damit ist der Grundzustand des O_2 der $^3\Sigma_g^-$.

Ein komplizierterer Fall, um den Nutzen der Tabellen aufzuzeigen, ist die Behandlung eines (angenommenen) angeregten Zustands des D_{6h}-Moleküls C_6H_6. Die Grundzustands-Elektronenkonfiguration ist $\dots (a_{2u})^2 (e_{1g})^4 (e_{2u})^0$. Die aus einer zweifachen Anregung resultierende Elektronenkonfiguration $\dots (a_{2u})^2 (e_{1g})^2 (e_{2u})^2$ erfordert eine genaue Kenntnis des Vorgangs, um z. B. die Anzahl, Symmetrien und Spinmultiplizitäten der resultierenden Zustände herauszufinden. Anzahl und Symmetrie jedes Zustandes, der dieser Konfiguration entspricht, erhalten wir aus dem direkten Produkt aller Zustände, die sich aus dem jeweiligen Orbital herleiten lassen, d. h.

$$(a_{2u})^2 \Rightarrow (a_{2u})(a_{2u}) = A_{1g}\text{-Zustand}.$$

Da nur ein Spinzustand für zwei Elektronen in einem nichtentarteten Orbital möglich ist, trägt die Konfiguration $(a_{2u})^2$ lediglich zu einem $^1A_{1g}$-Zustand bei.

$$(e_{1g})^2 \Rightarrow (e_{1g})(e_{1g}) = A_{1g}\text{-} + [A_{2g}\text{-}] + E_{2g}\text{-Zustände}.$$

Da (e_{1g}) entartet ist, resultiert daraus mehr als ein Zustand. Diese Zustände haben die angegebenen Symmetrien, und der A_{2g}-Zustand ist antisymmetrisch. Zwei Elektronen in einem zweifach entarteten Orbital definieren sowohl Singulett- als auch Triplettspinzustände. Dabei kann nur die (antisymm.) A_{2g}-Funktion als Triplett (symm. Spinfunktion) existieren, während die symmetrischen A_{1g}- und E_{2g}-Zustände zu Singulettzuständen gehören müssen; damit trägt dieses $(e_{1g})^2$-Orbital mit drei Termen bei: $^1A_{1g} + {}^3A_{2g} + {}^1E_{2g}$. Auf dieselbe Art und Weise trägt $(e_{2u})^2$ zu folgenden Termen bei: $^1A_{1g} + {}^3A_{2g} + {}^1E_{2g}$. Die Gesamtanzahl von Zuständen, abgeleitet von den Orbitalbesetzungen, ergibt sich aus dem direkten Produkt der Beiträge der jeweiligen Orbitale (siehe auch das H_2CO-Beispiel). Die Spinmultiplizität jedes Zustandes, durch Multiplikation der jeweiligen Spinfunktionen, gibt Tab. 5.4.

Tab. 5.4 Spinmultiplizitäten, die sich aus der Kombination von jeweils zwei Spinfunktionen ergeben. Sie folgen aus den Vorschriften zur Drehimpulskopplung

Getrennte Terme	Spinmultiplizität
Singulett + Singulett	Singulett
Singulett + Dublett	Dublett
Singulett + Triplett	Triplett
Dublett + Dublett	Singulett + Triplett
Dublett + Triplett	Dublett + Quartett
Triplett + Triplett	Singulett + Triplett + Quintett

Die entsprechenden Resultate für unseren Fall, C_6H_6, sind

$$(^1A_{1g}) \otimes (^1A_{1g} + {}^3A_{2g} + {}^1E_{2g}) \otimes (^1A_{1g} + {}^3A_{2g} + {}^1E_{2g})$$

$$= {}^1A_{1g}(3) + {}^3A_{1g} + {}^5A_{1g} + {}^1A_{2g} + {}^3A_{2g}(2) + {}^1E_{2g}(3) + {}^3E_{2g}(2).$$

In Klammern ist die Anzahl der Zustände angegeben. Es sollte jetzt klar sein, daß der Beitrag durch das $(a_{2u})^2$-Orbital ohne Bedeutung für das Resultat ist. Dieses ist Grund für das allgemeine Vorgehen, Beiträge vollständig gefüllter Molekülorbitale zu vernachlässigen.

5.5 Auswahlregeln

Elektronische Übergänge werden durch zwei Typen von Auswahlregeln wesentlich bestimmt. Der eine umfaßt M, die Spin-Multiplizität, der andere die Orbitalsymmetrie des elektronischen Zustandes. Wir wollen beide getrennt betrachten und diskutieren, da Verbote bezüglich der Spin- bzw. Bahnauswahlregeln doch sehr unterschiedliche Effekte in bezug auf die Intensität eines Überganges aufweisen.

Die Intensität eines rein elektronischen Überganges (von Nullpunktsniveau zu Nullpunktsniveau) wird von einem Übergangsintegral der Form

$$M_{e'c'cs} \sim \int \psi_{e's'}^* \hat{O} \psi_{es} \, d\tau \tag{5.42}$$

bestimmt.

Darin sind $\psi_{e's'}$ und ψ_{es} Elektronenwellenfunktionen niedrigster Ordnung des angeregten bzw. Grundzustandes. $\hat{O}$ ist ein Operator, der die Kopplung zwischen Molekül und Strahlung beschreibt. Dieser Operator $\hat{O}$ ist, genau wie für die IR-Absorption, einfach der Dipolmoment-Operator $\hat{\mu}$. Er transformiert wie die Koordinatenachsen x, y und z in der Molekül-Punktgruppe. Wie der Hamiltonoperator operiert $\hat{\mu}$ nicht auf ψ_s. Unter der Annahme, daß die Spin-Bahn-Kopplung vernachlässigt werden kann, läßt sich das Übergangsintegral faktorisieren:

$$M_{c's'cs} \sim \int \psi_{s'}^* \psi_s \, d\tau_s \int \psi_c^* \hat{\mu} \psi_c \, d^3r. \tag{5.43}$$

5.5.1 Spin

Die Spinauswahlregel ist nichts als die Wiederholung der Orthonormierungsbedingung aller Wellenfunktionen einschließlich derjenigen, die Spins beschreiben. Die Bedingung für Spinfunktionen ist einfach

$$\int \psi_c^* \psi_s \, d\tau_s = \delta_{s's} \begin{cases} = 1 & \text{wenn } s' = s \\ = 0 & \text{wenn } s' \neq s. \end{cases} \tag{5.44}$$

Mit $S(\psi_{s'}) \neq S(\psi_s)$ verschwindet das Übergangsmomentintegral $M_{e's'es}$, unabhängig von dem Integralwert $\int \psi_e^* \hat{\mu} \psi_e \, d^3r$, und wir nennen einen solchen Übergang **verboten**.

Die **Spinauswahlregel** sagt in ähnlicher, wenn auch einfacherer Form aus, daß

$$\Delta(2S + 1) = 0 \tag{5.45}$$

sein muß, oder der Übergang ist spinverboten. Gewöhnlich wird dieses abgekürzt zu

$$\Delta M = 0. \tag{5.46}$$

Die folgenden **Beispiele** sollen diese Spinauswahlregel illustrieren.

(1) Die Elektronenkonfiguration des Grundzustandes und des ersten angeregten Zustandes von H_2^+ ist

$$(\sigma_g^+)^1 \, (\sigma_u^+)^0 \quad \text{bzw.} \quad (\sigma_g^+)^0 \, (\sigma_u^+)^1 . \tag{5.47}$$

Sie entsprechen Zuständen der Gesamtsymmetrie $^2\Sigma_g^+$ bzw. $^2\Sigma_u^+$. Damit ist $S = 1/2$ für beide und $\Delta M = 0$ erfüllt. Ein Übergang nach Aufnahme (oder Abgabe) der Energiedifferenz zwischen beiden Zuständen ist spinerlaubt. Um zu **beweisen**, daß dieser Übergang kein verschwindendes Übergangsmomentintegral bedingt durch Spinverbot ergibt, müssen wir das Integral über die Spinwellenfunktion untersuchen. Dabei wollen wir (allgemein) für den oberen Zustand einfach-gestrichene Größen verwenden. Da die Wellenfunktionen bereits normiert sind, ist das Integral über den gesamten Spinraum gleich Eins:

$$\int_{e_1} \alpha(1) \, \alpha'(1) \, d\tau_s = 1 \quad (\text{über das Elektron } e_1). \tag{5.48}$$

(2) Die Elektronenkonfigurationen des Wasserstoffmoleküls H_2 für den Grund- und angeregten Zustand entsprechen einem $^1\Sigma_g^+$-Grundzustand und zwei angeregten Zuständen, einem $^1\Sigma_u^+$ und einem $^3\Sigma_u^+$. Die Spinauswahlregel erlaubt hier nur den Singulett-Übergang, der $\Delta M = 0$ hat.

$$^1\Sigma_g^+ \rightarrow {}^1\Sigma_u^+ \qquad M = 0 \rightarrow M' = 0 \qquad \Delta M = 0 \tag{5.49}$$

aber: $\quad {}^1\Sigma_g^+ \rightarrow {}^3\Sigma_u^+ \qquad M = 0 \rightarrow M' = 3 \qquad \Delta M \neq 0. \tag{5.50}$

Um diesen Sachverhalt genauer zu überprüfen, benötigen wir die explizite Form der Spinwellenfunktion für diese drei Zustände, siehe die Gl. (5.23), (5.25) und (5.26) bis (5.28).

$$\psi_s = (1/\sqrt{2}) \, [\alpha\beta - \beta\alpha] \tag{5.51}$$

für alle gültigen Singulett-Zustände.

Der Übergang

$$^1\Sigma_g^+ \to {}^1\Sigma_u^+$$

ist spinerlaubt, wenn

$$\int \frac{1}{\sqrt{2}}\,[\alpha(1)\,\beta(2) - \beta(1)\,\alpha(2)]\,\frac{1}{\sqrt{2}}\,[\alpha'(1)\,\beta'(2) - \beta'(1)\,\alpha'(2)]\,d\tau_s(1)\,d\tau_s(2) \neq 0$$

$$= \frac{1}{2}\left[\int_{e_{1,2}} \alpha(1)\,\beta(2)\,\alpha'(1)\,\beta'(2) - \int_{e_{1,2}} \alpha(1)\,\beta(2)\,\beta'(1)\,\alpha'(2)\right.$$

$$\left. - \int_{e_{1,2}} \beta(1)\,\alpha(2)\,\alpha'(1)\,\beta'(2) + \int_{e_{1,2}} \beta(1)\,\alpha(2)\,\beta'(1)\,\alpha'(2)\right] d\tau_s(1)\,d\tau_s(2)$$

$$\tag{5.52}$$

$$= \frac{1}{2}\left[\int_{e_1} \alpha(1)\,\alpha'(1) \int_{e_2} \beta(2)\,\beta'(2) - \int_{e_1} \alpha(1)\,\beta'(1) \int_{e_2} \beta(2)\,\alpha'(2)\right.$$

$$\left. - \int_{e_1} \beta(1)\,\alpha'(1) \int_{e_2} \alpha(2)\,\beta'(2) + \int_{e_1} \beta(1)\,\beta'(1) \int_{e_2} \alpha(2)\,\alpha'(2)\right] d\tau_s(1)\,d\tau_s(2)$$

$$= \frac{1}{2}\,[(1)(1) - (0)(0) - (0)(0) + (1)(1)] = 1$$

d. h. spinerlaubt.

Um zu überprüfen, daß der Singulett-Triplett-Übergang tatsächlich verboten ist, genügt es, irgendeine der drei Triplett-Spinwellenfunktionen in diese Rechnung einzusetzen. Man erhält für den Übergang

$$^1\Sigma_g^+ \to {}^3\Sigma_u^+ :$$

$$1/\sqrt{2} \int_{e_{1,2}} [\alpha(1)\,\beta(2) - \beta(1)\,\alpha(2)]\,[\alpha'(1)\,a'(2)]\,d\tau_s(2)$$

$$= \frac{1}{\sqrt{2}}\left[\int_{e_{1,2}} \alpha(1)\,\beta(2)\,\alpha'(1)\,a'(2) - \int_{e_{1,2}} \beta(1)\,\alpha(2)\,\alpha'(1)\,a'(2)\right] d\tau_s(1)\,d\tau_s(2)$$

$$\tag{5.53}$$

$$= \frac{1}{\sqrt{2}}\left[\int_{e_1} \alpha(1)\,\alpha'(1) \int_{e_2} \beta(2)\,\alpha'(2) - \int_{e_1} \beta(1)\,\alpha'(1) \int_{e_2} \alpha(2)\,\alpha'(2)\right] d\tau_s(1)\,d\tau_s(2)$$

$$= \frac{1}{\sqrt{2}}\,(1)(0) - \frac{1}{\sqrt{2}}\,(0)(1) = 0,$$

daher ist er spinverboten.

Die Spinauswahlregel ist eine sehr strikte; daher werden, zumindest bei leichten Teilchen, spinverbotene Übergänge kaum, und dann nur sehr schwach, beobachtet. Intensitätsstärkere, spinverbotene Übergänge weisen schwerere Atome durch die von ihnen verursachten Störungen (Spin-Bahn-Kopplung) auf. Wir wollen sie hier zunächst vernachlässigen.

5.5.2 Bahn

Die Auswahlregel bezüglich der Bahndrehimpulse für elektronische Übergänge erhalten wir ebenfalls aus der Form des Übergangsmoment-Integrals, Gl. (5.43). Sie ist analog der Auswahlregel für die Schwingung und lautet: *„Ein elektronischer Übergang ist bezüglich des Bahndrehimpulses verboten, wenn das Integral*

$$\int_{-\infty}^{+\infty} \psi_e^* \mu \psi_e \, d\tau \quad \textit{nicht die totalsymmetrische Darstellung der jeweiligen Molekül-}$$

punktgruppe enthält.“

Wie mit der Auswahlregel im Infrarot, interessiert nur die Orbitalsymmetrie der beiden Zustände, zwischen denen der Übergang stattfindet. Der spinerlaubte Übergang $^1\Sigma_g^+ - {}^1\Sigma_u^+$, den wir weiter oben für H_2 ($D_{\infty h}$-Punktgruppe) aufgezeigt haben, ist ein einfaches Beispiel für einen orbitalerlaubten Übergang (vgl. Abschn. 3.6.1)

$$\hat{\mu} \sim \sigma_u^+(z) \quad \text{und/oder} \quad \pi_u(x, y); \tag{5.54}$$

$$\Sigma_u^+ \begin{pmatrix} \sigma_u^+ \\ \pi_u \end{pmatrix} \Sigma_g^+ = \underline{\underline{\sigma_g^+}} + \pi_g. \tag{5.55}$$

Übergänge, die sowohl spin- als auch bahnerlaubt sind, werden als **vollständig erlaubte** Übergänge bezeichnet.

Diesem Übergangstyp entspricht bei einem gegebenen Molekül immer die intensivste Bande im jeweiligen Spektrum.

Unmittelbar wird uns klar, daß für einen totalsymmetrischen Grundzustand nur diejenigen Übergänge zu angeregten Zuständen orbitalerlaubt sind, die dieselbe Orbitalsymmetrie aufweisen wie mindestens eine Komponente des Dipolmomentoperators.

Der spinverbotene Übergang $^1\Sigma_g^+ \rightarrow {}^3\Sigma_u^+$, den wir im Teil (a) für H_2 beschrieben haben, ist ersichtlich orbitalerlaubt. Dieses hat jedoch wenig Effekt auf die Intensität des Überganges, da diese nahezu vollständig durch die Spinauswahlregel bestimmt ist.

Der „reine“ elektronische Übergang zum ersten angeregten Singulett-Zustand des Benzols (C_6H_6) bietet ein Beispiel für ein solches Vorkommen in elektronischer Spektroskopie. Der Grundzustand des C_6H_6 ist $^1A_{1g}$. Der zunächsthöhere Singulettzustand ist $^1B_{2u}$. Der Dipolmomentoperator transformiert wie $a_{2u}(z)$ und $e_{1u}(x, y)$ in der Punktgruppe D_{6h}.

$$^1A_{1g} \rightarrow {}^1B_{2u} \qquad \Delta M = 0, \qquad \text{spinerlaubt}, \tag{5.56}$$

$$B_{2u} \begin{pmatrix} a_{2u} \\ e_{1u} \end{pmatrix} A_{1g} = b_{1g} + e_{2g}, \quad \text{bahnverboten}. \tag{5.57}$$

Spinerlaubte, aber bahnverbotene Übergänge haben gewöhnlich (leichtere Kerne) Intensitäten zwischen denen vollständig erlaubter und spinverbotener Übergänge. Der Mechanismus, durch den dieser elektronische Übergang Intensität bekommt, ist als „Schwingungskopplung" bekannt, siehe Abschn. 5.3.3.

Lediglich für qualitative Zwecke kann die folgende Aufzählung benutzt werden, um den Grad von „erlaubter" bzw. „verbotener" Übergangsrate für eine gegebene Absorptionsbande in einem elektronischen Spektrum zu finden:

$$\varepsilon \quad \text{von } 10^{-5} \text{ bis } 1 \qquad \text{spinverboten},$$
$$\varepsilon \quad \text{von } 1 \quad \text{bis } 10^3 \quad \text{spinerlaubt, aber orbitalverboten}, \tag{5.58}$$
$$\varepsilon \quad \text{von } 10^3 \quad \text{bis } 10^5 \quad \text{vollständig erlaubt},$$

wobei ε den molekularen Extinktionskoeffizienten (Absorptionskoeff.) gemäß dem Beerschen Gesetz $A = \varepsilon \cdot c \cdot l$ angibt mit der Absorption $A = \log I_0/I$.

5.5.3 Schwingungskopplung

Das Phänomen der Schwingungskopplung gibt die Grundlage für die Interpretation der Molekülstruktur aus einer Analyse der jeweiligen elektronischen Absorptions- oder Emissionsbanden. Dieses trifft jedoch nur für solche Moleküle zu, die innerhalb eines gegebenen elektronischen Überganges Schwingungsfeinstrukturen aufweisen. Die Situation entspricht in etwa der überlagerten Rotationsstruktur in einem erlaubten Schwingungsübergang im IR.

Um die Konsequenzen aus diesem Phänomen zu beschreiben, müssen wir die Schwingungswellenfunktion in unsere Zustandsbeschreibung erneut einführen. Als wir weiter oben ψ_v unterdrückten, haben wir das unter der Annahme getan, daß dieser Teil der Gesamtwellenfunktion totalsymmetrisch und unabhängig von der elektronischen Wellenfunktion (Born-Oppenheimer-Näherung!) ist. Erinnern wir uns, daß die Gesamtwellenfunktion zur Beschreibung eines stationären Molekülzustandes faktorisierbar ist:

$$\psi_{esv} = \psi_e \psi_v \psi_s. \tag{5.59}$$

Jeder Anteil wurde unabhängig von den anderen betrachtet, um IR-, Raman-, Bahn- und Spin-Auswahlregeln herzuleiten. Nun jedoch müssen wir alle Beiträge zur Gesamtwellenfunktion ψ gleichzeitig betrachten.

Wir haben bereits gesehen, daß der elektronische Zustand eines Moleküls, niedrigste Ordnung der Störungsrechnung vorausgesetzt, durch die Wellenfunktion $\psi_{es} = \psi_e \cdot \psi_s$ beschrieben werden kann. Daher läßt sich die Gesamtwellenfunktion ψ aufbauen aus zwei Teilen: einem elektronischen, beschrieben durch ψ_{es}, und einem Kernanteil, beschrieben durch ψ_v. Die Symmetrie des vibronischen Zustandes, beschrieben durch

$$\psi = \psi_{es} \cdot \psi_v, \tag{5.60}$$

wird durch das direkte Produkt der Symmetrien von ψ_{es} und ψ_v bestimmt.

Bei der Ableitung der Auswahlregeln für rein elektronische Übergänge zwischen stationären Zuständen $(0-0)$ haben wir diesen festgelegt durch den Übergang zwischen den Nullpunkts-Schwingungszuständen der jeweiligen Potentialmulden (Gl. (5.42) und (5.43)).

Die Symmetrie von ψ_v ist immer die totalsymmetrische Darstellung der Punktgruppe im Nullpunkts-Niveau. Das wird klar bei Betrachtung der hermiteschen Polynome für $v = 0$. Daraus resultiert, daß das direkte Produkt von ψ_v und ψ_{es} immer die Symmetrie von ψ_{es} in diesem niedrigsten Energieniveau liefert; i. e. die Symmetrie von ψ_v hat keinen Einfluß auf die Symmetrie des niedrigsten Zustandes. Vom Gesichtspunkt der Symmetrie her ist es daher zulässig, diese Funktion bei der Herleitung der Auswahlregeln für rein elektronische Übergänge zu vernachlässigen.

Der Ausdruck für das Übergangsmoment, in seiner vollständigen Form ausgeschrieben, lautet

$$M_{e's'v'esv} \sim \int_{-\infty}^{+\infty} \psi_{e's'v'}^* \hat{\mu} \psi_{esv} \, d\tau. \tag{5.61}$$

Born-Oppenheimer-Näherung und verschwindende Spin-Bahn-Kopplung vorausgesetzt, läßt sich Gl. (5.61) faktorisieren zu

$$M_{e's'v'esv} \sim \int_{-\infty}^{+\infty} \psi_{s'}\psi_s \, d\tau_s \int_{-\infty}^{+\infty} \psi_{e'}\hat{\mu}\psi_e \, d^3r \int_{-\infty}^{+\infty} \psi_{v'}^*\psi_v \, d\tau_Q. \tag{5.62}$$

Die Schwingungswellenfunktion nicht dem Dipoloperator zu unterwerfen, findet seine Berechtigung in der konsequenten Anwendung des Franck-Condon-Prinzips. Dieses Prinzip, vereinfacht, zeigt auf, daß der elektronische Übergang so schnell stattfindet, daß die Kerne weder Ort noch Impuls und damit ihre kinetische Energie merklich ändern. Übersetzt auf die Elektronen heißt das, daß diese ein einheitliches Kernpotential U(R) während der Zeit der

Anregung erfahren. Dieses ist bedeutsam, da dieses Potential U im Hamilton-operator erscheint, den wir benutzen, um die Energie des elektronischen Zustandes auszurechnen. Später werden wir sehen, daß U eine komplexe Funktion ist, die das ungestörte („zero-order") Potential U_0 und einen einfachen Störungsterm U' enthält. Das Franck-Condon-Prinzip beinhaltet in dieser einfachsten Form, daß ein Elektron von einem elektronischen Zustand in den anderen angeregt werden kann, unabhängig vom rovibronischen Zustand des Moleküls. Eine ungefähre Zeitskala für elektronische bzw. Schwingungsbewegungen ist 10^{-15} bzw. 10^{-13} s. Es ist genau dieses Prinzip in Verbindung mit dem Symmetrieargument, das uns erlaubte, die Schwingungswellenfunktion bei der Herleitung der Auswahlregeln für reine elektronische Übergänge auszuschließen (Gl. (5.42)). Es begründet auch die eingezeichneten vertikalen Linien in Fig. 5.5 und 5.9 für einen elektronischen Übergang (die Kernkoordinate R bleibt konstant); solche Diagramme zeigen auf, daß während der Elektronenanregung keine Bewegung, damit Impuls- oder Energieänderung der Kerne erfolgt.

Die einzige neue Funktion, die im Ausdruck für das Übergangsmoment, Gl. (5.61), auftaucht, ist das Integral über die Schwingungswellenfunktionen, das sogenannte Überlappintegral. Erinnern wir uns, daß alle Integrale von solchem Typ notwendigerweise der Orthogonalbedingung gehorchen. Beachte jedoch, daß diese Einschränkung nur für einen Satz von Lösungen ψ_v in demselben elektronischen Zustand galt, somit nicht notwendigerweise auf ψ_v-Funktionen in unterschiedlichen Zuständen anwendbar ist. Daher hat das Integral

$$\int_{-\infty}^{+\infty} \psi_{v'} \psi_v \, d\tau$$

gewöhnlich einen von Null verschiedenen Wert, unabhängig von seiner Symmetrie. Das Quadrat dieses Integrals wird der Franck-Condon-Faktor (FCF) genannt und ist — als reine Zahl — ein Maß für den Überlapp der beiden Schwingungs-Wellenfunktionen. Dieser FCF hat einen großen Einfluß auf die Intensität eines (erlaubten) Übergangs, da die Intensität I proportional zu $|M_{e's'v'esv}|^2$ ist.

Nur die Symmetrien von $\psi_{e'}\psi_{v'}$ und $\psi_e\psi_v$ interessieren uns, da sie allein bestimmen, ob ein gegebener vibronischer Übergang (orbital) erlaubt oder verboten ist.

Fig. 5.9 illustriert den Grund- und ersten angeregten Singulettzustand des Paradifluorbenzols ($\text{p-C}_6\text{F}_2\text{H}_4$). Nur zwei der insgesamt 30 Normalschwingungen ($\bar{v}_i$) sind zusätzlich zum Grundschwingungszustand (v_0) aufgenommen. Wie bereits vorher erwähnt, ist es nicht strikt korrekt, mehr als eine Schwingungsprogression, d. h. zu einer Normalschwingung gehörige Serie von Schwingungsniveaus in ein gegebenes Potential einzuzeichnen, aber die Nützlichkeit, es doch zu tun, ist bereits offensichtlich geworden. Für den Grund- und ersten elektronisch angeregten Singulettzustand, genauer für deren Konfiguration, berücksichtigen wir lediglich die nur teilweise gefüllten bzw. energetisch am

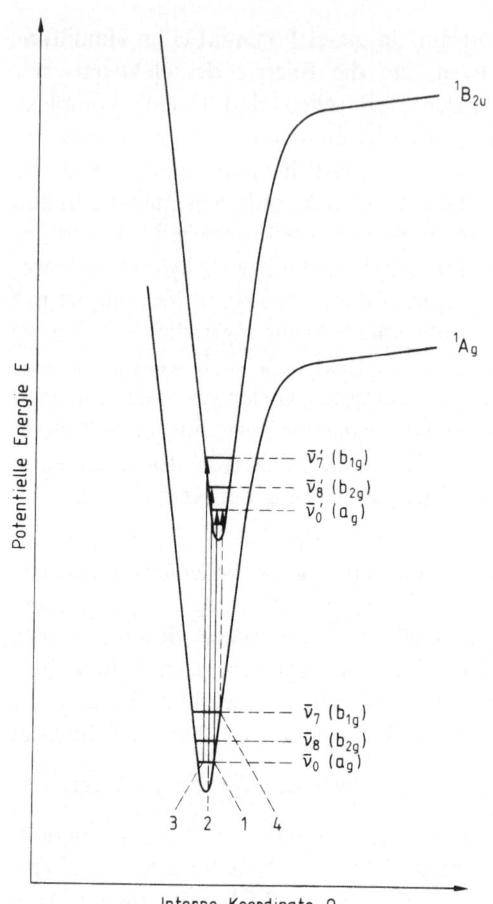

Fig. 5.9
Schematische Potentialdarstellung des Grund- und ersten elektronisch angeregten Singulettzustandes des Paradifluorbenzols, $p\text{-}C_6F_2H_4$

höchsten liegenden Molekülorbitale. Diese Konfigurationen sind $\dots (b_{2g})^2\ (a_u)^0$ bzw. $\dots (b_{2g})^1\ (a_u)^1$. Sie entsprechen einem ^1A_g-Grundzustand und sowohl $^1B_{2u}$ wie $^3B_{2u}$ angeregten Zuständen.

Um herauszufinden, ob der spinerlaubte Übergang auch orbitalerlaubt ist, müssen wir berechnen, wie $\hat{\mu}$ in der zugehörigen Punktgruppe transformiert. $p\text{-}C_6H_4F_2$ gehört zur Punktgruppe D_{2h}, somit ist $\hat{\mu} \sim b_{3u}(x),\ b_{2u}(y)$ und $b_{1u}(z)$.

Das Übergangsmomentintegral für den (0-0)-Übergang, Linie 1 in Fig. 5.9, ist

$$\int \psi_e(B_{2u})\ \psi_v(a_g) \cdot \begin{bmatrix} b_{3u} \\ b_{2u} \\ b_{1u} \end{bmatrix} \psi_e(A_g)\ \psi_v(a_g)\ d\tau = b_{2u} \cdot \begin{bmatrix} b_{3u} \\ b_{2u} \\ b_{1u} \end{bmatrix} a_u = b_{1g} + \underline{\underline{a_g}} + b_{3g},$$

$$(5.63)$$

damit ist der (0-0)-Übergang vollständig erlaubt sowie y-polarisiert, da nur die y-Komponente von $\hat{\mu}$ zum Integral beiträgt.

Der vibronische Übergang entsprechend Linie 2 in Fig. 5.9 ist ein Übergang vom $\bar{v}_0$ ($v_i = 0$)-Schwingungszustand im elektronischen Grundzustand zum fundamentalen Niveau ($v' = 1$) der Schwingungsmode $v'_8(b_{2g})$ im angeregten Zustand. Der Übergang ist gemäß

$$(B_{2u})\,(b_{2g}) \begin{bmatrix} b_{3u} \\ b_{2u} \\ b_{1u} \end{bmatrix} (A_g)\,(a_g) = (a_u) \begin{bmatrix} b_{3u} \\ b_{2u} \\ b_{1u} \end{bmatrix} (a_g) = b_{3g} + b_{2g} + b_{1g} \quad (5.64)$$

spinerlaubt, jedoch orbitalverboten.

Ähnlich ist der Übergang entsprechend Linie 3 in Fig. 5.9 vollständig erlaubt und x-polarisiert.

Der Übergang, der durch die gepunktete Linie 4 in Fig. 5.9 angezeigt wird, gehört zu einer besonderen Art von vibronischen Übergängen, die als „hot bands" bezeichnet werden. Ursprung dieses Namens ist der thermische Weg, durch den solche angeregten Grundzustands-Schwingungsniveaus besetzt werden. Der eingezeichnete Übergang ist spinerlaubt und orbitalerlaubt, wie die folgende einfache Rechnung zeigt

$$(B_{2u})\,(a_g) \begin{bmatrix} b_{3u} \\ b_{2u} \\ b_{1u} \end{bmatrix} (A_g)\,(b_{1g}) = (b_{2u}) \begin{bmatrix} b_{3u} \\ b_{2u} \\ b_{1u} \end{bmatrix} (b_{1g}) = \underline{\underline{a_g}} + b_{1g} + b_{2g}. \quad (5.65)$$

Der „hot band"-Übergang von $\bar{v}_8$ ist orbitalverboten.

Der bedeutendste Gesichtspunkt der Schwingungskopplung tritt auf, sobald in einem Molekül der (0-0)-Übergang (d. h. rein elektronische Anregung) orbitalverboten ist. Das ist der Fall in C_6H_6 und 1,3,5-dreifachsubstituierten Benzolen.

Der erste spinerlaubte elektronische Übergang in Benzol (D_{6h}) ist der zwischen dem Grundzustand ($^1A_{1g}$) und dem $^1B_{2u}$ Zustand. $\hat{\mu}$ in D_{6h} transformiert wie a_{2u} und e_{1u}. Der (0-0)-Übergang ist damit

$$(B_{2u}) \begin{bmatrix} a_{2u} \\ e_{1u} \end{bmatrix} (A_{1g}) = b_{1g} + e_{2g} \quad (5.66)$$

orbitalverboten.

Es kann jedoch jede b_{1g}- oder e_{2g}-Schwingung im angeregten Zustand als vibronischer Ursprung dienen und somit den Übergang vibronisch erlauben, wie weiter unten gezeigt wird. Es ist $\bar{v}_6' = 525\ \text{cm}^{-1}$ von e_{2g}-Symmetrie genauso wie $\bar{v}_6 = 606\ \text{cm}^{-1}$.

$$(B_{2u})\,(e_{2g})\begin{bmatrix} a_{2u} \\ e_{1u} \end{bmatrix}(A_{1g})\,(a_{1g}) = (e_{1u})\begin{bmatrix} a_{2u} \\ e_{1u} \end{bmatrix}(a_{1g})$$

$$= (e_{1g}) + (\underline{\underline{a_{1g}}} + a_{2g} + e_{2g}). \tag{5.67}$$

Entsprechend ist eine „hot band", die von einem Schwingungsniveaus der Symmetrie e_{2g} im elektronischen Grundzustand ausgeht, vibronisch erlaubt.

Schwingungskopplung ist nicht der einzige Mechanismus, durch den ein verbotener elektronischer Übergang einen erlaubten Charakter erhalten kann. Auf ähnliche Weise wie die Schwingungskopplung kann eine Kopplung zwischen den Rotations- und „vibronischen" Wellenfunktionen vorkommen. Eine solche Störung wird als Coriolis-Kopplung bezeichnet. Diese ist allgemein nur bedeutend für kleinere Moleküle, insbesondere zwei- und dreiatomige.

5.6   Elektronische Prozesse in vielatomigen Molekülen

Zunächst unterscheiden wir drei grundlegende elektronische Prozesse: (a) Die Absorption von Strahlungsenergie, verbunden mit einem elektronischen Übergang zu einem angeregten Zustand, (b) der strahlungslose Zerfall von angeregten Zuständen und (c) die Emission von Strahlung in einer Serie von unterschiedlichen Wellenlängen, gewöhnlich langwelliger als die Anregungslichtquelle selbst. Wir wollen kurz jeden der drei Prozesse eingehender beschreiben.

5.6.1   Absorption

Wir haben bereits gesehen, daß die stationären Zustände eines Systems durch einen Satz von zueinander orthogonalen, ungestörten (zero-order) Wellenfunktionen (ψ_i^0) beschrieben werden. Zusätzlich fanden wir, daß diese Eigenfunktionen zu H_0 zeitunabhängig sind. Um einen Übergang zwischen solchen Zuständen in der Zeit zwischen $t = 0$ und $t = t_1$ zu erreichen, müßten wir irgendeine Form von Zeitabhängigkeit in die Lösungen der Wellengleichung einführen. Wir finden, und an dieser Stelle soll das ohne Beweis übernommen werden, die Lösung in einer (kleinen) zeitabhängigen Störung des bis dahin ungestörten (zero-order) Potentials $U = U_0$. Diese Störung U' ist die Energie der elektromagnetischen Stahlung, mit der das System untersucht wird. Im dreidimensionalen Fall ist diese Energie einfach $U' = \vec{E} \cdot \vec{\mu}$. Der Term $\vec{E}$ ist der elektrische Vektor des einfallenden Lichtes und $\vec{\mu}$ das Dipolmoment des Moleküls. In Operatorschreibweise ist die Störung U' proportional $\hat{\mu}$, und wir nennen sie H'. Der so gestörte Hamiltonoperator $(H_0 + H')$ liefert nun neue Lösungen der Schrödinger-Gleichung. Diese Lösungen wiederum sind Linearkombinationen der ungestörten Wellenfunktionen und haben die Form

$$\psi_i = a_n \psi_n^0 + a_m \psi_m^0. \tag{5.68}$$

Die Koeffizienten sind zeitabhängig, hin und wieder werden sie die Gewichtsfaktoren der jeweiligen (zeitunabhängigen) zugehörigen Wellenfunktion genannt. Benutzen wir diese Zeitabhängigkeit, so können wir die Rate bestimmen, die von einem Zustand (ψ_m) zu einem anderen (ψ_n) führt,

$$\int_{-\infty}^{+\infty} \psi_n^* H' \psi_m \, d\tau. \tag{5.69}$$

Entfernen wir zunächst alle Terme, die die Größe und Ausbreitung des Strahlungsfeldes beschreiben, so bleibt lediglich der symmetrieabhängige Term, den wir bereits vorher abgeleitet hatten, oder:

$$\int_{-\infty}^{+\infty} \psi_n^* \hat{\mu} \psi_m \, d\tau. \tag{5.70}$$

Dieser Ausdruck, der die Überlappung zwischen Zustand ψ_n und dem Zustand ψ_m beschreibt, ist damit einfach das uns schon geläufige Übergangsmomentintegral, M_{nm}. Physikalisch beschrieben sind die zunächst zueinander orthogonalen Wellenfunktionen (Lösungen zu H_0) unter der Einwirkung des oszillierenden zeitabhängigen elektrischen Feldes miteinander gemischt worden. Als Resultat erscheint ein neuer Term, der ihren Überlapp beschreibt. Genau das Auftreten dieses Überlapps fehlte in den ungestörten Lösungen zur zugehörigen Energie und verhinderte so Übergänge von einem Zustand zu einem anderen. Die Auswahlregeln, bezogen auf diesen Term, zeigen jedoch, daß die Überlappungen zwischen einigen Zuständen auch nach Berücksichtigung der Störung Null bleibt. Daher bleiben Übergänge zwischen solchen Zuständen weiterhin verboten.

Die im Bereich des sichtbaren und ultravioletten (UV) Spektralbereiches ($13\,000$ cm^{-1} bis $50\,000$ cm^{-1}) beobachtete Absorption elektromagnetischer Strahlung beruht ausschließlich auf elektronischen Übergängen. Solche Übergänge sind ebenfalls bekannt für das Infrarot ($E \lesssim 13\,00$ cm^{-1}), werden jedoch selten beobachtet. Oberhalb $50\,000$ cm^{-1}, bekannt als der Vakuum-Ultraviolett-Bereich (VUV), sind die Spektren oft sehr breit und, mit Ausnahme der einfachsten, kleinen Moleküle, nur sehr schwierig zu analysieren.

5.6.2   Strahlungsloser Zerfall

Der Zerfall ohne Aussendung elektromagnetischer Strahlung, auch strahlungs-
loser Übergang genannt, ist möglicherweise der am wenigsten verstandene und
fundamental bedeutendste Prozeß im Bereich elektronischer Spektroskopie.
Strahlungslose Übergänge sind diejenigen, bei denen elektronisch angeregte
Moleküle (a) in kleinere Fragmente (prä-) dissoziieren, (b) sich zu größeren
Molekülen (Polymere, Cluster) zusammenfinden, (c) sich zu anderen (isomeren)
Strukturen arrangieren, (d) zu einem fluoreszierenden Zustand relaxieren, (e) zu
einem phosphoreszierenden Zustand oder (f) zum Grundzustand relaxieren.
Dabei wird jeder dieser strahlungslosen Prozesse gewöhnlich von freiwerdender
Wärme begleitet. Die unter (a) bis (c) beschriebenen Prozesse sind vornehmlich
von Bedeutung für photochemische Vorgänge. Die strahlungslosen Übergänge
in den Prozessen (d) bis (f) interessieren insbesondere den Spektroskopiker
(photophysikalisch). Daher wollen wir im Rahmen dieses Büchleins nur die zu
den Prozessen (d) bis (f) gehörenden Mechanismen diskutieren.

Eine typische Methode, elektronische Prozesse darzustellen, präsentiert
Fig. 5.10, ein sog. Jablonski-Diagramm. In ihm bezeichnen durchgezogene
Linien Strahlungsübergänge, die geschlängelten Linien strahlungslose Über-
gänge.

Das Jablonski-Diagramm illustriert zwei bedeutende strahlungslose Zerfalls-
kanäle, durch die ein angeregter Zustand Energie verliert. Jeder Kanal hängt
dabei entscheidend von der Schwingungsrelaxation ab, die vornehmlich durch

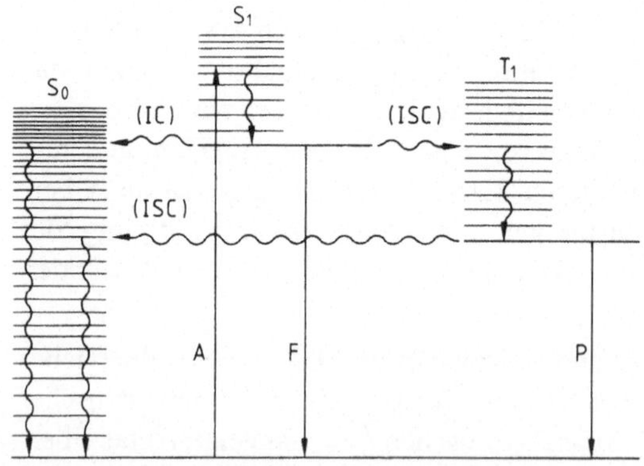

Fig. 5.10 Jablonski-Diagramm zur Darstellung elektronischer Prozesse in vielatomigen Molekülen
mit

A = Absorption S_0 = Grundzustand
F = Fluoreszenz S_1 = erster angeregter Singulett-Zustand
P = Phosphoreszenz T_1 = niedrigster Triplett-Zustand

inelastische Stöße induziert werden. Der erste dieser beiden möglichen Kanäle, im Diagramm durch IC abgekürzt, ist die innere Konversion („internal conversion"). Dieser Prozeß schließt ein: (a) Schwingungsrelaxation eines angeregten Singulett-Zustandes (S_1) zu seinem Grundschwingungszustand, (b) eine Kopplung mit einem niedrigeren Zustand (S_0) derselben Multiplizität und bei einem Schwingungszustand, der mit dem des S_1-Zustandes entartet ist, und schließlich (c) Schwingungsrelaxation des S_0-Zustandes zu seinem Grundschwingungszustand. Da bekannt ist, daß solche Schwingungsrelaxationen auf einer Zeitskala von 10^{-9} bis 10^{-12} s ablaufen, abhängig vom Molekül und seiner Umgebung, ist offensichtlich, daß strahlende Zerfälle (F), Fluoreszenz, kaum oder gar nicht auftreten. Typische Strahlungslebensdauern für (F) sind in der Größenordnung von 10^{-8} s. Für sehr viele Moleküle ist IC, d. h. der strahlungslose Mechanismus, jedoch stark verzögert, vornehmlich durch eine geringe Kopplungswahrscheinlichkeit zwischen S_1 (v = 0) und S_0 (v = x). Dieses tritt jedoch nicht bei der Kopplung zwischen S_n und S_{n-1} mit n > 1 auf. Die Größe dieser Wechselwirkung hängt stark vom Franck-Condon-Faktor ab. Dieser Faktor, der ein Maß für die Überlappung zwischen den jeweiligen zwei Zuständen ist, variiert umgekehrt proportional zum Energieabstand, siehe dazu Fig. 5.11. So wie wir sie aufzeichnen, gibt die Figur die obere Grenze für den Franck-Condon-Faktor wieder (i. e. den maximal möglichen Wert für die Überlappung von $\psi_{v'}$ und ψ_v). Um genau zu sein, müßte die Überlappung zwischen $\psi_{v'}$ und ψ_v aufgezeichnet sein und nicht, wie hier, $|\psi_{v'}|^2$ und $|\psi_v|^2$. Der Grund ist die Form des Franck-Condon-Faktors $|\int \psi_{v'}\psi_v \, d\tau|^2$. Die Figur ist somit eine obere Grenze zur Größe der Überlappung, dieses als Konsequenz der Schwarzschen Ungleichung

$$\left|\int f(Q) \, g(Q) \, d\tau\right|^2 \leqq \left|\int f(Q) \, d\tau\right|^2 \cdot \left|\int g(Q) \, d\tau\right|^2. \qquad (5.71)$$

Es ist jedoch wichtig zu bemerken, daß große Abstandsänderungen (= Verschiebung der Potentialkurven bzw. -flächen) im angeregten Zustand zur völligen Umkehrung der Größenänderungen der Franck-Condon-Faktoren führen können.

Der zweite, aus Fig. 5.10 noch ausstehende Weg, abgekürzt (ISC), ist eine Kreuzung zwischen unterschiedlichen Systemen („intersystem crossing"). Dieser äußerst effiziente und bedeutende Prozeß beinhaltet: (a) Anregung in einen Singulett-Zustand (S_n), gefolgt von Schwingungsrelaxation; (b) eine Kopplung mit einem entarteten Schwingungszustand eines niedrigeren Zustandes von unterschiedlicher Multiplizität. Diese Wechselwirkung ist allgemein bekannt als Spin-Bahn-Kopplung; (c) Kreuzung zum S_{n-1}-Zustand, wiederum gefolgt von Schwingungsrelaxation. Dabei ist bekannt, daß die (ISC)-Rate für $S_n \rightsquigarrow T_n$ viel größer als die Rate für $T_n \rightsquigarrow S_{n-1}$ ist. Dieses Resultat

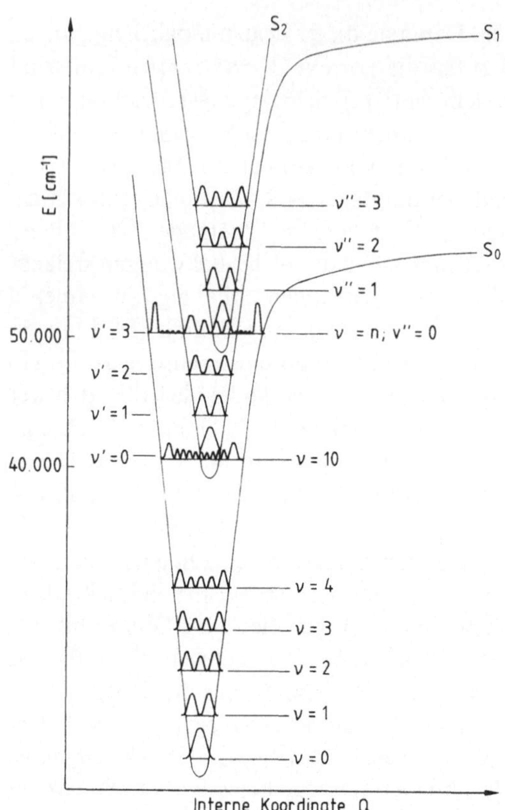

Fig. 5.11 Potentialkurven für die symmetrische C−H-Dehnungsschwingung im Benzol, C_6H_6. Die (Aufenthaltswahrscheinlichkeits)funktionen $|\psi_v|^2$ für einige Schwingungsniveaus sind eingezeichnet, um den Überlapp zu verdeutlichen

zeigt unmittelbar an, daß der Franck-Condon-Faktor im $S_n \leadsto T_n$-Übergang $[\Delta E(S_n \to T_n) \ll \Delta E(T_n \to S_{n-1})]$. Die relativen Raten für $S_n \overset{(IC)}{\leadsto} S_{n-1}$- und $S_n \overset{(ICS)}{\leadsto} T_n$-Übergänge sind empfindlich abhängig von dem jeweiligen Molekül, seiner Phase und der Umgebung. So wird zum Beispiel in fast allen reinen organischen Kristallen angenommen, daß $S_n \overset{(ISC)}{\leadsto} T_n$ gar nicht auftritt. Auf der anderen Seite ist bekannt, daß paramagnetische Stoffe oder sehr große Moleküle (NO, O_2, Hg, Kr, I_2, etc.) die Spin-Bahn-Kopplung, damit die ISC-Rate, merklich erhöhen und zwar oft so stark, daß Fluoreszenz gewöhnlich nicht mehr beobachtet wird, sobald solche Teilchen in dem System vorhanden sind. Die Effekte der Phase sowie externer Störungen wollen wir eingehender bei den jeweiligen Beispielen − falls erforderlich − diskutieren.

Für das Anliegen einer Strukturbestimmung und um grundlegende Spektroskopie zu lernen, ist der strahlende Übergang, der Emissionsprozeß, der bedeutendste.

5.6.3   Emission

Sobald ein Molekül Strahlungsenergie absorbiert hat, sind dieselben Störungsmethoden, die wir bereits hergeleitet haben, in der Lage, den Mechanismus des strahlenden Zerfalls zu beschreiben. Dieser Zerfall, Emission genannt, beschreibt zwei grundsätzliche Wege, die wiederum eng mit den oben angeführten strahlungslosen Zerfallskanälen zusammenhängen. Das Übergangsmoment, das die Emission beschreibt, ist dasselbe wie das für die Absorption, lediglich die Wellenfunktionen für Grund- und angeregten Zustand tauschen ihre Plätze in M_{nm}.

5.6.3.1 Fluoreszenz Der Fluoreszenzvorgang entspricht dem der inneren Konversion darin, daß er nur zwischen Zuständen der gleichen Multiplizität erfolgt. Abgesehen von einigen, sehr wenigen Ausnahmen erfolgen diese strahlenden Übergänge zwischen dem Grundschwingungsniveau des niedrigsten, elektronisch angeregten Singulett-Zustandes und den verschiedenen (erlaubten) Schwingungszuständen des elektronischen Grundzustandes. Emission wird nur aus dem niedrigsten Schwingungsniveau von S_1 beobachtet, da die Schwingungsrelaxation in S_1 bei typischen Gasdrucken (natürlich auch in Flüssigkeiten und Festkörpern) gewöhnlich 10 bis 10^3 mal schneller ist als der Strahlungszerfall, charakterisiert durch τ_f, die Fluoreszenzlebensdauer.

Um zu fluoreszieren, muß in einem System (siehe dazu das Jablonski-Diagramm in Fig. 5.10) die Fluoreszenzlebensdauer τ_f sowohl kürzer sein als die für die interne Konversion charakteristische Zeit $\tau_{IC} = 1/k_{IC}$ als auch kürzer oder vergleichbar mit der Zeit $\tau_{ISC} = 1/k_{ISC}$ mit $k_{IC} = $ Rate für interne Konversion und $k_{ISC} = $ Rate für Kreuzung zwischen den Systemen (ISC)). Wäre das nicht der Fall, dann zerfiele der angeregte Zustand bereits strahlungslos, bevor irgendein strahlender Übergang stattfände. Die verstärkte Spin-Bahn-Kopplung, daher größeres k_{ISC}, ist sicher der Grund, daß viele Moleküle, die in der reinen Gasphase stark fluoreszieren, bei Anwesenheit von Sauerstoff (O_2) nur noch schwach oder gar nicht mehr fluoreszieren. Das gleiche Phänomen wird bei Molekülen beobachtet, die in rein kristalliner Form Fluoreszenz aufweisen. Obgleich diese Form der Fluoreszenz ein gängiger Weg für viele organische Moleküle ist, wird Phosphoreszenz, siehe dazu den folgenden Abschn. 5.6.3.2, nur selten beobachtet. Wird jedoch die reine Fluoreszenz durch paramagnetische Substanzen wie O_2 oder NO gelöscht (quenching), dann tritt verstärkt Emission aus dem Triplett-Zustand auf.

Da Fluoreszenz ein spinerlaubter Prozeß ist, hat sie gewöhnlich eine kurze Lebensdauer ($\tau_f \approx 10^{-8}$ s). Entsprechend ist diese Emission gewöhnlich sehr intensiv verglichen mit der Emission aus dem Triplett-Zustand.

5.6.3.2 Phosphoreszenz Der als Phosphoreszenz bekannte Strahlungszerfall steht in direktem Zusammenhang mit der Kreuzung zwischen Systemen unterschiedlicher Multiplizität (ISC). Als solcher ist er ein spinverbotener Prozeß, der Übergängen aus dem niedrigsten Schwingungsniveau des Triplett-Zustandes zu den verschiedenen (bahnerlaubten) Schwingungsniveaus des elektronischen (Singulett-)Grundzustandes entspricht. Die Intensität der Phosphoreszenz ist allgemein schwach, da die Spinauswahlregel überwiegt.

Ein Molekül muß die folgenden Bedingungen erfüllen, um zu phosphoreszieren: Nachdem der niedrigst angeregte Singulett-Zustand bevölkert wurde, muß (a) k_{ISC} zwischen $S_1 \rightsquigarrow T_1$ vergleichbar sein mit k_{IC} und τ_f für $S_1 \rightarrow S_0$ (für fast alle Moleküle können die experimentellen Bedingungen so eingestellt werden, daß diese Bedingung erfüllt wird) und (b) die Phosphoreszenz-Lebensdauer (τ_p) kürzer sein als k_{ISC} zwischen $T_1 \rightsquigarrow S_0$ (diese Einschränkung ist sehr empfindlich bezüglich Phase und experimentellen Bedingungen). Triplett-Lebensdauern sind typisch im Bereich von 10^{-4} bis 10^2 s, daher ist der phosphoreszierende Zustand einer Reihe von strahlungslosen Löschprozessen unterworfen. Ein solcher Mechanismus besteht in stoßinduzierter Triplett-Triplett-Vernichtung (Annihilation). In diesem Prozeß werden schwingungsmäßig angeregte Singulett- (S_1) und Grundzustände (S_0) erzeugt, so daß die Energie erhalten bleibt. Bei sehr niedrigen Temperaturen und in Umgebungen, in denen Tripletts nicht stoßen können (z. B. Kistalle etc.), zeigen fast alle organischen Moleküle Phosphoreszenz. Eine Art, eine solche Umgebung herzustellen, ist die sog. Matrix-Isolationstechnik.

Drei weitverbreitet benutzte Systeme beinhalten (a) Isolierung der Moleküle (verdünnte Lösung) in einem speziellen („starren") Glas bei 77 K. Typische Gläser (z. B. das aus 3-Methylpentan) geben eine homogene Umgebung und absorbieren kein Licht mit einer Energie kleiner als 50 000 cm^{-1}; (b) Isolierung der Moleküle (Gastmoleküle = „guest") in einem Kristall aus dem vollständig deuterierten Isomer (Gastgebermolekül = „host"). Solche Systeme isolieren also das Gastmolekül in einer kristallinen Umgebung, die genau seiner eigenen rein kristallinen Umgebung entspricht; dennoch ist es energetisch vollständig davon isoliert, d. h. unabhängig. Ein solches System wird auch ein ideal gemischter Kristall genannt. Der niedrigste Singulett-(S_1) und Triplett-(T_1)-Zustand des Gastmoleküls ist jeweils von energetisch niedrigerer Lage als die entsprechenden Zustände der „host"-Moleküle in einem solchen Kristall. Daher agieren diese Zustände als Energiesenken für die „host"-Moleküle, die in ihren S_1- bzw. T_1-Zuständen angeregt sind. Wir können hier nicht tiefer in das Phänomen von Exciton-Anregung (hier elektronische Anregung), ihrer Wanderung in Kristallen oder den Einfang-mechanismus eingehen, jedoch sollten wir uns abschließend merken, daß in solchen Systemen bei niedrigen Temperaturen alle Emission aus den Energiesenken (d. h. von den Gastmolekülen) erfolgt; (c) Isolierung des Moleküls in einem Edelgas-kristall. Diese Technik isoliert das Molekül in einem Edelgaskristall. Diese Technik isoliert das Molekül nicht nur in einer bekannten Umgebung (Kristallfeld) sondern ebenfalls (besonders im Fall der schwereren Edelgase Kr und Xe) in einer Umgebung, die die Spin-Bahn-Kopplung verstärkt (k_{ISC}, $S_1 \rightsquigarrow T_1$). Somit zeigen Moleküle, die im System (a) oder (b) sowohl fluoreszieren als auch phosphoreszieren, mit dieser Technik (c) lediglich Phosphoreszenz, τ_{ISC} ist gegenüber τ_{IC} verringert.

Typisch wird Phosphoreszenz im sichtbaren Spektralbereich beobachtet und ist von langer Lebensdauer. Letzteres beruht auf großen τ_p und wird hin und wieder als qualitativer Test für Triplett-Emission benutzt.

5.7   Analyse von Spektren

Eine erfolgreiche (erste) Analyse von elektronischen Spektren erfordert die Bestimmung der Symmetrie und Spin-Multiplizität des angeregten Zustandes, den wir untersuchen, sowie Verträglichkeit mit der bekannten (oder angenom-menen) Struktur des Grundzustandes. Eine Analyse solcher Art beinhaltet eine vollständige Kenntnis der verschiedenen Auswahlregeln und sicher mehr als nur flüchtiges Wissen über Gruppentheorie oder Molekülorbitale. Wir sind jedoch bis hierher wohl gerüstet, haben zudem Charakter- und Produkttafeln im Anhang zur Hand.

Wie uns sehr bald klar wird, schaut der Spektroskopiker in einem gegebenen elektronischen Übergang nach

(1) der Energie (d. h. Frequenz)

(2) der Intensität und

(3) Schwingungs- oder Schwingungs-Rotations-Struktur in den jeweiligen Banden.

Der letzte Punkt ist der wohl wichtigste zur Aufklärung der Natur des angeregten Zustandes. Die folgenden Beispiele sollen mehr oder weniger eindringlich die Schritte einer solchen ersten, groben Analyse aufzeigen, gefolgt von einer systematischen Untersuchung der spezifischen molekularen Klassen. Wir beginnen mit einfachsten zwei- und dreiatomigen Molekülen, über die reiche Literatur vorliegt. Für größere Moleküle wollen wir anhand einiger ausgesuchter Beispiele zunächst die Bezeichnungen wählen, sodann einen ersten Einblick gewinnen.

5.7.1   Kleine Moleküle

Die elektronischen Spektren kleiner Moleküle können extrem einfach, aber auch außergewöhnlich kompliziert zu interpretieren sein. Die Kompliziertheit hängt ab von der Anzahl der Zustände bei niedriger Energie und einer Ausdehnung der Analyse hin ins Vakuum-Ultraviolett. Wir wollen uns daher sofort einschränken auf einige wenige Banden, und nur dann oberhalb einer Energie von $50000 \, cm^{-1}$ analysieren, wenn es das jeweilige Molekülsystem erfordert.

5.7.1.1 Das Wasserstoffmolekül H_2 Das Absorptionsspektrum des H_2 kann aus Fig. 5.8 vollständig vorausgesagt (bzw. rationalisiert) werden. Der Übergang $^1\Sigma_u^+ \leftarrow {}^1\Sigma_g^+$ ist sowohl spin- wie bahnerlaubt. Er wird als breites Band mit schrecklicher Rotationsfeinstruktur und einem Maximum bei ungefähr $100000 \, cm^{-1}$ beobachtet.

5.7.1.2 Das Stickstoff-(N_2) und Sauerstoffmolekül (O_2) Beide Moleküle (wie fast alle zweiatomigen Moleküle) enthalten eine Anzahl von stationären Zuständen oberhalb $50000 \, cm^{-1}$. Daraus resultierend muß die spektroskopische Untersuchung von jedem anderen Molekül oberhalb dieser Energie in Abwesenheit von Luft durchgeführt werden, daher auch die Bezeichnung Vakuum-UV. Das heißt genauer, daß das gesamte optische System, einschließlich Spektrometer, evakuiert werden muß.

Die Analyse der homonuklearen zweiatomigen Moleküle, wie etwa N_2 und O_2, unterhalb von $50000 \, cm^{-1}$ kann schneller durchgeführt werden, als wir es aufschreiben können. Fig. 5.12a und 5.12b illustrieren die Molekülorbitale dieser beiden Moleküle. Als einzige Aufgabe bleibt, die Elektronen zu verteilen und die jeweiligen Zustände zu beschreiben.

Stickstoff hat 14 Elektronen und füllt daher in Fig. 5.12a das MO-Diagramm auf bis zum $3\sigma_g^+$-Niveau einschließlich. Der niedrigste angeregte Zustand beinhaltet Anregung eines $3\sigma_g^+$-Elektrons in das (antibindende) $1\pi_g$-Orbital.

Sauerstoff enthält 16 Elektronen und füllt Fig. 5.12b bis zum $1\pi_u$-Niveau auf. Es bleiben jedoch noch zwei Elektronen, die im Grundzustand notwendigerweise das zweifachentartete und antibindende $1\pi_g$-Orbital besetzen. Der niedrigste angeregte Zustand beinhaltet Anregung eines bindenden $1\pi_g$-Elektrons in das teilweise bereits gefüllte antibindende $1\pi_u$-Niveau.

In Fig. 5.13 sind zwei elektronische Zustandsdiagramme mit obigen Informationen sowie mit Anwendung der Hundschen Regeln konstruiert. Wir finden den Zustand mit der größten Multiplizität jeweils bei niedrigster Energie sowie, bei Zuständen mit gleicher Multiplizität, den Zustand mit dem größten

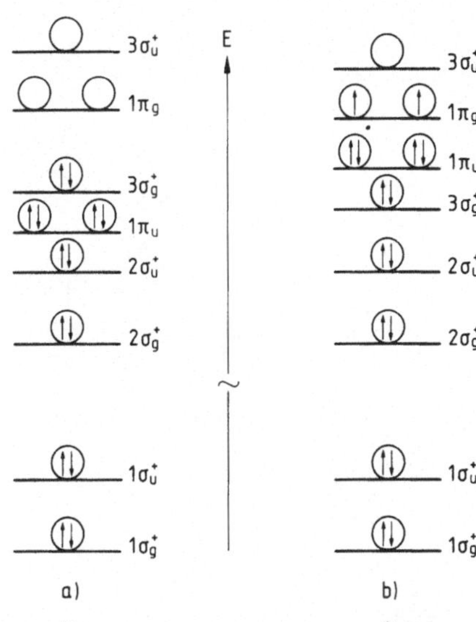

Fig. 5.12 Molekülorbitale für homonukleare,
zweiatomige Moleküle
a) Stickstoff, N_2
b) Sauerstoff, O_2

Molekülbahndrehimpuls Λ zu unterst (d. h. $^3\Sigma < {}^1\Sigma$; $^1\Delta < {}^1\Pi < {}^1\Sigma$). Der Bahndrehimpuls von Zuständen linearer Moleküle steigt also an in der Ordnung

$$\Sigma < \Pi < \Delta < \phi \text{ etc.}$$

d. h. $\quad \Lambda = 0 < 1 < 2 < 3 \text{ etc.}$

(5.72)

In $D_{\infty h}$ transformiert $\hat\mu$ wie $\sigma_u^+(z)$ und $\pi_u(x, y)$, und die Analyse der oben angeführten Spektren zwischen $6\,000 \text{ cm}^{-1}$ und $50\,000 \text{ cm}^{-1}$ ist wie folgt: Der $^1\Pi_g \leftrightarrow {}^1\Sigma_g^+$ Übergang in N_2 wird sowohl in Absorption wie in Emission beobachtet. Er ist bahnverboten und spinerlaubt, energetisch liegt sein Maximum bei $69\,000 \text{ cm}^{-1}$, damit außerhalb des uns hier interessierenden Bereichs. Der spinverbotene Übergang, $^3\Pi_g \leftarrow {}^1\Sigma_g^+$, wird nicht beobachtet.

Die Grundzustandskonfiguration von O_2 ist sowohl spin- als auch bahnentartet, d. h. es resultiert mehr als ein elektronischer Zustand aus dieser Konfiguration. Die Symmetrien und Spin-Multiplizitäten der resultierenden Zustände wurden bereits früher angegeben.

Die relativen Energien des $^3\Sigma_g^-$-, $^1\Delta_g$- bzw. $^1\Sigma_g^+$-Zustandes bezüglich der $(^1\pi_g)^2$-Orbitalenergie wurden aus spektroskopischen Beobachtungen und der Energieerhaltung bestimmt.

Die beiden schwachen Absorptionsbanden in O_2 gehören sicher zu den Übergängen, die in Fig. 5.13 mit (a) bzw. (b) gekennzeichnet sind.

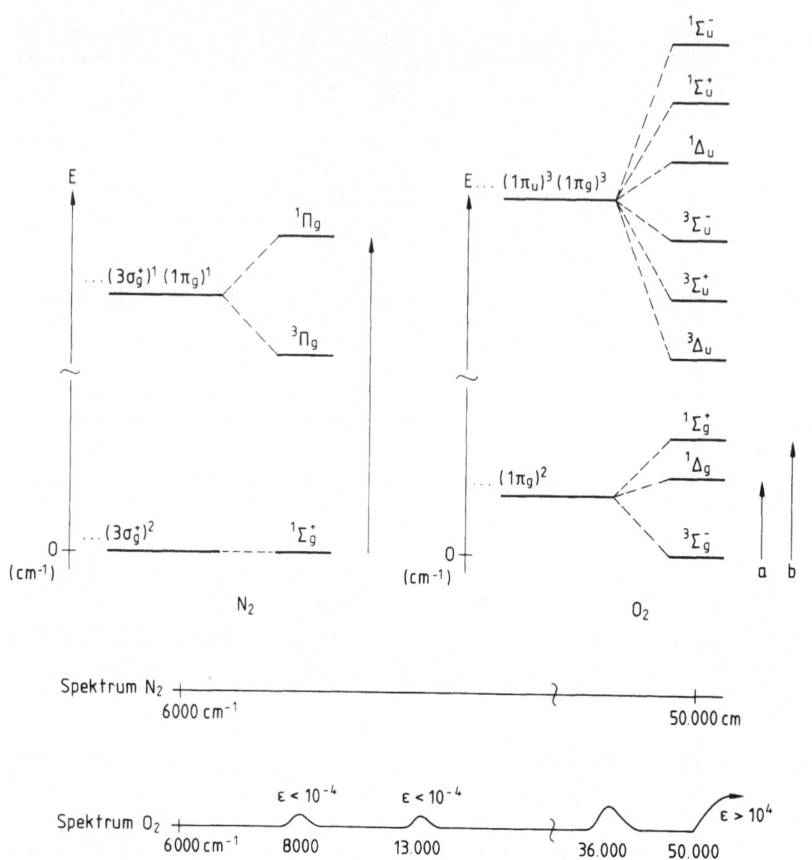

Fig. 5.13 Elektronische Zustandsdiagramme und grob vereinfachte Absorptionsspektren der Moleküle N_2 und O_2

Obgleich der $^1\Delta_g \leftarrow {}^3\Sigma_g^-$- und der $^1\Sigma_g^+ \leftarrow {}^3\Sigma_g^-$-Übergang sowohl spin- wie auch bahnverboten sind, werden sie bereits in einfachen Absorptionsexperimenten in der Gasphase beobachtet (z. B. wird der $^1\Sigma_g^+ \leftarrow {}^3\Sigma_g^-$-Übergang in ca. 2 m Luft meßbar). Die Tatsache, daß diese Zustände alle von derselben Elektronenkonfiguration herrühren, ist (auf ziemlich komplizierte Weise) eine bedeutende Störung bzw. Verletzung der Spin- und Bahnauswahlregeln. Da kondensierte Phasen dazu tendieren, spinverbotene Übergänge zu verstärken, nehmen einige Forscher an, daß Teile der blauen Farbe von flüssigem Sauerstoff ebenfalls auf den $^1\Sigma_g^+ \leftarrow {}^3\Sigma_g^-$-Übergang zurückzuführen sind.

Das $36\,000\ \text{cm}^{-1}$-Band wird in Absorption und Emission beobachtet (sog. Herzberg-Banden). Es wird dem spinerlaubten, bahnverbotenen Übergang

$^3\Sigma_u^+ \leftarrow\ ^3\Sigma_g^-$ zugeordnet. Jedoch ist es bei solcher einfachen Analyse wie der hier vorgeführten natürlich noch nicht möglich, z. B. zwischen dem $^3\Sigma_u^+$ und $^3\Delta_u$ zu unterscheiden.

Der vollständig erlaubte Übergang $^3\Sigma_u^- \leftarrow\ ^3\Sigma_g^-$ (bekannt als Schuman-Runge-Banden) läßt sich leicht aufgrund der Intensität zuordnen bzw. bezeichnen. Er beginnt bei 49 400 cm^{-1}. In unserem Zustandsdiagramm für O_2 sind die $^1\Pi_u$- und $^3\Pi_u$-Zustände, die aus der angeregten Elektronenkonfiguration $(1\pi_g)^1 (3\sigma_u^+)^1$ entstehen, nicht mit aufgenommen. Der spinerlaubte Übergang $^3\Pi_u \leftarrow\ ^3\Sigma_g^-$ wird ebenfalls im Gebiet von $\gtrsim 50\,000$ cm^{-1} erwartet.

5.7.1.3 CO$^+$ und CO, heteronukleare Zweiatomige

Kohlenmonoxid und sein positives Ion, CO$^+$, haben die Grundzustands-Elektronenkonfiguration $\ldots(5\sigma^+)^2$ bzw. $\ldots(5\sigma^+)^1$, siehe Fig. 5.14. Das Zustands-Diagramm läßt sich leicht konstruieren, wenn wir Fig. 5.14 genauer betrachten, ebenfalls die spektralen Resultate, wenn wir beachten, daß $\hat{\mu}$ wie σ^+ bzw. π in $C_{\infty v}$ transformiert. Die Analyse erfolgt etwa so:

Das Kohlenstoffmonoxid-Spektrum zeigt drei sehr starke Banden sowohl in Absorption als auch in Emission. Wir finden sie bei 64 746 cm^{-1}, 86 917 cm^{-1} und 91 920 cm^{-1}. Diese Übergänge sollten sowohl spin- wie bahnerlaubt sein.

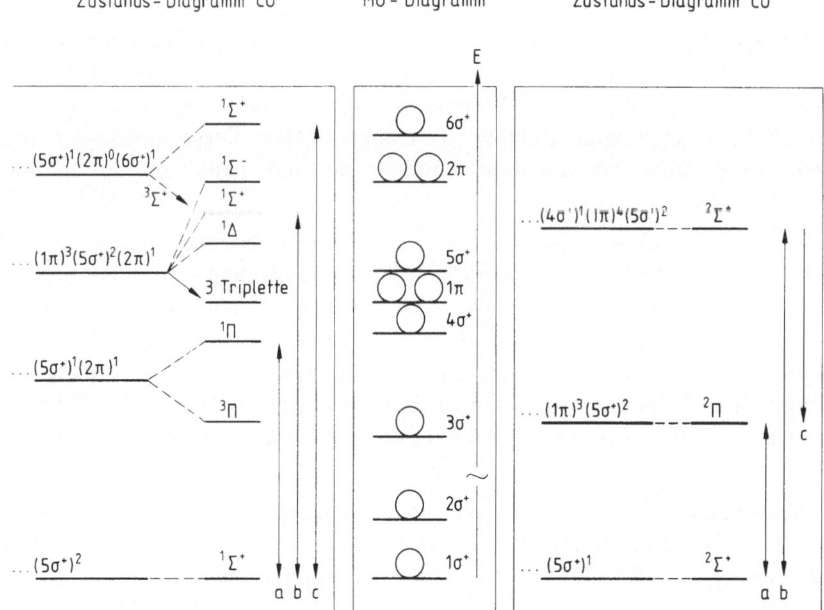

Fig. 5.14 Zustands- und Molekülorbitaldiagramm für heteronukleare zweiatomige Moleküle, hier Kohlenstoffmonoxyd, CO bzw. CO$^+$

Der relative Energieabstand zwischen den Molekülorbitalen in einem allgemeinen Diagramm für heteronukleare Moleküle läßt sich gewöhnlich immer so anpassen, daß er mit dem jeweiligen Molekül bzw. den Übergängen in demselbigen übereinstimmt. So läßt sich Fig. 5.14, wie wir uns schnell überzeugen können, auf die beiden niederenergetischen Übergänge (a) und (b) ohne Zweifel an ihrer Richtigkeit anwenden.

Anders ist es mit der Zuordnung des höher liegenden Überganges (c), da hier zwei Singulett-Zustände in Frage kommen: der $^1\Sigma^+$, der aus der Konfiguration $\dots (5\sigma^+)^1 (2\pi)^0 (6\sigma^+)^1$ stammt (Fig. 5.14) und der $^1\Pi$-Zustand aus der Konfiguration $\dots (4\sigma^+)^1 (1\pi)^4 (5\sigma^+)2^2 (2\pi)^1$. Beide Übergänge, $^1\Sigma^+ \leftarrow {}^1\Sigma^+$ wie $^1\Pi \leftarrow {}^1\Sigma^+$, sind vollständig erlaubt. Die richtige Zuordnung hängt von den relativen Energien der $(4\sigma^+)$- bzw. $(6\sigma^+)$-Orbitale ab. Ohne detaillierte Berechnung oder Polarisationsexperimente ist keine bestimmte Zuordnung möglich. Angenommen wird $^1\Sigma^+ \leftarrow {}^1\Sigma^+$ für diesen Übergang, während der $^1\Pi \leftarrow {}^1\Sigma^+$-Übergang einem weiteren Band bei $99\,730\ \mathrm{cm}^{-1}$ zugeordnet wird.

$$\mathrm{CO} \begin{cases} 64\,746\ \mathrm{cm}^{-1} & {}^1\Sigma^+ \leftrightarrow {}^1\Pi \\ 86\,917\ \mathrm{cm}^{-1} & {}^1\Sigma^+ \leftrightarrow {}^1\Sigma^+ \\ 91\,920\ \mathrm{cm}^{-1} & {}^1\Sigma^+ \leftrightarrow {}^1\Sigma^+ \end{cases} \qquad (5.73)$$

Das Spektrum des CO^+ wird u. a. in der Emission von Flammen beobachtet, die CO enthalten. Bei diesem Vorgang werden neutrale Moleküle in einer Sauerstoff-Wasserstoff-Flamme ionisiert, wobei Ionen u. a. in elektronisch hoch angeregten Zuständen erzeugt werden. Diese angeregten Ionen emittieren dann oft die Überschußenergie und relaxieren so zu ihrem Grundzustand.

Drei hervorstechende Banden von CO^+ werden beobachtet und zwar bei $20\,407\ \mathrm{cm}^{-1}$, $25\,225\ \mathrm{cm}^{-1}$ und $45\,633\ \mathrm{cm}^{-1}$. Wie wir dem Zustands-Diagramm entnehmen können, ist es möglich, die beobachteten Banden durch zwei einfache Einelektronen-Anregungen aus dem gefüllten (1π)- bzw. $(4\sigma^+)$-Orbital in das einfach besetzte $(5\sigma^+)$-Orbital zu erklären. Diese beiden Übergänge sind zugleich die Übergänge bei den niedrigsten Energien, wenn das MO-Diagramm der Fig. 5.14 hier Anwendung finden darf, was wir annehmen. Dann erfolgt die Analyse etwa so:

Die stark auftretenden Banden werden als sicher spinerlaubt angenommen. Die Bahn-Auswahlregeln erlauben Übergänge a u s beiden angeregten Zuständen, Σ^+ wie Π, zum Σ^+-Grundzustand, wie die Auswertung von

$$\int_{-\infty}^{+\infty} \psi_{es}^* \hat{\mu} \psi_{e's'}\, d\tau \propto M_{e's'es}$$

zeigt, wobei $\psi_{e's'}$ die Wellenfunktion des elektronisch angeregten Zustandes beschreibt:

Emission zum Grundzustand ist erlaubt

$$\Sigma^+ \begin{pmatrix} \sigma^+ \\ \pi \end{pmatrix} \Pi = \pi + \underline{\underline{\sigma^+}} + \sigma^- + \delta$$

$$\text{und} \quad \Sigma^+ \begin{pmatrix} \sigma^+ \\ \pi \end{pmatrix} \Sigma^+ = \underline{\underline{\sigma^+}} + \pi \tag{5.74}$$

ebenfalls

Emission zum ersten angeregten Zustand ist erlaubt:

$$\Pi \begin{pmatrix} \sigma^+ \\ \pi \end{pmatrix} \Sigma^+ = \pi + \underline{\underline{\sigma^+}} + \sigma^- + \delta. \tag{5.75}$$

Daher wird das Emissions-Spektrum wie folgt zugeordnet:

$$CO^+ \begin{cases} 20\,407 \text{ cm}^{-1} & {}^2\Pi^+ \leftrightarrow {}^2\Sigma^+ \\ 25\,225 \text{ cm}^{-1} & {}^2\Sigma^+ \leftrightarrow {}^2\Pi \\ 45\,633 \text{ cm}^{-1} & {}^2\Sigma^+ \leftrightarrow {}^2\Sigma^+ \end{cases} \tag{5.76}$$

5.7.1.4 SO_2 — ein „einfaches" dreiatomiges Molekül Die uns bereits bekannte Elektronenkonfiguration und Charaktertafel für ein gewinkeltes Molekül mit C_{2v}-Symmetrie ist in Tab. 5.5 aufgezeigt. Die drei Normalschwingungen, in Übereinstimmung mit dem gewählten Koordinatensystem, illustriert Fig. 5.15.

Tab. 5.5

C_{2v}	E	$C_2(z)$	$\sigma(xz)$	$\sigma(yz)$	
a_1	1	1	1	1	z
a_2	1	1	-1	-1	
b_1	1	-1	1	-1	x
b_2	1	-1	-1	1	y

Grundzustand:

$$\overbrace{}^{\text{ns-}} \quad \overbrace{}^{\text{np-Valenz-Schale}}$$

$$(a_1)^2 \, (b_2)^2 \, (a_1)^2 \, (b_2)^2 \, (b_1)^2 \, (a_1)^2 \, (a_2)^2 \, (b_2)^2 \, (a_1)^2 \, (b_1)^0 \, (b_2)^0$$

Das SO_2-Spektrum in der freien Gasphase enthält drei Absorptionsbanden; diese erscheinen zwischen 3900 Å bis 3300 Å (sehr schwach), 3390 Å bis 2600 Å (mittel) und 2350 Å bis 1800 Å (extrem stark).

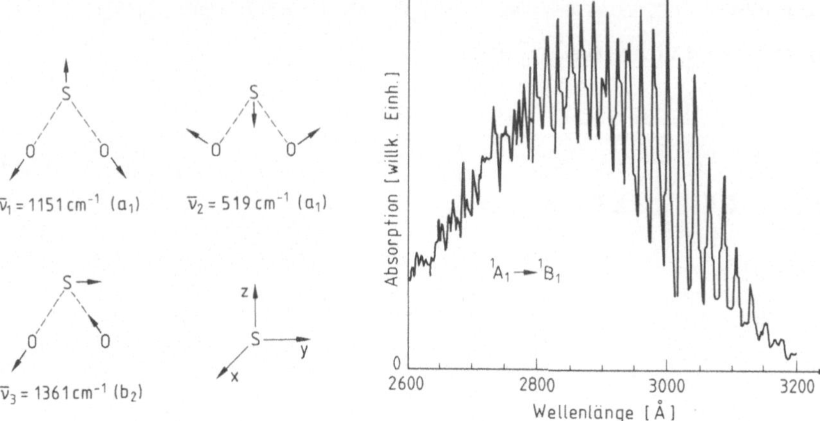

Fig. 5.15 Normalschwingungen des SO_2 Fig. 5.16 Absorptionsspektrum des SO_2 mit Schwingungsstruktur des $^1B_1 \leftarrow {}^1A_1$-Überganges

Die Grundzustands-Elektronenkonfiguration $\dots (a_2)^2\,(b_2)^2\,(b_1)^0\,(b_2)^0$ definiert einen $^1A_1$-Grundzustand. Die erste elektronisch angeregte Konfiguration ist $\dots (a_2)^2\,(b_2)^2\,(a_1)^1\,(b_1)^1\,(b_2)^0$; dieser Konfiguration entsprechen $^1B_1$- bzw. $^3B_1$-Zustände. Zunächst erlauben uns die Hundschen Regeln den Triplettzustand energetisch unter den Singulettzustand zu legen, damit die beiden ersten Übergänge zuzuordnen in Übereinstimmung mit der in ihnen beobachteten Intensität

$$^3B_1 \leftarrow {}^1A_1 \quad (3900\,\text{Å bis } 3300\,\text{Å}); \qquad ^1B_1 \leftarrow {}^1A_1 \quad (3200\,\text{Å bis } 2600\,\text{Å}).$$

Die Schwingungs- und Rotationsanalyse dieser Absorptionssysteme, die unter hoher Auflösung sehr viel, zum Teil unanalysierte Feinstruktur enthält, bestätigt diese Zuordnung. Fig. 5.16 ist unter relativ schwacher Auflösung aufgenommen und zeigt die Schwingungsstruktur des $^1B_1 \leftarrow {}^1A_1$-Überganges.

Das Fehlen irgendeines Schwingungsüberganges, der ein Schwingungsquant $\bar{v}_3(b_2)$ enthält, in Absorption (3_0^1) wie in Emission (3_1^0) ist zudem weitere Evidenz für die beiden ersten Zuordnungen:

$$(\mathbf{B}_1)\,(a_1) \begin{bmatrix} b_1 \\ b_2 \\ a_1 \end{bmatrix} (A_1)\,(a_1) = \underline{\underline{a_1}} + a_2 + b_1; \quad \text{erlaubt } 0-0;\ 1_0^1 \text{ und } 2_0^1, \tag{5.77}$$

$$(\mathbf{B}_1)\,(b_2) \begin{bmatrix} b_1 \\ b_2 \\ a_1 \end{bmatrix} (A_1)\,(a_1) = b_2 + b_1 + a_2; \quad \text{verboten } 3_0^1 \text{ und } 3_1^0. \tag{5.78}$$

Fig. 5.17 gibt das Phosphoreszenzspektrum von SO_2 in einer SF_6-Matrix bei 4 K wieder. Obgleich Matrixisolation nicht notwendig ist, um in diesem speziellen System Phosphoreszenz zu beobachten, ist das SF_6-Matrixspektrum des SO_2 nahezu identisch mit dem Spektrum in der freien Gasphase.

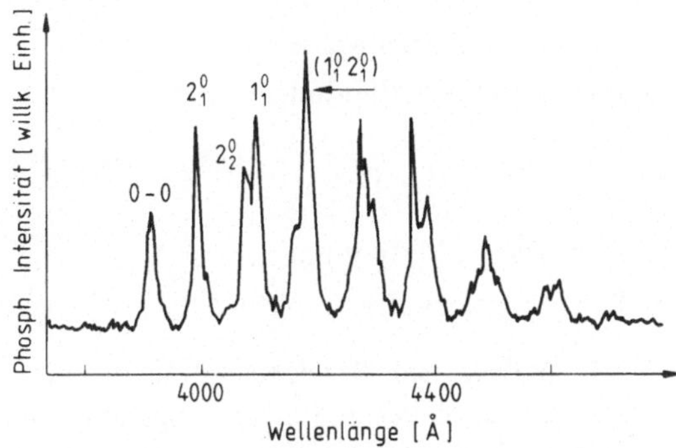

Fig. 5.17 Phosphoreszenz-Spektrum des SO_2 in einer SF_6-Matrix (nach einem Spektrum in „Low Temperature Temperature Spectroscopy" von B. Meyer, Elsevier 1971)

Ohne genauere Kenntnis der relativen Energien der beteiligten Molekülorbitale sind die folgenden angeregten Zustände mögliche Kandidaten für das dritte Absorptionssystem

$$\dots (a_2)^2\,(b_2)^2\,(a_1)^1\,(b_1)^0\,(b_2)^1 \;\Rightarrow\; {}^1B_2 + {}^3B_2\,,$$

$$\dots (a_2)^2\,(b_2)^1\,(a_1)^2\,(b_1)^0\,(b_2)^1 \;\Rightarrow\; {}^1A_1 + {}^3A_1\,, \tag{5.79}$$

$$\dots (a_2)^1\,(b_2)^2\,(a_1)^2\,(b_1)^1\,(b_2)^0 \;\Rightarrow\; {}^1B_2 + {}^3B_2\,.$$

Jeder der möglichen spinerlaubten Übergänge zum Grundzustand kann dabei der energetisch niedrigste sein. Es wird angenommen, daß das 2 350 Å-1 800 Å-System mindestens zwei sich überlappende Übergänge enthält.

5.7.2   Große Moleküle

Vom Standpunkt der elektronischen Spektroskopie aus ist jedes Molekül, das mehr als zwei Elektronen enthält, ein großes Molekül. Wir haben diese Tatsache jedoch bereits weiter oben ignoriert und andere Moleküle als H_2 betrachtet. Das Resultat war, um zumindest eine erste Analyse durchführen zu können, eine Einschränkung auf gewisse spektrale Bereiche und natürlich nur einige, wichtige Moleküle. Ein dreiatomiges Molekül brachte bereits erhebliche Schwierigkeiten. Wie nun vielleicht bereits ersichtlich, steigt die Kompliziertheit von Spektren wohl exponentiell mit der Zahl der Atome darin an. Es gibt zum Glück jedoch große Vereinfachungen in vielatomigen Molekülen, die es uns erlauben, eine erste Analyse gleichzeitig relativ einfach und doch einen guten Einblick verschaffend durchzuführen. Zum Beispiel unterteilen wir in die folgenden allgemeinen Klassen solcher vielatomigen Moleküle:

(1) Gesättigte Kohlenwasserstoffe,

(2) Ungesättigte Verbindungen wie

(a) $\diagdown$C$=$C$\diagup$, $\diagdown$C$=$O

(b) aromatische Verbindungen,

(3) Übergangsmetall-Komplexe.

5.7.2.1 Analyse und Bezeichnung Bevor wir in eine genauere Analyse der Spektren solcher Verbindungen eingehen, wird es notwendig sein, über die Analyse und die dabei verwandte Bezeichnung einige Vorbemerkungen zu machen. Aufgabe jedes Spektroskopikers ist es, seine Resultate mitzuteilen; dieses gilt insbesondere bei ausführlichen Untersuchungen von Übergängen, die eine ausgedehnte Schwingungs-Rotations-Struktur aufweisen. Die notwendige Klarheit einerseits, keine langatmige Beschreibung andererseits sind typische Rahmenbindung. Diese Resultate sind auf einfache, durchsichtige Weise in der Literatur dargestellt. Um die Notation zunächst einmal zu präsentieren, verbunden mit einer gleichzeitigen ersten, groben Analyse eines vielatomigen Moleküls, wählen wir ein paradisubstituiertes Benzolmolekül als Modell aus, p-$C_6H_4X_2$.

Wie bei jeder Analyse eines elektronischen Spektrums muß zunächst einige Vorarbeit geleistet werden, bevor wir an den Kern des eigentlichen Problems (Struktur- und Symmetriebestimmung der Übergänge) herangehen können. Zu Beginn müssen wir zunächst entweder die S t r u k t u r d e s G r u n d z u s t a n d e s kennen oder annehmen. In diesem Fall nehmen wir zunächst an, daß p-$C_6H_4X_2$ eben ist und damit zur Punktgruppe D_{2h} gehört. Im nächsten Schritt wählen wir für das Molekül ein K o o r d i n a t e n s y s t e m, dabei nicht vergessend, daß es einige festgelegte Übereinkünfte gibt. Solche Übereinkunft existiert auch für Moleküle vom hier gewählten Typ, sie ist in Fig. 5.18 angegeben.

Dieser Wahl des Koordinatensystems folgend, müssen wir nun die A n z a h l u n d S y m m e t r i e d e r $(3n - 6)$ N o r m a l s c h w i n g u n g e n bestimmen, die ver- t r ä g l i c h m i t d e m K o o r d i n a t e n s y s t e m sind. Hier sind es 30 Normal- schwingungen, die durch die folgende Repräsentation beschrieben werden:

$$6a_g + 1b_{1g} + 3b_{2g} + 5b_{3g} + 2a_u + 5b_{1u} + 5b_{2u} + 3b_{3u}. \qquad (5.80)$$

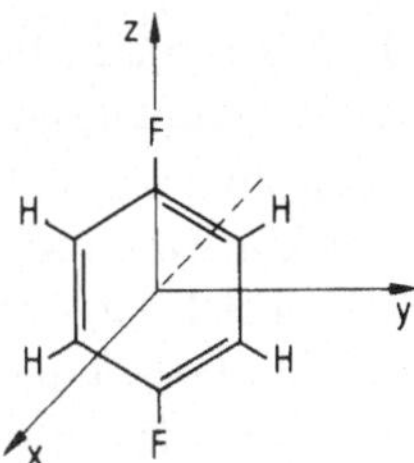

Fig. 5.18 Ds Molekül p-$C_6H_4X_2$ und das durch Übereinkunft festgelegte Koordinatensystem

Auf die eine oder andere Weise ist es dann nötig, die Molekülorbitale, d. h. Elektronenkonfiguration zu bekommen und die Symmetrie und Spinmultiplizität der relevanten stationären (elektronischen) Zustände zu bestimmen. In unserem Beispiel benötigen wir nur den Grund- und ersten angeregten Zustand.

Unter Berücksichtigung nur der Orbitale, die sich aus den p-$C_6H_4X_2$ π- und π*-Molekülorbitalen herleiten lassen, ist die Elektronenkonfiguration des Grundzustandes

$$\dots (b_{3u})^2 \, (b_{1g})^2 \, (b_{2g})^2 \, (a_u)^0 \, (b_{3u})^0 . \tag{5.81}$$

Entsprechend ist die Konfiguration des ersten angeregten Zustandes

$$\dots (b_{3u})^2 \, (b_{1g})^2 \, (b_{2g})^1 \, (a_u)^1 \, (b_{3u})^0 . \tag{5.82}$$

Diese Konfigurationen definieren einen ^1A_g-Grundzustand und sowohl $^1B_{2u}$- wie $^3B_{2u}$ angeregte Zustände. Im weiteren wollen wir nur den spinerlaubten $(M = 0)$-Übergang ($^1B_{2u} \leftarrow {}^1A_g$) diskutieren.

Mit der so zusammengetragenen Information ist es möglich zu bestimmen, welche Schwingungsübergänge erlaubt sind. Dazu untersuchen wir das entsprechende Übergangsmoment-Integral und alle Schwingungssymmetrien. Die Transformationseigenschaften des Dipolmomentoperators $\hat{\mu}$ sind in der folgenden Charaktertafel mit angegeben.

D_{2h}	E	$C_2(z)$	$C_2(y)$	$C_2(x)$	I	σ_{xy}	σ_{xz}	σ_{yz}		
A_g	1	1	1	1	1	1	1	1		x^2, y^2, z^2
B_{1g}	1	1	-1	-1	1	1	-1	-1	R_z	xy
B_{2g}	1	-1	1	-1	1	-1	1	-1	R_y	xz
B_{3g}	1	-1	-1	1	1	-1	-1	1	R_z	yz
A_u	1	1	1	1	-1	-1	-1	-1		
B_{1u}	1	1	-1	-1	-1	-1	1	1	z	
B_{2u}	1	-1	1	-1	-1	1	-1	1	y	
B_{3u}	1	-1	-1	1	-1	1	1	-1	x	

Da $\hat{\mu}$ wie $b_{1u}(z)$, $b_{2u}(y)$ und $b_{3u}(x)$ transformiert, können nur die a_g, b_{1g} und b_{3g} Schwingungsmoden Ausgangsniveau für Übergänge sein, wie in Tab. 5.6 unten aufgeführt. Es gibt $6a_g$, $1b_{1g}$ und $5b_{2g}$ Schwingungsmoden in diesem Molekül. Wir dürfen dabei jedoch nicht vergessen, daß „erlaubter" Übergang nicht gleichzeitig bedeutet, daß ein solcher auch mit genügend Intensität auftritt. Gewöhnlich werden nur ein oder zwei Grundschwingungsniveaus tatsächlich in Absorptionsexperimenten auftreten.

Aus Tab. 5.6 geht hervor, daß die intensivsten Banden im Absorptionsspektrum vom niedrigsten Schwingungsniveau des Grundzustandes ausgehen werden; dieses Niveau ist totalsymmetrisch.

Tab. 5.6

$$M_{e's'v'esv} \propto \int\limits_{-\infty}^{+\infty} \psi_{e's'}\psi_{v'}\hat{\mu}\psi_{es}\psi_{v}\, d\tau.$$

$\psi_{v'}$ [1])	$\psi_{e'}$	$\psi_{e'}\psi_{v'}$	$\hat{\mu}$	$\psi_{e}\psi_{v}$	M_{mn}	
a_g	B_{2u}	b_{2u}	b_{3u} b_{2u} b_{1u}	$a_g =$	b_{1g} a_g b_{3g}	erlaubt, y polarisiert
b_{1g}	B_{2u}	b_{3u}	b_{3u} b_{2u} 2_{1u}	$a_g =$	a_g b_{1g} b_{2g}	erlaubt, x polarisiert
b_{2g}	B_{2u}	a_u	b_{3u} b_{2u} b_{1u}	$a_g =$	b_{3g} b_{2g} b_{1g}	
b_{3g}	B_{2u}	b_{1u}	b_{3u} b_{2u} b_{1u}	$a_g =$	b_{2g} b_{3g} a_g	erlaubt, z polarisiert

[1]) Keines der u-Niveaus wird untersucht, da alle Übergänge von dort aus paritätsverboten sind.

Es ist zusätzlich leicht zu sehen, daß jede mit u (= ungerade) beschriebene Schwingung ψ_v alle Symmetrien in $M_{e's'v'esv}$ ebenfalls ungerade macht. Die Symmetrie a_u unterscheidet sich von a_g durch ihre Parität. Übergangsmomente mit a_u-Symmetrie sind einmal bahnverboten und werden zudem paritätsverboten genannt.

Schwingungsübergänge, die aus einer totalsymmetrischen Schwingung durch Aufaddieren von Vielfachen zum Schwingungsausgangsniveau (Ursprung) entstehen, werden eine **Progression** genannt. Wird eine solche Progression beobachtet, so nennen wir die totalsymmetrische Schwingung eine **progressionsformende Schwingungsmode**.

Nun haben wir genügend Vorkenntnis, um in der Bezeichnung fortzufahren, die wir für ein wirkliches Spektrum benötigen. Zu Anfang müssen wir jede Schwingungsmode numerieren. Wie, ist im Grunde genommen zunächst egal, aber wir sollten sofort so systematisch wie möglich sein. Als konkretes Beispiel betrachten wir das Numerierungs-System für p-$C_6H_4F_2$ in Tab. 5.7. Beachte dabei, daß wir eine bereits vorher eingeführte Regel für Schwingungsnumerierung verletzen. Wir tun es hier bewußt, um eine mehr symmetrische Tabelle zu bekommen.

Tab. 5.7 Schwingungsbezeichnung des p-$C_6H_4F_2$

Nr.	cm^{-1}	Symmetrie	Nr.	cm^{-1}	Symmetrie
1	451		16	406	
2	858		17	943	a_u
3	1142	a_g	18	163	
4	1245		19	509	b_{3u}
5	3084		21	737	
7	800	b_{1g}	22	1012	
8	375		23	1212	
9	692	b_{2g}	24	1511	b_{1u}
10	928		25	3050	
11	427		26	350	
12	635		27	1085	
13	1285	b_{3g}	28	1285	b_{2u}
14	1617		29	1438	
15	3084		30	3080	

Sowohl die Bezeichnung $\bar{v}_1$ wie Q_1 kann in der Literatur gefunden werden, um die Schwingung von $451\,cm^{-1}$ mit a_g-Symmetrie zu bezeichnen. $\bar{v}_1$ bezieht sich auf die erste Energie, Q_1 auf die erste Normalkoordinate. Beide identifizieren so dieselbe Schwingungsmode. Unsere Bezeichnung hier identifiziert diese Mode lediglich durch die Nummer 1. Entsprechend bezieht sich Nummer 29 auf die Schwingungsmode der Energie $1437\,cm^{-1}$ mit b_{2u}-Symmetrie. Die so gewählte Numerierung dient nun als Grundlage für den Rest der Bezeichnungen. Sowohl tief- wie hochgestellte Zahlen geben die jeweiligen Quantenzahlen v der festgelegten Schwingung im Grund- bzw. elektronisch angeregten Zustand wieder. Beachte dabei, daß die Schwingungsquantenzahl v für alle Schwingungsmoden im niedrigsten Niveau Null ist.

Benutzen wir diese Bezeichnung, so indiziert der Übergang 1_0^1, angewandt auf das $^1B_{2u} \leftarrow {}^1A_g$-Spektrum, einen Übergang vom niedrigsten Schwingungsniveau des Grundzustandes (v = 0) zum fundamentalen Niveau (v = 1) der Schwingungsmode $\bar{v}_1'$ im elektronisch angeregten $^1B_{2u}$-Zustand. Er sollte bei einer Energie von etwas weniger als 451 cm^{-1} oberhalb des Ursprungs, d. h. (0-0)-Überganges liegen, wie bereits weiter oben ausgeführt.

Die Bezeichnung 1_1^1 hingegen gibt einen elektronischen Übergang wieder, in dem das Molekül bereits im fundamentalen Mode (v = 1) der $\bar{v}_1$ im elektronischen Grundzustand schwingt und dann zum (v = 1)-Niveau der $\bar{v}_1'$ in $^1B_{2u}$-Zustand angeregt wird. Übergänge dieser Art sind in der Regel bei niedrigerer Energie als der (0-0)-Übergang zu finden, da $\bar{v}_i$ gewöhnlich größer als $\bar{v}_i'$ ist, wobei $\bar{v}_i'$ die Energie der Mode (i) im elektronisch angeregten Zustand wiedergibt.

Die Auswahlregeln sagen voraus, daß die (b_{1g})-Mode $\bar{v}_1'$ (800 cm^{-1}) als Ursprung dienen kann. Die Bezeichnung für einen solchen Übergang ist 7_0^1. Eine Progression, ausgehend von dieser Mode mit der (a_g)-Schwingung $\bar{v}_1'$, würde so aussehen: 7_0^1; $1_0^1 7_0^1$; $1_0^2 7_0^1$; $1_0^3 7_0^1$ etc. Übergänge wären dann oberhalb des (0-0)-Überganges bei ca. 800 cm^{-1}, 1 251 cm^{-1}, 1 702 cm^{-1}, 2 153 cm^{-1} etc. zu finden; sie alle hätten die Symmetrie $(a_g) (b_{1g}) = b_{1g}$.

Ein erschwerender Faktor, der hier nur der Vollständigkeit wegen mit aufgeführt wird, ist die Möglichkeit des Auftretens sog. Kombinationsbanden, die geeignete Symmetrie aufweisen, um ein nichtverschwindendes Übergangsmoment zu ergeben. Zum Beispiel würde eine Kombinationsbande, bestehend aus je einem Schwingungsquant $\bar{v}_{11}'$ (427 cm^{-1}) und $\bar{v}_8'$ (375 cm^{-1}), mit $8_0^1 11_0^1$ bezeichnet und bei ungefähr 802 cm^{-1} Abstand oberhalb vom (0-0)-Übergang auftreten. Seine Symmetrie wäre $(b_{2g}) (b_{3g}) = b_{1g}$. Übergänge dieser Art werden in elektronischen Spektren äußerst selten gesehen im Gegensatz zu Infrarot-Spektren, wo sie häufig sind.

Ein Übergang, der bereits von schwingungsmäßig angeregten Molekülen ausgeht (sog. „hot bands") und dieselben beiden Moden wie oben beinhaltet, wäre etwa $8_1^0 11_0^1$ und könnte (schwach) bei etwa 42 cm^{-1} oberhalb (0-0) erscheinen.

Das Diagramm Fig. 5.19 veranschaulicht die gerade besprochenen Beispiele. Die Übergänge von „hot bands" sind dabei durch Sternchen (*) gekennzeichnet.

In Fig. 5.20 geben wir nun ein Absorptionsspektrum des p-$C_6H_4X_2$ (X = F) in der freien Gasphase bei mäßiger Auflösung wieder. Die hervorstehenden Banden sind gemäß oben eingeführter Bezeichnungsweise gekennzeichnet. In erster, grober Analyse genügen diese Bezeichnungen, da sie bereits ausreichen, unsere Annahme über die Molekülstruktur zu bestätigen oder zu verwerfen.

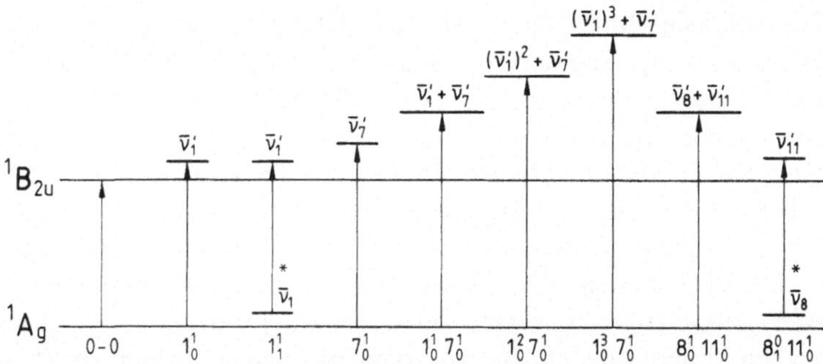

Fig. 5.19 Diagramm für unterschiedliche Schwingungsübergänge im $^1B_{2u} \leftarrow {}^1Ag$-Übergang des p-$C_6H_4F_2$. Übergänge, die von angeregten Schwingungsniveaus des Grundzustandes ausgehen, sog. „hot bands", sind mit einem Stern gekennzeichnet

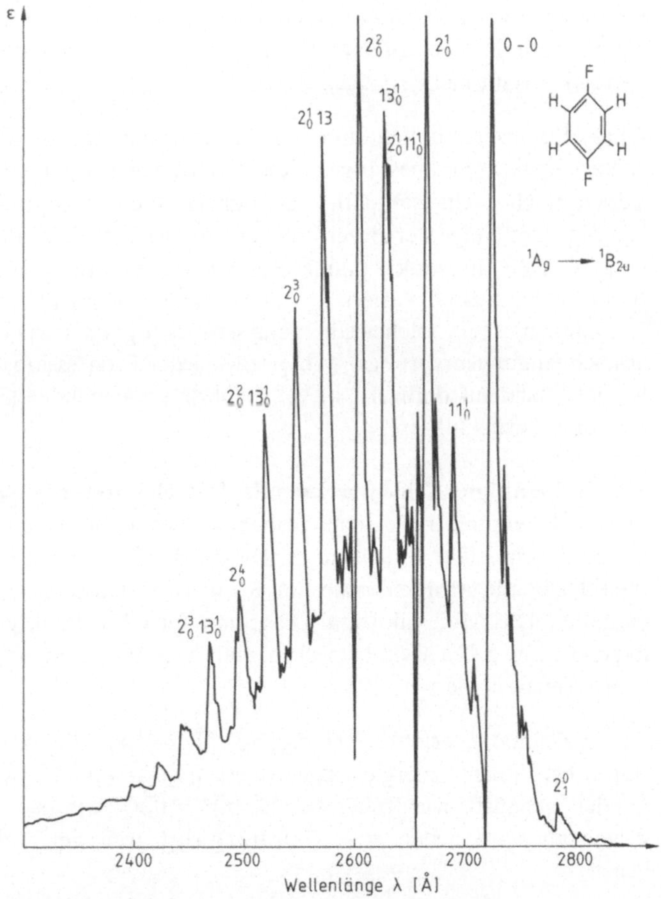

Fig. 5.20 Absorptionsspektrum des $^1B_{2u} \leftarrow {}^1Ag$-Überganges im Molekül p-$C_6H_4F_2$

Der stärkste (und energieärmste) Übergang wird als (0-0)-Übergang $[B_{2u}(a_g) \leftarrow A_g(a_g)]$ angesehen und ist vollständig erlaubt. Die schwache Bande auf der noch energieärmeren Seite läßt sich als „hot band" ansehen. Der energetische Abstand von $858\ cm^{-1}$ identifiziert das Grundzustands-Ausgangsniveau als 2_1^0. Ähnlich erlaubt ist die Progression in $\bar{\nu}_2'$ und dem Ursprung, d. h. 0-0. Vier Mitglieder dieser Progression, $2_0^4 \leftarrow 2_0^1$, lassen sich aus dem jeweiligen Abstand $(814\ cm^{-1})$ sowie den Intensitätsverhältnissen unzweideutig herleiten. Zwar könnten komplizierte Kombinationsbanden wie $19_0^1 26_0^1\ (b_{3u} \times b_{2u} = b_{1g})$ oder Obertöne wie $11_0^2\ (b_{3g} \times b_{3g} = a_g)$ ebenfalls bei solchen Energieabständen vorkommen, haben jedoch weit schwächere Intensität als Ursprung und erste Mitglieder einer Progression, die $\bar{\nu}_1'$ oder $\bar{\nu}_2'$ enthält.

Die (b_{3g})-Schwingungsausgangsniveaus 11_0^1 und 13_0^1 sind ebenfalls aus Energieabständen und Intensitäten eindeutig festgelegt. Beide formen eine Progression, die $\bar{\nu}_2'$ enthält. Die totalsymmetrische Schwingungsmode $\bar{\nu}_2'$ ist somit die führende (wenn nicht einzige) Mode, die Progressionen formt.

Obige Kennzeichnungen sind in Übereinstimmung mit der angenommenen ebenen Struktur und bestätigen diese durch die relativen Intensitäten. Sie sind so jedoch noch nicht eindeutig. Zusätzliche spektroskopische Daten werden benötigt, um einige der Bezeichnungen zu bewahrheiten. Polarisationsstudien von $p\text{-}C_6H_4F_2$ in rein kristalliner Form zeigen zum Beispiel, daß die $402\ cm^{-1}$-Bande eben (yz)-polarisiert ist. Daher kann sie nicht aus dem Übergang 1_0^1 stammen, da ein solcher Übergang senkrecht polarisiert (x) wäre. Das Fehlen des Schwingungsursprungs $7_0^1\ (b_{1g})$ sowie jeder Progression, die $\bar{\nu}_1'\ (a_g)$ beinhaltet, läßt sich auf dafür zu kleine, nahezu verschwindende Franck-Condon-Faktoren zurückführen.

5.7.2.2 Gesättigte Kohlenwasserstoffe Das elektronische Spektrum von Methan, CH_4, enthält (bei erstem, grobem Hinsehen) nur eine breite Absorptionsbande bei ungefähr $67\,000\ cm^{-1}$. Dieses Band bei relativ hoher Energie ist typisch für alle Moleküle, die nur Kohlenstoff-Wasserstoff Sigma-Bindungen enthalten. Das Molekülorbital-Diagramm für CH_4 (Punktgruppe T_d) zeigt die folgende Fig. 5.21a (wir bemerken, daß x, y und z in T_d entartet sind; sie transformieren wie t_2).

Der vollständig erlaubte Übergang $^1T_2 \leftarrow {}^1A_1$ (Fig. 5.21b) wird diesem Band bei hoher Energie zugeordnet; $[(t_2)^5 \equiv \textcircled{\downarrow\uparrow}\,\textcircled{\downarrow\uparrow}\,\textcircled{\uparrow}$ wird wie $(t_2)^1$ behandelt genauso, wie früher bereits $(\pi)^3 \equiv \textcircled{\downarrow\uparrow}\,\textcircled{\uparrow}$ wie $(\pi)^1$ behandelt wurde.] Allgemein wird jeder $\sigma \rightarrow \sigma^*$-Übergang weit im Vakuum-Ultraviolett liegen.

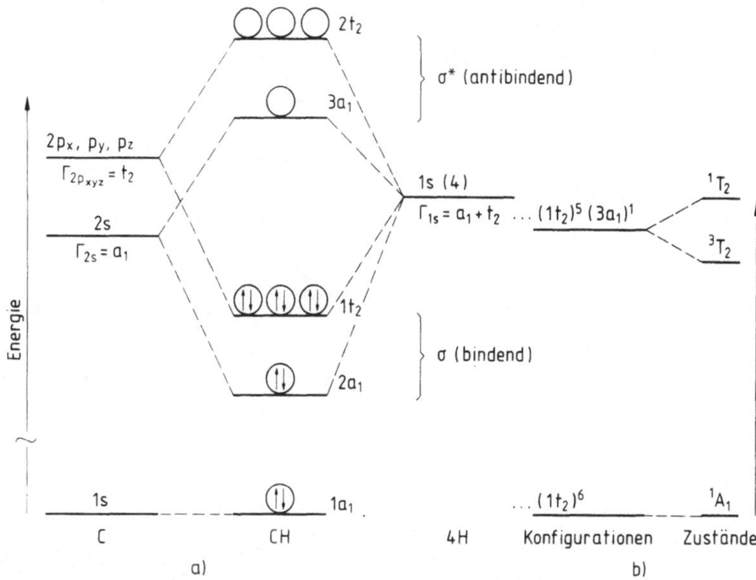

Fig. 5.21 Molekülorbitale, Elektronenkonfigurationen, elektronische Zustände und Besetzung des Grundzustandes für Methan, CH_4, ein Molekül der Punktgruppe T_d

5.7.2.3 Ungesättigte Verbindungen

Die auffallendste Differenz zwischen den elektronischen Spektren von gesättigten und ungesättigten Verbindungen ist das Auftreten von einem intensitätsstarken Band im nahen VUV (Olefine etc.) oder von mehreren (schwachen wie starken) Banden vom Sichtbaren bis an die Grenze des UV/VUV (aromatische Moleküle und Moleküle, die in Doppelbindung Heteroatome wie O, N etc. enthalten). Die Vielfalt von spektralen Banden in aromatischen Molekülen rührt her von den Bahnentartungen in den angeregten Elektronenkonfigurationen; in Molekülen, die doppelt gebundene Heteroatome enthalten, durch die vorhandenen nichtbindenden Elektronen.

Die elektronischen Spektren von Ethen und Formaldehyd zeigen die Fig. 5.22 a und 5.22 b unterhalb der jeweiligen MO-Diagramme. Die Symbole in Klammern geben an, mit welchem Bindungstyp das jeweilige Orbital verknüpft ist.

Die Elektronenkonfigurationen des Ethens für den Grund- und ersten angeregten Zustand definieren ^1A_g- bzw. $^{1,3}B_{3u}$-Zustände. Sowohl der spinverbotene Übergang (a) $^3B_{3u} \leftarrow {}^1A_g$ als auch der spinerlaubte (b) $^1B_{3u} \leftarrow {}^1A_g$-Übergang werden mit entsprechender Intensität (schwach bzw. stark) beobachtet. Dieser Anregungstyp wird $\pi \rightarrow \pi^*$ genannt (aus offensichtlichen Gründen, siehe MO) und ist allgemein niedriger in der Anregungsenergie als irgendeine $\sigma \rightarrow \sigma^*$-Anregung.

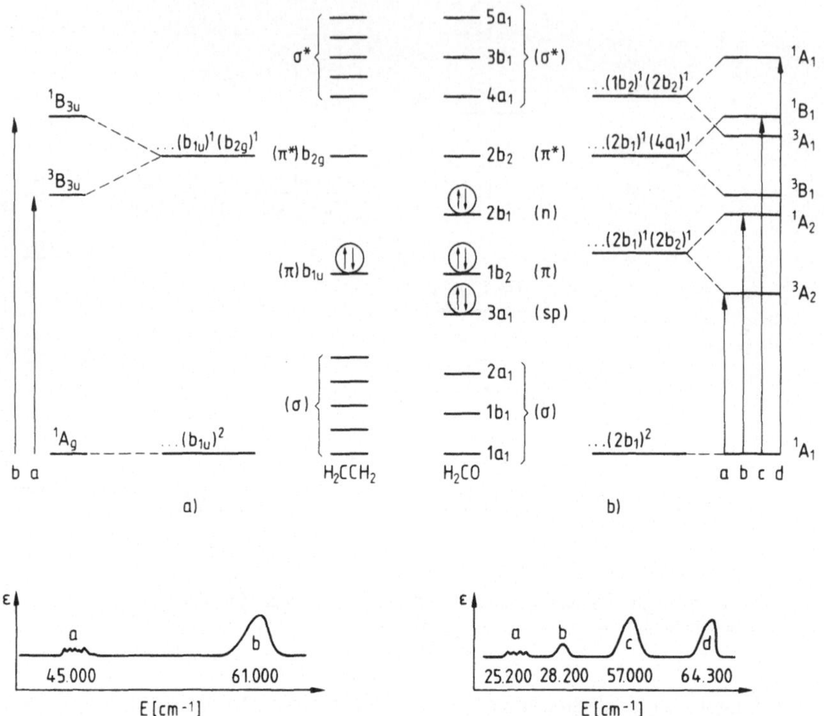

Fig. 5.22 Molekülorbitale, Elektronenkonfigurationen, elektronische Zustände, Übergänge und grobe
Übersichtsspektren für
a) das Molekül Ethen, C_2H_4, und b) das Molekül Formaldehyd, H_2CO

Das Auftreten von nichtbindenden Elektronen (n) in ungesättigten Verbindungen resultiert gewöhnlich in einer Absorptionsbande im mittleren UV zusätzlich zu dem eben angesprochenen $\pi \rightarrow \pi^*$-Übergang. Ungesättigte vielatomige Moleküle, die zudem Heteroatome wie Sauerstoff und Stickstoff enthalten, ergeben konsequenterweise komplizierte, vielfältige Spektren.

Genaueres Ansehen der Fig. 5.22 b zeigt auf, daß der Rum zwischen dem π- und π^*-Orbital, repräsentativ für jede Doppelbindung, von dem nichtbindenden Orbital eingenommen wird. Das offensichtliche Resultat ist, daß $n \rightarrow \pi^*$-Übergänge im allgemeinen bei niedrigeren Energien liegen als die entsprechenden $\pi \rightarrow \pi^*$. Der Grundzustand sowie die drei ersten angeregten Zustände des Formaldehyd sind in Fig. 5.22 b aufgenommen. Sowohl der spinbahnverbotene Übergang (a) mit $\varepsilon = 10^{-3}$ als auch der „nur" bahnverbotene Übergang (b) mit $\varepsilon = 10^1$ werden beobachtet. Beide resultieren aus $n \rightarrow \pi^*$-Anregungen. Die vollständig erlaubten Übergänge $n \rightarrow \sigma^*$ (c) und $\pi \rightarrow \pi^*$ (d) finden mit $\varepsilon > 10^4$ statt.

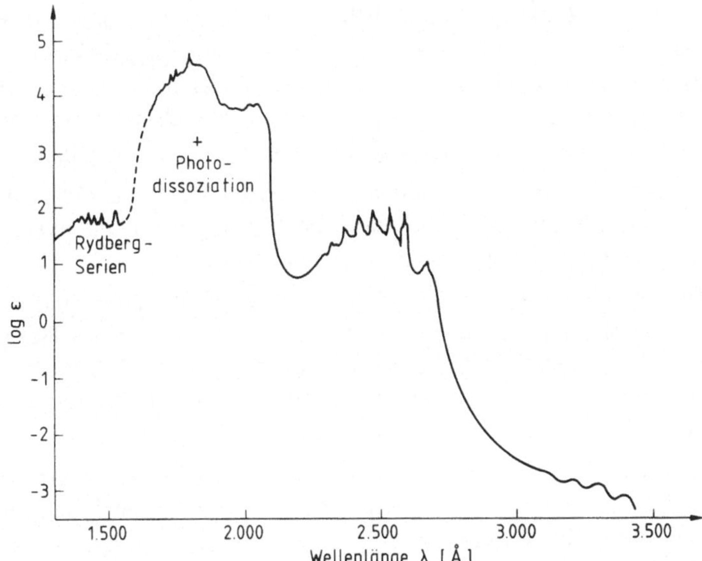

Fig. 5.23 Absorptionsspektrum des C_6H_6 bei niedriger Auflösung (nach einem Spektrum in „Molecular Spectroscopy" von G. M. Barrow, McGraw-Hill, 1962)

Der typische $\pi \rightarrow \pi^*$-Übergang in ungesättigten Kohlenwasserstoffen wie Äthylen und Butadien ist viel, viel komplexer als in Fig. 5.22 dargestellt. Wir dürften nicht vergessen, daß die Analyse eines Spektrums nur immer so gut sein kann wie das Spektrum selbst, das gilt insbesondere für die Auflösung. Niedrige Auflösung ermöglicht oft nur einfachste Analyse und Interpretation. Fig. 5.23 soll als Beispiel für diesen Punkt dienen; es zeigt das Spektrum des Benzols, C_6H_6; auf seine Analyse wird im Anhang (vgl. A.5) genauer eingegangen.

5.7.2.4 Komplexe der Übergangsmetalle Die elektronischen Spektren von einem Übergangsmetall-Komplex enthalten gewöhnlich mehrere breite Absorptionsbanden. Diese Banden fallen jedoch zunächst in zwei deutlich getrennte Regionen. Diese liegen einmal im UV zwischen $25\,000\ \mathrm{cm}^{-1}$ und $55\,000\ \mathrm{cm}^{-1}$ (blau) und im Sichtbaren zwischen $13\,000\ \mathrm{cm}^{-1}$ und ca. $25\,000\ \mathrm{cm}^{-1}$ (rot). Diese Banden werden einmal durch Ladungsaustausch (charge transfer) und zum anderen durch sog. „d-d"-Übergänge beschrieben.

Die bekanntesten und weit verbreitetsten Übergangsmetall-Komplexe kommen als hexakoordinierte ML_6O_h (oktaedral) Moleküle vor. Daher kann ein MO-Diagramm, wie in Fig. 5.24, exemplarisch der weiteren Diskussion dienen.

Die L → M Ladungsaustausch-Banden beruhen allgemein auf der Anregung eines σ-bindenden Elektrons (i. e. des t_{1u}-, e_g- oder a_{1g}-Elektrons) zu einem der leeren oder nur teilweise gefüllten nichtbindenden t_{2g}- oder antibindenden e_g-Orbitale. Wie aus Fig. 5.24 ersichtlich, werden diese Übergänge bei höheren Energien auftreten als diejenigen, die aus (t_{2g} → e_g)-Übergängen stammen.

Übergänge zwischen Zuständen der zentralen Metall-„d"-Elektronen (t_{2g} → e_g) sind als d-d-Übergänge bekannt. Sie liegen generell im nahen IR bzw. im Sichtbaren und sollen gesondert behandelt werden.

Zu den einfachsten „d-d"-Spektren, die wir analysieren, sind diejenigen von d^1-Komplexen wie z. B. $[Ti(H_2O)_6]^{+3}$. Das Spektrum des Hexaaquotianium (III) hat ein einfaches breites Absorptionsband bei ca. $20\,300\ \mathrm{cm}^{-1}$ (blau-grün). Mit Hilfe von Tab. 5.8 sind alle benötigten direkten Produkte verfügbar, um dieses Spektrum sofort zu analysieren.

Die Elektronenkonfigurationen, entsprechend einer Einelektronen-„d-d"-Anregung, sind in Fig. 5.25 aufgetragen, zusammen mit den ihnen entsprechenden stationären Zuständen.

Die Banden-Zuordnung $^2E_g \leftarrow {}^2T_{2g}$ ist ohne Zweifel und resultiert sicher in der rötlichen Farbe dieses Komplexes. Beachte, daß dieser Übergang spinerlaubt und bahnverboten ist.

$$E_g(t_{1u})\,T_{2g} = E_g(a_{2u} + e_u + t_{1u} + t_{2u}) = 2e_u + \underline{\underline{a_{1u}}} + a_{2u} + 2t_{1u} + 2t_{2u}. \quad (5.83)$$

Da das Integral a_{1g} nicht erhält, ist es bahnverboten; jedoch differiert a_{1u} nur in der Parität von a_{1g}. Dieser spezielle Typ von Bahnverbot ist im sichtbaren Bereich des Spektrums allgemein nicht zu strikt.

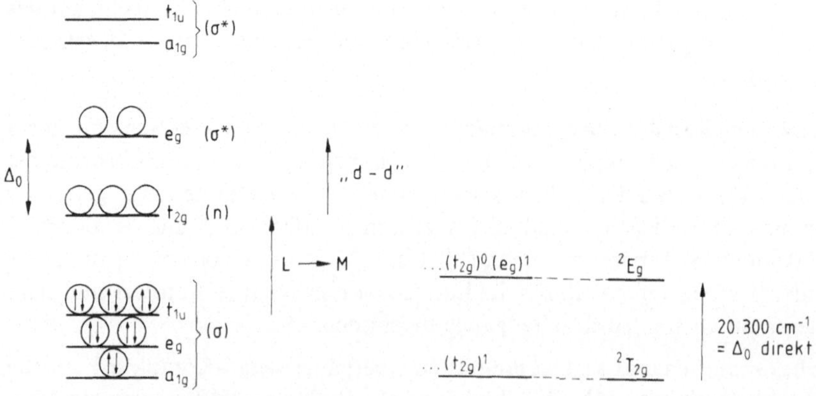

Fig. 5.24 Molekülorbitaldiagramm für O_h-Komplexe (ML_6)

Fig. 5.25 Elektronische Zustände des Molekülions $[Ti(H_2O)_6]^{+3}$

Tab. 5.8

elektronische Konfiguration		elektronischer Zustand
freies Ion	**Ion unter oktaedraler Symmetrie**	
d^1, d^9	$(e_g)^1$	^2E_g
	(t_{2g})	$^2T_{2g}$
d^2, d^8	$(e_g)^2$	$^3A_{2g}$, $^1A_{1g}$, ^1E_g
	$(t_{2g})^1(e_g)^1$	$^3T_{1g}$, $^3T_{2g}$, $^1T_{1g}$, $^1T_{2g}$
	$(t_{2g})^2$	$^3T_{1g}$, $^1A_{1g}$, ^1E_g, $^1T_{2g}$
d^3, d^7	$(e_g)^3$	^2E_g
	$(t_{2g})^1(e_g)^2$	$^4T_{1g}$, $2\,^2T_{1g}$, $2\,^2T_{2g}$
	$(t_{2g})^2(e_g)^1$	$^4T_{1g}$, $^4T_{2g}$, $^2A_{2g}$, $2\,^2T_{1g}$, $2\,^2T_{2g}$, $2\,^2E_g$, $^2A_{1g}$
	$(t_{2g})^3$	$^4A_{2g}$, ^2E_g, $^2T_{1g}$, $^2T_{2g}$
d^4, d^6	$(e_g)^4$	$^1A_{1g}$
	$(t_{2g})^1(e_g)^3$	$^3T_{1g}$, $^3T_{2g}$, $^1T_{1g}$, $^1T_{2g}$
	$(t_{2g})^2(e_g)^2$	$^5T_{2g}$, ^3E_g, $3\,^3T_{1g}$, $2\,^3T_{2g}$, $2\,^1A_{1g}$, $3\,^1E_g$, $^1T_{1g}$, $3\,^1T_{2g}$, $^3A_{2g}$
	$(t_{2g})^3(e_g)^1$	^5E_g, $^3A_{1g}$, $^3A_{2g}$, $2\,^3E_g$, $2\,^3T_{2g}$, $^1A_{1g}$, $^1A_{2g}$, ^1E_g, $2\,^1T_{1g}$, $2\,^1T_{2g}$
	$(t_{2g})^4$	$^3T_{1g}$, $^1A_{1g}$, ^1E_g, $^1T_{2g}$
d^5	$(t_{2g})^1(e_g)^4$	$^2T_{2g}$
	$(t_{2g})^2(e_g)^3$	$^4T_{1g}$, $^4T_{2g}$, $^2A_{1g}$, $^2A_{2g}$, $2\,^2E_g$, $2\,^2T_{1g}$, $2\,^2T_{2g}$
	$(t_{2g})^3(e_g)^2$	$^6A_{1g}$, $^4T_{1g}$, $^4A_{2g}$, $2\,^4E_g$, $^4A_{1g}$, $^4T_{2g}$, $2\,^2A_{1g}$, $^2A_{2g}$, $3\,^2E_g$, $4\,^2T_{1g}$, $4\,^2T_{2g}$
	$(t_{2g})^4(e_g)^1$	$^4T_{1g}$, $^4T_{2g}$, $^2A_{1g}$, $2\,^2E_g$, $2\,^2T_{1g}$, $2\,^2T_{2g}$
	$(t_{2g})^5$	$^2T_{2g}$

Die Analyse des Hexafluortitanat (III) ist genau dieselbe wie die gerade durchgeführte. Der $^2E_g \leftarrow {}^2T_{2g}$ Übergang bei ca. $18\,000$ cm^{-1} ist für die violette Farbe des Komplexes verantwortlich.

Tri-äthylendiamin-Nickel (II), $[\mathrm{Ni(en)_3}]^{+2}$, enthält acht „d"-Elektronen. Ein Spektrum niedriger Auflösung wird in Fig. 5.26 aufgezeigt. Aus einem Vergleich der Intensitäten dieser Banden nehmen wir an, daß alle drei spinerlaubt sind. Das Zustandsdiagramm für ein d^8-System gibt Fig. 5.27a und die drei d-d-Übergänge, darin eingetragen, geben die drei beobachteten Banden eindeutig wieder. Beachte, daß eine Zwei-Elektronen-Anregung $[(t_{2g})^4\,(e_g)^4]$ notwendig wäre, um einen dritten Triplett-Zustand zu erzeugen. Dieser zusätzliche Triplett-Zustand ist notwendig, um den Übergang bei der höchsten Energie ($\approx 30\,000$ cm^{-1}) zu deuten. Obgleich solche Doppelanregungen in Übergangsmetallen häufig vorkommen, sind sie für organische Systeme nahezu bedeutungslos.

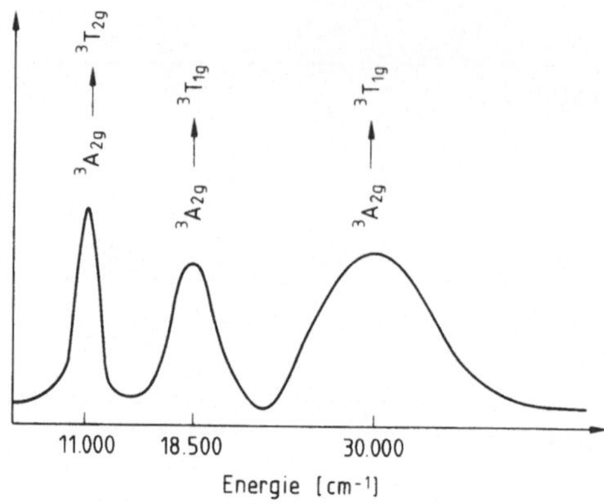

Fig. 5.26
„d − d"-Übergänge im Molekülion
$[Ni(en)_3]^{+2}$

Fig. 5.27 b gibt ein Zustandsdiagramm für einen d^2-Komplex, in dem wiederum Ein- wie Zwei-Elektronen-Anregungen berücksichtigt sind. Die drei spinerlaubten Übergänge in der Figur werden in jedem Komplex erwartet, der zwei d-Elektronen enthält. Das Spektrum von $[V(H_2O)_6]^{+3}$ zum Beispiel zeigt tatsächlich drei Banden, die wie folgt zugeordnet werden:

$$^3T_{2g} \leftarrow {}^3T_{1g} \approx 17\,400 \text{ cm}^{-1}, \qquad {}^3T_{1g} \leftarrow {}^3T_{1g} \approx 25\,200 \text{ cm}^{-1},$$

$$^3A_{2g} \leftarrow {}^3T_{1g} \approx 34\,500 \text{ cm}^{-1}. \tag{5.84}$$

Die Ähnlichkeit in den Spektren von d^2- und d^8-Komplexen ist mehr als nur ein glücklicher Zufall: Das Zustandsdiagramm in Fig. 5.27 a ist gerade spiegelbildlich zu Fig. 5.27 b. Das ist allgemein so für alle d^n- und d^{10-n}-Systeme. Diese inverse Korrelation reflektiert den Formalismus, den wir benutzten, wenn wir die Konfigurationen $(t_{2g})^5$ und $(t_{2g})^1$ oder $(e_g)^3$ und $(e_g)^1$ etc. als äquivalent ansahen.

Das im nahen IR bis zum Sichtbaren liegende Band des stark blauen Komplexes $[Cu(NH_3)^6]^{+2}Cl_2$ sollte eine „Wiederholung" des $[Ti(H_2O)_6]^{+3}$-Spektrums sein. Cu^{+2} ist ein d^9-System, und in Oktaedral-Koordination gibt es einen ^2E_g-Grundzustand $(\ldots (t_{2g})^6 (e_g)^3)$ und einen T_{2g} angeregten Zustand $(\ldots (t_{2g})^5 (e_g)^4)$. Das Spektrum von $[Cu(NH_3)_6]^{+2}Cl_2$ zeigt jedoch, siehe Fig. 5.28, mindestens zwei Absorptionsbanden. Dieses Auftreten von zwei Banden, obgleich es der gerade aufgeführten Korrelation zu widersprechen scheint, ist nicht ganz unerwartet. Der Grund wird in einem Theorem aufgezeigt, bekannt als Jahn-Teller-Theorem, das aussagt: Jedes System in einem entarteten elektronischen Zustand ist instabil und wird versuchen, die Entartung aufzuheben, indem es durch eine kleine Veränderung (Störung) seine Symmetrie senkt. Oktaedral-Komplexe mit d^9-Konfiguration verändern ihre Symmetrie typisch durch eine Verlängerung der axialen Bindungen (z-Achse) und Verkürzung der äquatorialen Bindungen (xy-Ebene). Solch eine Veränderung ist

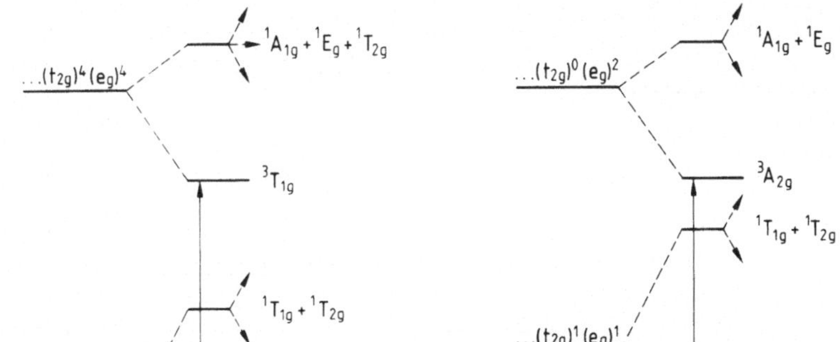

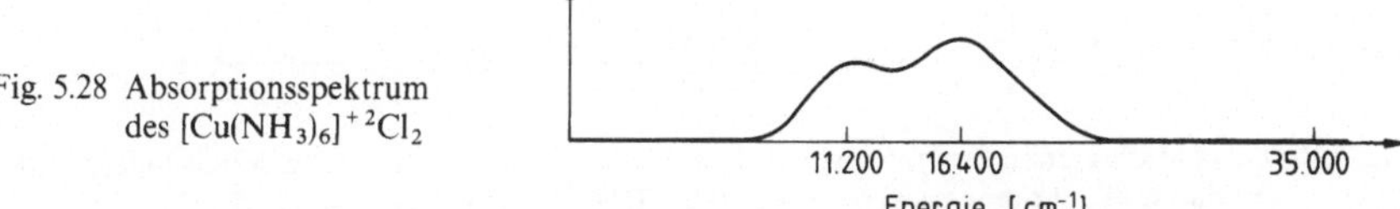

Fig. 5.27 Zustandsdiagramme, Konfigurationen und Übergänge für
a) einen d^8-Komplex, $[Ni(en)_3]^{+2}$; b) einen d^2-Komplex, $[V(H_2O)_6]^{+3}$

bekannt als tetragonale Verzerrung und erniedrigt die Symmetrie des Komplexes von O_h nach D_{4h}. Dieses resultiert in einer **Stabilisierung des Grundzustandes** durch Entfernen der Entartung des e_g-Orbitals. Das Verfahren, mit dem wir die neue Elektronenkonfiguration erzeugen, zeigt Fig. 5.29 (es ist ähnlich dem Prozeß der „erniedrigten" Symmetrie). Die Symmetrien der Cu-„d"-Orbitale in dem verzerrten Komplex finden wir durch Anwendung der Operationen der D_{4h}-Punktgruppe auf jedes Orbital. Die neugefundene Elektronenkonfiguration für $[Cu(NH_3)_6]^{+2}Cl_2$ ist damit $\dots (e_g)^4 (b_{2g})^2 (a_{1g})^2 (b_{1g})^1$.

Fig. 5.28 Absorptionsspektrum
des $[Cu(NH_3)_6]^{+2}Cl_2$

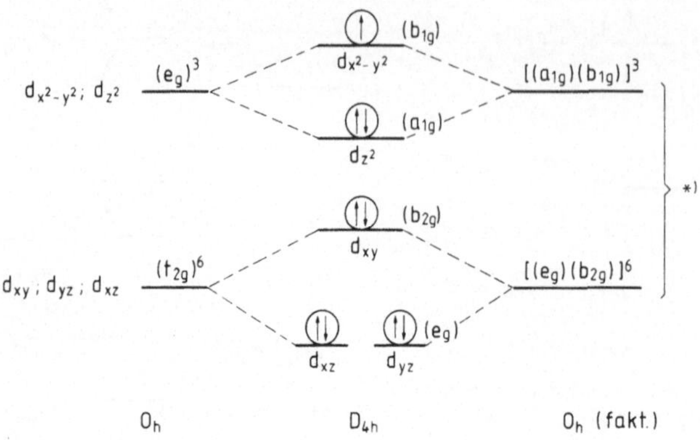

Fig. 5.29 Jahn-Teller-Effekt am Beispiel eines O_h-Komplexes mit d^9-Konfiguration

Die entsprechenden Anregungen, die sich aus Fig. 5.29 anbieten, sind in Fig. 5.30 aufgezeigt. Das Entfernen der ^2E_g-Grundzustands-Bahnentartung ist die treibende Kraft für die Verzerrung und Aufspaltung.

Das Spektrum läßt sich jetzt einfach analysieren und wird bezeichnet als

$$^2A_{1g} \leftarrow {}^2B_{1g} \approx 11\,200 \text{ cm}^{-1}$$

$$\left.\begin{array}{l} ^2B_{2g} \leftarrow {}^2B_{1g} \\ ^2E_g \leftarrow {}^2B_{1g} \end{array}\right\} \begin{array}{l} \approx 16\,400 \text{ cm}^{-1} \\ \text{(überlappende Übergänge)}, \end{array} \tag{5.85}$$

und schließlich finden wir auch

$$\Delta_0 = E(^2E_g, {}^2B_{2g} \leftarrow {}^2B_{1g}) - \frac{1}{2} E(^2A_{1g} \leftarrow {}^2B_{1g}) \approx 10\,600 \text{ cm}^{-1}. \tag{5.86}$$

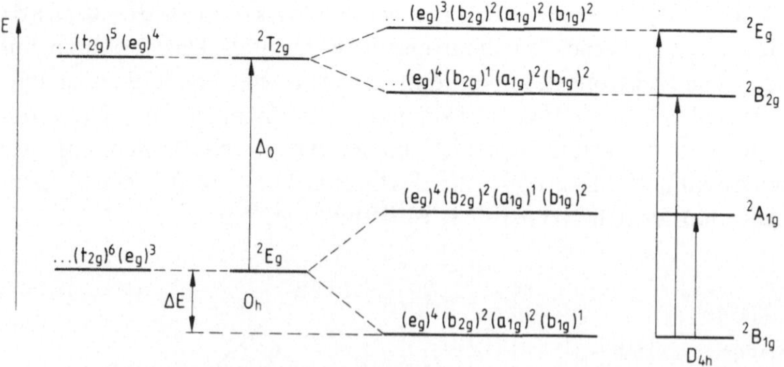

Fig. 5.30 Zustandsdiagramm für O_h- bzw. D_{4h}-Komplexe, das die Stabilisierung des Grundzustandes (E) durch die tetragonale Verzerrung (Jahn-Teller-Effekt) zeigt

Die Annahmen, die wir bei der Bezeichnung des Spektrums gebrauchten und die uns ermöglichten, Δ_0 zu berechnen, sind einfach einsichtig und genauer und weitgehender in der Literatur diskutiert (Elliot, H.; Hathaway, B. S.: Inorganic Chemistry, Vol. 5, p. 885 (1966)). Diese Referenz ist typisch für die Diskussion des Jahn-Teller-Effekts und illustriert eindrucksvoll den Gebrauch unterschiedlicher experimenteller Techniken, um eine vollständige Spektralanalyse durchzuführen.

Damit wollen wir unseren Exkurs in die elektronische Spektroskopie beschließen.

6 Kernmagnetische Resonanz (NMR)

6.1 Einleitung

In diesem Kapitel wollen wir abschließend ein weiteres spektroskopisches Resonanzverfahren beschreiben: Die kernmagnetische Resonanz, kurz NMR (nuclear magnetic resonance) genannt. Mit unseren bisherigen elektronischen Übergängen hat es gemeinsam, daß ein von außen einwirkendes elektromagnetisches Strahlungsfeld zu einer (starken) Absorption in unserer Probe (d. h. der zu untersuchenden Substanz) führt, sobald sie mit einem Übergang bezüglich Energie ($\Delta E = E_2 - E_1 = h \cdot f$), d. h. auch bezüglich der Frequenz f genau übereinstimmt; wir sagen auch: in Resonanz ist bzw. die Resonanzbedingung erfüllt. Ein Molekül muß mindestens einen nichtverschwindenden Kernspin aufweisen, um ein kernmagnetisches (NMR) Resonanzspektrum aufzuweisen. (Entsprechend führen nichtverschwindende Elektronenspins oder Bahndrehimpulse zu Elektronen-Spin-Resonanzen (ESR), die wir hier nicht näher betrachten wollen.) Kernspins ergeben permanente magnetische Dipolmomente. Im Gegensatz zu den (optischen) Spektren zwischen unterschiedlichen elektronischen Zuständen beinhalten kernmagnetische Resonanzspektren Übergänge zwischen (quantisierten) Kerndrehimpulszuständen (Energieniveaus), die bei Abwesenheit eines äußeren Magnetfeldes entartet sind. Diese entarteten Zustände spalten durch die Wechselwirkung der permanenten magnetischen Kerndipole mit einem äußeren Magnetfeld auf. Wird nun eine Hochfrequenzstrahlungsquelle genau auf die Resonanzfrequenz entsprechend der Aufspaltung der einzelnen Zustände abgestimmt, so können Absorption und Emission dieser Strahlung stattfinden: Daher die Bezeichnung „Kernmagnetische Resonanzspektroskopie".

6.2 NMR-Theorie

Wie in der Einleitung erwähnt, benötigen wir mindestens einen nichtverschwindenden Kernspin I für das zu untersuchende Molekül, um NMR-Spektren zu vermessen. Gerade so, wie wir Elektronen einen Drall (Spin) zuordnen und damit — im klassischen Bild — eine Eigendrehung der Ladung voraussetzen, verfahren wir mit Atomkernen. Einzelne Elektronen haben jeweils die Spin-quantenzahl 1/2. Die Kernbausteine, Protonen und Neutronen, haben jedes für sich ebenfalls einen Spin 1/2. Geradeso wie Elektronen ihre Spins zum Gesamtspin koppeln können, machen es die Kernbausteine, wobei uns kein einfaches Vorgehen unmittelbar erlaubt, die Größe des Kernspins zu berechnen. Es gibt jedoch einige einfache Regeln, die sich aus den beobachteten Kernspins herleiten lassen:

1. Ein Kern mit einer geraden Anzahl von Neutronen und einer geraden Anzahl von Protonen wird in der Regel alle Kernspins gepaart oder „gesättigt" haben, so daß der Gesamtkernspin $I = O$ sein wird. Beispiele sind ^{4}He, ^{12}C und ^{16}O.

2. Ist die Anzahl der Bausteine (Protonen und Neutronen) ungerade, so wird I halbzahlig (1/2; 3/2; ...) sein und damit eine ungerade Anzahl von ungepaarten Spins wiedergeben; Beispiele sind ^{15}N ($I = 1/2$), ^{19}F ($I = 1/2$) und ^{11}B ($I = 3/2$).

3. Schließlich wird ein Kern mit ungerader Anzahl von Protonen und ungerader Anzahl von Neutronen einen ganzzahligen Kernspin I aufweisen (1, 2, 3, ...) und damit eine gerade Anzahl ungepaarter Spins widerspiegeln. Beispiele dazu sind der schwere Wasserstoffkern, auch Deuteron, ^{2}H ($I = 1$), ^{14}N ($I = 1$) und ^{10}B ($I = 3$).

Tab. 6.1 gibt den Kernspin I einiger Kerne zusammen mit anderen Eigenschaften, die wir im folgenden diskutieren wollen. Von den drei wohl wichtigsten Kernen im Aufbau der Moleküle, ^{1}H, ^{12}C und ^{16}O, hat nur ^{1}H einen nichtverschwindenden Kernspin; das ist von nicht zu unterschätzendem Wert.

Jeder Kern mit nichtverschwindendem Kernspin I besitzt ein magnetisches Moment $\vec{\mu}$ (genauer: ein magnetisches Dipolmoment entsprechend einem kleinen Magneten wie eine Kompaßnadel). Zur qualitativen Beschreibung reicht das Bild eines sich um seine Achse drehenden Ladungsträgers. Quantitativ ist dieses magnetische Moment $\vec{\mu}$ proportional dem Gesamtkerndrehimpuls $\vec{P}$, läßt sich also durch

$$\vec{\mu} = \gamma \cdot \vec{P} \tag{6.1}$$

angeben, wobei γ das gyromagnetische Verhältnis genannt wird und für jeden Kern experimentell bestimmt werden muß, da unser Modell einer rotierenden Ladung viel zu einfach ist. Während der Kerndrehimpuls $\vec{P}$ dem Betrag nach

$$|\vec{P}| = \frac{h}{2\pi} \times [I(I + 1)]^{1/2} \tag{6.2}$$

Tab. 6.1 Spin-Eigenschaften einiger Atomkerne

Teilchen bzw. Isotop	I	Natürl. Vorkomm. in %	$\mu^1)$	$Q^2)$ $(10^{-28}\,m^2)$	NMR-Frequenz[3] (MHz)
Neutron	1/2	–	-1.9132	–	29.167
^1H	1/2	99.985	2.7927	–	42.576
^2H	1/2	0.015	0.8574	0.00273	6.536
^{10}B	3	19.58	1.8007	0.074	4.575
^{11}B	3/2	81.17	2.6880	0.0355	13.660
^{12}C	0	98.89	–	–	–
^{13}C	1/2	1.11	0.7022	–	10.705
^{14}N	1	99.63	0.4035	0.071	3.076
^{15}N	1/2	0.37	-0.2830	–	4.314
^{16}O	0	99.76	–	–	–
^{17}O	5/2	0.037	-1.8930	-0.026	5.772
^{19}F	1/2	100	2.6273	–	40.054
^{27}Al	5/2	100	3.6385	0.149	11.094
^{28}Si	0	92.28	–	–	–
^{29}Si	1/2	4.70	-0.5548	–	8.458
^{31}P	1/2	100	1.1305	–	17.235
^{32}S	0	95.06	–	–	–
^{33}S	3/2	0.76	0.6426	-0.64	3.265
^{34}S	0	4.18	–	–	–
^{35}Cl	3/2	75.53	0.8209	-0.0789	4.172
^{37}Cl	3/2	24.47	0.6833	-0.0621	3.472
^{116}Sn	0	14.28	–	–	–
^{117}Sn	1/2	7.61	-0.9949	–	15.168
^{118}Sn	0	23.84	–	–	–
^{119}Sn	1/2	8.58	-1.0409	–	15.869
^{120}Sn	0	32.75	–	–	–
^{196}Hg	0	10.02	–	–	–
^{197}Hg	1/2	16.84	0.4979	–	7.590
^{198}Hg	0	23.10	–	–	–
^{199}Hg	3/2	13.22	-0.5529	0.50	2.810
^{200}Hg	0	29.72	–	–	–

1) Magnetische Dipolmomente in Vielfachen des Kernmagnetons ($eh/4\pi m_p \cdot c$).
2) Das elektrische Quadrupolmoment ist eQ, wobei e die Ladung des Protons ($e = +1.602 \cdot 10^{-19}$C) ist.
3) NMR-Frequenzen für ein 1.0 Tesla-($\triangleq 10$ kG)Magnetfeld.

und damit ein einfaches Vielfaches von $\hbar$ ist, sind $\vec{\mu}$ und γ nicht so einfach darstellbar. Sie werden (gewöhnlich durch NMR) gemessen, und einige wichtige Werte sind in Tab. 6.1 ebenfalls aufgenommen. Oft ist in der Literatur nicht $\vec{\mu}$ direkt, sondern das Verhältnis von $|\vec{\mu}|$ zu μ_N, dem sogenannten Kernmagneton aufgezeigt. Letzteres ergibt sich aus

$$\mu_N = \frac{e \cdot \hbar}{m_p \cdot c} = 5,050\,510^{-27}\ \mathrm{Am}^2 \tag{6.3}$$

mit m_p Masse des Protons. Der analoge Ausdruck für Elektronen enthält die Größe $(e \cdot \hbar)/(2m_e \cdot c)$, das „Bohrsche Magneton", das im Verhältnis $m_p/m_e \approx 1836$ größer als das „Kernmagneton" ist; folglich sind magnetische Kernmomente um diesen Faktor kleiner als die von den Elektronenspins herrührenden magnetischen Momente. Klassisch rotieren die Kerne viel langsamer und erzeugen damit ein weitaus schwächeres Magnetfeld.

Wollen wir nun die Wechselwirkung eines magnetischen Dipols $\vec{\mu}$ mit einem von außen angelegten Magnetfeld beschreiben, so können wir eine klassische Beschreibung wählen oder in der oben bereits angedeuteten quantenmechanischen Behandlung fortfahren. Oft ist die klassische Beschreibung jedoch hinreichend, (wir werden sie daher zunächst kurz darstellen), doch für das Verständnis von chemischen Verschiebungen (Abschn. 6.5.1) und Spin-Kopplungen (Abschn. 6.5.2) ist es notwendig, zumindest die diskreten Energieniveaus einer quantenmechanischen Berechnung heranzuziehen.

Betrachten wir zunächst also die Wechselwirkung zwischen einem magnetischen Dipol $\vec{\mu}$ und einem Magnetfeld $\vec{B}_0$ (letzteres typisch 0.1 bis 10 Tesla, oder 1.0 bis 100 kG). (B_0 ist die vorgeschriebene SI-Einheit für die magnetische Induktion, aber nahezu alle Literatur über NMR benutzt auch weiterhin H_0. Strikt wäre H_0 für das von außen angelegte magnetische Feld zu wählen, während B_0 die induzierte Magnetisierung wiedergibt.)

Diese Wechselwirkung führt zu einem Drehmoment, das auf den sich drehenden Kern — wie die Schwerkraft auf einen Kreisel — einwirkt und damit Veranlassung zu einer Präzession um die Magnetfeldachse gibt; das dabei auftretende Drehmoment $\vec{L}$ ist gerade

$$\vec{L} = \vec{\mu} \times \vec{B}_0. \tag{6.4}$$

Diese Präzession von $\vec{\mu}$ erfolgt mit einer festen Kreisfrequenz ω_L, die sich aus folgender Überlegung herleiten läßt: Die Änderung des Drehimpulses $\vec{P}$ ist

$$\frac{d\vec{P}}{dt} = \vec{L}, \tag{6.5}$$

damit wird

$$\frac{d\vec{P}}{dt} = \vec{\mu} \times \vec{B}_0.$$

(6.6)

Mit $\vec{\mu} = \gamma \cdot \vec{P}$ wird daraus

$$\frac{d\vec{\mu}}{dt} = \gamma \cdot \frac{d\vec{P}}{dt} = \gamma \cdot (\vec{\mu} \times \vec{B}_0).$$

(6.7)

Da der Betrag von $\vec{\mu}$ eine Konstante der Bewegung ist, resultiert daraus bereits als einziger Freiheitsgrad eine Rotation, genauer die oben beschriebene Präzession um B_0. Bildlich wird die Komponente von $\vec{\mu}$ entlang der Feldachse — in unserer Notation die z-Achse — konstant bleiben (d. h. $\mu_z = $ const), während die μ_x- und μ_y-Komponenten (dem Betrag nach gleichgroß) mit der Frequenz $\gamma \cdot B_0$ in der x,y-Ebene, senkrecht zur z-Achse, rotieren. Diese Präzessionsbewegung von $\vec{\mu}$ mit einer Winkelgeschwindigkeit und Richtung gegeben durch $\vec{\omega}_L$ ist gerade

$$\frac{d\vec{\mu}}{dt} = \vec{\omega}_L \times \vec{\mu},$$

(6.8)

wobei der Vergleich von Gl. (6.7) und (6.8) uns

$$\vec{\omega}_L = -\gamma \cdot \vec{B}_0$$

(6.9)

gibt. Daher präzediert klassisch das Kernmoment $\vec{\mu}$ um $\vec{B}_0$ mit einer Frequenz

$$f_0 = \frac{|\vec{\omega}_0|}{2\pi} = \frac{\gamma}{2\pi} \cdot B_0.$$

(6.10)

Diese Gleichung wie Gl. (6.9) wird die L a r m o r - Gleichung genannt, $\vec{\omega}_L$ die Larmor-Frequenz. Sie ist d i e Grundgleichung für NMR. Die so erhaltene Larmor-Frequenz ist direkt proportional dem angelegten Feld und proportional zu γ (oder μ); letzteres ist für jeden Kern mit $I \neq 0$ verschieden, siehe Tab. 6.1.

Das magnetische Moment μ ist ein Maß für die Wechselwirkung des Teilchens mit einem magnetischen Feld. Die Energie eines solchen Teilchens in B_0 ist klassisch

$$E = -\vec{\mu} \cdot \vec{B}_0 = -\mu \cdot B_0 \cdot \cos \vartheta,$$

(6.11)

wobei der Vektor $\vec{\mu}$ gewöhnlich für positiv geladene Teilchen parallel zum Drehimpulsvektor, für negative antiparallel ist. Beachte, daß klassisch die E n e r g i e des Spinsystems vom Winkel ϑ abhängig ist, nicht jedoch die Larmor-Frequenz. Wird nun ein schwaches Magnetfeld $\vec{B}_1$ senkrecht zu

B_0 angelegt und rotiert um die B_0-Achse gerade mit der Frequenz f_0, dann erfährt $\vec{\mu}$ gerade die Resultierende aus $\vec{B}_0$ und $\vec{B}_1$ und der Winkel ϑ ändert sich um $d\vartheta$. Daher wird Energie aus dem Wechselfeld $\vec{B}_1$ in das Kernspin-System übernommen. Rotiert $\vec{B}_1$ mit einer Frequenz $f \neq f_0$, dann ist es abwechselnd mit $\vec{\mu}$ in und außer Phase, so daß keine Netto-Energieaufnahme erfolgt: Wir haben es mit einem (klassischen) Resonanzphänomen zu tun, das scharf von der natürlichen Kernpräzessionsfrequenz abhängt.

Kommen wir zur quantenmechanischen Behandlung, die sich glücklicherweise als einfach und elementar lösbar erweist. Welche Bedeutung hat die Kernspinquantenzahl für ein Teilchen? Zunächst sagt sie aus, daß der Gesamtdrehimpuls dieses Teilchens, Vektor $\vec{P}$ in Fig. 6.1 (dicke Pfeile) den Betrag

$$|\vec{P}| = \frac{h}{2\pi} \cdot [I(I + 1)]^{1/2} \tag{6.12}$$

hat. Da ein Drehimpuls ein Vektor ist, möchten wir gern etwas über seine Größe (siehe Gl. (6.12)) und seine Richtung aussagen. Nun ist die Komponente des Vektors $\vec{P}$ entlang irgendeiner ausgezeichneten Richtung, in unserer Fig. 6.1, die willkürlich gewählte z-Achse (Bezeichnung der Quantisierungsachse), in Einheiten von $P_z = \hbar \cdot m_I$ gegeben, wobei m_I eine (weitere) Quantenzahl, (die Quantenzahl der z-Komponente des Kernspins), mit der Werteschar

$$m_I = I, I - 1, I - 2, ..., -I \tag{6.13}$$

ist, die damit die $(2I + 1)$ verschiedenen Orientierungen des Kernspins (hier z. B. in einem Magnetfeld) wiedergeben.

Fig. 6.1 zeigt als Beispiel für $I = 1$ den Gesamtdrehimpuls und die einzig möglichen drei Arten, ihn auf die z-Achse zu projizieren.

Nun haben, wie wir bereits wissen, Atomkerne mit einem von Null verschiedenen Spin I ein magnetisches Moment $\vec{\mu}$, dieses wiederum ist ein Maß für die Wechselwirkung des Teilchens mit einem magnetischen Feld.

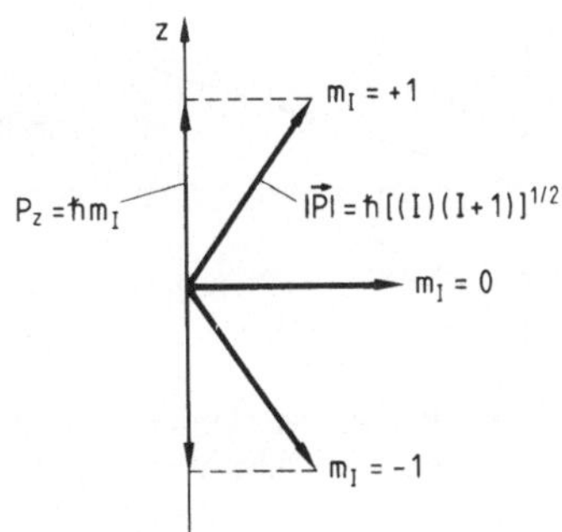

Fig. 6.1
Kerndrehimpuls $\vec{P}$, hier $|\vec{P}| = 1$, seine Einstellmöglichkeiten und Projektionen auf die Quantisierungsachse z

Die Energie eines solchen Teilchens im magnetischen Feld B_0 ergibt sich aus der Lösung der Schrödingergleichung mit dem Hamiltonoperator H:

$$H = -\vec{\mu} \cdot \vec{B}_0, \qquad (6.14)$$

der sich sofort umschreiben läßt zu

$$H = -\gamma \cdot \frac{h}{2\pi} \cdot \vec{B}_0 \cdot \vec{I}, \qquad (6.15)$$

wobei $\vec{I}$ hier der Kernspinoperator ist, der zu Eigenwerten der Energie

$$E_{m_I} = -\gamma \cdot \frac{h}{2\pi} \cdot m_I \cdot B_0 \qquad (6.16)$$

führt, wobei m_I die bereits oben angeführte Quantenzahl mit der Werteschar $+I$ bis $-I$ ist. Für den besonders wichtigen Fall $I = 1/2$ finden wir gerade zwei Energiezustände, siehe Fig. 6.2; in diesem Fall sprechen wir davon, daß der Spin lediglich „umklappt" („Spin-flip"), d. h. von einer Orientierung im Feld (parallel) zur anderen (antiparallel) übergeht. Fig. 6.2 entnehmen wir ferner, daß die zugehörigen Energien, damit der Energieabstand, linear von der Feldstärke B abhängt:

$$\Delta E = h \cdot f = \frac{h}{2\pi} \cdot \gamma \cdot B_0. \qquad (6.17)$$

Für $I > 1/2$ gilt für Übergänge die strikte Auswahlregel $\Delta m_I = \pm 1$, so daß Übergänge nur zwischen benachbarten Energiezuständen im Magnetfeld möglich sind, siehe Fig. 6.3 für einen Atomkern mit $I = 3/2$. Die dort eingetragenen möglichen Übergänge weisen alle dasselbe ΔE auf und ergeben daher, auf eine Frequenzskala bezogen, nur eine einzige Linie der Frequenz

$$f = \frac{\gamma}{2\pi} \cdot B_0. \qquad (6.18)$$

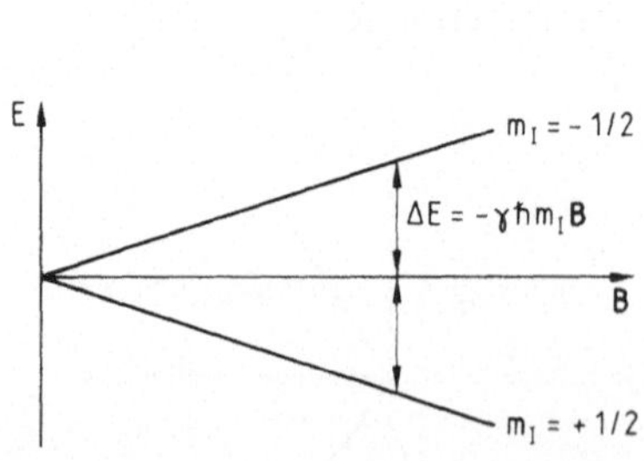

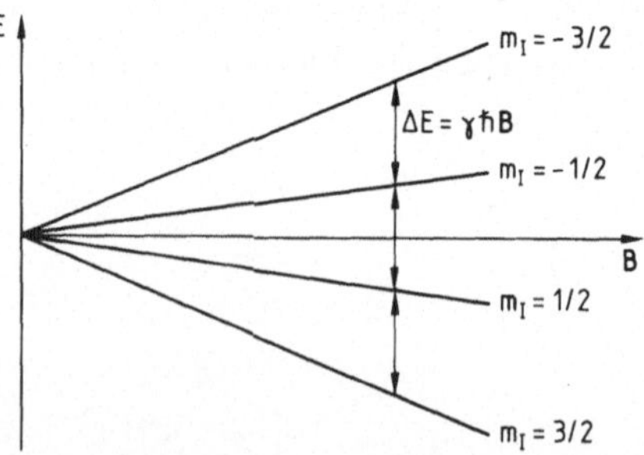

Fig. 6.2 Energie eines Protons $(I = 1/2,$ $m_I = \pm 1/2)$ im Magnetfeld B

Fig. 6.3 Energie eines Atomkernes $(I = 3/2,$ $m_I = \pm 1/2, \pm 3/2)$ im Magnetfeld B. Zusätzlich eingetragen sind die möglichen Übergänge (ΔE)

Wirkt auf die Probe im Magnetfeld B_0 ein Strahlungsfeld mit dieser Frequenz f ein, so ist R e s o n a n z zwischen den Energieniveaus und der Strahlung möglich, wenn B_0 gerade die Resonanzbedingung, Gl. (6.18), erfüllt.

Der Effekt dieses (Übergänge induzierenden) Strahlungsfeldes kann durch einen weiteren, jetzt zeitabhängigen Term H′ im Hamiltonoperator H beschrieben werden:

$$H' = -\gamma \cdot B_x \cdot I_x \cdot \cos \omega t, \tag{6.19}$$

mit I_x als derjenigen Komponente des Kernspins, die parallel zum oszillierenden Feld B_x liegt. Auswahlregeln für die magnetischen Übergänge sind $\Delta m = \pm 1$, so daß wir gerade Übergänge zwischen benachbarten Zuständen bekommen. Einfach lassen sich magnetische Felder von 1 bis 5 Tesla (entsprechend 10 bis 50 kG) nutzen, so daß fast alle Spektrometer mit Radiofrequenzen von 60 bis 220 MHz operieren. Supraleitende Magnete ermöglichen heute Felder von über 10 T und damit Frequenzen von mehr als 400 MHz. Entsprechend größere Energieaufspaltungen ΔE nach Gl. (6.17) können ausgenutzt werden. Das bietet eine Reihe von Vorteilen, die wir weiter unten noch kennenlernen.

Gl. (6.18) sagt uns, daß für festgehaltenes Feld unterschiedliche Kerne bei verschiedenen Frequenzen beobachtet werden, da jeder Kern einen anderen γ-Wert aufweist. Für ein Feld von 1 T (10 kG) sind Resonanzfrequenzen für einige Kerne ebenfalls in Tab. 6.1 angegeben. So absorbieren Protonen bei $\approx 42{,}6$ MHz, während ^{13}C bei $\approx 10{,}7$ MHz in demselben Feld absorbiert. Wird die Feldstärke B_0 verändert, ändern sich diese Frequenzen proportional zu B_0, ihr Verhältnis bleibt natürlich konstant, also $(f_{^{13}C}/f_{^1H}) \approx 0{,}25$. Wir wollen diese Beschreibung der magnetischen Kernresonanz kurz zusammenfassen, bevor wir zum experimentellen Teil. Messungen von Spektren und Relaxationen sowie deren Auswertung und Ergebnisse kommen:

Viele Atomkerne weisen einen Spin I (quantenmechan. Eigendrehimpuls), verbunden damit ein magnetisches Dipolmoment auf, das sich in einem äußeren Magnetfeld $\vec{B}_0$ orientiert und dabei unterschiedliche Energie- (und Orientierungs-)Zustände annehmen kann. Die thermische Unordnung der magnetischen Dipole wird damit teilweise aufgehoben. Nettoeffekt ist eine von Null verschiedene makroskopische Magnetisierung $\vec{M}$ (aus der vektoriellen Summe aller Kerndipole gewonnen); diese verhält sich im äußeren Magnetfeld $\vec{B}_0$ wie ein Kreisel im Schwerefeld: Sie präzediert um die Richtung des Magnetfeldes (z-Achse nach Konvention) mit der sogenannten Larmor-Frequenz ω_L nach der Auslenkung. Um diese Auslenkung zu erreichen, wird senkrecht zu $\vec{B}_0$ eine hochfrequente Strahlung benötigt, die auf die Larmor-Frequenz abgestimmt, zu resonanten Übergängen zwischen den benachbarten Energieniveaus (Auswahlregel $\Delta m_I = \pm 1$) führt. Wie so etwas im Labor durchgeführt wird, beschreibt der nächste Abschnitt.

6.3   Experiment und Messung

Der im Prinzip einfache Aufbau eines kernmagnetischen Resonanzspektrometers ist in der folgenden Fig. 6.4 aufgezeigt. Ein großer Magnet erzeugt das Magnetfeld $\vec{B}_0$, das zugleich die z-Achse, damit die Quantisierungsachse für die zu betrachtenden Kerne in der Probe festlegt. Die kernmagnetischen Momente präzedieren um diese Achse mit der Larmorfrequenz, Gl. (6.9) und 6.10). Eine Spule (in der Literatur „transmitter coil" genannt) erzeugt ein (schwaches) oszillierendes Magnetfeld $\vec{B}_1$ senkrecht zu B_0. Dieses Wechselfeld induziert die Übergänge zwischen den benachbarten Kernspinzuständen. Entsprechend Gl. (6.18) kann Resonanz entweder durch Änderung der Frequenz in der Spule senkrecht zu $\vec{B}_0$ oder durch Änderung des Magnetfeldes $\vec{B}_0$ selbst erreicht werden. Da es zunächst schwierig war, einen hochstabilen, zugleich fein abstimmbaren Frequenzgenerator zu betreiben, wurde in den Anfängen der NMR-Spektroskopie (um 1950) nahezu ausschließlich das B_0-Feld betragsmäßig geändert und die Frequenz festgehalten.

Dazu wurde in der Praxis zunächst das äußere Magnetfeld in die Nähe der Resonanz gebracht und dann durch ein zusätzlich überlagertes Feld („sweep coils") von wenigen mT in derselben Richtung der jeweilige Spektralbereich überfahren. In der Resonanz nimmt die Energie des Oszillatorkreises am Detektor ab, da die Probe nun einen Bruchteil der Strahlungsleistung absorbiert. Diese Intensitätsabnahme des Radiofrequenzsenders wurde aufgenommen, verstärkt und einem Oszilloskop bzw. Aufzeichnungsgerät zugeführt, siehe Fig. 6.4.

Wesentliche Schwierigkeiten lagen in diesen anfänglichen Absorptionsexperimenten in dem unzureichenden Signal-Rausch-Verhältnis. Zwar ist man diesem Problem zunächst durch Verbesserung der Aufnahmetechnik (Phasenempfindliche Verstärkung und, neuzeitig, Fourier-Transformations-Technik) entgegengetreten, doch weit besser erwies sich sehr bald ein anderes, alternatives Verfahren, die N M R - I n d u k t i o n. Bei diesem Vorgehen ist eine weitere Spule, wie in Fig. 6.4 bereits schematisch angedeutet, senkrecht zu B_0 (z-Achse) und der in x-Achse angeordneten Spule angebracht. In diesem Aufbau erzeugt diese Spule in der y-Richtung das Übergangs-Magnetfeld. Sobald mit ihr die Resonanz erreicht wird, werden die Kernspins in der Probe makroskopisch magnetisiert und präzedieren um die Achse des statischen Feldes B_0 (in z-Richtung) mit der Larmor-Frequenz. Diese Präzession um die z-Achse führt sowohl zu x- als auch zu y-Komponenten, induziert damit ein Wechselfeld (eine Wechselspannung) in der in x-Richtung ausgerichteten Spule, die nun (ausschließlich) als Empfangsantenne dient. Diese Spannung wird ebenfalls verstärkt und Oszilloskop/Schreiber zugeführt. Ein solcher erweiterter, schematischer Aufbau ist in Fig. 6.4 gezeigt.

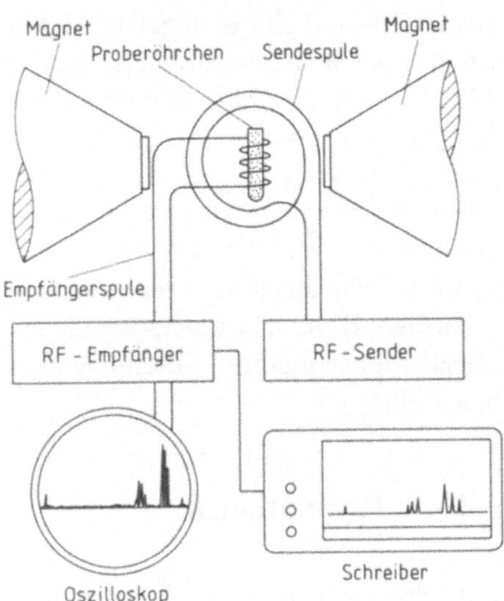

Fig. 6.4 Schematischer Aufbau eines
Kernspin-Resonanz(NMR)-
Spektrometers

Ergänzend dazu läßt man zusätzlich den Probenbehälter rotieren, damit sich räumliche Inhomogenitäten zeitlich herausmitteln. Die so erzielten Spektren weisen sehr schmale Absorptionslinien auf, wir werden sie uns in Abschn. 6.5 genauer anschauen.

Zunächst wenden wir uns dem Absorptionsprozeß noch einmal zu und wollen ihn etwas genauer untersuchen: Mit der Probe im Magnetfeld B_0 ist die Energiedifferenz zwischen den möglichen Spinzuständen des jeweiligen Kerns durch die Gl. (6.17) gegeben. Dazu einige Zahlenwerte zur Abschätzung: Für Protonen in einem Feld von 1,41 T ist die Resonanzfrequenz gerade $f = 60\,\text{MHz}$. Daher ist $\Delta E = h \cdot f = 3{,}98 \cdot 10^{-26}\,\text{J}$ — ein winziger Betrag (!).

Bei thermischem Gleichgewicht ist die relative Besetzung der beiden Energieniveaus durch die Boltzmannverteilung gegeben:

$$\frac{n}{n_0} = e^{-\Delta E/kT}$$

$$\frac{n}{n_0} = e^{-hf/kT} \approx 1 - \frac{hf}{kt}$$

Damit ist die Differenz der Besetzungszahlen bezogen auf die Gesamtzahl der vorhandenen Kerne etwa 10^{-5} bei $T \approx 300\,\text{K}$, d. h. für $1\,000\,000$ Teilchen im oberen Zustand gibt es ungefähr 1 000 010 Teilchen im unteren Zustand.[1]) Nun schalten wir B_1 an. Nach kurzer Zeit wird sich ein Gleichgewicht einstellen, in dem beide Zustände dieselbe Besetzung haben; dann entspricht die Anzahl der Anregungsprozesse $m = +1/2 \rightarrow m = -1/2$ genau der Anzahl der Abregungsprozesse $m = -1/2 \rightarrow m = +1/2$. Eine kernmagnetische Resonanzabsorption findet dann nicht mehr statt. Wie können wir dies umgehen, bzw. das tatsächliche Auftreten der Absorption erklären? In den Molekülen müssen Prozesse ablaufen, die das thermische Gleichgewicht immer wieder herzustellen versuchen. Diese sehr unterschiedlichen Prozesse fassen wir unter dem Namen „Relaxationsvorgänge" zusammen, die wir im folgenden Abschnitt genauer beschreiben.

6.4   Relaxationen

Zunächst schauen wir uns die lokalen Vorgänge in der Nähe eines Kernes einmal an: Elektronen „umkreisen" ihn, die Zusammenstellung von Kernen und Elektronen, „Molekül" genannt, schwingt und rotiert. Jedes Molekül bewegt sich im Raum und stößt·mit den Nachbarn zusammen. Alle diese Bewegungen von Ladungsträgern schaffen eine unübersehbare Vielfalt von kleinen, lokalen Magnetfeldern zusätzlich zum großen, von außen angelegten Feld B_0. Diese winzigen, lokalen Felder reichen jedoch aus, um dem Kern Energieaustausch zu erlauben und damit in den unteren Spinzustand zurückzukehren (strahlungsloser Zerfall des oberen Zustandes). Die von den einzelnen Teilchen dabei abgegebene Energie wird vom Gesamtverband der Teilchen als zusätzliche Wärme aufgenommen. So kann die Probe eine Überbesetzung des unteren Zustandes restaurieren, und es wird kontinuierlich Absorption stattfinden. Wird jedoch das Strahlungsfeld in der Intensität so stark, daß die Relaxationsprozesse die absorbierte Energie nicht mehr hinreichend schnell in die Wärmebewegung der Probe abführen können, dann wird der Unterschied in der Besetzung zunehmend kleiner, verschwindet schließlich völlig, und wir sprechen von einer Sättigung des betreffenden Übergangs. Wir merken an, daß die Relaxationsprozesse, die bevorzugt in Flüssigkeiten auftreten, in Festkörpern fast völlig fehlen. Dieses ist der wesentliche Grund, der kernmagnetische Resonanz in Festkörpern sehr erschwert. Erst moderne Methoden, etwa die gepulste Anregung, haben auch in Festkörpern zu einem weiten Einsatz der NMR-Spektroskopie geführt (s. dazu Abschn. 6.7).

---

[1]) Bei einem Feld von 10 T (Supraleiter) ist der Unterschied in der Besetzung bereits um eine Größenordnung angestiegen: entsprechend größer ist die Absorption, oft ein unschätzbarer Vorteil.

In der NMR-Spektroskopie spielen nun zwei solcher Relaxationsprozesse eine besonders wichtige Rolle, die wir etwas genauer beschreiben wollen: Wir unterscheiden eine l o n g i t u d i n a l e Relaxation (auch Spin-Gitter-Relaxation genannt) von einer t r a n s v e r s a l e n Relaxation (Spin-Spin-Relaxation). Zu ihrer Beschreibung wenden wir uns nicht den einzelnen magnetischen Momenten der Kerne, sondern der g e s a m t e n Magnetisierung $\vec{M}$ zu: Diese ersetzt also die mikroskopischen $\vec{\mu}$ in Gl. (6.7) durch die makroskopische Magnetisierung $\vec{M}$, zu der wir dann zunächst (phänomenologische) Relaxationsterme addieren; siehe Fig. 6.5 A. Das führt zunächst für die z-Komponente (Richtung des von außen angelegten starken B_0-Feldes), um das $\vec{\mu}$ wie $\vec{M}$ mit Larmor-Frequenz präzedieren) zu

(mikroskopisch)   (makroskopisch)

$$\frac{d\mu_z}{dt} = \gamma \cdot (\vec{\mu} \times \vec{B}_0), \qquad \frac{dM_z}{dt} = \gamma(M \times B_0)_z + \frac{M_0 - M_z}{T_1}; \qquad (6.20)$$

für die x- und y-Komponenten wird jeweils

$$\frac{d\mu_\perp}{dt} = \gamma \cdot (\vec{\mu} \times \vec{B})_\perp, \qquad \frac{dM_\perp}{dt} = \gamma(M \times B_0)_\perp - \frac{M_1}{T_2}. \qquad (6.21)$$

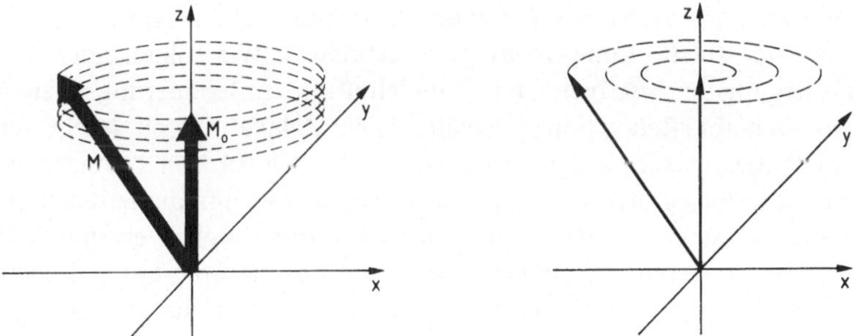

Fig. 6.5 A Schematische Darstellung von (a) l o n g i t u d i n a l e n Relaxationsprozessen mit der Zeitkonstante T_1, und (b) t r a n s v e r s a l e n Relaxationsprozessen mit der Zeitkonstanten T_2. In (a) ist gezeigt, wie die makroskopische Magnetisierung $\vec{M}(t)$ um die z-Achse ($\vec{B}_0$) präzediert und die Spitze des Vektors auf einer Spirale sich abwärts bewegt, d. h. M verringert sich bis zu einer Gleichgewichtslage, die bezüglich der z-Achse zum thermodynamischen Ausgangszustand M_0 führt.
In (b) bewegt sich die Spitze des Vektors $\vec{M}(t)$ auf einer spiralförmigen Bahn nach innen, seine M_z-Komponente ändert sich nicht, während sowohl M_x als auch M_y (exponentiell) abnehmen und schließlich Null ergeben; d. h. der Gleichgewichtswert dieser Komponenten ist immer Null.
Solche T_2-Prozesse zerstören die K o h ä r e n z (feste Phasenbeziehung → zufällige Phasen der einzelnen Kerndipole); sie sind reversibel, d. h. unter geeigneten Umständen umkehrbar.

Natürlich benötigen die so eingeführten Relaxationszeiten T_1 (die die z-Komponente der jeweiligen Magnetisierung M_z von ihrem Ausgangswert auf einen konstanten Wert M_0 dämpft) und T_2 eine genauere Beschreibung. Da T_1 in Richtung von z „wirkt", wird sie longitudinale, T_2 (in x- bzw. y-Richtung) transversale Relaxationszeit genannt. Wenden wir uns diesen Prozessen nun genauer zu.

6.4.1   Spin-Gitter-Relaxation

Wir haben den Mechanismus dieser Wechselwirkung durch die fluktuierenden Magnetfelder der Umgebung bereits oben beschrieben. Die bei den Übergängen vom oberen zum unteren Kernspinzustand abgegebene Energie wird dabei von der Umgebung (dem „Gitter") aufgenommen, daher der Name. Diese Energie tritt dabei als Wärme (Bewegungsenergie), jedoch kaum meßbar, in Erscheinung. Ähnlich bedeutend wie die dadurch erreichte Restaurierung der Boltzmann-Verteilung sind die Z e i t e n , die notwendig sind, diese jeweiligen Relaxationen zu erreichen. Diese Spin-Gitter-Relaxationszeiten werden, wie oben angeführt, longitudinale Relaxationszeiten genannt und mit T_1 bezeichnet. Sie sind typisch im Bereich von 10^{-2} bis 10^4 s für Festkörper und von 10^{-2} bis 10^{+2} s für Flüssigkeiten. (Sind in letzteren paramagnetische Ionen vorhanden oder zusätzlich eingebracht, so werden auch hier T-Werte von $\approx 10^{-4}$ s erreicht.) Diese Zeit T_1, in der der angeregte Zustand „entvölkert" wird, hat erheblichen Einfluß auf die L i n i e n b r e i t e der auftretenden Absorption. Da der Prozeß irreversibel ist, wird eine solche Linie h o m o g e n verbreitert. Wir sollten noch eine genaue Festlegung der hier benutzten „Zeitdefinition" in Erinnerung rufen, bevor wir uns weiterer Relaxation zuwenden. Die Relaxationszeit (nicht nur in der NMR-Spektroskopie, sondern in jeder anderen Form von Resonanzspektroskopie) ist festgelegt durch die Zeit, die notwendig ist, um die Besetzungsdichte im oberen Zustand auf 1/e, d. h. ≈ 0.37 der ursprünglich erzeugten Besetzung abfallen zu lassen. Zusammenfassend gibt uns die Spin-Gitter-Relaxationszeit T_1 die Zeit an, in der von der jeweiligen Probesubstanz die von der eingestrahlten Hochfrequenz aufgenommene Energie von den Kernspins auf die Umgebung übertragen worden ist. Makroskopisch hat die erzeugte Magnetisierung der Probe so wieder ihr thermodynamisches Gleichgewicht erreicht.

6.4.2   Spin-Spin-Relaxation

Bei diesem Prozeß handelt es sich nicht um einen echten Relaxationsprozeß im Sinne eines (strahlungslosen) Übergangs vom oberen zum unteren Kernspin-zustand. Vielmehr können wir ihn als Relaxation der P h a s e n der jeweiligen Spins in unserer Probe verstehen. Das wird besonders einfach, wenn wir uns eine moderne Variante der NMR-Spektroskopie anschauen: Die gepulste Anregung, bei der der Ausgangszustand durch einen sehr kurzen (typisch $\tau \approx 1\ \mu s$) hochenergetischen ($> 1\ kW$) Puls von Hochfrequenz-Strahlung ausgesetzt wird. Die nachfolgende Analyse der emittierten Strahlung erfordert verfeinerte Meßmethoden (die sogenannte Fourier-Transformations-Spektroskopie). Zunächst wollen wir uns jedoch nur die nachfolgenden Prozesse bezüglich Änderung des Ausgangszustandes anschauen. Hatten wir unsere Probe einem kontinuierlichen Hochfrequenzfeld ausgesetzt, so fand maximaler Energieübertrag (Resonanz) statt, wenn erstens die Frequenz des Senders mit der Eigenfrequenz (auch Larmor-Frequenz) der Probe übereinstimmte und zweitens in der Zeitphase, in der die Kernmagnetisierung bis zur antiparallelen Stellung (von $0°$ bis $180°$ bezüglich des angelegten B_0-Feldes, hier der z-Achse) gedreht wird; danach — von $180°$ bis zur Ausgangslage $360° \equiv 0°$ — geben die Kernspins diese Energie wieder an die Spule ab.

Je nach Länge einer gepulsten Anregung können wir nun die Magnetisierung M um unterschiedliche Winkel von der z-Achse auslenken. Dabei sind (a) der obengenannte Fall der Drehung um $180°$ sowie (b) der Fall einer Auslenkung um $90°$ besonders interessant. Letzteren schauen wir uns im Detail an; dazu anschaulich Fig. 6.5 B: Nach einem solchen $90°$-Puls präzediert die Magnetisierung, ähnlich einem Kreisel im Schwerefeld, um das B_0-Feld, d. h. die z-Achse, jetzt genau in der dazu senkrechten xy-Ebene mit der charakteristischen Larmor-Frequenz ω_L.

Befänden sich die Spins alle in genau der gleichen (magnetischen) Umgebung, so würden sie diese Präzessionsbewegung mit der gleichen Geschwindigkeit ausführen; damit bliebe ihre gegenseitige Orientierung, damit Phasenlage (auch Kohärenz) erhalten. Unterscheiden sich die lokalen magnetischen Felder etwas, dann führen sie ihre Präzessionsbewegung mit etwas verschiedener Geschwindigkeit aus: Ihre Phasen (gegenseitige Orientierung) „laufen auseinander"; dadurch verschwindet die Gesamtmagnetisierung mit einer für den Prozeß charakteristischen Zeit T_2^*. Da die Larmor-Präzession der Magnetisierung in der Sendespule (wie ein Dynamo) ein oszillierendes Signal erzeugt, wird dieses Signal mit der Zeit T_2^* exponentiell abklingen. Wir bezeichnen diesen Zerfall auch als den freien Induktionszerfall (FID: free induction decay). Darüber hinaus können natürlich auch Übergänge vom oberen zum unteren Niveau stattfinden; das bedeutet eine Geschwindigkeits-, damit Zeitabhängigkeit der transversalen Relaxation sowohl von T_1 (s. o.; irreversibel) als auch von T_2^* (in Grenzen reversibel). Wir nennen die gesamte transversale Relaxationszeit daher T_2, wobei für einen einzelnen Kern mit Spin $1/2$ gilt

$$\frac{1}{T_2} = \frac{1}{T_2^*} + \frac{1}{2T_1}. \tag{6.22}$$

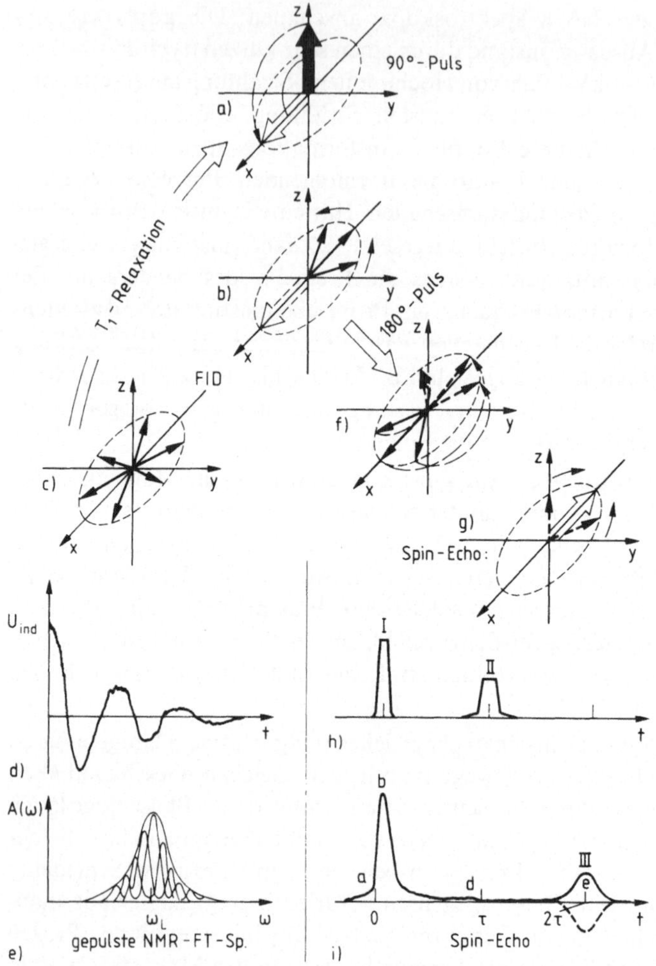

Für andere Spinzustände ist der Zusammenhang jedoch weitaus komplizierter,
eine genauere Berechnung würde den Rahmen dieser Einführung sprengen.

6.4.3 Linienbreiten

Durch Relaxationszeiten, zunächst allgemein gekennzeichnet durch eine Zeit-
spanne ΔT, wird die Frequenz einer Spektrallinie nicht beliebig „scharf" sondern
durch eine Frequenzbreite Δf gekennzeichnet, die sich nach Heisenberg zu

$$\Delta f \geqq \frac{1}{2\pi\Delta T} \tag{6.23}$$

←

Fig. 6.5 B Schematische Darstellung der gepulsten NMR-Spektroskopie und der Formation eines Spin-Echos.
Gepulste NMR-Spektroskopie geht von der Magnetisierung $\vec{M}$ (im thermischen Gleichgewicht) parallel zum statischen Magnetfeld B_0 in z-Richtung aus, indem ein $90°$-Puls diese Magnetisierung um $90°$ in die x-Richtung rotiert (a) → (b). Die Magnetisierung beginnt in der xy-Ebene zu präzedieren, einzelne Komponenten haben etwas unterschiedliche $\bar{\omega}_L$, (b). Nach einigen Perioden sind die Phasen gleichmäßig verteilt (b) → (c); das führt zum Verschwinden der Gesamtmagnetisierung $\vec{M}$ in einer für diesen freien Induktionszerfall (FID) charakteristischen Zeit T_2^*. Die von dem Hochfrequenzimpuls aufgenommene Energie wird allmählich auf die Umgebung („Gitter") übertragen (T_1-Relaxation). Mit dieser Zeit relaxiert die Magnetisierung in den thermodynamischen Gleichgewichtszustand zurück (c) → (a). Die präzedierende Magnetisierung induziert in der Empfangsspule ein oszillierendes Signal (d), dessen Frequenzanalyse durch Fourier-Transformation (FT) auf das NMR-Spektrum (e) führt.
Die Formation des S p i n - E c h o s verläuft zunächst ähnlich über Drehung der Ausgangsmagnetisierung $\vec{M}(t)$ um einen $90°$-Puls (I): (a) → b; schematisch ist die Pulsfolge in (h) gezeigt, das zugehörige Signal darunter in (i). Nach einigen Perioden der Präzessionsbewegung (b), in einer Zeit τ nach dem $90°$-Puls wird durch einen zweiten $180°$-Puls (II) die Richtung aller magnetischen Kerndipole um $180°$ bezüglich der y-Achse gedreht (b) → (f). Da der Drehsinn erhalten bleibt, sind nun die schnellen Komponenten „hinten", die langsamen „vorn". Nach der Zeit 2τ sind die einzelnen Kerndipole wieder in Phase, die Komponenten fallen zusammen, (f) → (g), und bilden ein Echo, siehe NMR-Signal in (i), aufgenommen mit einem Betragsdetektor (d. h. $\sim A^2$ mit A: Amplitude), so daß der Wechsel des Vorzeichens für das FID-Signal (positive Amplitude) und das Echo (negative Amplitude) nicht sichtbar wird. Da T_2^*- und T_1-Relaxationen nicht nacheinander, sondern unabhängig voneinander ablaufen, ist die Amplitude des Echos bereits deutlich abgesunken. Dieser Signalabfall ist durch die P h a s e n r e l a x a t i o n s z e i t T_2 charakterisiert, eine wichtige Meßgröße über die Koppelung des Systems an seine Umwelt.

ergibt. Haben wir es mit sehr kurzen Relaxationszeiten, d. h. $\Delta T \leqq 10^{-4}$ s zu tun, so ist die Frequenzbreite typisch $0.1 \cdot 10^4$ s^{-1} oder 0.001 MHz. Ist die Relaxationszeit sehr lang, sind die Frequenzbreiten entsprechend kleiner, aber die Sättigung ist sehr viel schneller erreicht, da ja die Übergänge zum unteren Zustand nur sehr langsam ablaufen. Daher läßt sich die NMR-Spektroskopie mehr oder weniger in zwei Gebiete einteilen: Hochauflösende Spektroskopie oder aber breitbandige Spektren. Letztere sind zunächst charakteristisch für Festkörper sowie einige Flüssigkeiten mit extrem schneller Relaxation, z. B. durch (zugegebene) paramagnetische Ionen in derselben, während hochauflösende Spektren wesentlich von gasförmigen und flüssigen Proben (oft in Lösungen) gewonnen werden. Ist T_2, die transversale Relaxationszeit, die dominierende, so kann sie aus dem Profil der Absorptionslinie direkt gewonnen werden:

$$\frac{1}{T_2} = \Delta f, \tag{6.24}$$

wobei Δf in Hz als die Halbwertbreite, d. h. die Hälfte der Breite der Linie bei 50% des Absorptionsmaximums, genommen wird. T_2 wird auch als **Linienbreiten**-Parameter bezeichnet. Ein typischer Wert sei für Protonenresonanzen gegeben: Hier liegen T_2-Werte bei einigen Sekunden, so daß wir Linienbreiten von 0.1 Hz erwarten können: Das stimmt mit der Beobachtung, siehe dazu Abschn. 6.5.2, überein.

6.4.4   Spin-Echo-Technik

Relaxationszeiten können wir also indirekt der Breite einzelner Spektrallinien entnehmen, wir können sie aber auch direkt messen, indem wir die weiter oben bereits genannte Technik der gepulsten Anregung benutzen. Besonders eindrucksvoll ist das bei der sogenannten Spin-Echo-Methode, der wir uns kurz zuwenden. Ihr liegt folgende Idee zugrunde: Obgleich nach dem freien Induktionszerfall mit der Relaxationszeit T_2^* **vor** Ablauf der (irreversiblen) Relaxation T_1 (durch Spin-Gitter-Wechselwirkung) **keine** Kernmagnetisierung mehr gemessen werden kann, so weisen doch alle Komponenten der Magnetisierung noch eine Phasenbeziehung auf. Diese beruht auf ihrer (hier konstant angenommenen, aber unterschiedlichen) relativen Präzessionsfrequenz und der seit Ablauf des Hochfrequenzimpulses verstrichenen Zeit τ, d. h. es liegt immer noch ein Zustand hoher Ordnung vor. Lassen wir nun einen 180°-Puls folgen, so kann der Gesamtzustand wieder in den Ausgangszustand überführt werden, ist damit überraschend, wenn auch in Grenzen, **reversibel**! Wir beobachten dann zur Zeit 2τ ein Echo dieses Ausgangszustandes. Dieser Zeitablauf ist schematisch in Fig. 6.5 mit aufgenommen, zu detaillierter Beschreibung sei (a) auf den begleitenden Text der Figur und (b) auf die Literatur verwiesen.

Wir wollen uns jetzt endlich den eigentlichen NMR-Spektren und ihrer Interpretation zuwenden.

6.5   NMR-Spektren

Einige unter niedriger Auflösung („low-resolution") aufgenommene Spektren einfacher Substanzen illustriert zunächst Fig. 6.6. Sie sind ein geradezu klassisches Beispiel für den wesentlichen Einzelparameter, den wir aus den Spektren sofort gewinnen: die chemische Verschiebung. Ihr wenden wir uns sofort im Detail zu.

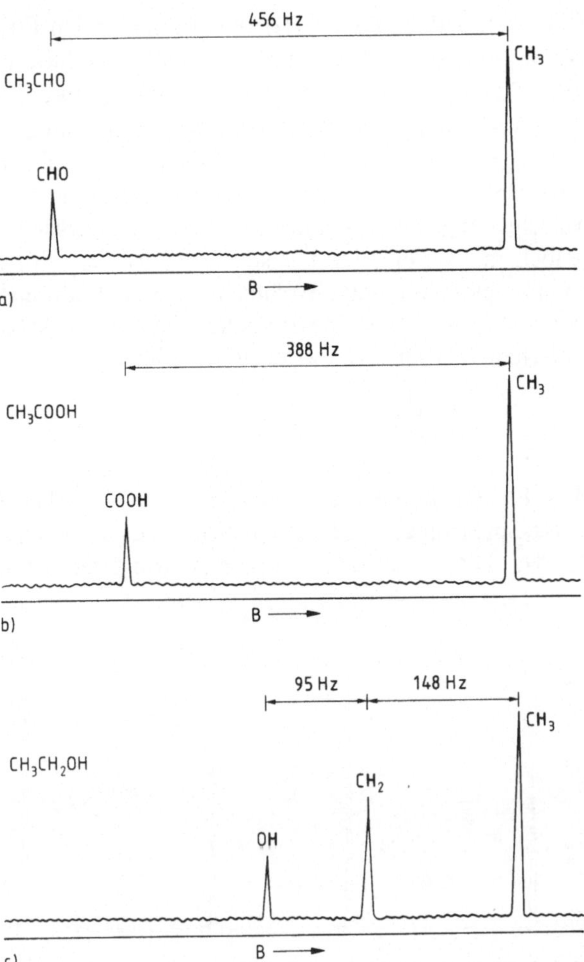

Fig. 6.6 NMR-Spektren niedriger Auflösung von a) Acetaldehyd, b) Aceticsäure und c) Ethanol. Die fetten Buchstaben kennzeichnen die Protonen, die die jeweilige Resonanzstruktur erzeugen. Die chemische Verschiebung eribt sich aus der Differenz der Resonanzen Δf durch die Relation $\delta \cdot f_0 = \Delta f$, wobei f_0 die Festfrequenz des oszillierenden Magnetfeldes ist (hier 60 MHz).

6.5.1 Die chemische Verschiebung

Wenn unsere Beobachtung lediglich aus jeweils einer Linie für jeden magnetischen Atomkern innerhalb der zu untersuchenden Verbindung bestände, wäre NMR nicht besonders nützlich. Dann sähen wir z. B. alle Protonen im

Chlorazeton ($ClCH_2COCH_2$) an einer spektralen Position und das Protonen-NMR (oft auch **PMR** genannt) wäre einfach. Glücklicherweise, wie Fig. 6.7 für diese Substanz zeigt, beobachten wir jedoch z w e i Protonen-Resonanzen für diese Verbindung. Die Protonen befinden sich an zwei sehr unterschiedlichen Seiten in dem Molekül ($Cl\underline{CH}_2CO\underline{CH}_2$) und absorbieren daher bei etwas unterschiedlicher Frequenz. Diese kleine Differenz ist bekannt als chemische Verschiebung. Diese könnte nun in Hz ausgedrückt werden, verändert sich jedoch mit veränderter Feldstärke B_0. Daher wird eine ppm-Skala benutzt (ppm = **p**arts **p**er **m**illion): Sind zwei Signale durch 60 Hz getrennt und die Arbeitsfrequenz des Spektrometers beträgt 60 MHz, so ist die chemische Verschiebungsdifferenz zwischen den Linien

$$\frac{60\ Hz}{60 \cdot 10^6\ Hz} = 1\ ppm. \tag{6.25}$$

Aus Fig. 6.7 können wir entnehmen, daß die beiden Linien in einem 40-MHz-Spektrometer 82 Hz entfernt sind, in einem 60-MHz-Spektrometer 123 Hz: Die Verschiebung in ppm ist konstant, in Hz variiert sie jedoch.

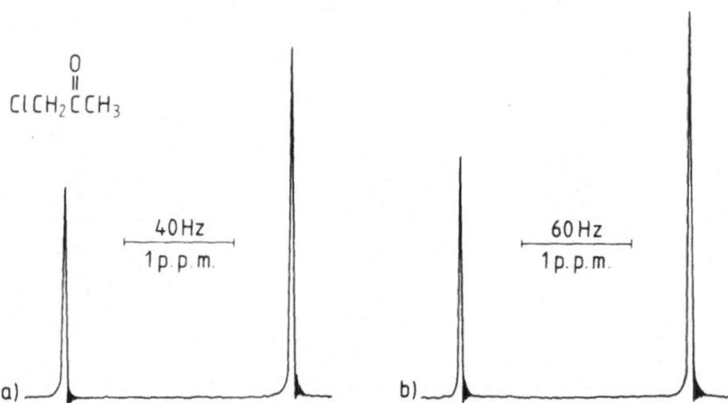

Fig. 6.7 Protonenspin-Resonanz(PMR)-Spektrum von Chlorazeton,
a) bei 40 MHz,   b) bei 60 MHz

Der wesentliche Grund für chemische Verschiebung ist die diamagnetische Abschirmung. Zur Erklärung dient Fig. 6.8, die uns aufzeigt, daß das l o k a l e magnetische Feld, mit dem das magnetische Moment des Atomkerns in Wechselwirkung steht, n i c h t mit dem von außen angelegten Magnetfeld übereinstimmt. Dieses äußere Magnetfeld B_0 induziert bei den Elektronen einen Bahndrehimpuls, der ein kleines zusätzliches − und entgegengesetztes − Magnetfeld ΔB erzeugt. In anderen Worten: Das äußere Feld B_0 veranlaßt ein Elektron, den Kern so zu umkreisen, daß der „Ringstrom" am Kernort ein kleines Magnetfeld erzeugt, das B_0 entgegengesetzt ist. Daher „sieht" der Kern

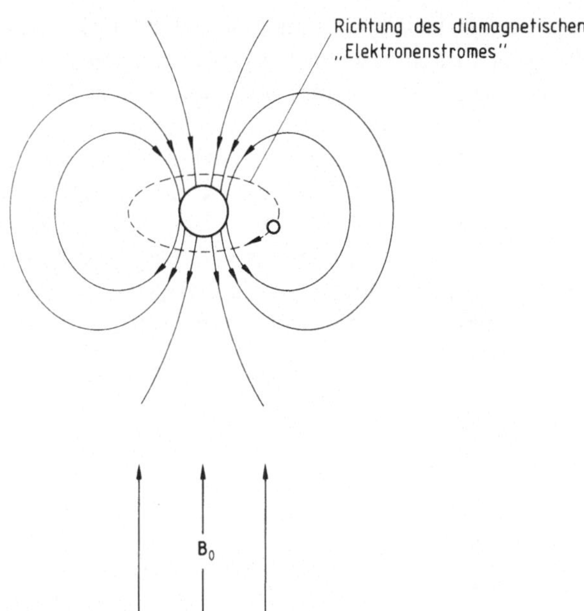

Fig. 6.8 Diamagnetische Abschirmung des Kernes in einem isolierten Atom

ein etwas unterschiedliches Feld, verglichen mit dem von außen angelegten. So werden Kerne in unterschiedlicher „chemischer" Umgebung unterschiedlich abgeschirmt und kommen daher bei verschiedenen Frequenzen in Resonanz, daher die chemische Verschiebung. Da Protonen gewöhnlich nur schwache Elektronendichte in ihrer Nähe haben, sind ihre chemischen Verschiebungen klein, fast alle sind in einem Bereich von ca. 15 ppm in Resonanz. Andere Kerne, wie z. B. ^{19}F, überdecken Bereiche von bis zu 200 ppm.

In der Praxis werden Absorptionslinien r e l a t i v zu einer Eichsubstanz gemessen, da die absolute Bestimmung sehr schwierig ist. Die Standard-Referenz für Protonenspektren ist Tetramethylsilan (TMS), $(CH_3)_4Si$. Die zwölf äquivalenten Protonen dieser Substanz haben eine Resonanzfrequenz, die geringfügig oberhalb (zum höheren Feld) der Resonanzen fast aller bekannten und oft benutzten organischen Verbindungen liegt. Zudem ist TMS eine einfach handhabbare Flüssigkeit, die in fast allen organischen Lösungen selbst lösbar ist.

Fig. 6.9 a zeigt das NMR-Spektrum von Benzol (60-MHz-Spektrometer). Bei 0 ppm beobachten wir ein kleines Signal, herrührend von der zugemischten TMS. Das Benzol-Spektrum zeigt eine einfache Linie 434 Hz verschoben zu kleinerem Feld, d. h. die chemische Verschiebung beträgt 434 Hz/60 MHz = 0.000 007 24 = 7.24 ppm gegenüber TMS. Die untere Skala in Fig. 6.9 a, die sog. δ-Skala, ist definiert durch den Wert TMS = 0 ppm. Da jedoch allgemein die Resonanzfrequenz von TMS einen höheren Wert aufweist als die Resonanzfrequenz der meisten Proton-Verbindungen, ist δ negativ. Um solche negativen Zahlen zu vermeiden, ist die chemische Verschiebung durch einen neuen Parameter τ definiert, d. h. $\tau = 10.000 - \delta$; die obere Skala, τ-Skala, löst somit die δ-Skala ab; sie ist durch die Definition TMS = 10 ppm festgelegt. Benzol absorbiert also bei 2.76τ bzw. 7.24δ. Nun wollen wir uns noch Fig. 6.9 b anschauen: Aceton ist dem Benzol/TMS-Gemisch beigegeben. Die chemische Verschiebung von Aceton ist ca. 2.0τ (8.0δ). Auffallender weiterer Beitrag in diesem Spektrum ist die elektronische Integrationskurve. Hier ist die Fläche

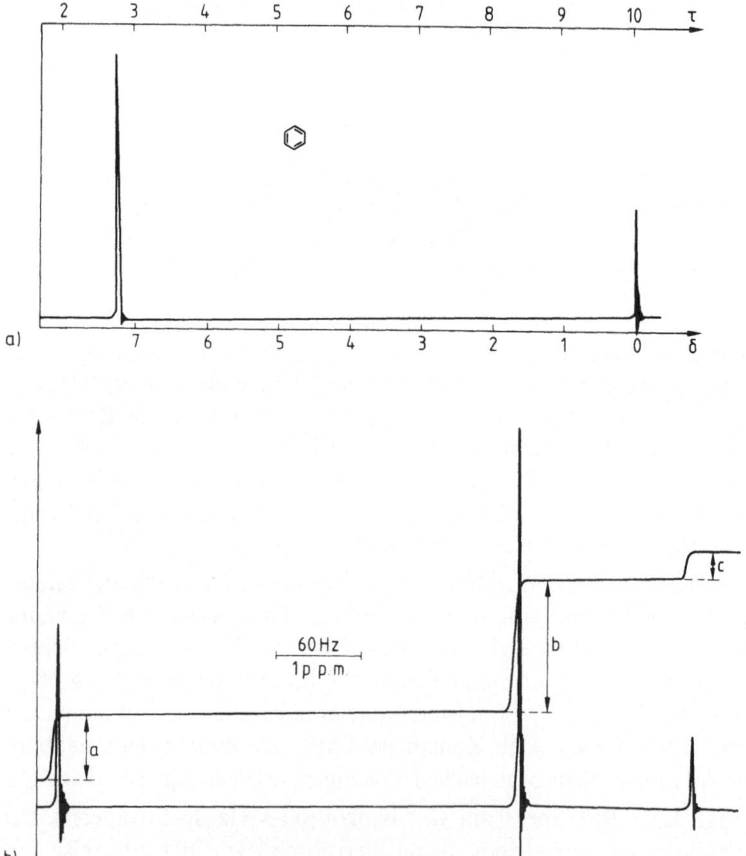

Fig. 6.9 NMR-Spektren bei 60 MHz von a) Benzol und TMS, b) Benzol, TMS und Azeton. Im Spektrum b) ist zusätzlich eine elektronische Integrationskurve zur Konzentrationsbestimmung aufgenommen

unter jeder Absorptionslinie aufintegriert und der jeweilige Beitrag aufaddiert, so daß die Integrationskurve wie eine Serie von Plateaus aussieht. Die Flächen unter den drei Kurven haben die Proportionen a:b:c, siehe Fig. 6.9. Diese Flächen sind proportional der **Anzahl** der absorbierenden Protonen und der jeweiligen Konzentration der Substanzen. Hier ist z. B. das relative Verhältnis von Benzol-Protonen zu Aceton-Protonen zu TMS,

$$a:b:c = 16.3:34.1:5.9$$

(aus direkter Messung von Fig. 6.9 b). Da sowohl Benzol als auch Aceton jeweils

Tab. 6.2 Einige typische chemische Verschiebungen von Protonen (in verdünnter Chloroform-Lösung)

Verbindung[1])	chemische Verschiebung[2]) [ppm]	[Hz][3])	Verbindung[1])	chemische Verschiebung[2]) [ppm]	[Hz][3])
$R-CH_3$	0.9	54	$O=C-CH_3$ mit R	2.1	126
$R-CH_2-R$	1.3	78			
R_3CH	2.0	120			
$R_2C=CH_2$	~5.0	300	$R-CH_2-Cl$	3.7	220
$R_2C=CH$ mit R	~5.3	320	$R-CH_2-Br$	3.5	210
			$R-CH_2-I$	3.2	190
			$RCH(-Cl)_2$	5.8	350
			$R-O-CH_3$	3.8	220
			$(R-O-)_2CH_2$	5.3	320
Benzolring (CH–CH / CH CH / CH=CH)	7.3	440	$R-C-H$ (=O)	9.7	580
$R-C\equiv C-H$	2.5	150	$R-O-H$	~5[4])	300[4])
$R_2C=C-H_3$ mit R	~1.8	108	Benzolring mit $C-OH$	~7[4])	420[4])
Benzolring mit $C-CH_3$	2.3	140	$R-C-OH$ (=O)	~11[4])	660[4])

[1]) Das fettgedruckte Proton zeigt jeweils Resonanzabsorption; R bezeichnet gesättigte Kohlenwasserstoffketten.
[2]) Bezogen auf TMS entsprechend 0.00 ppm.
[3]) Spektrometerfrequenz 60 MHz.
[4]) Starke Abhängigkeit von Lösungsmittel, Konzentration und Temperatur.

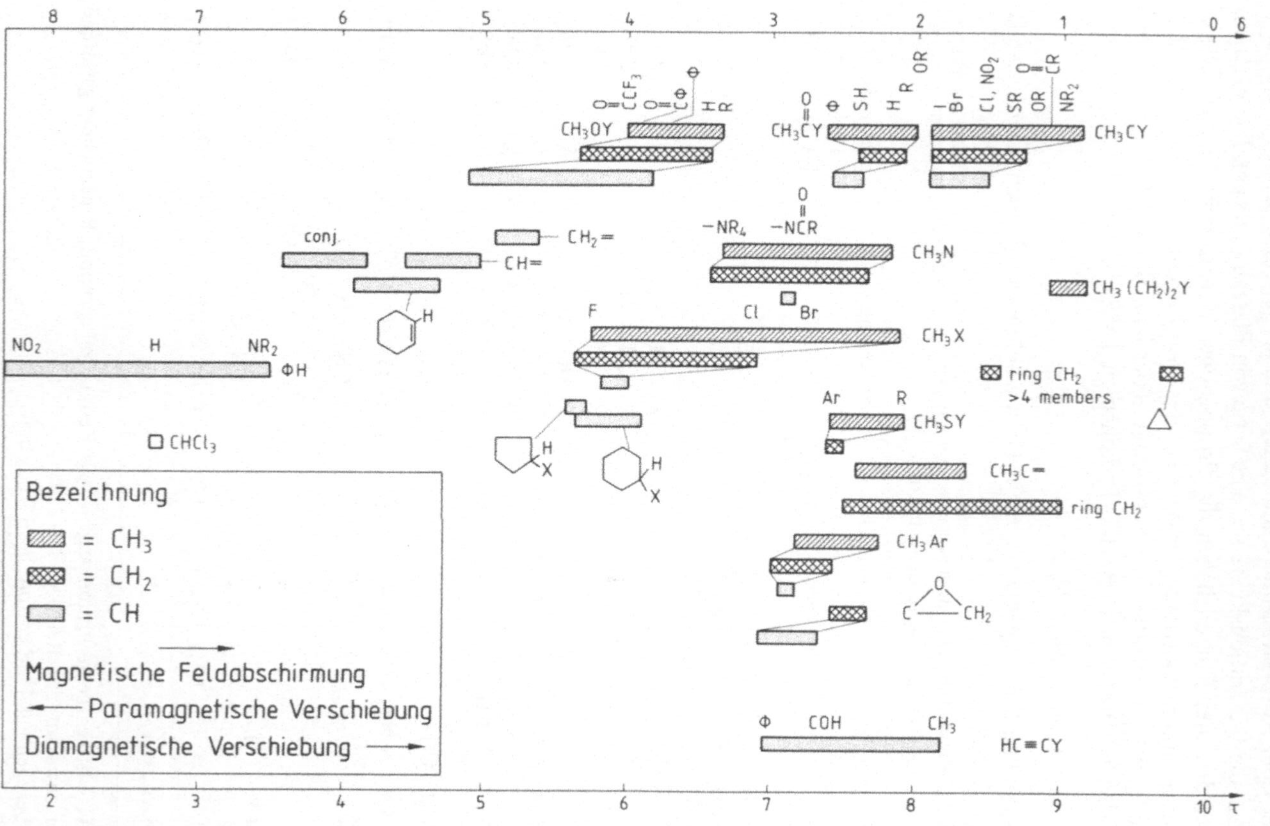

Fig. 6.10 Charakteristische Positionen von Protonen-Resonanzsignalen bei 60 MHz bezogen auf die Referenz TMS

6 Protonen aufweisen, TMS jedoch 12, müssen die molaren Verhältnisse

$$16.3/6 : 34.1/6 : 5.9/12 = 5.5 : 11.6 : 1.0$$

sein. Solche NMR-Integration ist üblicherweise innerhalb $\approx 5\%$ genau.

Die chemische Verschiebung von Protonen in ähnlicher Umgebung ist überraschend nahezu konstant, unabhängig von der sich ändernden Verbindung. Fig. 6.10 zeigt die jeweilige Verschiebung für eine Reihe von gängigen Molekülen bzw. Molekülgruppen. Als Beispiel finden wir in der rechten unteren Ecke die Gruppe „CHAr", ein Kästchen, das τ von 7.4 bis 7.9 ppm zeigt; d. h. eine Methyl-Gruppe an irgendeinem aromatischen Ring wird in diesem Gebiet Resonanz aufweisen. Tab. 6.2 zeigt in ähnlicher Form für die gebräuchlichsten chemischen Umgebungen die jeweiligen Verschiebungen (ppm und Hz).

6.5.2 Die Spin-Spin-Aufspaltung (Feinstruktur der NMR-Spektren)

Durch die Entwicklung äußerst stabiler magnetischer Anordnungen (Inhomogenität $< 10^{-9}\,B_0$) und durch Vergrößerung der Feldstärke, insbesondere durch Supraleiter ($B_{max} > 5T$) ist es möglich, sehr feine Strukturen in den NMR-Spektren aufzulösen, die sich durch zusätzliche, sehr kleine magnetische Wechselwirkungen innerhalb der Probemoleküle erklären lassen. Zunächst schauen wir uns ein solches Beispiel für hochauflösende NMR in Fig. 6.11 an. Es zeigt das geradezu klassische Beispiel des Azetaldehyd-Moleküls $CH_2 - CHO$: Hier besteht die (zusätzliche) magnetische Wechselwirkung in der Spin-Spin-Kopplung zwischen benachbarten, chemisch nicht äquivalenten Kernen bzw. ihren Spins. Allgemeiner gefaßt heißt das, daß das jeweilige Magnetfeld am Kernort von der Orientierung der umgebenden Kerne abhängt. In den bisher diskutierten Fällen waren die Kerne zu weit voneinander entfernt, um wesentlich miteinander wechselzuwirken.

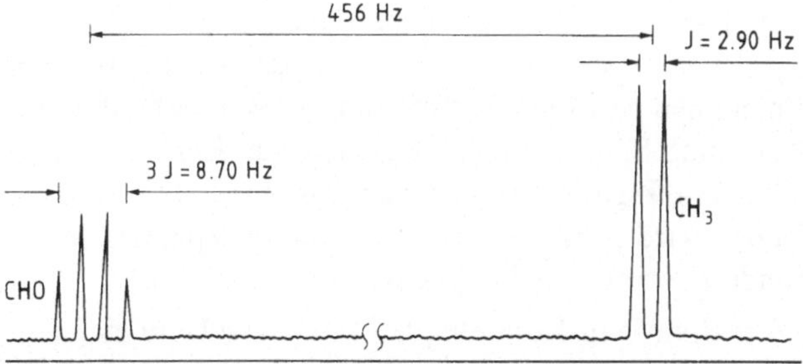

Fig. 6.11 Hochauflösendes NMR-Spektrum von Acetaldehyd CH_3CHO. (Vergleiche dazu auch Fig. 6.6 a.) Die Festfrequenz des oszillierenden Feldes beträgt 60 MHz. Die fetten Buchstaben bezeichnen die Protonen, von denen die betreffende Bande erzeugt wird.

Zur allgemeineren Beschreibung dieser Aufspaltung sei nun zunächst angenommen, wir hätten es lediglich mit zwei Kernen mit Spin 1/2 zu tun. Wir wollen sie mit A und X bezeichnen. Ferner sei angenommen, daß Kern A stärker im angelegten Feld B stabilisiert ist als Kern X, ausgerichtet in demselben Feld. Dann gibt es vier mögliche Orientierungen dieses Satzes von Kernen im Feld. Diese sind im Diagramm Fig. 6.12 schematisch aufgezeigt. Der Zustand a, in dem beide Kerne mit dem Feld ausgerichtet sind, ist — einsichtig — der energieärmste. Im Zustand b ist Kern A mit B_0 ausgerichtet, aber Kern X ist antiparallel. Welche NMR-Übergänge sind nun erlaubt? Da nur jeweils ein Kern seinen Spin mit einer hohen Wahrscheinlichkeit dreht, nicht beide gleichzeitig, sind die so „erlaubten" Übergänge durch Pfeile eingezeichnet.

Die Übergänge c ← a und d ← b sind natürlich genauso energieentartet wie b ← a und d ← c. Daher finden wir, daß es gerade z w e i Absorptionsfrequenzen geben wird entsprechend den chemischen Verschiebungen von A und X.

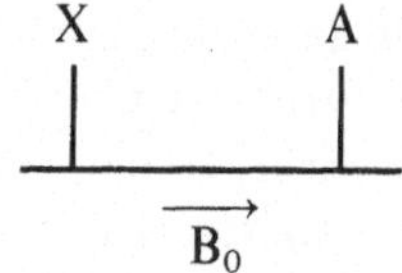

Nun wollen wir annehmen, daß A und X nahe genug beieinander sind, um das magnetische Feld des anderen zu spüren. Zustand A wird dann etwas mehr stabilisiert werden, da jeder Kern ein etwas stärkeres Feld verspürt als „vorher" (d. h. ohne diese Wechselwirkung). Im Zustand b wird Kern A von Kern X ähnlich destabilisiert wie X von A, die Gesamtenergie also etwas höher liegen usw. Wir wollen vereinfacht das Absinken der Energie (bei parallelen Spins, a und d) oder Anheben (antiparallele Spins, b und c) durch denselben Wert, J/4, bezeichnen, Fig. 6.13.

Die damit erlaubten Kernspin-Übergänge ergeben nun ein V i e r - L i n i e n - S p e k t r u m anstelle der oben angeführten zwei Linien, Fig. 6.14. Dieses Phänomen von Linienaufspaltung ist weitverbreitet. Allgemein wird daher ein Kern mit Spin I einen benachbarten Kern in (2I + 1) Linien aufspalten: Wasserstoff spaltet so einen Nachbarn in (2 · 1/2 + 1) = 2 Linien auf, Deuterium jedoch wird in (2 · 1 + 1) = 3 Linien aufspalten, da der ^{2}H-Kern nicht zwei, sondern drei Einstellmöglichkeiten im Feld hat.

Diese Spin-Spin-Kopplung hat ihre Ursache in magnetischer Wechselwirkung, die vornehmlich n i c h t durch das (sehr kleine) Magnetfeld der Kerne selbst, sondern durch die Elektronen (vornehmlich die Bindungselektronen) übertragen wird. Wir wollen zur Klärung wieder den einfachen Fall von zwei Kernen

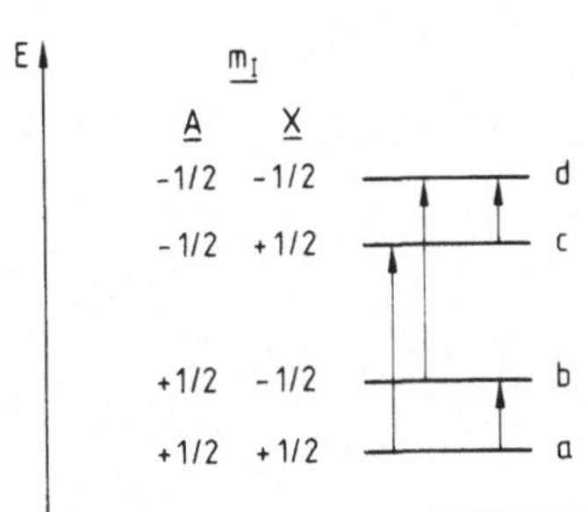

Fig. 6.12 Orientierung und Energien der Kernspins von zwei ungestörten Spin-1/2-Kernen A und X. Zusätzlich eingetragen sind die erlaubten Übergänge.

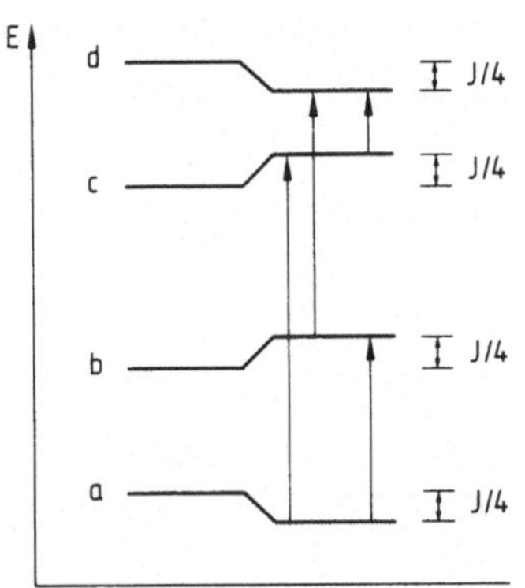

Fig. 6.13 Energieniveauänderungen der Kernspins von zwei wechselwirkenden Spin-1/2-Kernen. Zusätzlich eingetragen sind die erlaubten Übergänge.

mit Kernspin 1/2 heranziehen, zwischen denen eine chemische Bindung besteht, also z. B. $^{13}C - {}^{1}H$. Hat der ^{13}C-Kern den Spin $I = -1/2$ („down"), dann wird in Kernnähe ein Elektronenspin $\vec{s}$ günstig in der entgegengesetzten Richtung ($s = +1/2$ oder „up") gefunden, da dieser die günstigste Wechselwirkung mit dem Kernspin aufweist. Das zweite Bindungselektron wird sich eher mit entgegengesetztem Spin ($s = -1/2$ oder „down"), bedingt durch das Pauli-Prinzip, in der Nähe des anderen Kerns, hier ^{1}H, aufhalten. Die dort anzutreffende Wechselwirkung ist nun besonders günstig – d. h. energie-absenkend – wenn der Proton-Kernspin I gerade entgegengesetzt zum ^{13}C-Kernspin, also $I = +1/2$ oder „up" orientiert ist; im anderen Fall ist die Konfiguration ungünstiger. Zusammengefaßt ist in diesem Beispiel die anti-parallele Anordnung der Kernspins günstiger (energetisch tiefer) als die parallele. Wiederum ist der Energieabstand der beiden Anordnungen mit J der Spin-Spin-Kopplungskonstanten (in Hz) angegeben.

Kopplungskonstanten sind nicht immer positiv wie in unserem ersten Beispiel, sondern auch negativ wie weiter oben bereits ausgeführt. Wir wollen jedoch die

Fig. 6.14 Vier-Linien-Spektrum, das die Linien-Aufspaltung, d. h. Spin-Spin-Wechselwirkung von zwei Spin-1/2-Kernen A und X zeigt

Tab. 6.3 Kopplungskonstanten zwischen benachbarten Kernen

Kern	Molekül	J (Hz)
H, H	H_2	280
H, C	CH_4	125
H, O	H_2O	80
H, F	HF	$(-)521$
H, Si	SiH_4	-202
H, P	PH_3	$(+)200$
H, Sn	SnH_4	$(-)1931$ (^1H, ^{119}Sn)
C, C	CH_3CH_3	$(+)35$
C, F	CF_4	-280
C, Si	$(CH_3)_4Si$	-52
C, Se	$(CH_3)_2Se$	62
C, Te	$(CH_3)_2Te$	$+162$
C, Hg	$(CH_3)_2Hg$	$+689$
P, P	P_2H_4	$(-)100$
Sn, Sn	$Sn_2(CH_3)_6$	$+4264$ (^{117}Sn, ^{119}Sn)

Konsequenzen negativer Kopplung im Rahmen dieser Einführung nicht weiter behandeln. Tab. 6.3 gibt Kopplungskonstanten für die wichtigsten benachbarten Kerne an. Sie gibt zumindest eine Idee über den Bereich dieser Wechselwirkung.

Die Kopplungskonstante hat k o n s t a n t e n Wert in Hz u n a b h ä n g i g von der äußeren Feldstärke. Wenn also eine bestimmte Aufspaltung mit einem 40-MHz-Gerät beobachtet wird, so wird d i e s e l b e Aufspaltung mit einem 60-MHz-Gerät beobachtet, während die chemische Verschiebung, d. h. die Differenz zwischen A und X, um den Faktor 60/40 anwächst.

Nun wollen wir ein AX_2-System anschauen. Ein X-Kern hatte die Eigenschaft, die A-Kern-Absorption in zwei Linien von exakt gleicher Intensität mit der Kopplungskonstante J aufzuspalten. Ein zweiter X-Kern wird nun j e d e K o m p o n e n t e des Dubletts erneut in ein weiteres Dublett, natürlich mit derselben Kopplungskonstante J aufspalten. Dieses gibt Fig. 6.15 wieder. Das neue Spektrum weist also ein Triplett von Linien der relativen Intensitäten $1:2:1$ auf. Die X-Absorption bleibt ein Dublett mit Linien gleicher Intensität. Obgleich die Feinstruktur der NMR-Spektren sich aus den jeweiligen Energiedifferenzen der magnetischen Spin-Spin-Wechselwirkung nahezu zwanglos und wenig kompliziert erklären lassen, tauchen dennoch Komplikationen auf: So spalten äquivalente Kerne einander nicht auf; letzteres ist eine Konsequenz der quantenmechanischen Behandlung eines solchen Systems (Ununterscheidbarkeit von Teilchen); ihre Begründung geht weit über den Rahmen dieser Einführung hinaus.

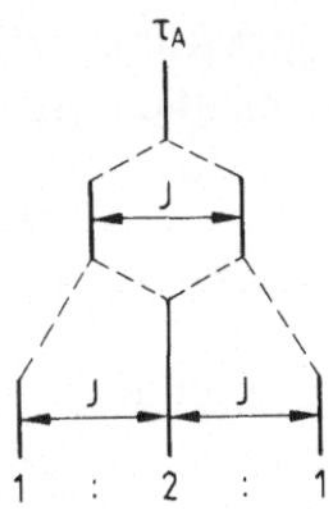

Fig. 6.15 Spin-Spin-Aufspaltung für ein AX$_2$-System

Die gesamte Fläche unter allen Resonanzlinien (hier ein Triplett für A und ein Dublett für X) bleibt der Anzahl der beteiligten Protonen in A bzw. X gleich. Daher ist unter dem X-Dublett die doppelte Fläche wie unter dem A-Triplett zu finden.

Im Falle von AX$_3$ besteht unser Spektrum aus vier Linien im Verhältnis $1:3:3:1$. Allgemein sorgen n X-Kerne für n + 1 Resonanzlinien des benachbarten A-Kern. Die dabei auftretenden Intensitätsverhältnisse der Linien können wir leicht durch die Koeffizienten in der Binominalentwicklung angeben:

$$(a + x)^1 = 1a + 1x$$

$$(a + x)^2 = 1a^2 + 2ax + 1x^2$$

$$(a + x)^3 = 1a^3 + 3a^2x + 3ax^2 + 1x^3$$

Diese Koeffizienten lassen sich noch einfacher aus der Konstruktion des Pascalschen Dreiecks herleiten, in der jede Zahl gleich der Summe der beiden darüberstehenden ist:

n	Relative Intensität der NMR-Linien					
0			1			
1		1		1		
2		1	2	1		
3	1	3		3	1	
4	1	4	6	4	1	
5	1	5	10	10	5	1
⋮			⋮			

Es ist einfach, den allgemeinsten Fall A$_m$X$_n$ abzuhandeln. Die A-Absorption wird in (n + 1)-Linien, die X-Absorption in (m + 1)-Linien aufgespalten. Dabei ist die Größe der Kopplungskonstante entscheidend für das Auftreten des

Spektrums. Während Tab. 6.4 einige repräsentative Werte von J für unterschiedliche Verbindungen angibt, lohnt es sich die wichtigsten zu merken:

$$H-C-H \qquad\qquad H-C-C-H \qquad H-C-C-C-H$$

$$-10 \text{ bis } -15 \text{ Hz} \qquad 5 \text{ bis } 8 \text{ Hz} \qquad\qquad 0 \text{ Hz}.$$

Kopplungskonstanten lassen Einblick in einige wichtige physikalische Parameter zu. Zu den wichtigsten gehören:

a) Hybridisierung, b) Bindungswinkel und c) Aussagen über die Elektronegativität der jeweiligen Molekülgruppen. Wir wollen lediglich einen dieser wichtigen Parameter, den Bindungswinkel, beispielhaft herausgreifen und, für dieses Kapitel abschließend, an einer Struktur, der Ethan-ähnlichen $H-C-C-H$, vorstellen. Hier zeigt die Variation von Kopplungskonstanten als

Tab. 6.4 Spin-Spin-Kopplungskonstanten für Protonen

Struktur	J (beobachtet)	Struktur	J (beobachtet)
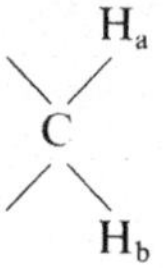 H_a, H_b an C (geminal)	-12 bis -15	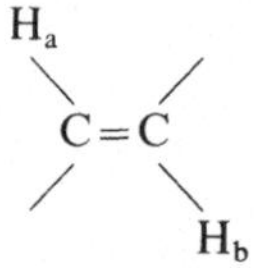 H_a, H_b an $C=C$ (cis)	12 bis 9
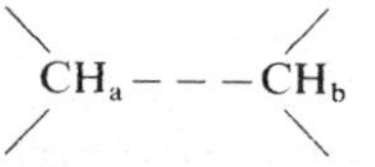 $CH_a ---CH_b$	2 bis 9	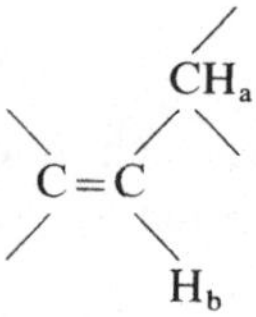 CH_a, H_b an $C=C$	4 bis 10
$CH_a-(C)_{n>0}-CH_b$	≈ 0		
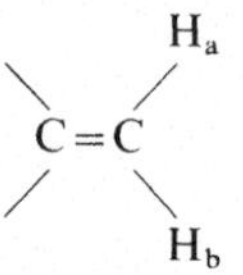 H_a, H_b an $C=C$	-3 bis $+2$ 7 bis 11 1 bis 2	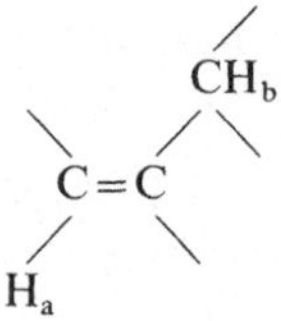 CH_b, H_a an $C=C$	-1.5 bis 2.0
$C=C$ mit H_a, H_b		$C=CH_a-CH_b=C$	10 1 bis 3 2 bis 3
H_a, $C-H_b$, $C=C$		$CH_a-CH_b=O$	
		$CH_a-C\equiv CH_b$	

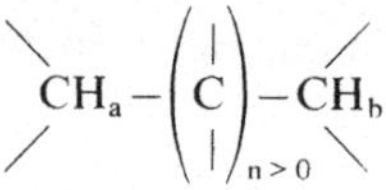

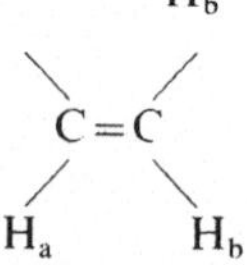

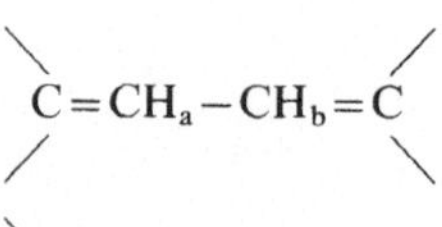

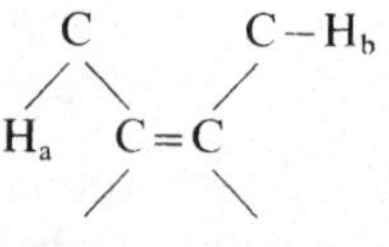

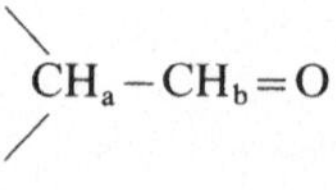

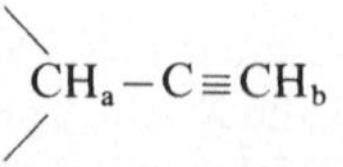

Funktion der nächsten Nachbarn geometrische Abhängigkeiten auf, damit die Möglichkeit der Strukturbestimmung von Verbindungen in Lösung. Die häufigst gebrauchte Korrelation in diesem Zusammenhang ist die Karplus-Gleichung:

$$^3J = A + B \cos \vartheta + C \cos^2 \vartheta, \tag{6.26}$$

in der ^3J die Kopplungskonstante zwischen zwei Protonen ist, die durch zwei C-Kerne voneinander getrennt sind

$$H - C - C - H,$$

die „3" hochgestellt vor dem J weist auf die drei Bindungen hin, die zwischen den Protonen liegen, ϑ ist der Winkel zwischen den beiden Protonen.

Der wohl wichtigste Schluß aus Gl. (6.26) ist die sehr drastische Abhängigkeit von diesem Winkel ϑ. Karplus selbst fand die Werte $A = 4$, $B = -0.5$ und $C = 4.5$ Hz. Später, aus einem größeren Satz von Studien, wählte Bothner-By $A = 7$, $B = -1$, und $C = 5$ Hz. Beiden Sätzen ist gemeinsam, daß sie große ^3J-Werte für die cis-($\vartheta = 0°$) und trans-($\vartheta = 180°$)-Konfiguration voraussagen, aber sehr viel kleinere für $60°$- bzw. $120°$-Konfigurationen. Damit ist die Karplus-Gleichung (6.26) von großem praktischen Nutzen bei der Bestimmung solcher Strukturen.

6.5.3 Kopplung von Protonen mit anderen Kernen

Wir wollen noch den neben der $(H - H)$-Kopplung wohl wichtigsten Fall, die $(^{13}C - H)$-Kopplungen besprechen. Zunächst sind sie nur unter großer experimenteller Anstrengung zu beobachten, da die natürliche Häufigkeit von ^{13}C $(I - 1/2)$ nur ca. 1.1% beträgt, d. h. 99% der Protonen werden nicht beeinflußt. Methan zeigt zum Beispiel bei erstem Hinsehen lediglich eine sehr scharfe NMR-Absorptionslinie. Bei genauerem Hinsehen beobachten wir zwei kleine Linien im Abstand von jeweils 62.5 Hz von der Hauptlinie; sie werden die ^{13}C-Satelliten genannt. Sie erlauben uns sofort $J_{^{13}C - H} = 125$ Hz in Methan zu bestimmen. Die Werte von $J_{^{13}C - H}$ sind stark korreliert mit der jeweiligen Hybridisierung innerhalb der $C - H$-Bindung. Tragen wir $J_{^{13}C - H}$ gegen den % s-Charakter der C-Bindung auf, so erhalten wir einen linearen Verlauf, siehe Fig. 6.16. Damit kann auch in anderen Verbindungen der oft unbekannte Hybridisierungsgrad bestimmt werden, wie Tab. 6.5 aufzeigt.

$(^{13}C - {}^1H)$-Kopplungskonstanten sind darüber hinaus mit nahezu allem korreliert worden, sogar mit dynamischen, d. h. reaktiven Eigenschaften der jeweiligen Verbindungen. Im Detail muß das der Spezialliteratur überlassen bleiben. Wir wollen uns abschließend noch kurz mit anderen als nur Protonen-NMR beschäftigen.

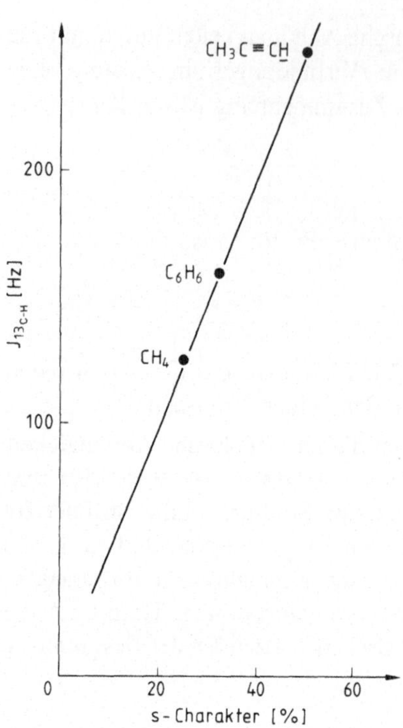

Fig. 6.16 s-Charakter einer C—H-Bindung (in %) aufgetragen gegen experimentelle $J_{13_{C-H}}$-Werte

Tab. 6.5 Hybridisierungstyp und -grad aus beobachteten Spin-Spin-Kopplungskonstanten $J_{13_{C-H}}$ [in Hz]

Verbindung	Struktur	$J_{13_{C-H}}$	Hybridisierungs-grad[a] [% s]	typ[b]
Cyclobutan	□	134	27	sp^3
Cyclopropan	△	161	32	sp^2
Cubane		160	32	sp^2
Bicyclobutan		202	40	sp$^{1.5}$

a) berechnet aus J
b) berechnet

6.6 NMR-Spektren anderer Kerne

Unsere Darstellung, insbesondere der chemischen Verschiebung, hat sich bisher nahezu ausschließlich auf Protonen-Resonanzen beschränkt, aber im Prinzip sollte jeder Kern mit $I \neq 0$ beobachtbar sein, obgleich die bisher völlig vernachlässigten, zusätzlichen Kernquadrupolmomente die Spektren sehr komplizieren können. NMR ist u. a. beobachtet worden für Kerne wie ^{59}Co, ^{117,119}Sn und ^{195}Pt.

Die neben Protonen am häufigsten beobachteten Kerne sind ^{19}F, ^{31}P, ^{13}C, ^{2}H und ^{14,15}N. Diese Kerne geben weit schwächere Signale als eine äquivalente Anzahl von Protonen; damit ist es auch entsprechend schwieriger, ihre Spektren zu vermessen.

Fig. 6.17 zeigt zunächst die Resonanzfrequenzen der gerade genannten Kerne in einem Magnetfeld von 1.41 T. Bezogen auf chemische Verschiebungen führt die Anwesenheit von 2p-Elektronen jetzt natürlich zu weit größeren Effekten (insbesondere der Abschirmung) und erklärt zwanglos die sehr viel größeren Frequenzbereiche. Einige Elemente haben mehr als ein Isotop, das NMR-Studien erlaubt. Neben leichtem Wasserstoff ^{1}H, dem schweren ^{2}H (auch Deuterium: D) und sogar ^{3}H (Tritium) — letzteres mit allen experimentellen Schwierigkeiten des Umgangs mit solchen radioaktiven Substanzen — ist Stickstoff mit den beiden wichtigen Isotopen (^{14}N und ^{15}N) zu erwähnen. Nachweisempfindlichkeiten sind bedeutend geringer als bei ^{1}H (etwa 10^{-3}), jedoch kommt ^{14}N mit mehr als 99% Isotopenhäufigkeit in Frage, erschwerend ist jedoch das große Quadrupolmoment (s. Tab. 6.1). Dieses führt zu rascher Relaxation und damit breiten Absorptionslinien. Anders das Isotop ^{15}N, das mit einem Kernspin $I = 1/2$ kein Quadrupolmoment aufweist. Durch sein natürliches Vorkommen von nur etwa 0.4% Isotopenhäufigkeit werden Studien jedoch erneut sehr schwierig. Eine Besonderheit gilt es dennoch zu erwähnen: Mit nur wenigen anderen Kernen zeigt das Isotop ^{15}N ein n e g a t i v e s gyromagnetisches Verhältnis, d. h. magnetisches Moment $\bar{\mu}$ und Kerndrehimpulsvektor zeigen in entgegengesetzte Richtungen.

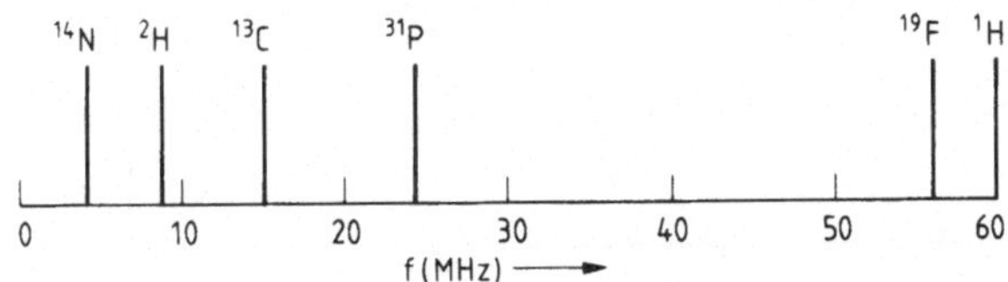

Fig. 6.17 Resonanzfrequenzen einiger für NMR wichtige Kerne in einem Magnetfeld von 1,41 Tesla (14,1 kGauß)

Auch für das bereits mehrfach erwähnte ^{13}C-Isotop gilt, daß seine kleine natürliche Häufigkeit von nur 1.1% und seine relativ zu ^{1}H sehr niedrige Nachweisempfindlichkeit (etwa 0.016) viele NMR-Beobachtungen erschweren. Hier gerade haben Entwicklungen moderner Techniken (Fourier-Transformations- und Spin-Echo-Techniken) die Untersuchungen solcher Spezies heute zur Routine werden lassen. Da die chemischen Verschiebungen von ^{13}C (relativ zu denen von ^{1}H sehr ähnlich) absolut etwa 20mal größere sind, verspricht dieses großen Nutzen bei Untersuchung und Aufklärung gerade in der organischen Chemie.

Um zumindest an einem Beispiel ihre Bedeutung aufzuzeigen, sind einige vereinfachte „Balkendiagramme" von ^{31}P NMR-Spektren für unterschiedliche Phosphor-Ionen angegeben, die alle in Lösungen vorkommen, Fig. 6.18. Wir sollten dabei besonders beachten, wie aussagekräftig NMR-Spektren für die Betimmung der Struktur von solchen Ionen sind, die sich anderweitig kaum oder gar nicht bestimmen ließen. Zu beachten ist ferner, daß die Aufspaltung in diesen Spektren korrekt wiedergegeben ist, keineswegs jedoch auch die Größe der chemischen Verschiebung. Überlegenswert abschließend, ob sich das Auftreten des jeweiligen Spektrums aus dem vorher Gesagten rationalisieren läßt.

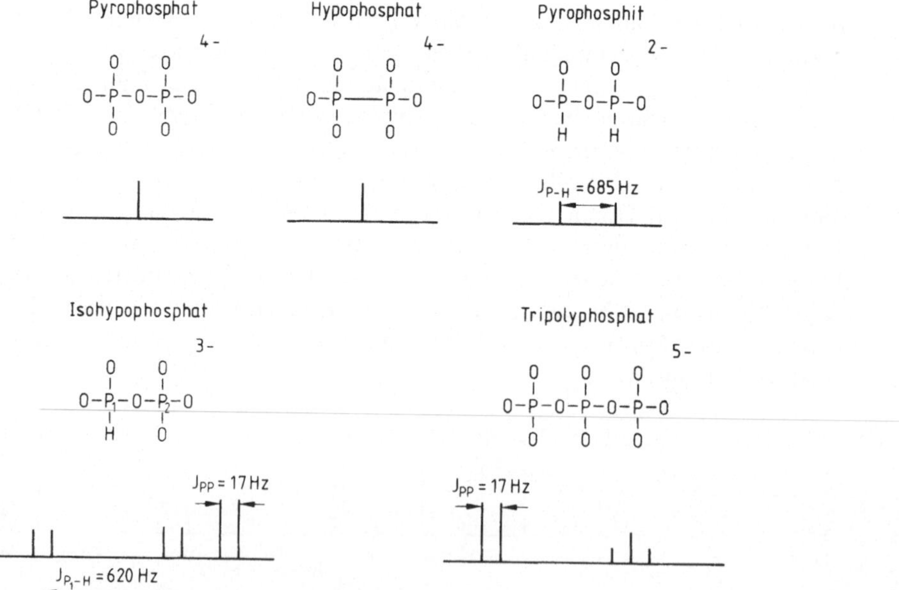

Fig. 6.18 Vereinfachte NMR-Spektren einiger ^{31}P-Verbindungen

Zusammenfassend soll noch einmal betont werden, daß Berechnung („Theorie")
allein nicht ausreicht, wichtige Größen wie etwa die chemische Verschiebung
vorauszusagen und somit (empirische) experimentelle Daten eine große, wenn
nicht dominierende Rolle spielen. Dieses einführende Buch kann (und soll) dabei
keine ausführlichen Tabellen solcher Daten enthalten. Als erster Hinweis darauf
— und damit Hilfestellung — ist das Buch von E. D. Becker „High Resolution
NMR" in das Literaturverzeichnis aufgenommen. Es enthält eine Anzahl von
solchen Tabellen, die oft neben chemischen Verschiebungen komplette NMR-
Spektren zeigen, z. B. auf den Seiten 77 ff. (chemische Verschiebung und
NMR-Spektren) sowie auf Seiten 106 f. (Kopplungskonstanten).

6.7   Ausblick

Wir wollen diese kurze Einführung in die NMR-Spektroskopie damit abschlie-
ßen. Erwähnung sollten jedoch noch einige Bereiche finden, in dem diese
Methode erheblichen Einfluß gewonnen hat und in Zukunft eine große Rolle
spielen wird. Das wohl größte Interesse dürfte weiter in der Aufklärung von
Strukturen organischer Verbindungen liegen. Wie wir bereits gesehen
haben, ist dabei einer Kombination von ^{1}H und ^{13}C NMR die wohl größte
Bedeutung zuzuschreiben. Weitere Verfeinerungen der experimentellen Anordnungen, insbesondere Fourier-Transformations-Methoden, haben zu einer
erheblichen Verringerung der jeweils notwendigen Probenmenge geführt. Von
noch erheblich größerer Konsequenz in den geradezu revolutionären Entwicklungen der NMR-Techniken dürfte aber die Anwendung auf physikalisch-
chemische, speziell jedoch auf biologische Fragestellungen sein, die vor 40 Jahren (Beginn der quantitativen NMR-Spektroskopie) weit außerhalb der zugänglichen Bereiche lagen.

Zuerst ist die Festkörper-NMR-Spektroskopie zu erwähnen. Zunächst
nichts Neues: Wir haben sie bereits oben genannt, jedoch sofort darauf
hingewiesen, daß insbesondere die zwischenmolekulare magnetische Dipol-
wechselwirkung zu großen Linienbreiten führt, die in Festkörpern um Größenordnungen breiter sind als etwa in Flüssigkeiten oder Gasen. So blieben
Festkörper-NMR-Untersuchungen zunächst sehr eingeschränkt, ja, sie wurden
eher von Festkörperphysikern als von Chemikern durchgeführt, da kaum
Informationen über chemische Verschiebung oder ähnliche Parameter gewonnen werden konnten. Das hat sich völlig gewandelt. Die oben bereits kurz
erwähnte Methode der kurzzeitigen Anregung durch Pulse hoher Leistung
— bereits anfänglich zur Untersuchung von Festkörpern eingesetzt — jetzt aber
in Verbindung mit der Fourier-Transformations-Methode, führt zu einem

Frequenzspektrum, aus dem neben Strukturinformationen insbesondere die Wechselwirkungen und Relaxationsprozesse in Festkörpern entnommen werden können: Neben statischen Größen nun bereits erste dynamische Vorgänge, kurz, ein Gebiet der NMR-Spektroskopiker, das momentan im Zentrum der Forschung steht. Dabei sollte beachtet weden, daß diese Art der Spektroskopie selbstverständlich nicht nur auf Festkörper (im klassischen, physikalischen Sinne eines Einkristalls etwa), sondern auf polykristalline Materialien genauso wie auf amorphe Stoffe und Polymere bis hin zu Biopolymeren in Membranen anwendbar ist. Damit wären wir bei dem zweiten, großen und zukunftsträchtigen Gebiet moderner NMR-Spektroskopie: Moleküle der Biochemie und diese in vivo! Bereits Ende der fünfziger Jahre waren NMR-Untersuchungen auf solche Moleküle ausgedehnt worden, jedoch unter (Proben-)Bedingungen, die weit von ihrer eigentlichen (Lebens-)Umgebung entfernt waren. Wieder hat die neuere, experimentelle Entwicklung — jetzt hohe Nachweiswahrscheinlichkeit in sehr hohen Magnetfeldern (Supraleitern) — dazu geführt, daß inzwischen NMR-Spektroskopie in lebenden Systemen durchgeführt wird bis hin zur detaillierten Untersuchung metabolischer Prozesse. Dabei sollten wir u. a. beachten, daß die bisher so im Vordergrund stehende ^{1}H-NMR nur von wenig Nutzen ist, da die dabei auftretenden Spektren viel zu kompliziert sind, um eine Interpretation zuzulassen. Anders die bereits erwähnten Möglichkeiten, ^{31}P oder ^{13}C zu vermessen: Einige Phosphate spielen eine wesentliche Rolle im Stoffwechsel einer Zelle; hinzu kommt, daß die chemische Verschiebung einer Phosphatverbindung stark abhängig vom pH-Wert ihrer unmittelbaren Umgebung ist: Damit kann in situ der pH-Wert im Inneren einer Zelle gemessen werden!

Abschließend eine letzte äußerst interessante Anwendung der NMR-Spektroskopie, deren Potential erst allmählich erkannt wird (insbesondere in der Biologie und Humanmedizin): Dieses ist die sogenannte zwei- oder sogar dreidimensionale NMR-Spektroskopie. Sie ist im Stellenwert vergleichbar einerseits bekannteren Methoden wie der (schon klassischen) Röntgenstrukturbestimmung kristalliner Materialien, andererseits kann sie neben der Aufklärung von extrem langsamen Bewegungsvorgängen sowie von Überstrukturen biologischer Makromoleküle in lebenden Objekten (einschließlich des Menschen) zu einer Fülle wichtiger Informationen führen: Nehmen wir eine einzelne Substanz wie das Wasser, dessen Verteilung in einem Organismus wir vermessen wollen. Zur Messung muß sich der gesamte Körper im Probevolumen eines (großen) NMR-Spektrometers befinden. Legen wir nun einen magnetischen Feldgradienten

$$(\partial B/\partial x = \text{const} \neq 0)$$

in einer Richtung an, so zeigt die Larmor-Gleichung (6.9), daß die Resonanzfrequenz der Kerne von der Feldstärke, damit vom O r t des Moleküls in unserer

Probe, abhängig ist. Eine Messung des Resonanzsignals als Funktion der Frequenz (bei festem Feld und überlagertem Feldgradient) gibt dann ein Profil der Verteilung der Probenmoleküle, hier H_2O, als Funktion des Ortes. Änderung der Richtung des Feldgradienten ergibt neue Profilschnitte, die durch Rekonstruktion zwei- und dreidimensionale Darstellungen dieser Verteilungen ermöglichen: eine faszinierende Forschungsrichtung.

Anwendungen, parallel zur klassischen Röntgenanalyse sowie Ultraschall-Aufnahmeverfahren, sowohl in der biologischen Untersuchung wie in der medizinischen Diagnose sind enorm. Neben der Resonanzfrequenz als Fingerabdruck der jeweiligen Substanz führen endlich präzise Messungen anderer Größen wie Relaxationszeiten und dynamische Änderungen dazu, daß wichtige Transporterscheinungen, wie z. B. Blutzirkulation oder der Verbrauch von Zucker im menschlichen Gehirn, allgemein chemische Prozesse in ihrem Ablauf innerhalb einzelner Organe oder Teilen von ihnen durch NMR-Spektroskopie vermessen werden können.

Anhang

A.1 Physikalische Konstanten

A.1.1 Naturkonstanten in SI-Einheiten

Konstante	Symbol	Zahlenwert	Einheit
Avogadrosche Zahl	N_A	$6.02205 \cdot 10^{23}$	mol^{-1}
Boltzmannkonstante	k	$1.38066 \cdot 10^{-23}$	JK^{-1}
Gaskonstante	$R = kN_A$	8.31441	$JK^{-1} mol^{-1}$
Rydberg-Konstante	R_∞	$2.179 \cdot 10^{-18}$	J
Vakuumlichtgeschwindigkeit	c	$2.99792 \cdot 10^8$	$m\,s^{-1}$
Plancksches Wirkungsquantum	h	$6.62618 \cdot 10^{-34}$	$J\,s$
Elektrische Elementarladung	e	$1.60219 \cdot 10^{-19}$	C
Ruhemasse des Elektrons	m_e	$9.10953 \cdot 10^{-31}$	kg
Ruhemasse des Protons	m_p	$1.67265 \cdot 10^{-27}$	kg
Ruhemasse des Neutrons	m_n	$1.67495 \cdot 10^{-27}$	kg
Faradaysche Konstante	$F = N_A e$	$9.64846 \cdot 10^4$	$C\,mol^{-1}$
Bohrsches Magneton	μ_B	$9.27408 \cdot 10^{-24}$	$A\,m^2$
Kernmagneton	μ_N	$5.05082 \cdot 10^{-27}$	$A\,m^2$
Dielektrizitätskonstante des Vakuums	ε_0	$8.85419 \cdot 10^{-12}$	$J^{-1}C^2\,m^{-1}$
Bohrscher Radius	a_0	$5.29177 \cdot 10^{-11}$	m
Feinstrukturkonstante	α	$7.29735 \cdot 10^{-3}$	—

A.1.2 Größen in SI-fremden Einheiten

Größe	Einheit	Beziehung zur SI-Basiseinheit
Länge	Angström (Å)	$10^{-10}\,m$
Volumen	Liter (l)	$10^{-3}\,m^3$
Kraft	Dyn (dyn)	$10^{-5}\,N$
Druck	Atmosphäre (atm)	$1.01325 \cdot 10^5\,Nm^{-2} = 101325\,Pa$
	Torr (mm Hg)	$1.33322 \cdot 10^2\,Nm^{-2} = 133{,}322\,Pa$
Energie	erg	$10^{-7}\,J$
	Kalorie (cal)	$4.1840\,J$
	Elektron Volt (eV)	$1.60219 \cdot 10^{-19}\,J$
Viskosität	Poise (p)	$10^{-1}\,kgm^{-1}s^{-1}$
Dipolmoment	Debye (deb)	$3.338 \cdot 10^{-30}\,Cm$
magnetische Induktion	Gauß (G)	$10^4\,T$

A.2 Energie-Umformungen (Konversionen)

Umrechnungsfaktoren von SI-fremden Energieeinheiten in SI-Einheiten

	J	kJ mol^{-1}	erg	kcal mol^{-1}	eV	at. E	cm^{-1}
1 J	1	$6.0229 \cdot 10^{20}$	10^7	$1.4395 \cdot 10^{20}$	$6.2420 \cdot 10^{18}$	$2.294 \cdot 10^{17}$	$5.035 \cdot 10^{22}$
1 kJ mol^{-1}	$1.6603 \cdot 10^{-21}$	1	$1.6603 \cdot 10^{-14}$	$2.3900 \cdot 10^{-1}$	$1.0363 \cdot 10^{-2}$	$3.809 \cdot 10^{-4}$	$8.360 \cdot 10^1$
1 erg	10^{-7}	$6.0229 \cdot 10^{13}$	1	$1.4394 \cdot 10^{13}$	$6.2418 \cdot 10^{11}$	$2.294 \cdot 10^{10}$	$5.0345 \cdot 10^{15}$
1 kcal mol^{-1}	$6.9467 \cdot 10^{-21}$	4.184	$6.9473 \cdot 10^{-14}$	1	$4.3363 \cdot 10^{-2}$	$1.594 \cdot 10^{-3}$	$3.4976 \cdot 10^2$
1 eV	$1.6022 \cdot 10^{-19}$	$9.6485 \cdot 10$	$1.6021 \cdot 10^{-12}$	$2.3061 \cdot 10$	1	$3.675 \cdot 10^{-2}$	$8.0657 \cdot 10^3$
1 at. E	$4.359 \cdot 10^{-18}$	$2.625 \cdot 10^3$	$4.359 \cdot 10^{-11}$	$6.275 \cdot 10^2$	27.211	1	$2.195 \cdot 10^5$
1 cm^{-1}	$1.986 \cdot 10^{-23}$	$1.196 \cdot 10^{-2}$	$1.9863 \cdot 10^{-16}$	$2.8591 \cdot 10^{-3}$	$1.2398 \cdot 10^{-4}$	$4.556 \cdot 10^{-6}$	1

$1 \text{ Å} = 10^{-10} \text{ m} = 10^{-8} \text{ cm} = 10^{-4} \text{ μm} = 0.1 \text{ nm}$

A.3   Direkte Produkte

Diese Regeln und nachfolgenden Tabellen geben die Symmetrieeigenschaften der Produkte von zwei Funktionen mit den jeweils angegebenen Symmetrien (für alle wichtigen Punktgruppen). Obgleich diese Produkte sich ohne Schwierigkeiten aus den Charaktertafeln in A.4 herleiten lassen, erleichtert uns ihr direktes Ergebnis die Bestimmung von Auswahlregeln, das Berechnen von Übergangsmatrixelementen u. a.

A.3.1   Grundregeln

$$\Sigma \times \Sigma = \Sigma \qquad \Sigma^+ \times \Sigma^- = \Sigma$$

$$\Sigma \times \Pi;\ \Sigma^+ \times \Pi;\ \Sigma^- \times \Pi = \Pi \qquad \Pi \times \Pi = \Sigma^+ \times \Sigma^- + \Delta$$

$$\Sigma \times \Delta;\ \Sigma^+ \times \Delta;\ \Sigma^- \times \Delta = \Delta \qquad \Delta \times \Delta = \Sigma^+ + \Sigma^- + \Phi$$

$$\Sigma \times \Phi;\ \Sigma^+ \times \Phi;\ \Sigma^- \times \Phi = \Phi \qquad \Pi \times \Delta = \Pi + \Phi$$

$$\Sigma^+ \times \Sigma^+;\ \Sigma^- \times \Sigma^- = \Sigma$$

$$A \times A;\ B \times B = A \qquad A \times T;\ B \times T = T$$

$$A \times B;\ B \times A = B \qquad A \times E_1;\ B \times E_2 = E_1$$

$$A \times E;\ B \times E = E \qquad A \times E_2;\ B \times E_1 = E_2$$

$$g \times g;\ u \times u = g \qquad 'x';\ ''x'' = '$$

$$g \times u;\ u \times g = u \qquad 'x'';\ ''x' = ''$$

Subskript an A oder B:

$$1 \times 1;\ 2 \times 2 = 1 \qquad 1 \times 2;\ 2 \times 1 = 2$$

ausgenommen für D_2 und D_{2h}, wo

$$1 \times 2;\ 2 \times 1 = 3 \qquad 2 \times 3;\ 3 \times 2 = 1$$

$$1 \times 3;\ 3 \times 1 = 2$$

Doppelt entartete Darstellungen:

Für C_3, C_{3h}, C_{3v}, D_3, D_{3h}, D_{3d}, C_6, C_{6h}, C_{6v}, D_6, D_{6h}, D_{6d}, O, O_h, T, T_d, T_h:

$$E_1 \times E_1;\ E_2 \times E_2 = A_1 + A_2 + E_2 \qquad E_1 \times E_2 = B_1 + B_2 + E_1$$

Für C_4, C_{4v}, C_{4h}, D_{2d}, D_4, D_{4h}, S_4:

$$E \times E = A_1 + A_2 + B_1 + B_2$$

(Wenn die Gruppensymbole A, B oder E keinen Subskript haben, dann lies $A_1 = A_2 = A$ etc.)

Dreifach entartete Darstellungen:

Für T_d, O, O_h:

$$E \times T;\ E \times T_2 = T_1 + T_2 \qquad T_1 \times T_1;\ T_2 \times T_2 = A_1 + E + T_1 + T_2$$

$$T_1 \times T_2 = A_2 + E + T_1 + T_2$$

Für T und T_h: Vernachlässige Subskript von A und T.

A.3.2 Direkte Produkte von Darstellungen für alle wichtigen Punktgruppen[1])

C_i, $(C_1)^a)$

	A_g	A_u
A_g	A_g	A_u
A_u		A_g

C_s

	A'	A''
A'	A'	A''
A''		A'

C_3

	A	E
A	A	E
E		$[A], A, E$

C_{2v}, $(C_2)^b)$, $(C_{2h})^{b,c})$

	A_1	A_2	B_1	B_2
A_1	A_1	A_2	B_1	B_2
A_2		A_1	B_2	B_1
B_1			A_1	A_2
B_2				A_1

D_2, $(D_{2h})^c)$

	A	B_1	B_2	B_3
A	A	B_1	B_{23}	B_3
B_1		A	B_3	B_2
B_2			A	B_1
B_3				A

D_3, C_{3v}, $(D_{3d})^c)$

	A_1	A_2	E
A_1	A_1	A_2	E
A_2		A_1	E
E			$A_1, [A_2], E$

D_{3h}, $(C_{3h})^b)$

	A_1'	A_2'	A_1''	A_2''	E'	E''
A_1'	A_1'	A_2'	A_1''	A_2''	E'	E''
A_2'		A_2'	A_2''	A_1''	E'	E''
A_1''			A_1'	A_2'	E''	E'
A_2''				A_1'	E''	E'
E'					$A_1', [A_2'], E'$	A_1'', A_2'', E''
E''						$A_1', [A_2'], E'$

D_4, C_{4v}, D_{2d}, $(D_{4h})^c)$

	A_1	A_2	B_1	B_2	E
A_1	A_1	A_2	B_1	B_2	E
A_2		A_1	B_2	B_1	E
B_1			A_1	A_2	E
B_2				A_1	E
E					$A_1, [A_2], B_1, B_2$

D_5, C_{5v}, $(D_{5d})^c)$

	A_1	A_2	E_1	E_2
A_1	A_1	A_2	E_1	E_2
A_2		A_1	E_1	E_2
E_1			$A_1, [A_2], E_2$	E_1, E_2
E_2				$A_1, [A_2], E_1$

[1]) Nach H e r z b e r g, G.: Molecular Spectra and Molecular Structure. Vol. III: Electronic Spectra and Electronic Structure of Polyatomic Molecules. Princeton – New York – Toronto – London: Van Nostrand 1966.

Beachte, daß Darstellungen in eckigen Klammern in dem symmetrischen Produkt einer entarteten Darstellung mit sich selbst unterdrückt werden. Sie stellen das antisymmetrische Produkt dar. Der nicht ausgefüllte Teil der Tabellen ergibt sich zwanglos aus der Eigenschaft der Symmetrie bezüglich der Diagonalen.

[a]) Für diese Punktgruppe wird u bzw. g bedeutungslos.

[b]) Für diese Punktgruppe wird 1 bzw. 2 unterdrückt.

[c]) Für diese Punktgruppe tritt zusätzlich die (g, u)-Regel auf; d. h. $g \times g = g$, $g \times u = u \times g = u$, $u \times u = g$

D_6, C_{6v}, $(D_{6h})^c$)

	A_1	A_2	B_1	B_2	E_1	E_2
A_1	A_1	A_2	B_1	B_2	E_1	E_2
A_2		A_1	B_2	B_1	E_1	E_2
B_1			A_1	A_2	E_2	E_1
B_2				A_1	E_2	E_1
E_1					$A_1, [A_2], E_2$	B_1, B_2, E_1
E_2						$A_1, [A_2], E_2$

D_8, C_{8v}, D_{4d}, $(D_{8h})^b$)

	A_1	A_2	B_1	B_2	E_1	E_2	E_3
A_1	A_1	A_2	B_1	B_2	E_1	E_2	E_3
A_2		A_1	B_2	B_1	E_1	E_2	E_3
B_1			A_1	A_2	E_3	E_2	E_1
B_2				A_1	E_3	E_2	E_1
E_1					$A_1, [A_2], E_2$	E_1, E_3	B_1, B_2, E_2
E_2						$A_1, [A_2], B_1, B_2$	E_1, E_3
E_3							$A_1, [A_2], E_2$

D_∞, $C_{\infty v}$, $(D_{\infty h})^b$)

	Σ^+	Σ^-	Π	Δ	Φ	...
Σ^+	Σ^+	Σ^-	Π	Δ	Φ	...
Σ^-		Σ^+	Π	Δ	Φ	...
Π			$\Sigma^+, [\Sigma^-], \Delta$	Π, Φ	Δ, Γ	...
Δ				$\Sigma^+, [\Sigma^-], \Gamma$	Π, H	...
Φ					$\Sigma^+, [\Sigma^-], I$	...
...						...

O, T_d, $(O_h)^b$)

	A_1	A_2	E	F_1	F_2
A_1	A_1	A_2	E	F_1	F_2
A_2		A_1	E	F_2	F_1
E			$A_1, [A_2], E$	F_1, F_2	F_1, F_2
F_1				$A_1, E, [F_1], F_2$	A_2, E, F_1, F_2
F_2					$A_1, E, [F_1], F_2$

I, $(I_h)^b$)

	A	F_1	F_2	G	H
A	A	F_1	F_2	G	H
F_1		$A, [F_1], H$	G, H	F_2, G, H	F_1, F_2, G, H
F_2			$A, [F_2], H$	F_1, G, H	F_1, F_2, G, H
G				$A, [F_1, F_2], G, H$	$F_1, F_2, G, 2H$
H					$A, [F_1, F_2, G], G, 2H$

A.4 Charaktertafeln[1])

Neben den Charakteren der jeweiligen Operation sind in den letzten beiden Spalten die Symmetrieelemente (Operatoren), genauer: die Komponenten des Übergangsoperators für die elektromagnetische Strahlung, angegeben. Für solche Anwendungen beachte:

elektr. Dipol:	x, y, z
magn. Dipol:	R_x, R_y, R_z
elektr. Quadrupol:	$x^2 + y^2, x - y^2, xy, xz, yz$

A.4.1 Nichtaxiale Gruppen

C_1	E	
A	1	alle

C_s	E	σ_h		
A'	1	1	x, y, R_z	$x^2, y^2, z^2,$ xy
A''	1	−1	z, R_x, R_y	xz, yz

C_i	E	i		
A_g	1	1	R_x, R_y, R_z	x^2, y^2, z^2 xy, xz, yz
A_u	1	−1	x, y, z	

A.4.2 C_n-Gruppen

C_2	E	C_2		
A	1	1	z, R_z	x^2, y^2, z^2, xy
B	1	−1	x, y, R_x, R_y	xz, yz

C_3	E	C_3	C_3^2		$\varepsilon = \exp(2\pi i/3)$
A	1	1	1	z, R_z	$x^2 + y^2, z^2$
E	$\begin{cases}1 \\ 1\end{cases}$	$\begin{matrix}\varepsilon \\ \varepsilon^*\end{matrix}$	$\begin{matrix}\varepsilon^* \\ \varepsilon\end{matrix}$	$(x, y) (R_x, R_y)$	$(x^2 + y^2, xy) (xz, yz)$

C_4	E	C_4	C_2	C_4^3		
A	1	1	1	1	z, R_z	$x^2 + y^2, z^2$
B	1	−1	1	−1		$x^2 - y^2, xy$
E	$\begin{cases}1 \\ 1\end{cases}$	$\begin{matrix}i \\ -i\end{matrix}$	$\begin{matrix}-1 \\ -1\end{matrix}$	$\begin{matrix}-i \\ i\end{matrix}$	$(x, y) (R_x, R_y)$	(xz, yz)

[1]) Charaktere für molekülphysikalisch wichtige Symmetriegruppen (nach Cotton, F. A.: Chemical Applications of Group Theory. New York – London: Interscience 1963).

C_5	E	C_5	C_5^2	C_5^3	C_5^4			$\varepsilon = \exp(2\pi i/5)$
A	1	1	1	1	1	z, R_z		$x^2 + y^2, z^2$
E_1	$\begin{cases}1 \\ 1\end{cases}$	$\begin{matrix}\varepsilon \\ \varepsilon^*\end{matrix}$	$\begin{matrix}\varepsilon^2 \\ \varepsilon^{2*}\end{matrix}$	$\begin{matrix}\varepsilon^{2*} \\ \varepsilon^2\end{matrix}$	$\begin{matrix}\varepsilon^* \\ \varepsilon\end{matrix}$	$(x, y) (R_x, R_y)$		(xz, yz)
E_2	$\begin{cases}1 \\ 1\end{cases}$	$\begin{matrix}\varepsilon^2 \\ \varepsilon^{2*}\end{matrix}$	$\begin{matrix}\varepsilon^* \\ \varepsilon\end{matrix}$	$\begin{matrix}\varepsilon \\ \varepsilon^*\end{matrix}$	$\begin{matrix}\varepsilon^{2*} \\ \varepsilon^2\end{matrix}$			$(x^2 - y^2, xy)$

C_6	E	C_6	C_3	C_2	C_3^2	C_6^5			$\varepsilon = \exp(2\pi i/6)$
A	1	1	1	1	1	1	z, R_z		$x^2 + y^2, z^2$
B	1	-1	1	-1	1	-1			
E_1	$\begin{cases}1 \\ 1\end{cases}$	$\begin{matrix}\varepsilon \\ \varepsilon^*\end{matrix}$	$\begin{matrix}-\varepsilon^* \\ -\varepsilon\end{matrix}$	$\begin{matrix}-1 \\ -1\end{matrix}$	$\begin{matrix}-\varepsilon \\ -\varepsilon^*\end{matrix}$	$\begin{matrix}\varepsilon^* \\ \varepsilon\end{matrix}$	(x, y) (R_x, R_y)		(xz, yz)
E_2	$\begin{cases}1 \\ 1\end{cases}$	$\begin{matrix}-\varepsilon^* \\ -\varepsilon\end{matrix}$	$\begin{matrix}-\varepsilon \\ -\varepsilon^*\end{matrix}$	$\begin{matrix}1 \\ 1\end{matrix}$	$\begin{matrix}-\varepsilon^* \\ -\varepsilon\end{matrix}$	$\begin{matrix}-\varepsilon \\ -\varepsilon^*\end{matrix}$			$(x^2 - y^2, xy)$

C_7	E	C_7	C_7^2	C_7^3	C_7^4	C_7^5	C_7^6			$\varepsilon = \exp(2\pi i/7)$
A	1	1	1	1	1	1	1	z, R_z		$x^2 + y^2, z^2$
E_1	$\begin{cases}1 \\ 1\end{cases}$	$\begin{matrix}\varepsilon \\ \varepsilon^*\end{matrix}$	$\begin{matrix}\varepsilon^2 \\ \varepsilon^{2*}\end{matrix}$	$\begin{matrix}\varepsilon^3 \\ \varepsilon^{3*}\end{matrix}$	$\begin{matrix}\varepsilon^{3*} \\ \varepsilon^3\end{matrix}$	$\begin{matrix}\varepsilon^{2*} \\ \varepsilon^2\end{matrix}$	$\begin{matrix}\varepsilon^* \\ \varepsilon\end{matrix}$	(x, y) (R_x, R_y)		(xz, yz)
E_2	$\begin{cases}1 \\ 1\end{cases}$	$\begin{matrix}\varepsilon^2 \\ \varepsilon^{2*}\end{matrix}$	$\begin{matrix}\varepsilon^3 \\ \varepsilon^{3*}\end{matrix}$	$\begin{matrix}\varepsilon^* \\ \varepsilon\end{matrix}$	$\begin{matrix}\varepsilon \\ \varepsilon^*\end{matrix}$	$\begin{matrix}\varepsilon^3 \\ \varepsilon^{3*}\end{matrix}$	$\begin{matrix}\varepsilon^{2*} \\ \varepsilon^2\end{matrix}$			$(x^2 - y^2, xy)$
E_3	$\begin{cases}1 \\ 1\end{cases}$	$\begin{matrix}\varepsilon^3 \\ \varepsilon^{3*}\end{matrix}$	$\begin{matrix}\varepsilon^* \\ \varepsilon\end{matrix}$	$\begin{matrix}\varepsilon^2 \\ \varepsilon^{2*}\end{matrix}$	$\begin{matrix}\varepsilon^{2*} \\ \varepsilon^2\end{matrix}$	$\begin{matrix}\varepsilon \\ \varepsilon^*\end{matrix}$	$\begin{matrix}\varepsilon^{3*} \\ \varepsilon^3\end{matrix}$			

C_8	E	C_8	C_4	C_2	C_4^3	C_8^3	C_8^5	C_8^7			$\varepsilon = \exp(2\pi i/8)$
A	1	1	1	1	1	1	1	1	z, R_z		$x^2 + y^2, z^2$
B	1	-1	1	1	1	-1	-1	-1			
E_1	$\begin{cases}1 \\ 1\end{cases}$	$\begin{matrix}\varepsilon \\ \varepsilon^*\end{matrix}$	$\begin{matrix}i \\ -i\end{matrix}$	$\begin{matrix}-1 \\ -1\end{matrix}$	$\begin{matrix}-i \\ i\end{matrix}$	$\begin{matrix}-\varepsilon^* \\ -\varepsilon\end{matrix}$	$\begin{matrix}-\varepsilon \\ -\varepsilon^*\end{matrix}$	$\begin{matrix}\varepsilon^* \\ \varepsilon\end{matrix}$	(x, y) (R_x, R_y)		(xz, yz)
E_2	$\begin{cases}1 \\ 1\end{cases}$	$\begin{matrix}i \\ -i\end{matrix}$	$\begin{matrix}-1 \\ -1\end{matrix}$	$\begin{matrix}1 \\ 1\end{matrix}$	$\begin{matrix}-1 \\ -1\end{matrix}$	$\begin{matrix}-i \\ i\end{matrix}$	$\begin{matrix}i \\ -i\end{matrix}$	$\begin{matrix}-i \\ i\end{matrix}$			$(x^2 - y^2, xy)$
E_3	$\begin{cases}1 \\ 1\end{cases}$	$\begin{matrix}-\varepsilon \\ -\varepsilon^*\end{matrix}$	$\begin{matrix}i \\ -i\end{matrix}$	$\begin{matrix}-1 \\ -1\end{matrix}$	$\begin{matrix}-i \\ i\end{matrix}$	$\begin{matrix}\varepsilon^* \\ \varepsilon\end{matrix}$	$\begin{matrix}\varepsilon \\ \varepsilon^*\end{matrix}$	$\begin{matrix}-\varepsilon^* \\ -\varepsilon\end{matrix}$			

A.4.3 D_n-Gruppen

D_2	E	$C_2(z)$	$C_2(y)$	$C_2(x)$		
A	1	1	1	1		x^2, y^2, z^2
B_1	1	1	-1	-1	z, R_z	xy
B_2	1	-1	1	-1	y, R_y	xz
B_3	1	-1	-1	1	x, R_x	yz

D_3	E	$2C_3$	$3C_2$		
A_1	1	1	1		$x^2 + y^2, z^2$
A_2	1	1	-1	z, R_z	
E	2	-1	0	$(x, y) (R_x, R_y)$	$(x^2 - y^2, xy) (xz, yz)$

D_4	E	$2C_4$	$C_2(=C_4^2)$	$2C_2'$	$2C_2''$		
A_1	1	1	1	1	1		$x^2 + y^2, z^2$
A_2	1	1	1	-1	-1	z, R_z	
B_1	1	-1	1	1	-1		$x^2 - y^2$
B_2	1	-1	1	-1	1		xy
E	2	0	-2	0	0	$(x, y) (R_x, R_y)$	(xz, yz)

D_5	E	$2C_5$	$2C_5^2$	$5C_2$		
A_1	1	1	1	1		$x^2 + y^2, z^2$
A_2	1	1	1	-1	z, R_z	
E_1	2	$2 \cos 72°$	$2 \cos 144°$	0	$(x, y) (R^x, R_y)$	(xz, yz)
E_2	2	$2 \cos 144$	$2 \cos 72°$	0		$(x^2 - y^2, xy)$

D_6	E	$2C_6$	$2C_3$	C_2	$3C_2'$	$3C_2''$		
A_1	1	1	1	1	1	1		$x^2 + y^2, z^2$
A_2	1	1	1	1	-1	-1	z, R_z	
B_1	1	-1	1	-1	1	-1		
B_2	1	-1	1	-1	-1	1		
E_1	2	1	-1	-2	0	0	$(x, y) (R_x, R_y)$	(xz, yz)
E_2	2	-1	-1	2	0	0		$(x^2 - y^2, xy)$

A.4.4　C_{nv}-Gruppen

C_{2v}	E	C_2	$\sigma_v(xz)$	$\sigma_v'(yz)$		
A_1	1	1	1	1	z	x^2, y^2, z^2
A_2	1	1	-1	-1	R_z	xy
B_1	1	-1	1	-1	x, R_y	xz
B_2	1	-1	-1	1	y, R_x	yz

C_{3v}	E	$2C_3$	$3\sigma_v$		
A_1	1	1	1	z	$x^2 + y^2, z^2$
A_2	1	1	-1	R_z	
E	2	-1	0	$(x, y)\ (R_x, R_y)$	$(x^2 - y^2, xy)\ (xz, yz)$

C_{4v}	E	$2C_4$	C_2	$2\sigma_v$	$2\sigma_d$		
A_1	1	1	1	1	1	z	$x^2 + y^2, z^2$
A_2	1	1	1	-1	-1	R_z	
B_1	1	-1	1	1	-1		$x^2 - y^2$
B_2	1	-1	1	-1	1		xy
E	2	0	-2	0	0	$(x, y)\ (R_x, R_y)$	(xz, yz)

C_{5v}	E	$2C_5$	$2C_5^2$	$5\sigma_v$		
A_1	1	1	1	1	z	$x^2 + y^2, z^2$
A_2	1	1	1	-1	R_z	
E_1	2	$2\cos 72°$	$2\cos 144°$	0	$(x, y)\ (R_x, R_y)$	(xz, yz)
E_2	2	$2\cos 144°$	$2\cos 72°$	0		$(x^2 - y^2, xy)$

C_{6v}	E	$2C_6$	$2C_3$	C_2	$3\sigma_v$	$3\sigma_d$		
A_1	1	1	1	1	1	1	z	$x^2 + y^2, z^2$
A_2	1	1	1	1	-1	-1	R_z	
B_1	1	-1	1	-1	1	-1		
B_2	1	-1	1	-1	-1	1		
E_1	2	1	-1	-2	0	0	$(x, y)\ (R_x, R_y)$	(xz, yz)
E_2	2	-1	-1	2	0	0		$(x^2 - y^2, xy)$

A.4.5 C_{nh}-Gruppen

C_{2h}	E	C_2	i	σ_h		
A_g	1	1	1	1	R_z	$x^2,\ y^2,\ z^2,\ xy$
B_g	1	-1	1	-1	$R_x,\ R_y$	$xz,\ yz$
A_u	1	1	-1	-1	z	
B_u	1	-1	-1	1	$x,\ y$	

C_{3h}	E	C_3	C_3^2	σ_h	S_3	S_3^5		$\varepsilon = \exp(2\pi i/3)$
A'	1	1	1	1	1	1	R_z	$x^2+y^2,\ z^2$
E'	$\begin{cases} 1 \\ 1 \end{cases}$	$\begin{matrix} \varepsilon \\ \varepsilon^* \end{matrix}$	$\begin{matrix} \varepsilon^* \\ \varepsilon \end{matrix}$	$\begin{matrix} 1 \\ 1 \end{matrix}$	$\begin{matrix} \varepsilon \\ \varepsilon^* \end{matrix}$	$\begin{matrix} \varepsilon^* \\ \varepsilon \end{matrix}$	$(x,\ y)$	$(x^2-y^2,\ xy)$
A''	1	1	1	-1	-1	-1	z	
E''	$\begin{cases} 1 \\ 1 \end{cases}$	$\begin{matrix} \varepsilon \\ \varepsilon^* \end{matrix}$	$\begin{matrix} \varepsilon^* \\ \varepsilon \end{matrix}$	$\begin{matrix} -1 \\ -1 \end{matrix}$	$\begin{matrix} -\varepsilon \\ -\varepsilon^* \end{matrix}$	$\begin{matrix} -\varepsilon^* \\ -\varepsilon \end{matrix}$	$(R_x,\ R_y)$	$(xz,\ yz)$

C_{4h}	E	C_4	C_2	C_4^3	i	S_4^3	σ_h	S_4		
A_g	1	1	1	1	1	1	1	1	R_z	$x^2+y^2,\ z^2$
B_g	1	-1	1	-1	1	-1	1	-1		$x^2-y^2,\ xy$
E_g	$\begin{cases} 1 \\ 1 \end{cases}$	$\begin{matrix} i \\ -i \end{matrix}$	$\begin{matrix} -1 \\ -1 \end{matrix}$	$\begin{matrix} -i \\ i \end{matrix}$	$\begin{matrix} 1 \\ 1 \end{matrix}$	$\begin{matrix} i \\ -i \end{matrix}$	$\begin{matrix} -1 \\ -1 \end{matrix}$	$\begin{matrix} -i \\ i \end{matrix}$	$(R_x,\ R_y)$	$(xz,\ yz)$
A_u	1	1	1	1	-1	-1	-1	-1	z	
B_u	1	-1	1	-1	-1	1	-1	1		
E_u	$\begin{cases} 1 \\ 1 \end{cases}$	$\begin{matrix} i \\ -i \end{matrix}$	$\begin{matrix} -1 \\ -1 \end{matrix}$	$\begin{matrix} -i \\ i \end{matrix}$	$\begin{matrix} -1 \\ -1 \end{matrix}$	$\begin{matrix} -i \\ i \end{matrix}$	$\begin{matrix} 1 \\ 1 \end{matrix}$	$\begin{matrix} i \\ -i \end{matrix}$	$(x,\ y)$	

C_{5h}	E	C_5	C_5^2	C_5^3	C_5^4	σ_h	S_5	S_5^7	S_5^3	S_5^9		$\varepsilon = \exp(2\pi i/5)$
A'	1	1	1	1	1	1	1	1	1	1	R_z	$x^2+y^2,\ z^2$
E_1'	$\begin{cases} 1 \\ 1 \end{cases}$	$\begin{matrix} \varepsilon \\ \varepsilon^* \end{matrix}$	$\begin{matrix} \varepsilon^2 \\ \varepsilon^{2*} \end{matrix}$	$\begin{matrix} \varepsilon^{2*} \\ \varepsilon^2 \end{matrix}$	$\begin{matrix} \varepsilon^* \\ \varepsilon \end{matrix}$	$\begin{matrix} 1 \\ 1 \end{matrix}$	$\begin{matrix} \varepsilon \\ \varepsilon^* \end{matrix}$	$\begin{matrix} \varepsilon^2 \\ \varepsilon^{2*} \end{matrix}$	$\begin{matrix} \varepsilon^{2*} \\ \varepsilon^2 \end{matrix}$	$\begin{matrix} \varepsilon^* \\ \varepsilon \end{matrix}$	$(x,\ y)$	
E_2'	$\begin{cases} 1 \\ 1 \end{cases}$	$\begin{matrix} \varepsilon^2 \\ \varepsilon^{2*} \end{matrix}$	$\begin{matrix} \varepsilon^* \\ \varepsilon \end{matrix}$	$\begin{matrix} \varepsilon \\ \varepsilon^* \end{matrix}$	$\begin{matrix} \varepsilon^{2*} \\ \varepsilon^2 \end{matrix}$	$\begin{matrix} 1 \\ 1 \end{matrix}$	$\begin{matrix} \varepsilon^2 \\ \varepsilon^{2*} \end{matrix}$	$\begin{matrix} \varepsilon^* \\ \varepsilon \end{matrix}$	$\begin{matrix} \varepsilon \\ \varepsilon^* \end{matrix}$	$\begin{matrix} \varepsilon^{2*} \\ \varepsilon^2 \end{matrix}$		$(x^2-y^2,\ xy)$
A''	1	1	1	1	1	-1	-1	-1	-1	-1	z	
E_1''	$\begin{cases} 1 \\ 1 \end{cases}$	$\begin{matrix} \varepsilon \\ \varepsilon^* \end{matrix}$	$\begin{matrix} \varepsilon^2 \\ \varepsilon^{2*} \end{matrix}$	$\begin{matrix} \varepsilon^{2*} \\ \varepsilon^2 \end{matrix}$	$\begin{matrix} \varepsilon^* \\ \varepsilon \end{matrix}$	$\begin{matrix} -1 \\ -1 \end{matrix}$	$\begin{matrix} -\varepsilon \\ -\varepsilon^* \end{matrix}$	$\begin{matrix} -\varepsilon^2 \\ -\varepsilon^{2*} \end{matrix}$	$\begin{matrix} -\varepsilon^{2*} \\ -\varepsilon^2 \end{matrix}$	$\begin{matrix} -\varepsilon^* \\ -\varepsilon \end{matrix}$	$(R_x,\ R_y)$	$(xz,\ yz)$
E_2''	$\begin{cases} 1 \\ 1 \end{cases}$	$\begin{matrix} \varepsilon^2 \\ \varepsilon^{2*} \end{matrix}$	$\begin{matrix} \varepsilon^* \\ \varepsilon \end{matrix}$	$\begin{matrix} \varepsilon \\ \varepsilon^* \end{matrix}$	$\begin{matrix} \varepsilon^{2*} \\ \varepsilon^2 \end{matrix}$	$\begin{matrix} -1 \\ -1 \end{matrix}$	$\begin{matrix} -\varepsilon^2 \\ -\varepsilon^{2*} \end{matrix}$	$\begin{matrix} -\varepsilon^* \\ -\varepsilon \end{matrix}$	$\begin{matrix} -\varepsilon \\ -\varepsilon^* \end{matrix}$	$\begin{matrix} -\varepsilon^{2*} \\ -\varepsilon^2 \end{matrix}$		

C_{6h}	E	C_6	C_3	C_2	C_3^2	C_6^5	i	S_3^5	S_6^5	σ_h	S_6	S_3		$\varepsilon = \exp(2\pi i/6)$
A_g	1	1	1	1	1	1	1	1	1	1	1	1	R_z	$x^2 + y^2, z^2$
B_g	1	-1	1	-1	1	-1	1	-1	1	-1	1	-1		
E_{1g}	$\begin{Bmatrix}1 \\ 1\end{Bmatrix}$	$\begin{matrix}\varepsilon \\ \varepsilon^*\end{matrix}$	$\begin{matrix}-\varepsilon^* \\ -\varepsilon\end{matrix}$	$\begin{matrix}-1 \\ -1\end{matrix}$	$\begin{matrix}-\varepsilon \\ -\varepsilon^*\end{matrix}$	$\begin{matrix}\varepsilon^* \\ \varepsilon\end{matrix}$	$\begin{matrix}1 \\ 1\end{matrix}$	$\begin{matrix}\varepsilon \\ \varepsilon^*\end{matrix}$	$\begin{matrix}-\varepsilon^* \\ -\varepsilon\end{matrix}$	$\begin{matrix}-1 \\ -1\end{matrix}$	$\begin{matrix}-\varepsilon \\ -\varepsilon^*\end{matrix}$	$\begin{matrix}\varepsilon^* \\ \varepsilon\end{matrix}$	(R_x, R_y)	(xz, yz)
E_{2g}	$\begin{Bmatrix}1 \\ 1\end{Bmatrix}$	$\begin{matrix}-\varepsilon^* \\ -\varepsilon\end{matrix}$	$\begin{matrix}-\varepsilon \\ -\varepsilon^*\end{matrix}$	$\begin{matrix}1 \\ 1\end{matrix}$	$\begin{matrix}-\varepsilon^* \\ -\varepsilon\end{matrix}$	$\begin{matrix}-\varepsilon \\ -\varepsilon^*\end{matrix}$	$\begin{matrix}1 \\ 1\end{matrix}$	$\begin{matrix}-\varepsilon^* \\ -\varepsilon\end{matrix}$	$\begin{matrix}-\varepsilon \\ -\varepsilon^*\end{matrix}$	$\begin{matrix}1 \\ 1\end{matrix}$	$\begin{matrix}-\varepsilon^* \\ -\varepsilon\end{matrix}$	$\begin{matrix}-\varepsilon \\ -\varepsilon^*\end{matrix}$		$(x^2 - y^2, xy)$
A_u	1	1	1	1	1	1	-1	-1	-1	-1	-1	-1	z	
B_u	1	-1	1	-1	1	-1	-1	1	-1	1	-1	1		
E_{1u}	$\begin{Bmatrix}1 \\ 1\end{Bmatrix}$	$\begin{matrix}\varepsilon \\ \varepsilon^*\end{matrix}$	$\begin{matrix}-\varepsilon^* \\ -\varepsilon\end{matrix}$	$\begin{matrix}-1 \\ -1\end{matrix}$	$\begin{matrix}-\varepsilon \\ -\varepsilon^*\end{matrix}$	$\begin{matrix}\varepsilon^* \\ \varepsilon\end{matrix}$	$\begin{matrix}-1 \\ -1\end{matrix}$	$\begin{matrix}-\varepsilon \\ -\varepsilon^*\end{matrix}$	$\begin{matrix}\varepsilon^* \\ \varepsilon\end{matrix}$	$\begin{matrix}1 \\ 1\end{matrix}$	$\begin{matrix}\varepsilon \\ \varepsilon^*\end{matrix}$	$\begin{matrix}-\varepsilon^* \\ -\varepsilon\end{matrix}$	(x, y)	
E_{2u}	$\begin{Bmatrix}1 \\ 1\end{Bmatrix}$	$\begin{matrix}-\varepsilon^* \\ -\varepsilon\end{matrix}$	$\begin{matrix}-\varepsilon \\ -\varepsilon^*\end{matrix}$	$\begin{matrix}1 \\ 1\end{matrix}$	$\begin{matrix}-\varepsilon^* \\ -\varepsilon\end{matrix}$	$\begin{matrix}-\varepsilon \\ -\varepsilon^*\end{matrix}$	$\begin{matrix}-1 \\ -1\end{matrix}$	$\begin{matrix}\varepsilon^* \\ \varepsilon\end{matrix}$	$\begin{matrix}\varepsilon \\ \varepsilon^*\end{matrix}$	$\begin{matrix}-1 \\ -1\end{matrix}$	$\begin{matrix}\varepsilon^* \\ \varepsilon\end{matrix}$	$\begin{matrix}\varepsilon \\ \varepsilon^*\end{matrix}$		

A.4.6 D_{nh}-Gruppen

D_{2h}	E	$C_2(z)$	$C_2(y)$	$C_2(x)$	i	$\sigma(xy)$	$\sigma(xz)$	$\sigma(yz)$		
A_g	1	1	1	1	1	1	1	1		x^2, y^2, z^2
B_{1g}	1	1	-1	-1	1	1	-1	-1	R_z	xy
B_{2g}	1	-1	1	-1	1	-1	1	-1	R_y	xz
B_{3g}	1	-1	-1	1	1	-1	-1	1	R_x	yz
A_u	1	1	1	1	-1	-1	-1	-1		
B_{1u}	1	1	-1	-1	-1	-1	1	1	z	
B_{2u}	1	-1	1	-1	-1	1	-1	1	y	
B_{3u}	1	-1	-1	1	-1	1	1	-1	x	

D_{3h}	E	$2C_3$	$3C_2$	σ_h	$2S_3$	$3\sigma_v$		
A_1'	1	1	1	1	1	1		$x^2 + y^2, z^2$
A_2'	1	1	-1	1	1	-1	R_z	
E'	2	-1	0	2	-1	0	(x, y)	$(x^2 - y^2, xy)$
A_1''	1	1	1	-1	-1	-1		
A_2''	1	1	-1	-1	-1	1	z	
E''	2	-1	0	-2	1	0	(R_x, R_y)	(xz, yz)

D_{4h}	E	$2C_4$	C_2	$2C_2'$	$2C_2''$	i	$2S_4$	σ_h	$2\sigma_v$	$2\sigma_d$		
A_{1g}	1	1	1	1	1	1	1	1	1	1		x^2+y^2, z^2
A_{2g}	1	1	1	-1	-1	1	1	1	-1	-1	R_z	
B_{1g}	1	-1	1	1	-1	1	-1	1	1	-1		x^2-y^2
B_{2g}	1	-1	1	-1	1	1	-1	1	-1	1		xy
E_g	2	0	-2	0	0	2	0	-2	0	0	(R_x, R_y)	(xz, yz)
A_{1u}	1	1	1	1	1	-1	-1	-1	-1	-1		
A_{2u}	1	1	1	-1	-1	-1	-1	-1	1	1	z	
B_{1u}	1	-1	1	1	-1	-1	1	-1	-1	1		
B_{2u}	1	-1	1	-1	1	-1	1	-1	1	-1		
E_u	2	0	-2	0	0	-2	0	2	0	0	(x, y)	

D_{5h}	E	$2C_5$	$2C_5^2$	$5C_2$	σ_h	$2S_5$	$2S_5^3$	$5\sigma_v$		
A_1'	1	1	1	1	1	1	1	1		x^2+y^2, z^2
A_2'	1	1	1	-1	1	1	1	-1	R_z	
E_1'	2	$2\cos 72°$	$2\cos 144°$	0	2	$2\cos 72°$	$2\cos 144°$	0	(x, y)	
E_2'	2	$2\cos 144°$	$2\cos 72°$	0	2	$2\cos 144°$	$2\cos 72°$	0		(x^2-y^2, xy)
A_1''	1	1	1	1	-1	-1	-1	-1		
A_2''	1	1	1	-1	-1	-1	-1	1	z	
E_1''	2	$2\cos 72°$	$2\cos 144°$	0	-2	$-2\cos 72°$	$-2\cos 144°$	0	(R_x, R_y)	(xz, yz)
E_2''	2	$2\cos 144°$	$2\cos 72°$	0	-2	$-2\cos 144°$	$-2\cos 72°$	0		

D_{6h}	E	$2C_6$	$2C_3$	C_2	$3C_2'$	$3C_2''$	i	$2S_3$	$2S_6$	σ_h	$3\sigma_d$	$3\sigma_v$		
A_{1g}	1	1	1	1	1	1	1	1	1	1	1	1		x^2+y^2, z^2
A_{2g}	1	1	1	1	-1	-1	1	1	1	1	-1	-1	R_z	
B_{1g}	1	-1	1	-1	1	-1	1	-1	1	-1	1	-1		
B_{2g}	1	-1	1	-1	-1	1	1	-1	1	-1	-1	1		
E_{1g}	2	1	-1	-2	0	0	2	1	-1	-2	0	0	(R_x, R_y)	(xz, yz)
E_{2g}	2	-1	-1	2	0	0	2	-1	-1	2	0	0		(x^2-y^2, xy)
A_{1u}	1	1	1	1	1	1	-1	-1	-1	-1	-1	-1		
A_{2u}	1	1	1	1	-1	-1	-1	-1	-1	-1	1	1	z	
B_{1u}	1	-1	1	-1	1	-1	-1	1	-1	1	-1	1		
B_{2u}	1	-1	1	-1	-1	1	-1	1	-1	1	1	-1		
E_{1u}	2	1	-1	-2	0	0	-2	-1	1	2	0	0	(x, y)	
E_{2u}	2	-1	-1	2	0	0	-2	1	1	-2	0	0		

A.4.7 D_{nd}-Gruppen

D_{2d}	E	$2S_4$	C_2	$2C_2'$	$2\sigma_d$		
A_1	1	1	1	1	1		x^2+y^2, z^2
A_2	1	1	1	-1	-1	R_z	
B_1	1	-1	1	1	-1		x^2-y^2
B_2	1	-1	1	-1	1	z	xy
E	2	0	-2	0	0	$(x, y); (R_x, R_y)$	(xz, yz)

D_{3d}	E	$2C_3$	$3C_2$	i	$2S_6$	$3\sigma_d$		
A_{1g}	1	1	1	1	1	1		x^2+y^2, z^2
A_{2g}	1	1	-1	1	1	-1	R_z	
E_g	2	-1	0	2	-1	0	(R_x, R_y)	$(x^2-y^2, xy),$ (xz, yz)
A_{1u}	1	1	1	-1	-1	-1		
A_{2u}	1	1	-1	-1	-1	1	z	
E_u	2	-1	0	-2	1	0	(x, y)	

D_{4d}	E	$2S_8$	$2C_4$	$2S_8^3$	C_2	$4C_2'$	$4\sigma_d$		
A_1	1	1	1	1	1	1	1		x^2+y^2, z^2
A_2	1	1	1	1	1	-1	-1	R_z	
B_1	1	-1	1	-1	1	1	-1		
B_2	1	-1	1	-1	1	-1	1	z	
E_1	2	$\sqrt{2}$	0	$-\sqrt{2}$	-2	0	0	(x, y)	
E_2	2	0	-2	0	2	0	0		(x^2-y^2, xy)
E_3	2	$-\sqrt{2}$	0	$\sqrt{2}$	-2	0	0	(R_x, R_y)	(xz, yz)

D_{5d}	E	$2C_5$	$2C_5^2$	$5C_2$	i	$2S_{10}^3$	$2S_{10}$	$5\sigma_d$		
A_{1g}	1	1	1	1	1	1	1	1		x^2+y^2, z^2
A_{2g}	1	1	1	-1	1	1	1	-1	R_z	
E_{1g}	2	$2\cos 72°$	$2\cos 144°$	0	2	$2\cos 72°$	$2\cos 144°$	0	(R_x, R_y)	(xz, yz)
E_{2g}	2	$2\cos 144°$	$2\cos 72°$	0	2	$2\cos 144°$	$2\cos 72°$	0		(x^2-y^2, xy)
A_{1u}	1	1	1	1	-1	-1	-1	-1		
A_{2u}	1	1	1	-1	-1	-1	-1	1	z	
E_{1u}	2	$2\cos 72°$	$2\cos 144°$	0	-2	$-2\cos 72°$	$-2\cos 144°$	0	(x, y)	
E_{2u}	2	$2\cos 144°$	$2\cos 72°$	0	-2	$-2\cos 144°$	$-2\cos 72°$	0		

D_{6d}	E	$2S_{12}$	$2C_6$	$2S_4$	$2C_3$	$2S_{12}^5$	C_2	$6C_2'$	$6\sigma_d$		
A_1	1	1	1	1	1	1	1	1	1		x^2+y^2, z^2
A_2	1	1	1	1	1	1	1	-1	-1	R_z	
B_1	1	-1	1	-1	1	-1	1	1	-1		
B_2	1	-1	1	-1	1	-1	1	-1	1	z	
E_1	2	$\sqrt{3}$	1	0	-1	$-\sqrt{3}$	-2	0	0	(x, y)	
E_2	2	1	-1	-2	-1	1	2	0	0		(x^2-y^2, xy)
E_3	2	0	-2	0	2	0	-2	0	0		
E_4	2	-1	-1	2	-1	-1	2	0	0		
E_5	2	$-\sqrt{3}$	1	0	-1	$\sqrt{3}$	-2	0	0	(R_x, R_y)	(xz, yz)

A.4.8 S_n-Gruppen

S_4	E	S_4	C_2	S_4^3		
A	1	1	1	1	R_z	x^2+y^2, z^2
B	1	-1	1	-1	z	x^2-y^2, xy
E	$\begin{cases} 1 \\ 1 \end{cases}$	$\begin{matrix} i \\ -i \end{matrix}$	$\begin{matrix} -1 \\ -1 \end{matrix}$	$\begin{matrix} -i \\ i \end{matrix}$	(x, y); (R_x, R_y)	(xz, yz)

S_6	E	C_3	C_3^2	i	S_6^5	S_6		$\varepsilon=\exp(2\pi i/3)$
A_g	1	1	1	1	1	1	R_z	x^2+y^2, z^2
E_g	$\begin{cases} 1 \\ 1 \end{cases}$	$\begin{matrix} \varepsilon \\ \varepsilon^* \end{matrix}$	$\begin{matrix} \varepsilon^* \\ \varepsilon \end{matrix}$	$\begin{matrix} 1 \\ 1 \end{matrix}$	$\begin{matrix} \varepsilon \\ \varepsilon^* \end{matrix}$	$\begin{matrix} \varepsilon^* \\ \varepsilon \end{matrix}$	(R_x, R_y)	$(x^2-y^2, xy);$ (xz, yz)
A_u	1	1	1	-1	-1	-1	z	
E_u	$\begin{cases} 1 \\ 1 \end{cases}$	$\begin{matrix} \varepsilon \\ \varepsilon^* \end{matrix}$	$\begin{matrix} \varepsilon^* \\ \varepsilon \end{matrix}$	$\begin{matrix} -1 \\ -1 \end{matrix}$	$\begin{matrix} -\varepsilon \\ -\varepsilon^* \end{matrix}$	$\begin{matrix} -\varepsilon^* \\ -\varepsilon \end{matrix}$	(x, y)	

S_8	E	S_8	C_4	S_8^3	C_2	S_8^5	C_4^3	S_8^7		$\varepsilon=\exp(2\pi i/8)$
A	1	1	1	1	1	1	1	1	R_z	x^2+y^2, z^2
B	1	-1	1	-1	1	-1	1	-1	z	
E_1	$\begin{cases} 1 \\ 1 \end{cases}$	$\begin{matrix} \varepsilon \\ \varepsilon^* \end{matrix}$	$\begin{matrix} i \\ -i \end{matrix}$	$\begin{matrix} -\varepsilon^* \\ -\varepsilon \end{matrix}$	$\begin{matrix} -1 \\ -1 \end{matrix}$	$\begin{matrix} -\varepsilon \\ -\varepsilon^* \end{matrix}$	$\begin{matrix} -i \\ i \end{matrix}$	$\begin{matrix} \varepsilon^* \\ \varepsilon \end{matrix}$	(x, y); (R_x, R_y)	
E_2	$\begin{cases} 1 \\ 1 \end{cases}$	$\begin{matrix} i \\ -i \end{matrix}$	$\begin{matrix} -1 \\ -1 \end{matrix}$	$\begin{matrix} -i \\ i \end{matrix}$	$\begin{matrix} 1 \\ 1 \end{matrix}$	$\begin{matrix} i \\ -i \end{matrix}$	$\begin{matrix} -1 \\ -1 \end{matrix}$	$\begin{matrix} -i \\ i \end{matrix}$		(x^2-y^2, xy)
E_3	$\begin{cases} 1 \\ 1 \end{cases}$	$\begin{matrix} -\varepsilon^* \\ -\varepsilon \end{matrix}$	$\begin{matrix} -i \\ i \end{matrix}$	$\begin{matrix} \varepsilon \\ \varepsilon^* \end{matrix}$	$\begin{matrix} -1 \\ -1 \end{matrix}$	$\begin{matrix} \varepsilon^* \\ \varepsilon \end{matrix}$	$\begin{matrix} i \\ -i \end{matrix}$	$\begin{matrix} -\varepsilon \\ -\varepsilon^* \end{matrix}$		(xz, yz)

A.4.9 Kubische Gruppen

T	E	$4C_3$	$4C_3^2$	$3C_2$		$\varepsilon = \exp(2\pi i/3)$
A	1	1	1	1		$x^2 + y^2 + z^2$
$E \left\{\vphantom{\begin{matrix}1\\1\end{matrix}}\right.$	1	ε	ε^*	1		
	1	ε^*	ε	1		$(2z^2 - x^2 - y^2,\ x^2 - y^2)$
T	3	0	0	-1	$(R_x, R_y, R_z);\ (x, y, z)$	(xy, xz, yz)

T_h	E	$4C_3$	$4C_3^2$	$3C_2$	i	$4S_6$	$4S_6^5$	$3\sigma_h$		$\varepsilon = \exp(2\pi i/3)$
A_g	1	1	1	1	1	1	1	1		$x^2 + y^2 + z^2$
A_u	1	1	1	1	-1	-1	-1	-1		
$E_g \left\{\vphantom{\begin{matrix}1\\1\end{matrix}}\right.$	1	ε	ε^*	1	1	ε	ε^*	1		$(2z^2 - x^2 - y^2,$
	1	ε^*	ε	1	1	ε^*	ε	1		$x^2 - y^2)$
$E_u \left\{\vphantom{\begin{matrix}1\\1\end{matrix}}\right.$	1	ε	ε^*	1	-1	$-\varepsilon$	$-\varepsilon^*$	-1		
	1	ε^*	ε	1	-1	$-\varepsilon^*$	$-\varepsilon$	-1		
T_g	3	0	0	-1	1	0	0	-1	(R_x, R_y, R_z)	(xy, xz, yz)
T_u	3	0	0	-1	-1	0	0	1	(x, y, z)	

T_d	E	$8C_3$	$3C_2$	$6S_4$	$6\sigma_d$		
A_1	1	1	1	1	1		$x^2 + y^2 + z^2$
A_2	1	1	1	-1	-1		
E	2	-1	2	0	0		$(2z^2 - x^2 - y^2,\ x^2 - y^2)$
T_1	3	0	-1	1	-1	(R_x, R_y, R_z)	
T_2	3	0	-1	-1	1	(x, y, z)	(xy, xz, yz)

O	E	$6C_4$	$3C_2\,(= C_4^2)$	$8C_3$	$6C_2$		
A_1	1	1	1	1	1		$x^2 + y^2 + z^2$
A_2	1	-1	1	1	-1		
E	2	0	2	-1	0		$(2z^2 - x^2 - y^2,$ $x^2 - y^2)$
T_1	3	1	-1	0	-1	$(R_x, R_y, R_z);$ (x, y, z)	
T_2	3	-1	-1	0	1		(xy, xz, yz)

O_h	E	$8C_3$	$6C_2$	$6C_4$	$3C_2$ $(= C_4^2)$	i	$6S_4$	$8S_6$	$3\sigma_h$	$6\sigma_d$		
A_{1g}	1	1	1	1	1	1	1	1	1	1		$x^2 + y^2 + z^2$
A_{2g}	1	1	-1	-1	1	1	-1	1	1	-1		
E_g	2	-1	0	0	2	2	0	-1	2	0		$(2z^2 - x^2 - y^2,$ $x^2 - y^2)$
T_{1g}	3	0	-1	1	-1	3	1	0	-1	-1	(R_x, R_y, R_z)	
T_{2g}	3	0	1	-1	-1	3	-1	0	-1	1		(xy, xz, yz)
A_{1u}	1	1	1	1	1	-1	-1	-1	-1	-1		
A_{2u}	1	1	-1	-1	1	-1	1	-1	-1	1		
E_u	2	-1	0	0	2	-2	0	1	-2	0		
T_{1u}	3	0	-1	1	-1	-3	-1	0	1	1	(x, y, z)	
T_{2u}	3	0	1	-1	-1	-3	1	0	1	-1		

A.4.10 $C_{\infty v}$- und $D_{\infty h}$-Gruppen für lineare Moleküle

$C_{\infty v}$	E	$2C_\infty^\Phi$	...	$\infty\sigma_v$		
$A_1 \equiv \Sigma^+$	1	1	...	1	z	$x^2 + y^2, z^2$
$A_2 \equiv \Sigma^-$	1	1	...	-1	R_z	
$E_1 \equiv \Pi$	2	$2\cos\Phi$	...	0	$(x, y); (R_x, R_y)$	(xz, yz)
$E_2 \equiv \Delta$	2	$2\cos 2\Phi$	...	0		$(x^2 - y^2, xy)$
$E_3 \equiv \Phi$	2	$2\cos 3\Phi$	...	0		
...	...	...	...	...		

$D_{\infty h}$	E	$2C_\infty^\Phi$	...	$\infty\sigma_v$	i	$2S_\infty^\Phi$	...	∞C_2		
Σ_g^+	1	1	...	1	1	1	...	1		$x^2 + y^2, z^2$
Σ_g^-	1	1	...	-1	1	1	...	-1	R_z	
Π_g	2	$2\cos\Phi$	...	0	2	$-2\cos\Phi$	...	0	(R_x, R_y)	(xz, yz)
Δ_g	2	$2\cos 2\Phi$	...	0	2	$2\cos\Phi$	...	0		$(x^2 - y^2, xy)$
...	...	...	...	...	...	...	...	...		
Σ_u^+	1	1	...	1	-1	-1	...	-1	z	
Σ_u^-	1	1	...	-1	-1	-1	...	1		
Π_u	2	$2\cos\Phi$	...	0	-2	$2\cos\Phi$	...	0	(x, y)	
Δ_u	2	$2\cos 2\Phi$	...	0	-2	$-2\cos 2\Phi$	...	0		
...	...	...	...	...	...	...	...	...		

A.4.11 Ikosaeder-Gruppen

I_h	E	$12C_5$	$12C_5^2$	$20C_3$	$15C_2$	i	$12S_{10}$	$12S_{10}^3$	$20S_6$	15σ		
A_g	1	1	1	1	1	1	1	1	1	1		$x^2 + y^2 + z^2$
T_{1g}	3	$\frac{1}{2}(1+\sqrt{5})$	$\frac{1}{2}(1-\sqrt{5})$	0	-1	3	$\frac{1}{2}(1-\sqrt{5})$	$\frac{1}{2}(1+\sqrt{5})$	0	-1	(R_x, R_y, R_z)	
T_{2g}	3	$\frac{1}{2}(1-\sqrt{5})$	$\frac{1}{2}(1+\sqrt{5})$	0	-1	3	$\frac{1}{2}(1+\sqrt{5})$	$\frac{1}{2}(1-\sqrt{5})$	0	-1		
G_g	4	-1	-1	1	0	4	-1	-1	1	0		
H_g	5	0	0	-1	1	5	0	0	-1	1		$(2z^2 - x^2 - y^2,$ $x^2 - y^2,$ $xy, xz, yz)$
A_u	1	1	1	1	1	-1	-1	-1	-1	-1		
T_{1u}	3	$\frac{1}{2}(1+\sqrt{5})$	$\frac{1}{2}(1-\sqrt{5})$	0	-1	-3	$-\frac{1}{2}(1-\sqrt{5})$	$-\frac{1}{2}(1+\sqrt{5})$	0	1	(x, y, z)	
T_{2u}	3	$\frac{1}{2}(1-\sqrt{5})$	$\frac{1}{2}(1+\sqrt{5})$	0	-1	-3	$-\frac{1}{2}(1+\sqrt{5})$	$-\frac{1}{2}(1-\sqrt{5})$	0	1		
G_u	4	-1	-1	1	0	-4	1	1	-1	0		
H_u	5	0	0	-1	1	-5	0	0	1	-1		

A.5 Das C_6H_6-Spektrum, Analyse der angeregten Singulett-Zustände

In Abschn. 4 haben wir gesehen, daß die Molekülorbitale, die σ- und σ^*-Niveaus in Kohlenwasserstoffen beschreiben, gewöhnlich ignoriert werden können, solange wir UV- und nahe VUV-Spektren analysieren wollen. Daher beschränken wir uns bei der Analyse des C_6H_6-Spektrums, siehe Fig. 5.23, auf die π-Orbitale. Die sechs p_z-Atomorbitale formen die Basis für die vier Molekülorbitale, von denen zwei entartet sind. Wir arrangieren sie mit zunehmender Energie, wobei wir die Faustregel: „Je mehr Knoten, je höher die Energie" berücksichtigen. Das Diagramm Fig. A.5.1 enthält nur den Teil des MO-Schemas, der uns direkt interessiert.

Dieses MO-Diagramm sowie die entsprechenden Zustände sind weitaus komplizierter als diejenigen, die wir bereits in Abschn. 5.7 für das p-$C_6H_4X_2$ Beispiel erhalten haben. Der Grund liegt in den Bahnentartungen, die immer auftreten, sobald die Moleküle in höheren Symmetriegruppen sind. Diese zusätzliche Kompliziertheit ändert jedoch den grundsätzlichen Weg der Analyse nicht.

Um zunächst einmal versuchsweise die Symmetrie der ersten vier Übergänge aus dem Absorptionsspektrum, Fig. 5.23, zu bestimmen, benutzen wir drei Kriterien. Diese sind Intensität, Energie und die Schwingungsstruktur. Die vier Übergänge haben ihre Ursprünge bei ca. 3 370 Å, 2 600 Å, 2 000 Å und 1 800 Å. Zunächst schauen wir uns einmal die Übergangsmoment-Integrale für die jeweils möglichen Übergänge an. Der Dipolmomentoperator $\hat{\mu}$ in D_{6h} transformiert wie $a_{2u}(z)$ und $e_{1u}(x, y)$.

$$E_{1u} \leftarrow A_{1g} \qquad E_{1u}(a_{1g}) \begin{pmatrix} a_{2u} \\ e_{1u} \end{pmatrix} A_{1g}(a_{1g}) \sim \begin{pmatrix} e_{1g} \\ \underline{\underline{a_{1g}}} + a_{2g} + e_{2g} \end{pmatrix}, \qquad (A.5.1)$$

$$B_{1u} \leftarrow A_{1g} \qquad B_{1u}(a_{1g}) \begin{pmatrix} a_{2u} \\ e_{1u} \end{pmatrix} A_{1g}(a_{1g}) \sim \begin{pmatrix} b_{2g} \\ e_{2g} \end{pmatrix}, \qquad (A.5.2)$$

$$B_{2u} \leftarrow A_{1g} \qquad B_{2u}(a_{1g}) \begin{pmatrix} a_{2u} \\ e_{1u} \end{pmatrix} A_{1g}(a_{1g}) \sim \begin{pmatrix} b_{1g} \\ e_{2g} \end{pmatrix}. \qquad (A.5.3)$$

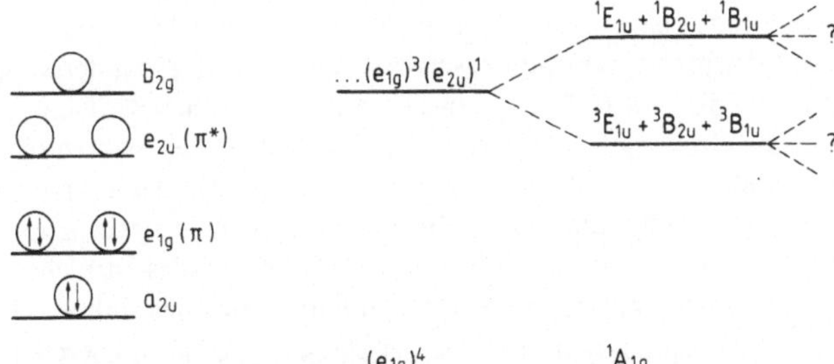

Fig. A.5.1 Molekülorbitale und Zustandsdiagramm für das Benzolmolekül, C_6H_6

Damit sagen bereits die Bahnauswahlregeln voraus, daß von den sechs angeregten Zuständen, die aus dieser Einelektronen-Anregung entstammen, nur Übergänge zu den E_{1u}-Zuständen erlaubt sind. Benutzen wir als nächstes die Spin-Auswahlregel, so finden wir sofort, daß lediglich Übergänge zu den drei Singulett-Zuständen spinerlaubt sind. Diese können dann mit Extinktionskoeffizienten $\varepsilon = 1 \to 10^5$ erwartet werden. Die Analyse des nur schwach aufgelösten Spektrums von Benzol ist mit obigen Daten:

(a) Die Absorptionsbanden mit Ursprüngen bei 2600 Å, 2000 Å bzw. 1800 Å geben Übergänge zu den drei Singulett-Zuständen wieder.

(b) Das intensivste Band im Spektrum bei 1800 Å ($\varepsilon \approx 10^5$) entspricht dem vollständig erlaubten $^1E_{1u} \leftarrow {}^1A_{1g}$-Übergang.

(c) Das schwächste Band im Spektrum bei ca. 3370 Å ($\varepsilon < 10^{-2}$) entspricht einem spinverbotenen $^3X \leftarrow {}^1A_{1g}$-Übergang, wobei die Symmetrie des Triplett-Zustandes zunächst unbekannt bleibt.

Von dem nur schwach aufgelösten Spektrum in Fig. 5.23 kann nicht bestimmt werden, welcher Singulett-Zustand zum 2600 Å-Band, welcher zum 2000 Å-Band gehört. Diese Unsicherheit, zusammen mit der über die Symmetrie des Triplett-Zustandes, ist nicht ungewöhnlich bei der Analyse eines komplizierten Moleküls, solange nur schwach aufgelöste Spektren vorliegen. Um sie zu beseitigen, benötigen wir mehr, vor allem genauere Daten. Insbesondere könnte uns eine Schwingungsanalyse des 2600 Å-Bandes die Symmetrie des beteiligten Zustandes verschaffen. Desgleichen kann eine solche Analyse der Schwingungsbanden des Triplett-Singulett-Überganges in Emission helfen, die Symmetrie des Triplett-Zustandes zu bestimmen. Damit sind die weiteren experimentellen Schritte aufgezeigt, um die Analyse der vier Banden im C_6H_6-Spektrum zu vervollständigen.

Fig. A.5.2 und A.5.3 zeigen Spektren des gasförmigen C_6H_6 bei moderater Auflösung im Bereich 2600 Å und 2000 Å. Um nun eine Schwingungsanalyse dieser Spektren durchzuführen, ist es jedoch zunächst wichtig, die Bahn-Auswahlregeln für die $^1B_{1u} \leftarrow {}^1A_{1g}$- und $^1B_{2u} \leftarrow {}^1A_{1g}$-Übergänge zu inspizieren; zudem benötigen wir einiges Datenmaterial über Grundzustands-Schwingungsquanten. Tab. A.5.1 listet diese Frequenzen auf; beachte, daß einige dieser Frequenzen Werte einer Berechnung sind, andere entstammen unterschiedlichen Experimenten (IR und Raman, flüssige Phase).

Wie bereits weiter oben (Übergangsmoment-Integrale) aufgezeigt, sind Übergänge zu oder von einem e_{2g}-Schwingungsniveau („hot band") bahnerlaubt, wenn der angeregte Zustand B_{1u}- oder B_{2u}-Symmetrie aufweist. Daher wird uns die Identifizierung eines solchen Schwingungsüberganges wenig helfen, die Symmetrie des oberen, beteiligten Zustandes zu beschaffen. Die Festlegung eines Überganges mit einer b_{2g}-Schwingung ($\bar{\nu}_4$ oder $\bar{\nu}_5$) verhilft jedoch augenblicklich zur Symmetriebestimmung des $^1B_{1u}$-Zustandes. Eine entsprechende Bestimmung des $^1B_{2u}$-Zustandes ist nicht möglich, da C_6H_6 keine Schwingungen mit b_{1g}-Symmetrie enthält, siehe auch Tab. A.5.1.

Die Schwingungsanalyse des C_6H_6-Spektrums in Fig. A.5.2 folgt einem allgemeinen Vorgehen, wie es zur Analyse der Spektren aromatischer Moleküle in der Gasphase gebräuchlich und erfolgreich ist. Das Vorgehen beruht auf folgenden Beobachtungen:

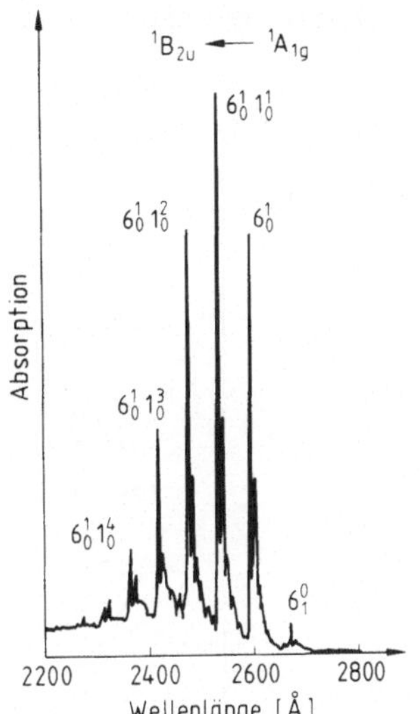

Fig. A.5.2 Absorptionsspektrum des
$^1B_{2u} \leftarrow \,^1A_{1g}$ Überganges im C_6H_6
in der Gasphase

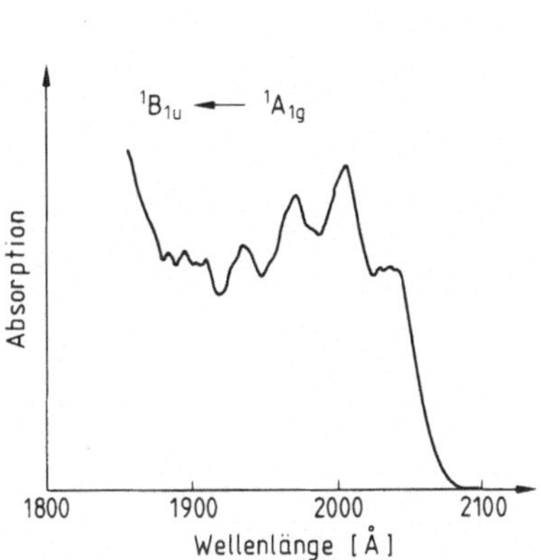

Fig. A.5.3 Absorptionsspektrum des
$^1B_{1u} \leftarrow \,^1A_{1g}$ Überganges im C_6H_6
in der Gasphase

Wenn der elektronische Übergang bahnerlaubt ist, kann man mit hoher Sicherheit das stärkste Absorptionsband bei niedriger Energie dem 0-0-Übergang zuordnen. Diesem Band folgen bei noch niedrigerer Energie eine Serie von schwächeren Banden, deren Intensität mit einem Boltzmann-Faktor einer Serie von Grundzustands-Schwingungsniveaus zugeordnet werden kann (sie werden zugleich eine starke Temperaturabhängigkeit zeigen). Die Energiedifferenz zwischen diesen jeweiligen Banden („hot bands") und dem Ursprung (0-0) entspricht der Energie des entsprechenden Schwingungsniveaus im Grundzustand und kann mit den Werten aus Tab. A.5.1 verglichen werden. Nach Festlegung des 0-0-Bandes und Kennzeichnung eines oder mehrerer „hot bands" betrachten wir die stärkeren Übergänge bei höheren Energien genauer. Allgemein gilt, daß diejenigen Moden, die bei den „hot bands" aktiv waren, als starke Ausgangsniveaus für Übergänge zum oberen Zustand dienen. Diese Beobachtung ist ein wichtiger Schlüssel, um die Energien der Schwingungsniveaus des angeregten Zustandes zu bestimmen. Die hier vorgenommenen Verallgemeinerungen haben wir bereits bei der Analyse des p-$C_6H_4F_2$-Spektrums vorgeführt und benutzt.

Die Analyse des hier vorliegenden, verbotenen $^1B_{2u} \leftarrow \,^1A_{1g}$-Überganges in C_6H_6 ist der oben angeführten sehr ähnlich. Der wichtigste Unterschied ist, daß der Ursprung, d. h. die 0-0-Bande, nicht auftritt, genausowenig wie irgendeine Progression, die eine oder mehrere totalsymmetrische Moden enthält und auf 0-0 aufbaut. In diesem Fall entspricht die stärkste Bande bei niedrigster Energie einem der erlaubten Grundzustands-Schwingungsniveaus; welche der Schwingungen im angeregten Zustand beteiligt ist, bleibt zunächst unbekannt.

Tab. A.5.1 Schwingungsfrequenzen des C_6H_6 im gasförmigen und flüssigen Zustand

D_{6h}-Symmetrie	Schwingungs-Numerierung	Frequenz $[cm^{-1}]^{1)}$	
		gasförmig	flüssig
a_{1g}	1	995.4	(993)
	2	(3073)	(3062)
a_{2g}	3	(1350)	1346
b_{2g}	4	(707)	(707)
	5	(990)	(991)
e_{2g}	6	606	(606)
	7	(3056)	(3048)
	8	(1590)	1586
	9	(1178)	1177
e_{1g}	10	(846)	850
a_{2u}	11	674	675
b_{1u}	12	(1010)	1010
	13	(3057)	(3048)
b_{2u}	14	(1309)	1309
	15	(1146)	1146
e_{2u}	16	398.6	404
	17	967	969
e_{1u}	18	1037	1035
	19	1482	1479
	20	3047	3036

[1]) Die in Klammern angegebenen Frequenzen sind Ergebnisse einer Rechnung unter Verwendung aller Normalkoordinaten des C_6H_6.

A.6   Die Hückel-Methode

Mit einer Reihe drastischer Vereinfachungen gelingt es uns mit dieser Methode tatsächlich einige Zahlenwerte für die Energien von Molekül-Orbitalen auszurechnen. So grob diese Methode auch aussehen mag, gibt sie uns doch Antworten von bemerkenswerter qualitativer, oft sogar semi-quantitativer Art. Die Anwendung der Hückel-Methode ist auf π-Elektronen beschränkt. Hier wollen wir uns sogar auf Moleküle, die ausschließlich aus Kohlenstoff- und Wasserstoffatomen bestehen, beschränken. Erinnern wir uns an Äthylen. Dort fanden wir einen Satz von σ-bindenden Niveaus unterhalb der Energie des π-Orbitals. Darüber befand sich als nächstes das antibindende π^*-Orbital. Weit darüber was das ebenfalls antibindende σ^*-Orbital. Der wichtigste Punkt ist, daß das niedrigste gefüllte Orbital ein π-Orbital ist, und ebenfalls das erste ungefüllte Orbital π-Charakter hat. Diese Orbitale sind bedeutend nicht nur für Spektroskopie, sondern ebenfalls für die Struktur und Reaktivität. Behandlung nach der Hückel-Methode heißt zunächst, daß wir den Rahmen der σ-MO vollständig vernachlässigen. Wir beschäftigen uns also ausschließlich mit der Energie und Form der π-Orbitale.

Zunächst rufen wir uns in Erinnerung, daß die LCAO-Methode die Konstruktion von Wellenfunktionen beinhaltet mit einigen zunächst unbestimmten Koeffizienten. Unsere Basis von Atomorbitalen in der Hückel-Version der LCAO-Methode sind jeweils ein p-Orbital von jedem Kohlenstoff-Atom mit π-Charakter. Für Äthylen zum Beispiel konstruieren wir Wellenfunktionen der folgenen Form

$$\psi = c_1(2p_A) + c_2(2p_B). \tag{A.6.1}$$

Die Variationsmethode führt dann zu einer Säulardeterminante der Form Gl. (4.10). Im Rahmen der π-Orbitale für z. B. Butadien, C_4H_6, bekommen wir eine 4×4-Säulardeterminante des folgenden Typs:

$$\begin{vmatrix} H_{11}\text{-}E & H_{12}\text{-}ES_{12} & H_{13}\text{-}ES_{13} & H_{14}\text{-}ES_{14} \\ H_{21}\text{-}ES_{21} & H_{22}\text{-}E & H_{23}\text{-}ES_{23} & H_{24}\text{-}ES_{24} \\ H_{31}\text{-}ES_{31} & H_{32}\text{-}ES_{32} & H_{33}\text{-}E & H_{34}\text{-}ES_{34} \\ H_{41}\text{-}ES_{41} & H_{42}\text{-}ES_{42} & H_{43}\text{-}ES_{43} & H_{44}\text{-}E \end{vmatrix} = 0. \tag{A.6.2}$$

Wir haben die Bezeichnungen hier abgekürzt. Das Integral H_{21}, zum Beispiel, ist ausgeschrieben

$$\int (2p_1)\, H(2p_2)\, d\tau, \tag{A.6.3}$$

wobei $2p_1$ ein Orbital am Atom 1 und $2p_2$ ein Orbital am Atom 2 ist. Das Butadien hat Kohlenstoffatome von 1 bis 4.

Nun zu den Näherungen: Die Coulomb-Integrale H_{ii} geben in etwa die Energie eines Elektrons im 2p-Orbital des Kohlenstoff-Atoms i wieder. Wir wollen annehmen, daß alle diese Integrale gleich sind und geben ihnen den Wert α. Die anderen Integrale H_{ij} geben die Größe der Wechselwirkung von p-Orbitalen an den Atomen i und j an. Wir wollen nun annehmen, daß für nächste Nachbarn i und j das Integral H_{ij} den Wert β hat. Für weiter entfernte Atome i' und j' setzen wir $H_{i'j'} = 0$. Wir betrachten ferner, daß relativ zur Energie eines Elektrons in unendlichem Abstand die Werte α und β negativ sind. Sie repräsentieren also eine stabilisierende Wechselwirkung. Die Überlappungs-Integrale S_{ij} sind die leichtesten: Wir setzen sie alle Null mit Ausnahme von S_{ii}, die wir bereits in der obigen Säulardeterminante (A.6.2) korrekt gleich Eins gesetzt haben. Um zumindest eine Idee von dem Ausmaß dieser Näherungen zu bekommen, zeigt Fig. A.6.1 π-Überlappungs-integrale. Bei einem $C-C$-Abstand von 1.4 Å, typisch für ein π-System, hat S_{ij} einen Wert von ca. 0.25. Dennoch werden wir es vernachlässigen. Laßt uns zum Ethen zurückkommen und sehen, wie alles abläuft. Die oben angegebenen Näherungen reduzieren die Säulardeterminante erheblich

$$\begin{vmatrix} \alpha - E & \beta \\ \beta & \alpha - E \end{vmatrix} = 0. \tag{A.6.4}$$

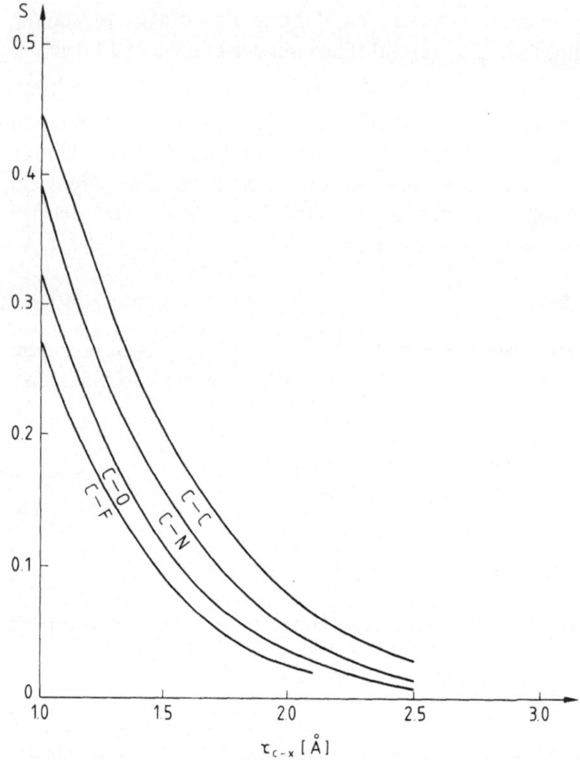

Fig. A.6.1 Slater-Überlappungs-Integrale für p_π-p_π-Bindungen

Wir definieren die neue Variable

$$x = (\alpha - E)/\beta,\qquad\qquad (A.6.5)$$

dividieren alle Größen durch β:

$$\begin{vmatrix} x & 1 \\ 1 & x \end{vmatrix} = x^2 - 1 = 0, \qquad x = \pm 1, \qquad E = \alpha \pm \beta. \qquad (A.6.6)$$

Damit haben wir z w e i Energieniveaus erzeugt. Diese sind gerade dieselben, die wir aus einer früheren Behandlung des Ethen herausbekamen; vgl. Fig. A.6.2.

Wir versuchen uns an Butadien:

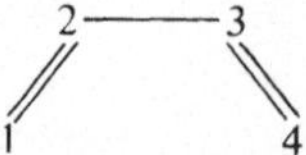

$$\begin{vmatrix} x & 1 & 0 & 0 \\ 1 & x & 1 & 0 \\ 0 & 1 & x & 1 \\ 0 & 0 & 1 & x \end{vmatrix} = 0, \qquad\qquad (A.6.7)$$

$$x(x^3 - 2x) - (x^2 - 1) = x^4 - 3x^2 + 1 = 0, \qquad x = \pm\left(\frac{3 \pm \sqrt{5}}{2}\right)^{1/2},$$

$$E_1 = \alpha + \beta\left(\frac{3+5}{2}\right)^{1/2} = \alpha + 1.62\beta, \qquad E_3 = \alpha - \beta\left(\frac{3-5}{2}\right)^{1/2} = \alpha - 0.62\beta,$$

$$E_2 = \alpha + \beta\left(\frac{3-5}{2}\right)^{1/2} = \alpha + 0.62\beta, \qquad E_4 = \alpha - \beta\left(\frac{3+5}{2}\right)^{1/2} = \alpha - 1.62\beta.$$

Etwas sehr Interessantes fällt uns auf: Die Energie der vier π-Elektronen des C_4H_6 ist $4\alpha + 4.48\beta$. Die Energie von zwei getrennten Ethen-Molekülen ist $4\alpha + 4\beta$. Das Butadien-Molekül ist 0.48β stabiler als die beiden isolierten Ethen-Doppelbindungen. Das bedeutet ungefähr 3 kcal/Mol. Dieses Phänomen ist in konjugierten π-Systemen gewöhnlich (ein konjugiertes System hat eine Reihe von Doppelbindungen, die jeweils durch eine Einfachbindung voneinander getrennt sind). Der Effekt beruht auf der Delokalisierung der Elektronen innerhalb der π-Orbitale. Diese Energie wird auch Delokalisierungsenergie (DE) oder Resonanzenergie genannt. Die Resonanzstrukturen des Butadien illustrieren diese Delokalisierung.

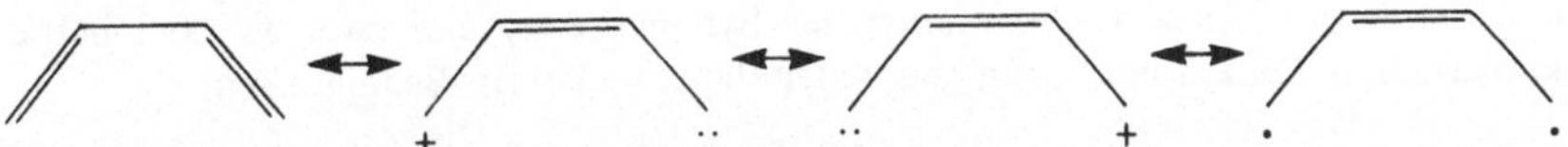

Die Bedeutung dieser Resonanzstrukturen zeigt sich bereits an den Bindungslängen in Butadien. Die Bindungslänge für eine C—C-Einzelbindung ist gewöhnlich 1.54 Å, die C=C-Doppelbindungslänge beträgt 1.33 Å. In Butadien ist sie 1.33 Å für die Doppel-

Fig. A.6.2 Energieniveaus und Grundzustands-
besetzung des Ethens (nach der
HMO-Methode)

Fig. A.6.3 Energieniveaus und Grundzustands-
besetzung des Butadien (nach der
HMO-Methode)

bindung, jedoch 1.48 Å für die Einfachbindung, d. h. die zentrale C–C-Bindung ist deutlich stärker als eine isolierte C–C-Einfachbindung.

Wir wenden uns nun den Wellenfunktionen der jeweiligen Energieniveaus zu. Jedes MO ψ_i ist eine Linearkombination der vier p-Orbitale, die wir mit ϕ_1 bis ϕ_4 bezeichnen wollen:

$$\psi_i = C_{i1}\phi_1 + C_{i2}\phi_2 + C_{i3}\phi_3 + C_{i4}\phi_4 = \sum_{ij} C_{ij}\phi_j. \tag{A.6.8}$$

Es gibt vier Molekülorbitale, daher läuft i von 1 bis 4.

Die Variationsmethode wird uns die Werte der Koeffizienten geben, aber das wollen wir im Detail nicht betrachten. Zunächst sind wir an der Symmetrie der Orbitale ϕ_i interessiert. In der Punktgruppe C_{2v} transformieren die p-Orbitale für cis-C_4H_6 mit der nachstehenden Struktur und dem Koordinatensystem wie folgt:

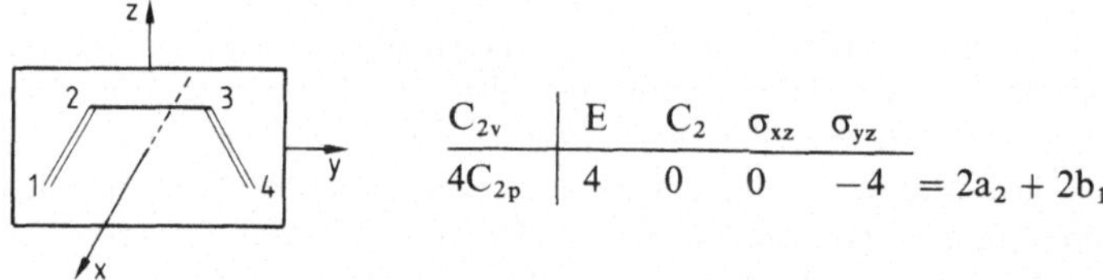

$$
\begin{array}{c|cccc}
C_{2v} & E & C_2 & \sigma_{xz} & \sigma_{yz} \\
\hline
4C_{2p} & 4 & 0 & 0 & -4
\end{array}
= 2a_2 + 2b_1
$$

(Wir könnten hier übrigens genauso gut die C_{2h}-transplanare Kernkonformation des Butadien wählen; unser Endresultat wäre dasselbe.)

Wir müssen zwei Linearkombinationen der Symmetrie a_2 und zwei der Symmetrie b_1 konstruieren. Diese Funktionen gehorchen dabei folgenden Bedingungen:

$$
\begin{aligned}
\psi(a_2) &= a\phi_1 + b\phi_2 - b\phi_3 - a\phi_4, & \psi(b_1) &= e\phi_1 + f\phi_2 + f\phi_3 + e\phi_4, \\
\psi(a_2) &= c\phi_1 - d\phi_2 + d\phi_3 - c\phi_4, & \psi(b_1) &= g\phi_1 - h\phi_2 - h\phi_3 + g\phi_4.
\end{aligned} \tag{A.6.9}
$$

Symmetrie fordert diese Form der Wellenfunktionen. Genauer gibt die Lösung der Säkulardeterminante die folgenden Wellenfunktionen:

$$
\begin{aligned}
\psi_1(b_1) &= 0.371\phi_1 + 0.600\phi_2 + 0.600\phi_3 + 0.371\phi_4, \\
\psi_2(a_2) &= 0.600\phi_1 + 0.371\phi_2 - 0.371\phi_3 - 0.600\phi_4, \\
\psi_3(b_1) &= 0.600\phi_1 - 0.371\phi_2 - 0.371\phi_3 + 0.600\phi_4, \\
\psi_4(a_2) &= 0.371\phi_1 - 0.600\phi_2 + 0.600\phi_3 - 0.371\phi_4.
\end{aligned} \tag{A.6.10}
$$

Diese Wellenfunktionen sind in Fig. A.6.4 aufgetragen. Wichtig zu bemerken ist der Umstand, daß die Energie der Orbitale ansteigt, sobald die Anzahl der Knoten in den jeweiligen Orbitalen wächst. Ein Knoten ist gerade der Punkt, an dem die Wellenfunktion ihr Vorzeichen ändert. Das Orbital niedrigster Energie, ψ_1, hat keinen Knoten, ψ_2 hat einen, ψ_3 hat zwei und schließlich ψ_4 drei Knoten. Dieses Anwachsen der Energie mit zunehmender Knotenanzahl gilt allgemein und ist von Bedeutung. Laßt uns

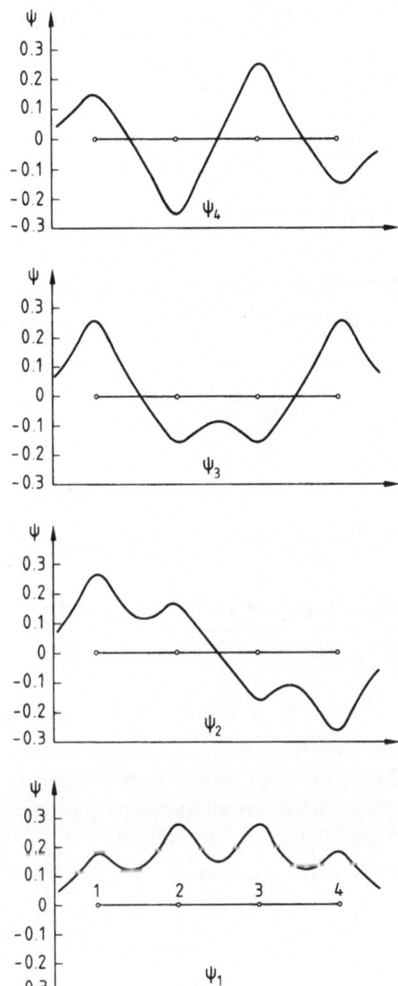

Fig. A.6.4 Hückel Molekül-Orbitale (MO) des Butadien (cis-C_4H_6).

ein weiteres, einfaches Beispiel versuchen, das Allyl-Molekül C_3H_5, dessen Struktur und Koordinatensystem wie folgt aussieht:

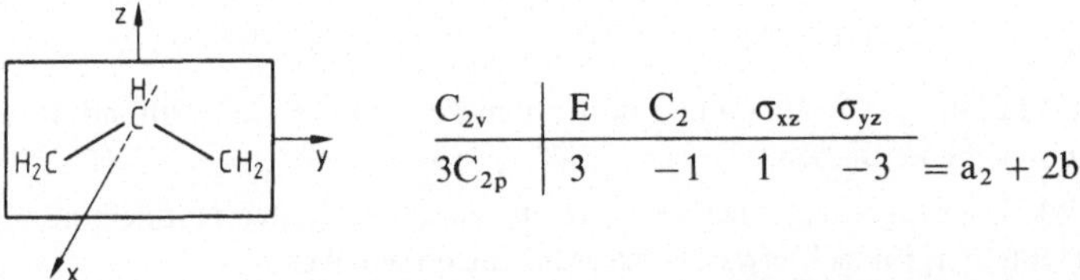

C_{2v}	E	C_2	σ_{xz}	σ_{yz}	
$3C_{2p}$	3	-1	1	-3	$= a_2 + 2b_1$

$$\psi(a_2) = a\phi_1, \qquad \psi(b_1) = b\phi_1 + c\phi_2 + b\phi_3, \qquad \psi(b_1) = d\phi_1 - e\phi_2 + d\phi_3,$$

$$\begin{vmatrix} x & 1 & 0 \\ 1 & x & 1 \\ 0 & 1 & x \end{vmatrix} = x^3 - 2x = 0 \qquad x = 0, \ \pm\sqrt{2} \tag{A.6.11}$$

$$E_1(\psi b_1) = \alpha + \sqrt{2}\beta, \qquad E_2(\psi a_2) = \alpha, \qquad E_3(\psi b_1) = \alpha - \sqrt{2}\beta.$$

Aus Fig. A.6.5 entnehmen wir, daß $C_3H_5^+$ die Energie $2\alpha + 2 \cdot \sqrt{2}\beta$, das Radikal C_3H_5 die Energie $3\alpha + 2 \cdot \sqrt{2}\beta$ und das Anion $C_3H_5^-$ schließlich die Energie $4\alpha + 2 \cdot \sqrt{2}\beta$ hat. Schließlich wollen wir uns noch das Benzolmolekül C_6H_6 mit der Punktgruppe D_{6h} anschauen:

D_{6h}	E	$2C_6$	$2C_3$	C_2	$3C_2'$	$3C_2''$	i	$2S_3$	$2S_6$	σ_h	$3\sigma_d$	$3\sigma_v$
$6C_{2p}$	6	0	0	0	0	0	0	0	0	-6	0	2

$$= b_{2g} + e_{1g} + a_{2u} + e_{2u}.$$

Die Transformationseigenschaften der sechs p-Atomorbitale zeigen uns unverzüglich, daß es nur vier verschiedene Energieniveaus geben wird, z. B. zwei Sätze von Molekülorbitalen werden entartet sein, da wir natürlich insgesamt sechs Molekülorbitale aus sechs Atomorbitale formen müssen.

Die Säkulardeterminante läßt sich einfach aufschreiben, und zwar ist

$$\begin{vmatrix} x & 1 & 0 & 0 & 0 & 1 \\ 1 & x & 1 & 0 & 0 & 0 \\ 0 & 1 & x & 1 & 0 & 0 \\ 0 & 0 & 1 & x & 1 & 0 \\ 0 & 0 & 0 & 1 & x & 1 \\ 1 & 0 & 0 & 0 & 1 & x \end{vmatrix} = 0, \tag{A.6.1}$$

woraus sich ergibt

$$x = \pm 2, \ \pm 1, \ \pm 1. \tag{A.6.13}$$

(Beachte, daß die e_1-Orbitale nur eine Knotenebene aufweisen, während die e_2-Orbitale zwei Knotenebenen haben.)

Die Delokalisierungsenergie des C_6H_6, relativ zu drei isolierten Doppelbindungen, ist 2β. Experimentell ergibt sich etwa 36 kcal/Mol für diesen Wert.

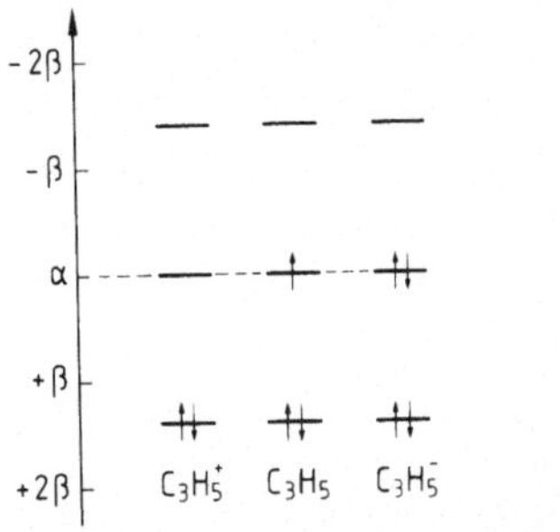

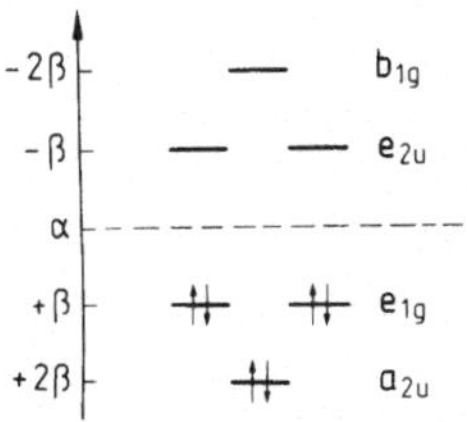

Fig. A.6.5 HMO-Diagramm für das Allyl-Molekül, C_3H_5 und seine Ionen, nur π-Orbitale

Fig. A.6.6 HMO-Diagramm des C_6H_6

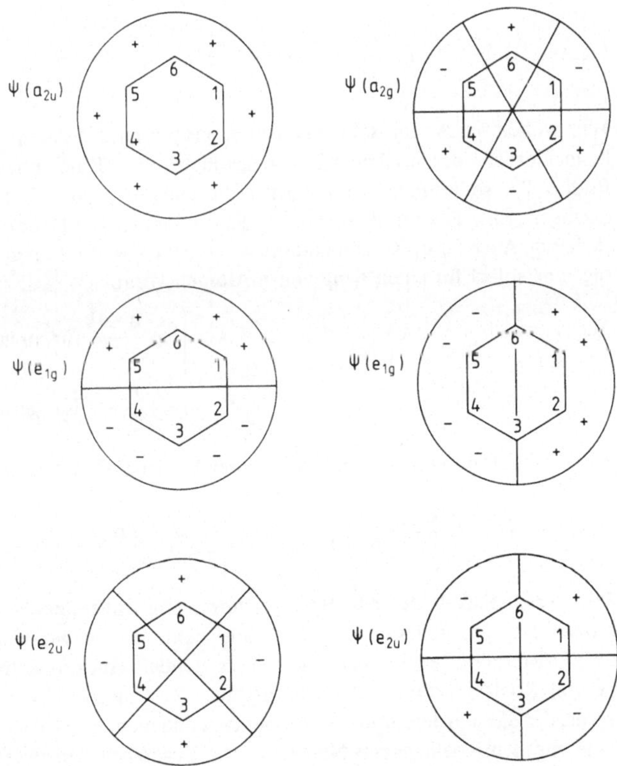

Fig. A.6.7 Darstellung der wichtigsten Molekülorbitale des C_6H_6. Beachte, daß die e_1-Orbitale nur eine Knotenebene aufweisen, während die e_2-Orbitale zwei Knotenebenen haben

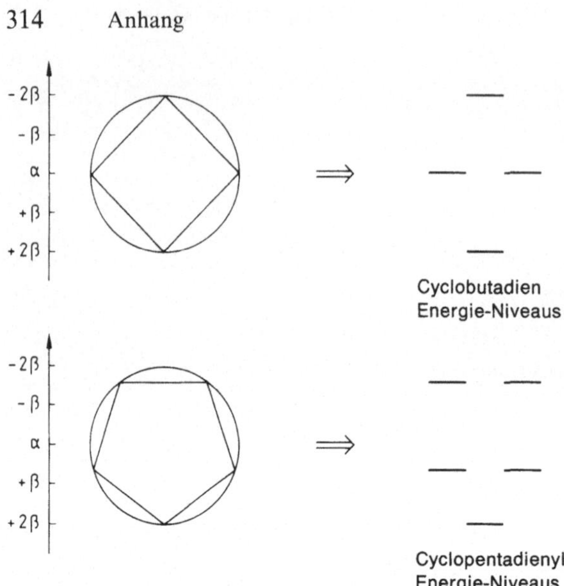

Fig. A.6.8 Graphische Lösung der HMOs für zyklische π-Systeme

Wir wollen noch ein sehr nützliches, graphisches System für zyklische π-Systeme kennenlernen. Beschreiben wir den geometrischen Ring innerhalb eines Kreises vom Radius 2β, so können wir einfachst die entsprechenden Hückel-MO-Energieniveaus erzeugen. Eine Ecke muß genau mit dem untersten Punkt des Kreises zusammenfallen, siehe Fig. A.6.8 für die Cyclopentadienyl- und die Cyclobutadien-Struktur. Die Geometrie sagt uns sofort für einen Ring von n Atomen voraus:

$$x_k = -2 \cos \frac{2k\pi}{n}; \quad k = 0, \pm 1, \pm 2, \ldots \begin{cases} \pm \dfrac{n-1}{2} \text{ für ungerade } n, \\[2ex] \pm \dfrac{n}{2} \quad \text{ für gerade } n. \end{cases} \quad (A.6.14)$$

Zur Vervollständigung schließlich noch der Ausdruck für eine lineare Kette von n Atomen:

$$x_k = -2 \cos \frac{k}{n+1}; \quad k = 1, 2, 3, \ldots, n. \quad (A.6.15)$$

Erweiterte Hückel-Methode Bedingt durch ihre augenblickliche Popularität und den großen Nutzen, den man heute daraus zieht, wollen wir eine andere gebräuchliche LCAO-Methode beschreiben: die sog. „Extended Hückel-Methode"; entwickelt wurde sie von Roald Hoffmann, Nobelpreisträger für Chemie. Hoffmann entschloß sich, alle Terme der Säkulardeterminante zu benutzen und nicht, wie wir es weiter oben getan haben, viele von den Koeffizienten Null zu setzen. Zusätzlich berechnete er alle Coulomb- und Austauschintegrale, anstatt ihnen jeweils einen festen einheitlichen Wert zu geben; ebenfalls werden alle Überlappungs-Integrale berechnet. Schließlich benutzte Hoffmann

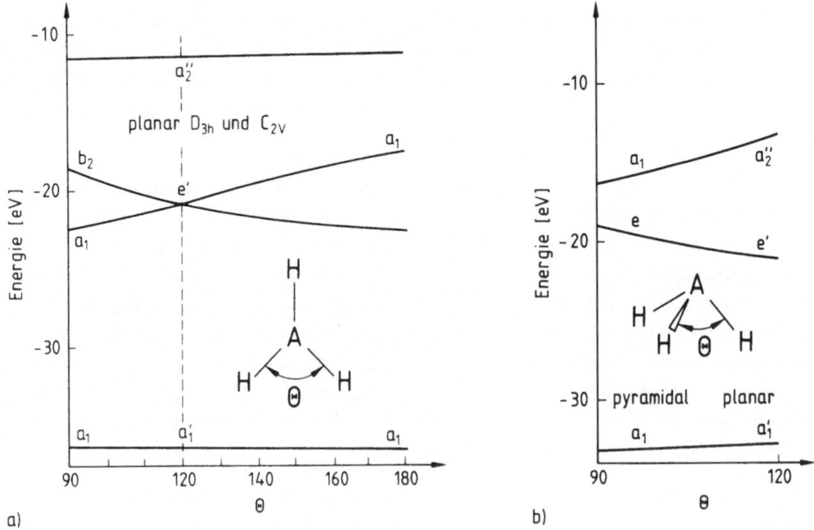

Fig. A.6.9 Erweiterte HMO-Korrelationsdiagramme
   a) für ebene AH_2-Moleküle, Punktgruppe D_{3h} bzw. C_{2v},
   b) für AH_3-Moleküle, Punktgruppe D_{3h} für ebene und Punktgruppe C_{3v} für pyramidenförmige Moleküle

sowohl σ- als auch die π-Orbitale in seinen Berechnungen. Die Eingaben einer solchen Computerrechnung sind also die jeweiligen Atome und ihre Koordinaten im Raum; damit werden zunächst alle Integrale gelöst, dann die nun oft sehr große Säkulardeterminante.

Ein erstes, gutes Beispiel für den Gebrauch dieser erweiterten Hückel-Methode ist die Konstruktion von Korrelationsdiagrammen. Fig. A.6.9 zeigt solche Diagramme einmal für ebene, dann für pyramidenförmige AH_3-Moleküle. Das erste Diagramm gibt die Energie für das ebene AH_3-Molekül als Funktion des Winkels θ zwischen zwei der Wasserstoffatome. Erinnern wir uns, daß wir für $\theta = 120°$ eine Konfiguration wie in CH_3^+ haben. Die Energieniveaus mit der Bezeichnung a_1', e' und a_2'' sind gerade die beiden niedrigsten Orbitale des CH_3^+. a_2'' ist in diesem Fall nicht besetzt. Ist $\theta = 120°$, so ist die Symmetrie des Moleküls C_{2v} und die Entartung des e'-Orbitals aufgehoben. Die daraus resultierenden a_1- und b_2-Orbitale sehen so aus:

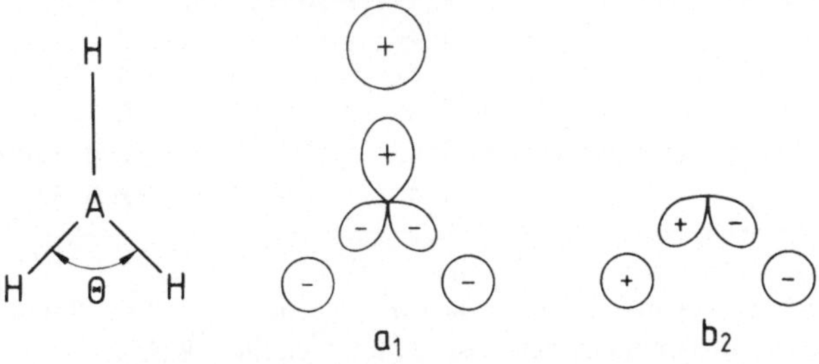

Nimmt θ von 120° aus ab, dann erniedrigt sich die Energie von a_1, während die von b_2 ansteigt (herrührend vom zunehmenden Überlapp von Wellenfunktionen mit gleicher bzw. entgegengesetzter Phase). Vergrößert sich θ über 120° hinaus, so ist die Situation umgekehrt, die Energie des a_1-Orbitals steigt an, während die b_2-Orbitalenergie sinkt, siehe auch obiges Korrelationsdiagramm.

Die erweiterte Hückel-Methode ist weit verbreitet zur Berechnung unterschiedlichster Moleküleigenschaften; ihre größte Bedeutung hat sie jedoch bei der Aufklärung von Reaktionsmechanismen gefunden. Mit den Koordinaten der Reaktanden als Eingabe wird so ein Konturdiagramm für die chemische Reaktion berechnet. Auf diese Weise wurde die Basis für einen Satz von äußerst wichtigen Regeln, den sog. „Woodward-Hoffmann-Regeln" gelegt. Diese „Regeln" sagen Weg und Aktivierungsenergie für eine Vielzahl von Reaktionen voraus. Rückblickend zeigen diese Woodward-Hoffmann-Regeln den mächtigen Einfluß der Symmetrie auf chemische Reaktionen: Heute basieren diese Regeln ausschließlich auf Symmetrie-Einschränkungen. Ihr Beginn jedoch lag einmal in der Berechnung von Reaktions-Konturdiagrammen.

A.7   Internationale Bezeichnung nach Hermann-Mauguin

In diesem Buch wurde zur Bezeichnung der Symmetrieelemente bzw. -operationen und der Punktgruppen der Schönfliesschen Symbolik der Vorzug gegeben, da sie von Chemikern und Physikern für Moleküle am häufigsten angewendet wird. Schönflies nahm als uneigentliche Drehung die Drehspiegelung S_n an, Hermann-Mauguin die Drehinversion $i = \bar{1}$. Es ergibt sich zunächst folgende Gegenüberstellung:

	Schönflies	Hermann-Mauguin
n-zählige Drehachse C_n	C_1, C_2, C_3, C_4, …	1, 2, 3, 4, …
uneigentliche Rotationsinversionsachse	Drehspiegelungsachse	Rotationsinversionsachse
	S_1, S_2, S_3, S_4, …	$\bar{1}$, $\bar{2}$, $\bar{3}$, $\bar{4}$, …
Entsprechungen:		
a) Inversionszentrum	i	$\bar{1}$
b) Spiegelebene σ_h	σ_h $(= C_2 \times i)$	$\bar{2}$, m
c)	S_6	$\bar{3}$
d)	S_4	$\bar{4}$
e)	S_3	$\bar{6}$
f) Spiegelebenen in der Gruppe	σ_v	z. B. 3 m[1]
	σ_h	z. B. 3/m[2]

[1] Lies: „3m"

[2] Lies: „3 über m" Ein Schrägstrich „/" bedeutet, daß die Symmetrieebene senkrecht zur Symmetrieachse ist: 2/m entspricht z. B. C_{2h}.

Daraus läßt sich rasch eine Tabelle zur Übertragung des hier benutzten Schönfliesschen Systems in das Internationale System erstellen. Durch geometrische Betrachtung ist dabei leicht einzusehen, daß für ein dreidimensionales Translationsgitter nur die Drehsymmetrien C_1, C_2, C_3, C_4 und C_6 (1, 2, 3, 4 und 6) möglich sind. Ein Inversionszentrum i ($\bar{1}$) ist ebenfalls gegeben. Diese Symmetrieelemente bilden zusammen 32 mögliche Punktgruppen. Wir geben also in unserer Tabelle genau diese 32 Punktgruppen (Kristallklassen) sowie die Bezeichnung der zugehörigen Kristallsysteme:

Bezeichnung nach Schönflies	Internationale Bezeichnung nach Hermann-Mauguin	Kristallsysteme
C_1, C_i	1, $\bar{1}$	triklin
C_s, C_2, C_{2h}	m, 2, 2/m	monoklin
C_{2v}, D_2, D_{2h}	2mm, 222, mmm	orthorombisch
$C_3, C_{3v}, D_3, D_{3h}, S_6$	3, 3m, 32, $\bar{6}$2m, $\bar{3}$	rhomboedrisch (trigonal)
$C_4, C_{4v}, C_{4h}, D_{2d}$	4, 4mm, 4/m, 422	tetragonal
D_4, D_{4h}, S_4	$\bar{4}$2m, 4/mm, $\bar{4}$	
$C_6, C_{6v}, C_{6h}, C_{3h}$	6, 6mm, 6/m, $\bar{6}$	hexagonal
D_{3d}, D_6, D_{6h}	$\bar{3}$m, 622, 6/mmm	
T, T_d, T_h, 0, 0_h	23, $\bar{4}$3m, m3, 43, m3m	kubisch

Ausführliche Beschreibung der Kristallklassen findet der Leser in H a m e r - m e s h , A.: Group Theory. New York: Addison Wesley 1962.

A.8   Die Kabbalistik chemischer Formeln

Was ist Kabbalistik? Ein Blick ins Lexikon zeigt, daß das Wort sich von dem jüdischen „Kabbala" herleitet, ein Werk des Mittelalters, in dem Zahlen und Symbole sinnreich zusammengestellt und diesen Symbolen magische Kräfte zugeschrieben wurden. (Mancher Leser wird auch an „Kabale" gedacht haben, was ja soviel wie Ränke oder Intrige bedeutet.) Chemische Formeln sind für den Außenstehenden zunächst auch nicht ohne Zauber; wir wollen eine kurze Einführung in die Geschichte (und die dort entwickelten „Laborrezepte") zur Aufstellung von chemischen Formeln geben, ohne jedoch irgendeinen Anspruch auf Vollständigkeit zu erheben. Sehr verläßliche Geschichtsdaten finden sich in dem Lehrbuch von Hollemann-Wiberg, eine sehr kurze Zusammenfassung von Paulings Ideen ebenso.

A.8.1   Eine kurze Geschichte der Molekülphysik und des Symmetriebegriffes darin

Nur einige Schritte in der Entwicklung lassen sich in diesem Rahmen angeben, zum Teil handelt es sich um Schulwissen, für den Autor dieses Buches haben sie dennoch viele Reize und bilden die Einführung in die jeweilige Vorlesung über den Aufbau der Moleküle.

Schauen wir also zunächst gemeinsam in der Geschichte der Naturwissenschaften zurück: Symmetrien (vom griechischen σίμμετρία) könnte zunächst beim Studium lebender Materie (man denke an ein Farnblatt o. ä.) entstanden sein. Den Griechen jedenfalls war Symmetrie geläufig, sie verbanden Schönheit und Harmonie damit, d. h. nicht nur die geometrische Eigenschaft, sondern auch das Harmonische, Proportionale. Die Schule des Pythagoras (580 bis 500 v. Chr.) maß ganz bestimmten Gegenständen wie rechts – links, Bild – Spiegelbild besondere Bedeutung zu.

Gleichzeitig war die Idee eines diskontinuierlichen Aufbaus der Materie zwar schon aufgeworfen (Demokrit, um 430 v. Chr.), hatte aber mangels Beweisen (und mangels Anschauung) nie Bedeutung erlangt.

Da fielen Platons Postulate (427 bis 347 v. Chr.) eher auf fruchtbareren Boden: Die vier Elemente Erde, Wasser, Feuer und Luft bilden die uns umgebende Welt, und diesen vier Grundelementen schrieb Platon eine bestimmte geometrische Form zu: Die Erde wird durch einen Kubus (Hexaeder) verkörpert, das Feuer stellt ein Tetraeder dar, Wasser ein Isokaeder und Luft ein Oktaeder. Seitdem werden die regulären Polyeder auch als Platonsche Körper bezeichnet.

Demokrit schrieb den kleinsten, nicht mehr teilbaren Teilchen (ατομος) neben Dimensionen, Gewicht und anderen Eigenschaften eine geometrische Form zu; er glaubte jedoch, im Gegensatz zu Platon, an unzählig viele Formen verschiedenster Symmetrien (kugelförmig, pyramidal aber auch sehr unregelmäßige Formen). Die Mathematiker der Antike haben die verschiedenen Formen, insbesondere Polyeder, dabei schwergewichtig die fünf Platonschen Körper, gründlich studiert und damit der Symmetrielehre seit den Anfängen der Wissenschaft drei wesentliche Richtungen gegeben: In der Philosophie (das wollen wir hier nicht weiter vertiefen), in den Naturwissenschaften (...ein „weites Feld", das wir anschauen wollen) und in der Mathematik (auch letzteres wollen wir kurz streifen).

Am Beginn des Jahres 1611 erscheint ein Buch des bedeutenden Astronomen Johannes Kepler „Ein Neujahrsgeschenk oder über den sechseckigen Schnee", vermutlich die erste Abhandlung über Kristallographie. Eine Vielzahl genialer Vermutungen über die Struktur der Kristalle wird in oft scherzhafter Form erzählt. Die Kernfrage: „Warum fallen nicht fünf- oder siebeneckige Schneeflocken, sondern immer nur sechseckige?" würde, auf unsere heutige „Wissenschaftssprache" übersetzt, heißen: „Warum fehlen in der unbelebten Natur Symmetrieachsen fünfter oder siebenter Ordnung"? Kepler äußert ebenfalls erste Vorstellungen über verschiedene Möglichkeiten der dichtesten „Packung" von Teilchen, die einen Kristall zusammensetzen. Experimentell stellt Kepler erstmals die Winkelkonstanz zwischen den einzelnen Schneeflockenstrahlen fest (sie beträgt 60°).

Experimente werden sonst in dieser Zeit und bis zum Ende des 18. Jahrhunderts von Alchemisten durchgeführt. Sie verfügen über ein umfangreiches Arsenal von Stoffen und zugeordneten Symbolen. (Und wenn der Leser etwas aufmerksam in die Labors solcher Alchemisten „schaut", fällt es nicht schwer, die Bedeutung der Versuchsanordnungen als Grundlage der heutigen Großchemie zu sehen: Feuer, Dampf, Destillation, Reinigung, ...)

Der Direktor der französischen Pulverfabriken, Lavosier, verfolgte chemische Umsetzungen erstmals mit der Waage (1777) und wurde hingerichtet.

1832 endete tragisch (durch Duell) das Leben eines erst 21jährigen, Evariste Galois. Dieser große französische Mathematiker führte nicht nur den Begriff „Gruppe" ein, er entwickelte die Grundlagen der modernen Algebra, seine „Galimathias", die Jahre später von berühmten Mathematikern wie C. Jordan und A. Cauchy aufgegriffen und weitergereicht wurden.

Die Chemie kam zu Anfang dieses 19. Jahrhunderts durch die Arbeiten des englischen Forschers J. Dalton (1766 bis 1844) wesentlich voran: In den Jahren 1802 bis 1808 formulierte er das Gesetz der multiplen Proportionen in der Chemie; dabei nahm er in einer Vielzahl von Beispielen an, daß die Atome in chemischen Verbindungen symmetrisch angeordnet sein müßten. Erste moderne Symbole werden gebraucht, beispielhaft bestand Fe_2O_3 aus zwei Fe(III)-Atomen und drei O(II)-Atomen.

Gase waren modern. Avogadro untersuchte Volumenverhältnisse bei Gasreaktionen 1811 und konnte sie durch Moleküle ($\cong$ „kleine Masse", d. h. mehratomiges Teilchen) interpretieren. Eine der besonders intensiv untersuchten Gasreaktionen war $H_2 + Cl_2 \rightarrow 2\,HCl$.

Der Apotheker Berzelius führte (lateinische) Kürzel für die Namen der Elemente ein; künstlerisch durchaus wertvolle Motive wurden abgeschafft (1813). Sein Lebenswerk war die Bestimmung von relativen Atommassen und Wertigkeiten. Atome stellte man sich als „Kugeln mit Ärmchen" vor, die die immer noch rätselhafte Wertigkeit bedeuten sollten.

Dabei hielt sich nicht nur unter Chemikern, sondern auch unter anderen Naturwissenschaftlern weiterhin die Meinung, daß in der Natur ein Gesetz der maximalen Symmetrie walten müsse; (das half oft, die richtige Molekülsymmetrie zu finden); dabei war zunächst einzig bekanntes Symmetrieelement die Symmetrieebene.

1809 führt C. S. Weiss (1780 bis 1856) erstmalig Symmetrieachsen ein, wenig später (1815) den Begriff der Kristall-Systeme: Damit war ein erster Schritt zur Klassifizierung kristalliner Körper nach ihrer Symmetrie getan.

1820 bereits publiziert Hessel (1796 bis 1872) im „Physikalischen Wörterbuch" seinen vorzüglichen und tiefschürfenden Artikel „Kristalle"; erstmalig werden die geometrischen Figuren nach ihrer Zugehörigkeit zu einer der Punktgruppen klassifiziert. Hessel zeigt zudem, daß in kristallinen Polyedern genau 32 Symmetriearten möglich sind, d. h. die Mannigfaltigkeit in der Welt der Kristalle, ihr ungeheurer Formenreichtum verteilt sich auf 32 kristallographische Punktgruppen! Anerkennung fand diese Arbeit bei seinen Zeitgenossen kaum: Erst zum Ende des Jahrhunderts, nach seinem Tode, erinnerte man sich…

Die Identität von elektrischer Kraft (Coulomb-Anziehung) und chemischer Bindung, gewonnen aus der Vorstellung über elektrolytische Zersetzung, wird durch Oersted (1812) und M. Faraday (1821) zur durchschlagenden Deutung zu Beginn des 19. Jahrhunderts. Beide lehnen jedoch Atome, Teilchen von vorgegebener Form und Größe, sowie das Vakuum ab. Als „Dynamiker" sahen sie die Materie als Kontinuum, bestehend aus mehr oder weniger sich konzentrierten und sich wandelnden Tätigkeiten (die Welt als riesiger Organismus).

Wärme und Gase waren weiterhin en vogue: Gasgesetze und die Brownsche Molekularbewegung ließen sich zwanglos durch die Annahme kleiner Teilchen deuten (wenn auch die quantitative korrekte Behandlung der letzteren ein wenig auf das Genie des 20. Jahrhunderts, A. Einstein, zu warten hatte).

„Ungläubige" verlegten sich auf die klassische Thermodynamik und schufen darin Schlagworte wie „Energie" (= „Arbeitsinhalt") und „Entropie" (= „Umkehrungsinhalt"); Clausius 1854.

Meyer und Mendelejew (1870) ordneten die bekannten Atome nach Massen und der — immer noch — rätselhaften Wertigkeit im Periodensystem, was irgendeinen tieferen „Grund" vermuten ließ: Auch wenn diese (wie andere) Wissenschaftler zunächst die Methoden der Gruppentheorie nicht bewußt angewandt haben, früher oder später erhält die Klassifizierung eine gruppentheoretische Begründung. Mit anderen Worten: Jede Klassifizierung ist immer eine Gruppierung (sic!) von Objekten nach allgemeinen Eigenschaften oder Strukturen und berücksichtigt die Erhaltung der Allgemeinheit bei irgendwelchen Veränderungen — seien es nun geometrische Transformationen oder der Übergang von einem chemischen Element zum anderen.

Der große Meister der Reaktionskinetik, Arrhenius (1870), und van T'Hoff deuteten zum Ende des Jahrhunderts eine Fülle von elektrochemischen Erscheinungen sowie die Eigenschaften von Säuren, Laugen und Salzen in Lösung dadurch, daß sie modellmäßig geladene Teilchen annahmen (Ionen); diese Vorstellung war eine absolute Zumutung für ihre Zeitgenossen, die gerade genügend Schwierigkeiten hatten, sich an Moleküle zu gewöhnen.

Die Mathematik war zu derselben Zeit zu einem gewaltigen Gebäude herangewachsen, deren Teile jedoch isoliert, nicht durch allgemeine Ideen miteinander verbunden waren. Nur wenige Mathematiker konnten überhaupt auf mehreren Gebieten ihrer Disziplin arbeiten. Einigende Theorien mußten her, und eine davon war die Gruppentheorie. 1870 macht C. Jordan zwei junge Mathematiker auf die Arbeiten von Galois aufmerksam: Es sind F. Klein und M. S. Lie. Und bei diesen beiden sind sie in guten Händen: Klein beschäftigt sich im wesentlichen mit endlichen, Lie mit den unendlichen Gruppen.

1872 — F. Klein ist als Professor an die Universität Erlangen berufen — erläutert er in seiner Antrittsvorlesung die Bedeutung des Gruppenbegriffs für die Mathematik und besonders für die Geometrie. Diese Vorlesung ist in die Geschichte der Wissenschaft als „Erlanger Programm" eingegangen. Sie übte großen Einfluß auf die Entwicklung der Mathematik wie der theoretischen Physik aus.

Auf der Grundlage der Gruppentheorie feiert die Entdeckung der 230 Symmetriegruppen in der geometrischen Kristallographie durch A. Schönflies 1890/91 einen ersten großen Triumph, viele weitere folgen.

1900 stiftete der schwedische Sprengstoff-Industrielle A. Nobel seinen Preis für Leistungen von Relevanz für die „Förderung von Naturwissenschaft und Technik".

Nun können wir an der Liste der Laureaten die stürmische Weiterentwicklung dieses Jahrhunderts ablesen: Sie sprengt den Rahmen dieses Rückblicks. Deshalb seien zur Abrundung nur noch einige wenige „Meilensteine" aufgeführt.

N. Bohr (1908) deutete Spektren (= „geisterartige Erscheinungen") in Glimmentladungen von Gasen als Sprünge von Elektronen zwischen Energiezuständen freier Atome und bot ein einfaches, zweidimensionales Anschauungsmodell an (Schalenmodell). Die „Quantelung" von Energie entsprach dem Modell von M. Planck (1900) zur Beschreibung des schwarzen Strahlers (Hohlraum-Strahler).

A. Sommerfeld (1920) verfeinerte Bohrs Modell und berechnete Ellipsen. Er konnte damit das Periodensystem erklären.

Offenbar waren danach nur die äußeren Elektronen des Atoms an einer Bindung beteiligt: Lewis (1916) schlug eine Erweiterung von Barzelius-Formeln für Atome um die Valenzelektronen als Arbeitshypothese vor, die begeistert aufgenommen wurde; z. B.

$$
NaCl: \quad Na^{\oplus} : \overset{\cdots}{\underset{\cdots}{Cl}}{}^{\ominus}: \qquad H : \overset{\cdots}{\underset{\cdots}{Cl}} : \qquad H : \overset{\cdots}{\underset{\cdots}{O}} : \qquad
\begin{matrix} & H \\ & \overset{\cdots}{O} \\ : O : \overset{\cdots}{\underset{\cdots}{S}} : O : \\ & O \\ & \underset{\cdots}{H} \end{matrix}
$$

Beweise für die Geometrie der Verbindungen (Bindungszustände, -winkel) wurden zunehmend durch mühevolle Beugungsanalysen z. B. an Festkörpern, gewonnen; die Kristallographie entwickelte sich zu einer eigenen Disziplin.

Gegen Ende der zwanziger Jahre unseres Jahrhunderts begann man, die Gruppentheorie zunächst in der Quantenmechanik, dann in der Quantenchemie anzuwenden. Pionierarbeit leisteten hierbei H. Weyl (1885 bis 1955), B. L. van der Waerden (1903) und E. Wigner (Nobelpreis 1963 für seinen Beitrag bei der Anwendung gruppentheoretischer Methoden in der Quantenmechanik).

F. Hund wendete 1927 erstmals die in diesem Buch skizzierte Molekülorbital(MO-)-Methode an (zunächst lineare Kombination von Atomorbitalen und Variationsrechnung, wenig später Symmetrien). Weitere Verdienste am Eindringen der Symmetrievorstellungen in die theoretische Chemie haben neben ihm H. Bethe, W. Heitler sowie R. S. Mulliken und J. van Vleck. Die Gruppentheorie wurde damit Wegbereiter bei der Ausarbeitung und Anwendung der beiden großen quantenchemischen Methoden, der Methode der Valenzstrukturen (VB-Methode) und der oben bereits genannten Molekülorbitale (MO-Methode).

Die Notwendigkeit, sich mit der Gruppentheorie beschäftigen zu müssen, stieß zunächst bei vielen Wissenschaftlern und Studenten auf Zurückhaltung, man sprach sogar abwertend von der „Gruppenpest". So blieb zunächst auch eine der bedeutendsten Publikationen von Bethe (1929), in der die Kristallfeldtheorie vollständig entwickelt war, unbeachtet. Van Vleck griff sie 1932 auf und erklärte u. a. damit viele magnetische Eigenschaften von Metallkomplexen.

Zusammen mit Mulliken übertrug er die LCAO-MO-Methode erstmals auf Übergangsmetallkomplexe und andere Verbindungen und verwendete die Gruppentheorie zur Klassifizierung der Molekülorbitale.

Hier hatten Heitler und London bereits einige Ungereimtheiten der von Hund verwandten genäherten ψ-Funktion durch Wahl geschickterer Probefunktionen (Valenzbindungsmethode) beseitigt.

P a u l i n g schließlich (Nobelpreis für „Elektronegativität") leistete in den fünziger Jahren einen großen Beitrag zur Verbreitung der quantenmechanisch fundierten Ideen. Dazu benutzte er die Valenzbindungstheorie, in der sein Werk auch heute noch den Charakter eines „Codex Napoleon" hat. Kernpunkt seiner Überlegungen war die folgende (zunächst vermutete) Regel:

> *Es lassen sich nur dann Atomorbitale symmetriegerecht hybridisieren, wenn sie im Grundzustand eines freien Atoms (oder einem einfach angeregten Zustand desselben) besetzt sind. Die physikalisch intuitive Begründung ist einfach: Abstoßung der doppelt besetzten Orbitale.*

Diese symmetriegerechte Hybridisierung läßt sich bei einiger Übung voraussagen und damit die Geometrie und der Bindungsgrad eines Moleküls.

Zusammenfassend und rückblickend finden wir, daß in der heutigen Chemie, speziell der Quantenchemie, die Symmetrielehre eine unverzichtbare Grundlage zur Beschreibung, Klassifizierung und Interpretation einer gewaltigen Menge experimenteller Daten bietet. Ihre Begriffe, Sprache und Methoden haben sich einen festen Platz in der theoretischen Chemie erobert.

Schließen möchte ich diesen geschichtlichen Überblick mit einem Satz des oben bereits genannten Pioniers H. Weyl:

> *„Die Symmetrie ist ... diejenige Idee, mit deren Hilfe der Mensch im Laufe der Jahrhunderte versuchte, Ordnung, Schönheit und Vollkommenheit zu begreifen und zu schaffen."*

Literatur

Die Fülle von einführenden Lehrbüchern über quantenmechanische Grundlagen ist Legion. Empfehlen möchte ich daher nur einige der mir bekannten Werke in dem hier betrachteten Zusammenhang.

Einprägsam und leicht verständlich in seinen physikalischen Grundlagen ist zunächst das Bändchen

Mayer-Kuckuk, T.: Atomphysik, 3. Aufl., Stuttgart: Teubner 1985

Das ausführliche Werk unter den Lehrbüchern der physikalischen Chemie

Atkins, P. W.: Physikalische Chemie, 1. Aufl. Weinheim: VCH 1987

ist gründlich geschrieben und recht umfangreich; liest man es in Ruhe, so findet man viele Anregungen ohne zuviel lineare Algebra und Funktionentheorie.

Ein immer noch bemerkenswertes Buch ist

Pauling, L.: Die Natur der chemischen Bindung, 3. Aufl. Weinheim: Verlag Chemie 1968

Sehr viele gruppentheoretische Beweise und Argumentationen für Molekülorbitale finden sich in

Cotton, F. A.: Chemical Applications of Group Theory. New York — London: Interscience 1963

sowie, eingebettet in die anorganische Chemie, mit besonderem Augenmerk auf das Orbital-Modell und die Komplexbildung in

Cotton, F. A.; Wilkinson, G.: Advanced Inorganic Chemistry. New York — London: Interscience 1962

Einige Standardbeispiele wie Benzol, Butadien u. ä. gibt

Moore, W. J.: Physical Chemistry

Wunderschöne MO-Bilder und plausible Argumentationen über Stabilität und Struktur einfacher Moleküle finden wir in

Christen, H. R.: Grundlagen der allgemeinen und anorganischen Chemie, 9. Aufl. Frankfurt: Salle; Aarau: Sauerländer 1988

Schließlich, streng konservativ in bezug auf die Regeln zur Aufstellung von Valenzstrichformeln und ihre Anwendung auf alltägliche Probleme,

Hollemann-Wiberg: Lehrbuch der anorganischen Chemie, 91. — 100. Aufl. Berlin: de Gruyter 1976

Weitere allgemeine ergänzende und weiterführende Literatur (alphabetisch)

Finkelnburg, W.: Einführung in die Atomphysik, 12. Aufl. Berlin–Göttingen–Heidelberg: Springer 1967

Flügge, S.: Lehrbuch der theoretischen Physik. Band III Quantenmechanik. Berlin–Heidelberg–New York: Springer 1965

Flügge, S.: Rechenmethoden der Quantentheorie, 3. Aufl. Berlin–Heidelberg–New York: Springer 1965

Herzeberg, G.: Molecular Spectra and Molecular Structure. Vol. I–III. Princeton–New York–Toronto–London: Van Nostrand 1950

Joos, G.: Lehrbuch der theoretischen Physik, 15. Aufl. Wiesbaden: Aula 1989

Landau, L. D.; Lifschitz, E. M.: Lehrbuch der theoretischen Physik. Band I–III. Berlin: Akademie-Verlag 1988–1990

Messiah, A.: Quantum Mechanics. Vol. I, II. Amsterdam: North-Holland 1962

Sommerfeld, A.: Atombau und Spektrallinien I, II. Braunschweig: Vieweg 1969

Steinfeld, J. I.: Molecules and Radiation. An Introduction to Modern Molecular Spectroscopy. New York–Evanston–San Francisco–London: Harper & Row 1974

Townes, C. H.; Schawlow, A. L.: Microwave Spectroscopy. New York: McGraw-Hill 1955

Weissbluth, M.: Atoms and Molecules. New York: Academic Press 1978

Weyl, H.: Symmetrie. Basel/Stuttgart: Birkhäuser 1955

Sammlung von wichtigsten Molekülkonstanten, hier zweiatomige Moleküle:

Huber, K. P.; Herzberg, G.: Molecular Spectra and Molecular Structure. Vol. IV Constants of Diatomic Molecules. New York: Van Nostrand 1979

Zu Abschn. 2 (Gruppentheorie)

Die Literatur über Gruppentheorie und ihre physikalisch-chemischen Anwendungen ist inzwischen relativ zahlreich, fast nicht mehr überschaubar. Ich empfehle zunächst einige bekannte Werke zur Einführung. Dabei sind Chemiker, aber auch Physiker, vorwiegend an der Symmetrie von Molekülen interessiert.

Eine kurze und leicht verständliche Einführung in die Nomenklatur bis hin zu Charaktertafeln gibt

White, J. E.: An Introduction to Group Theory for Chemists, J. Chem. Educ. **44** (1967) 128–135

Ohne großen mathematischen Ballast wird die Matrizendarstellung eingeführt und Moleküle nach Symmetrieeigenschaften klassifiziert in dem oben bereits erwähnten Buch von

Cotton, F. A. und Wilkinson, G.: Anorganische Chemie, 3. Aufl. Weinheim: Verlag Chemie 1980

Der erste dieser beiden Autoren hat zu demselben Thema das Standardwerk

Cotton, F. A.: Chemical Applications of Group Theory, 2. Aufl. New York: Wiley 1971

herausgegeben, das einigen Tiefgang (speziell in Betrachtung der Charaktere und der Molekülorbitale) beinhaltet; das vorliegende Kapitel in diesem Buch verdankt ihm viel.

Große Bedeutung (nicht nur geschichtlich) hat die Gruppentheorie bei der phänomenologischen Beschreibung von Kristallen im Festkörper (Kristallgitter) erlangt. Eine gute Einführung in deren Symmetrieeigenschaften gibt

Kleber, H.: Einführung in die Kristallographie, Berlin: VEB Verlag Technik, 1963

Vorsicht! Kristallographen benutzen eine andere Nomenklatur (System von Hermann-Mauguin) im Gegensatz zu dem hier genutzten (eingeführt durch Schönflies auf der Grundlage der Gruppentheorie). Eine ausführliche Beschreibung findet der interessierte Leser bei

Hamermesh, M.: Group theory. New York: Addison Wesley 1962

Die beste Einführung in die mathematische Theorie der Gruppen findet sich immer noch in

Speiser, A.: Die Theorie der Gruppen von endlicher Ordnung, 5. Aufl. Basel: Birkhäuser 1986

Weiterführende Literatur (alphabetisch):

Coulson, C. A.: Valence. London: Oxford University Press 1963; dt. Übers.: Die chemische Bindung. Stuttgart: S. Hirzel 1969

Heine, V.: Group Theory in Quantum Mechanics. Oxford — London — New York — Paris: Pergamon 1963

Jug, K.: Mathematik in der Chemie. Berlin — Heidelberg — New York: Springer 1981

Margenau, H.; Murphy, G. M.: Die Mathematik für Physik und Chemie. Frankfurt: Deutsch 1965

Mathiak, K.; Stingl, P.: Gruppentheorie für Chemiker, Physiko-Chemiker und Mineralogen. Braunschweig: Vieweg 1968

Mulliken, R. S.: Phys. Rev. **43** (279) 1933

Wigner, E. P.: Gruppentheorie und ihre Anwendung auf die Quantenmechanik der Atomspektren. Braunschweig: Vieweg 1931; erw. und verb. engl. Ausgabe: New York — London: Academic Press 1959

White, J. E.: An Introduction to Group Theory for Chemists. J. Chem. Educ. **44** (1967) 128 — 135

Zu Abschn. 3 (Schwingungen und ihre Spektroskopie)

Das einführende Standardwerk für den noch wenig geübten, wenig erfahrenen Leser sehe ich im

Finkelnburg, W.: Einführung in die Atomphysik, 12. Aufl. Berlin: Springer 1976

Es bietet eine besonders gut lesbare Einführung und Ausarbeitung von Modellen, insbesondere für den zweiatomigen (starren und nichtstarren) Rotator, den zweiatomigen Oszillator und, besonders erwähnenwert, den Smekal-Raman-Effekt.

Erneut sollte

Cotton, F. A.: Chemical Applications of Group Theory, 2. Aufl. New York: Wiley 1971

vorrangig genannt sein: Er widmet der gruppentheoretischen Behandlung von Schwingungen ein ausführliches, gut lesbares Kapitel. Eine leicht verständliche Einführung in physikalische Grundlagen der Schwingungsspektroskopie sowie ihre Anwendung auf die empirische Bestimmung funktioneller Gruppen (ohne abschreckenden Tiefgang) bietet

Dörffel, K.: Strukturaufklärung — Spektroskopie und Röntgenbeugung, Weinheim: Verlag Chemie 1973

Weiterführende Literatur (alphabetisch):

Bingel, W. A.: Theorie der Molekülspektren. Weinheim: Verlag Chemie 1967

Blochinzew, D. I.: Grundlagen der Quantenmechanik, 6. Aufl. Berlin: VEB Deutscher Verlag der Wissenschaften 1967; Übers. aus dem Russ.

Herzberg, G.: Molecular Spectra and Molecular Structure. Vol. I, II. Princeton — New York — Toronto — London: Van Nostrand 1950

Hirschfelder, J. O.; Curtiss, Ch. F.; Bird, R. B.: Molecular Theory of Gases and Liquids, 2nd ed. New York: John Wiley 1965

Pauling, L.: Die Natur der chemischen Bindung, 3. Aufl. Weinheim: Verlag Chemie 1968

Zu Abschn. 4 (Orbitaltheorie)

Ballhausen, C. J.; Gray, H. B.: Molecular Orbital Theory. New York — Amsterdam: W. A. Benjamin 1965

Eyring, H.; Walter, J.; Kimball, G. E.: Quantum Chemistry. London: John Wiley 1944

Herzberg, G.: Molecular Spectra and Molecular Structure. Vol. I Spectra of Diatomic Molecules. Pinceton — New York — Toronto — London: Van Nostrand 1950

Mulliken, R. S.: Phys. Rev. **41** (1932) 49; J. Chem. Phys. **3** (1935) 375; Rev. Mod. Phys. **4** (1932) 1

Pauling, L.: Die Natur der chemischen Bindung, 3. Aufl. Weinheim: Verlag Chemie 1968

Primas, H. und Müller-Herold, U.: Elementare Quantenchemie, 2. Aufl. Stuttgart: Teubner 1990

Walsh, A. D.: J. Chem. Soc. (1953) 2260—2331

Woodward, R. B.; Hoffmann, R.: Die Erhaltung der Orbitalsymmetrie. Leipzig: Akad. Verlagsges. Geest & Portig 1970

Zu Abschn. 5 (Elektronische Übergänge)

Bingel, W. A.: Theorie der Molekülspektren. Weinheim: Verlag Chemie 1967

Herzberg, G.: Molekular Spectra and Molecular Structure. Vol. I Spectra of Diatomic Molecules. New York: Van Nostrand 1950

Steinfeld, J. I.: Molecules and Radiation. An Introduction to Modern Molecular Spectroscopy. New York — Evanston — San Francisco — London: Harper & Row 1974

Eine kurze Einführung in die elektronische Spektroskopie von Molekülen findet der Leser bei:

Hollenberg, J. L.: Energy States of Molecules. J. Chem. Educ. **47** (1970) 2 — 13

Dort wird auch eine Auswahl ein- und weiterführender Literatur gegeben.

Zu Abschn. 6 (Kernmagnetische Resonanz)

Atkins, P. W.: Physikalische Chemie, S. 497 — 507. Weinheim: VCH 1988

Becker, E. D.: High Resolution NMR, Theory and Chemical Applications. 2. Aufl. New York: Acad. Press 1980

Derome, A.: Modern NMR-Techniques for Chemistry Research. Oxford: Pergamon Press 1987

Ernst, R. R.; Bodenhausen, G.; Wokaun, A.: Principles of NMR in One and Two Dimensions. Oxford: Clarendon Press 1987

Friebolin, H.: Basic One- and Two-Dimensional NMR-Spectroscopy. Weinheim: VCH 1991

Pople, J. A.; Schneider, W. G.; Bernstein, H. J.: High Resolution Nuclear Magnetic Resonance. New York: Mac Graw Hill 1959

Slichter, C. P.: Principles of Magnetic Resonance 2. Aufl. Berlin: Springer 1980

Glossar

Dieser Abschnitt enthält zunächst eine Liste wichtiger Begriffe in alphabetischer Reihenfolge mit einer kurzen Beschreibung, die der Klärung dienen soll. Danach wie gewohnt, ein Register mit Hinweis auf die jeweilige(n) Textstelle(n) im Buch.

Absorptionsbande Spektrales Gebiet deutlich erhöhter Absorption im Absorptionsspektrum. Sie entspricht gewöhnlich einem Einelektronenübergang (elektronische Absorptionsbande), ist dann durch Schwingungsunterbanden (bei sehr hoher Auflösung und kleinen Molekülen auch durch zusätzliche Rotationsstruktur) verbreitert. Sie wird entweder durch die Wellenlänge (λ_{max}) oder Wellenzahl ($\bar{\nu}_{max}$) ihres Absorptionsmaximums charakterisiert.

Auswahlregeln Bestimmte Bedingungen, denen zufolge die Übergangswahrscheinlichkeit in erster Näherung Null (Übergang verboten) bzw. verschieden von Null (Übergang erlaubt) ist. Wichtige Auswahlregeln sind die Spin-, Spin-Bahn- sowie die Symmetrieauswahlregel.

Charaktertafel(n) Sie geben die Art und Weise an, wie Wellenfunktionen (oder andere Eigenschaften) bei den verschiedenen Symmetrieoperationen einer gegebenen Punktgruppe transformiert werden.

Darstellung einer Gruppe Menge quadratischer Matrizen, die sich den Elementen der jeweiligen Gruppe so zuordnen lassen, daß sie die Gruppenmultiplikationstabelle erfüllen. Eine solche Darstellung einer Gruppe, deren Matrizen durch algebraische Umformung nicht mehr vereinfacht werden können, heißt i r r e d u z i b l e Darstellung.

Dipolmoment Fallen in einem Molekül die Schwerpunkte der positiven und negativen Ladungen nicht zusammen, besitzt es ein permanentes elektrisches Dipolmoment. Atome im Grundzustand genauso wie homonukleare Moleküle A_2 weisen k e i n permanentes elektrisches Dipolmoment auf.
Als Vektor ist das Dipolmoment die Resultierende aller Bindungsmomente eines Moleküls.

Elektronegativität Maß für die Fähigkeit eines Atoms, ein bindendes Elektronenpaar an sich zu ziehen.

Elektronenaffinität Energie, die bei der Anlagerung eines Elektrons an ein Atom frei wird.

Elektronenkonfiguration Beschreibung der Elektronenstruktur eines Atoms oder Moleküls mittels Einelektronen-Funktionen.

Entartung Bezeichnung für Zustände, die denselben Energieeigenwert haben: Ein Eigenwert, zu dem n Eigenzustände gehören, ist n-fach entartet. Betrachten wir ausschließlich energetische Verhältnisse, so sprechen wir von einem Energieniveau.

Gruppe(n) Eine endliche oder unendliche Menge beliebiger Elemente bildet eine algebraische Gruppe, wenn sie vier Bedingungen, die sogenannten Gruppenaxiome, erfüllt:

1. Verknüpfungs- oder Multiplikationsregel:

Dem Produkt zweier Elemente a und b aus der Menge entspricht ein Element c, das ebenfalls dieser Menge angehört:

$$a \cdot b = c.$$

2. Assoziativität:

Die Gruppenmultiplikation ist assoziativ:

$$a \cdot (b \cdot c) = (a \cdot b) \cdot c.$$

3. In der Menge existiert ein Einselement (neutrales Element) E, so daß gilt

$$a \cdot E = E \cdot a = a.$$

4. Zu jedem Element a existiert ein ihm inverses Element a^{-1} in dieser Menge, wobei gilt

$$a \cdot a^{-1} = a^{-1} \cdot a = E.$$

Identitätsoperation Symmetrieoperation, die ein Objekt (hier: Molekül) in eine mit seiner Ausgangslage identische Position überführt. Sie bedeutet soviel wie das „In-Ruhe-lassen" des Objekts und ist daher eigentlich gar keine „Operation". Ihre Einführung erfolgt, damit alle an einem Objekt ausführbaren Symmetrieoperationen die Kriterien einer mathematischen Gruppe erfüllen.

Knotenebene Fläche, in der eine Wellenfunktion den Wert Null hat.

Korrelationsdiagramm Werden die Molekülorbital-(MO-)Energieniveaus der Reaktanten (z. B. Atome) und der Produkte (z. B. Moleküle) unter Beachtung der Symmetrieregel (die Symmetrieeigenschaften jedes AO bzw. MO bleiben in bezug auf Symmetrieelemente der Umwandlung erhalten) und des Kreuzungsverbotes (Korrelationslinien zwischen AO's bzw. MO's gleicher Symmetrie dürfen sich nicht kreuzen) untereinander verbunden, so erhalten wir ein Korrelationsdiagramm. Es liefert Informationen über die zwischen Ausgangs- (getrennte Atome) und Endprodukt (vereinigtes Atom) liegende Region, die — abhängig vom Bindungsabstand und der Besetzung der einzelnen MOs — unterschiedlichen Molekülen in ihrem elektronischen Grundzustand, aber auch in angeregten Zuständen entspricht.

LCAO Abkürzung für Linearkombination von Atomorbitalen, das einfachste Näherungsverfahren der MO-Theorie. Auch Bezeichnungen der Wellenfunktionen selbst, die durch Linearkombination, d. h. durch Summierung der „gewichteten" Atomorbitale der verschiedenen Atome im Molekül gebildet werden.

Matrizen Rechteckige Schemata von n · m Zahlen (natürlichen oder komplexen), den Elementen a_{ij}. Dabei gibt n die Anzahl der waagerechten Reihen (Zeilen) und m die senkrechten (Spalten) an. In einer quadratischen Matrix (n = m) nennt man n die Dimension der Matrix, und die Summe der Diagonalelemente (Elemente der Hauptdiagonalen von links oben nach rechts unten mit gleichen Indizes i = j) heißt Spur oder Charakter der Matrix.

Multiplikationstabelle Eine tabellarische Anordnung sämtlicher möglichen Produkte in einer Gruppe endlicher Ordnung, z. B. der Symmetrieoperationen eines Moleküls oder einer Punktgruppe.

Normalschwingung Eigen- oder Grundschwingung des Moleküls. Ihre Anzahl ist gleich der Zahl der Schwingungsfreiheitsgrade eines Moleküls. Nach ihrem Verhalten gegenüber den Symmetrieoperationen eines Moleküls teilt man sie in Schwingungsklassen (auch -rassen) ein, die nicht untereinander koppeln.

Orbitale Einelektronenwellenfunktionen oder -eigenfunktionen, d. h. Funktionen der Koordinaten eines einzelnen Elektrons. Ihnen liegt die Annahme zugrunde, daß die gesamte elektronische Wellenfunktion eines Atoms oder Moleküls in ein Produkt von Funktionen zerlegt werden kann, deren jede von den Koordinaten nur eines Elektrons abhängt.

Atomorbitale (AO) sind Einelektronenwellenfunktionen eines Atoms.

Gruppenorbitale, auch symmetrieadaptierte Orbitale genannt, erstrecken sich über mehrere, nicht notwendig benachbarte Atome des gleichen Elements in äquivalenter Position; sie besitzen die Symmetrieeigenschaften des Moleküls, d. h. sie transformieren nach den irreduziblen Darstellungen der Punktgruppe des Moleküls.

Hybridorbitale sind äquivalente, durch Linearkombination verschiedener beteiligter Orbitale eines Atoms gebildete Mischorbitale, die sich besonders in ihrer Geometrie wesentlich von den Ausgangs-AO unterscheiden. Sie gewährleisten eine energetisch günstigere Überlappung bei der Ausbildung kovalenter Bindungen.

Molekülorbitale (MO) sind Einelektronenwellenfunktionen, die dem Molekül als ganzem zugeschrieben werden. Man kann sie durch Linearkombinationen der beteiligten Orbitale verschiedener Atome (LCAO) erhalten. Ein bindendes MO liegt energetisch tiefer, ein antibindendes MO höher als die Atomorbitale, aus denen es gebildet wird.

Nichtbindende MOs haben nahezu die gleiche Energie wie die entsprechenden Atomorbitale.

Pauli-Prinzip In einem Atom können keine zwei Elektronen existieren, die in allen vier Quantenzahlen (n, l, m_l, m_s) übereinstimmen. Demzufolge kann jedes nicht entartete Niveau (nicht nur im Atom, sondern auch im Molekül, im Festkörper, ...) nur mit maximal zwei Elektronen von entgegengesetztem Spin besetzt sein.

Punktgruppe(n) Kurzbezeichnung für Symmetriepunktgruppe(n); siehe dort.

Symmetrieelemente Die geometrischen Orte (Punkt, Gerade, Ebene) eines Objektes, bezüglich deren Symmetrieoperationen definiert und ausgeführt werden. Man unterteilt sie in:

Symmetrieelemente 1. Art: Drehachsen beliebiger Zähligkeit

Symmetrieelemente 2. Art: Symmetrieebene, Symmetrie- oder Inversionszentrum sowie das zusammengesetzte Symmetrieelement der Drehspiegelachse.

Symmetrieoperation Eine geometrische Bewegung, die bezüglich eines Symmetrieelements ausgeführt werden kann, und das Objekt (hier: z. B. ein Molekül) in eine von der Ausgangslage nicht unterscheidbare, äquivalente oder identische (Identitätsoperation) Lage überführt. Dazu zählen Drehungen, Spiegelungen, Inversionen (Punktspiegelungen) und deren Kombinationen.

Symmetriepunktgruppe Der vollständige Satz aller an einem gegebenen Objekt (Molekül) ausführbaren Punkttransformationen. So bezeichnet, weil bei allen Operationen mindestens ein Punkt im Raum seine Lage beibehält und die Menge aller Symmetrieoperationen die Kriterien einer mathematischen Gruppe (Gruppenaxiome) erfüllt.

Transformation Gewöhnlich durch eine Matrix (Transformationsmatrix) beschriebene Änderung bestimmter Basiselemente (Koordinaten, Funktionen, Vektoren) bei einer Symmetrieoperation.

Übergang Wechsel eines Atoms oder Moleküls von einem Elektronen- und Energiezustand zu einem anderen, der mit Lichtabsorption oder -emission einhergehen kann. Ein Übergang heißt erlaubt, wenn er nicht durch eine oder mehrere Auswahlregeln verboten ist.

Übergangsmoment Wichtige mathematische Größe zur Berechnung der Intensität eines Überganges. Es ist das Quadrat des Integrals des Produktes der Wellenfunktionen von Ausgangs- und Endzustand mit dem Dipolmomentvektor über den gesamten Raum.

Überlappung Die räumliche Durchdringung (Überlagerung, Interferenz) der Orbitale benachbarter Atome.

Wellenfunktion Lösung der (hier) zeitunabhängigen Schrödinger-Gleichung, die einem möglichen stationären Zustand eines Systems entspricht. Im Falle eines Elektrons ist die Wellenfunktion eine Funktion der Koordinaten dieses Elektrons. Ihr Quadrat beschreibt die Aufenthaltswahrscheinlichkeit des Elektrons im jeweiligen Raumelement.

Sachverzeichnis[1])

---

[1]) Durch Kursivsatz hervorgehobene Begriffe sind im Glossar erläutert.

Reinhold
Quantentheorie der Moleküle

Eine Einführung

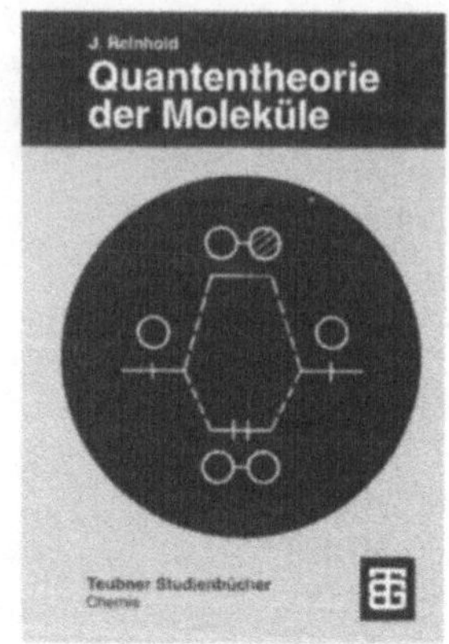

Ziel dieser Darstellung ist es, eine Einführung in die Grundlagen und Methoden der Quantentheorie zu geben, soweit sie für die Chemie von Relevanz sind. Sie richtet sich an Studenten mittlerer Semester (unabhängig von der geplanten Spezialisierungsrichtung), die an den quantentheoretischen Ursachen der Moleküleigenschaften interessiert sind. Dabei wird in der Mehrzahl der Kapitel nicht mehr (aber auch nicht weniger) Mathematik verwendet, als es für dieses Ziel erforderlich ist. Dies schließt den Umgang mit Charaktertafeln ein. Einige vertiefende Kapitel sollen Neugier auf eine intensivere Beschäftigung mit der Theoretischen Chemie wecken.

Aus dem Inhalt

Notwendigkeit der Quantentheorie – Einfache Systeme: Elektron im Potentialkasten, harmonischer Oszillator, starrer Rotator – Elemente der Theorie: Operatorbegriff, konkrete Gestalt der Operatoren, Eigenwertgleichungen – Einelektronenatome: Wasserstoffatom, wasserstoffähnliche Atome – Qualitative Theorie der Mehrelektronenatome: allgemeines Zentralfeld, Aufbauprinzip, Atomterme – Die kovalente Bindung – Elementare LCAO-MO-Verfahren für π-Elektronensysteme (HMO) und Allvalenzelektronensysteme (EHT) – Koordinationsverbindungen: Ligandenfeldtheorie, MO-Methoden – Frontorbitale, Isolobalität – Mehrelektronensysteme: allgemeine Eigenschaften, Näherungsmethoden – Quantenchemie: Methoden, Entwicklungen – Anwendungen: chemische Reaktivität, Molekülspektren – Im Anhang: Molekülsymmetrie, Darstellungstheorie, Charaktertafeln

Von Prof. Dr.
Joachim Reinhold
Universität Leipzig

1994. 384 Seiten.
Mit 115 Bildern.
13,7 x 20,5 cm.
Kart. DM 39,80
ÖS 295,– / SFr 39,80
ISBN 3-519-03525-1

(Teubner Studienbücher)

Preisänderungen vorbehalten.

B. G. Teubner Stuttgart · Leipzig

Kettle
Symmetrie und Struktur

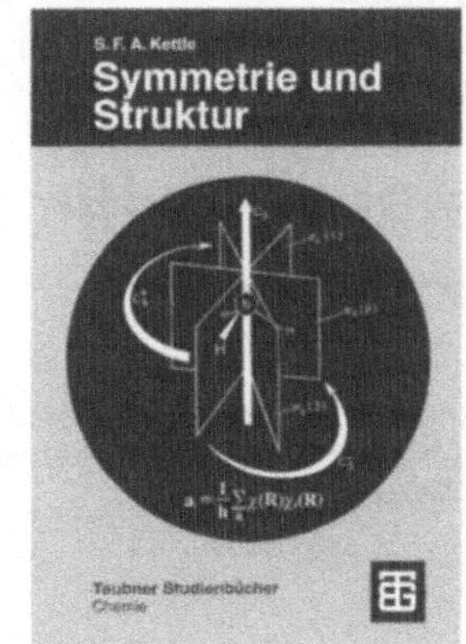

Dieses Buch bietet dem Chemiestudenten eine Einführung in die Gruppentheorie. Im Vordergrund stehen dabei die Grundideen und Anwendungen der Gruppentheorie; die mathematischen Grundlagen werden im Anhang vertiefend behandelt. Der Student kann die Gruppentheorie so bereits zu einem relativ frühen Zeitpunkt seines Studiums verstehen und anwenden. Besonders motivationsfördernd für den Leser ist, daß er durch die schrittweise Einführung in die Prinzipien der Gruppentheorie laufend neue Einsichten in die Probleme von Molekülstruktur und Bindung erhält. Es werden sowohl die Symmetrie als auch die Elektronenstruktur der Moleküle behandelt. Nach der Lektüre dieses Buchs sollte der Student die Gruppentheorie auf jedem Gebiet der Chemie, in dem sie eine Rolle spielt, anwenden können.

Aus dem Inhalt

Symmetrie und Elektronenstruktur des Wassermoleküls – D_{2h}-Charaktertafel und Elektronenstruktur von Ethylen und Diboran – Elektronenstrukturen von Brompentafluorid, Ammoniak und einiger kubischer Moleküle – Gruppen und Untergruppen – Molekülschwingungen – Direkte Produkte – π-Elektronen-Systeme

Von Prof. Dr.
Sidney Francis Alan Kettle
University Norwich

Übersetzung aus dem Englischen von
Dr. **Elke Buchholz**

1994. 393 Seiten mit 167 Bildern und 48 Tabellen. 13,7 x 20,5 cm. Kart. DM 44,80
ÖS 332,– / SFr 44,80
ISBN 3-519-03519-7

(Teubner Studienbücher)

Preisänderungen vorbehalten.

B. G. Teubner Stuttgart · Leipzig

Kunz
Molecular Modelling für Anwender

Anwendung von Kraftfeld- und MO-Methoden in der organischen Chemie

Dieses Buch vermittelt dem nicht spezialisierten Anwender von Molecular-Modelling-Paketen die notwendigen Konzepte, um ihn in die Lage zu versetzen, Programmeldungen richtig einzuordnen und zu entscheiden, ab welchem Moment er sich mit einem Spezialisten in Verbindung setzen sollte. Das vermittelte Wissen über Strukturbegriffe, Hyperflächen, Optimierungsmethoden, Kraftfelder, ab initio und semiempirische MO-Methoden und Interpretationshilfen wird ein effizientes Gespräch mit Spezialisten möglich machen.

Das Buch setzt lediglich Grundkenntnisse im Mathematik, Physik und physikalischer Chemie voraus, die üblicherweise nach Abschluß der mittleren Ausbildung vorhanden sind, und stellt damit eine geeignete Einstiegshilfe für Diplomanden und Doktoranden dar. Auf mathematische Herleitungen wird vollständig verzichtet und mathematische Formeln werden nur soweit angegeben, als die darin vorkommenden Größen von üblichen Programmen numerisch ausgegeben werden.

Für den Einsteiger werden Übungen und exemplarische Beispiele angeboten. Alle Beispiele werden mit Programmen behandelt, die Hochschulen von den jeweiligen Autoren der einzelnen Softwarepakete zum Selbstkostenpreis zur Verfügung gestellt werden können und keine spezielle Hardware verlangen.

Von Dr.
Roland W. Kunz
Universität Zürich

1991. 243 Seiten.
13,7 x 20,5 cm.
Kart. DM 29,80
ÖS 221,– / SFr 29,80
ISBN 3-519-03511-1

(Teubner Studienbücher)

Preisänderungen vorbehalten.

B. G. Teubner Stuttgart · Leipzig